高等职业教育机电类专业“十四五”规划教材

数控 DMG 多轴加工模块

段性军　王　锋　主　编

王宝刚　张光普　孔凡坤　石明忱　杨淑先　副主编

吕修海　王淑珍　主　审

中国铁道出版社有限公司

CHINA RAILWAY PUBLISHING HOUSE CO., LTD.

内 容 简 介

本书是专业实践思政示范课教材，也是一本专门介绍数控机床多轴加工技术的立体化教材。本书主要包含“安全教育”及四个项目：项目一介绍 DMU60 型数控多轴机床操作；项目二介绍 DMU60 型数控多轴机床编程、仿真与加工；项目三介绍 DMU60 型数控多轴机床手工编程、加工案例；项目四介绍 DMU60 型数控多轴机床自动编程、加工案例。

读者通过参考教材中案例的工艺路线和方法，输入案例中给出的数控程序，就能够加工出案例所示零件，并且可参考加工、仿真的微课视频进行操作。对于暂时无法在五轴机床操作的读者，也可以通过书中介绍的“海德汉 iTNC530”仿真软件进行仿真加工。

本书不仅可以作为职业院校数控多轴加工的实训教材以及数控技能大赛五轴数控编程的指导和培训用书，也可以用作在岗技术工人上岗培训的参考用书。

图书在版编目(CIP)数据

数控 DMG 多轴加工模块/段性军，王锋主编．—北京：中国铁道出版社有限公司，2021.8
高等职业教育机电类专业“十四五”规划教材
ISBN 978-7-113-28172-4

Ⅰ．①数…　Ⅱ．①段…　②王…　Ⅲ．①数控机床-加工-高等职业教育-教材　Ⅳ．①TG659

中国版本图书馆 CIP 数据核字(2021)第 144966 号

书　　名：数控 DMG 多轴加工模块
作　　者：段性军　王　锋

策　　划：潘星泉　　　　**编辑部电话**：(010)63550836
责任编辑：钱　鹏
封面设计：刘　颖
责任校对：苗　丹
责任印制：樊启鹏

出版发行：中国铁道出版社有限公司(100054，北京市西城区右安门西街 8 号)
网　　址：http://www.tdpress.com/51eds/
印　　刷：三河市航远印刷有限公司
版　　次：2021 年 8 月第 1 版　2021 年 8 月第 1 次印刷
开　　本：850 mm×1 168 mm 1/16　**印张**：17.5　**字数**：452 千
书　　号：ISBN 978-7-113-28172-4
定　　价：52.00 元

前　言

数控技术是制造系统的动力源泉，集机械制造、自动化控制、微电子、信息处理等技术于一身，在实现制造智能化、自动化、集成化、网络化的过程中占据着举足轻重的地位。从市场需求角度看，智能制造时代对制造业产品定制化、柔性化等方面的需求更离不开五轴数控技术的柔性化功能特点及定制化生产优势。目前，不同档次的五轴数控设备以每年近万台的速度进入市场，开始大量应用于不同层次的制造型企业。但随之而来的问题是，人才供给存在较大缺口，这就对院校及培训机构提出了重大挑战。

本书为高等职业教育机电类专业"十四五"规划教材，着重介绍了 DMU60 型数控多轴机床加工程序编制的基本编程方法、仿真加工及机床加工操作。本书通俗易懂，示例丰富，能在仿真软件上及时演练，方便自学。本书分为五部分，包括"安全教育"及四个项目，每部分又细分为多个知识点，每个知识点包含理论讲解、举例分析巩固、案例（仿真、加工）展示应用，部分知识点还配有视频微课（扫二维码可看）。在书的各知识点又融入了相关思政元素、思政案例故事，帮助学生塑造正确的价值观，培养学生爱岗敬业、爱国强能的精神。

本书主要特点如下：

（1）结构设计上构思新颖，结构合理。讲解深入浅出，内容丰富，详简得当；以培养学生的实践能力为主线，既注重先进性又照顾实用性。同时以具体任务为载体，在任务学习过程中，使理论与实践达到完美结合，文字论述通俗易懂，图文并茂。是一本实用性强、适用面宽的数控多轴机床操作、编程、加工学习和培训教材。

（2）在内容选择上，以岗位（群）需求和职业能力为依据，以工作任务为中心，以技术实践知识为焦点，以技术理论知识为背景，根据国家职业岗位技能标准和区域企业人才需求，达到数控多轴机床岗位实际工作任务需要的知识、能力和素质要求。在课程内容中植入了思政元素，做到教学内容针对性强，学以致用，充分体现了高职教材的"职业性"与"高等性"的统一。

本书包括"安全教育"及四个项目，由于机械制造类专业实践课应传输"安全第一"的理念，因此本书首先介绍"安全教育"相关知识；项目一介绍 DMU60 型数控多轴机床操作；项目二介绍 DMU60 型数控多轴机床编程、仿真与加工；项目三介绍 DMU60 型数控多轴机床手工编程、加工案例；项目四介绍 DMU60 型数控多轴机床自动编程、加工案例。全书系统地介绍了 DMU60 型数控多轴机床的操作、编程、仿真与加工方法，每个任务均设有知识技能目标、思政目标，使学生在学习过程中能有目的地去学习，从而提高学生的学习积极性及学习效果。本书通过一系列的实例分析，突出解决实际问题的方法、能力，充分体现"能力本位、知行合一"的教学理念，形成了富有新意、别具一格的教材内容体系。

本书由段性军(项目二“任务一、任务二”)、王锋(项目一“任务一～任务三”;项目四)任主编,王宝刚(项目三)、张光普(项目一“任务五～任务六”;项目二“任务四”)、孔凡坤(项目二:任务三的“六～十一”)、石明忱(思政元素、思政拓展阅读)、杨淑先(项目二“任务五”)任副主编。参加编写的还有李宏学(安全教育)、刘佳坤(项目一“任务四”)、齐宇翔(项目二:任务三的“一～五”)。本书由吕修海、王淑珍任主审。

在编写的过程中,得到了教研室其他教师的大力支持和帮助,也听取了企业专家的诸多宝贵建议,在此对他们一并表示衷心感谢。

由于编者水平有限,书中难免有疏漏及不足之处,恳请读者批评指正。

编　者
2021 年 4 月

目　录

安全教育

时时注意安全，处处预防事故。麻痹大意只会招来伤害。在生产作业现场，我们都要有“眼观六路，耳听八方”的警惕性，不论是在操作时，还是在暂时空闲时，或是休息时，都要牢记安全第一，有意识地纠正存在安全隐患的行为习惯，做到不伤害自己，不伤害他人，不被他人伤害。

一、 着装安全

1. 安全帽

安全帽的佩戴：操作机床时使用的安全帽（操机安全帽）和建筑类的安全帽是不一样的，如图0.1所示（左侧为建筑类安全帽），操机安全帽主要是保证操作者的头发不能外露，避免外露头发与旋转工件和刀具发生接触（头发与旋转中的工件或刀具接触后的事故，如图0.2所示），所以大部分的操机安全帽为布制品类。不论男女都需要佩戴，并且注意长发人员，需要将头发卷起捆绑后，带上安全帽，并保证头发在安全帽内，不发生脱离散落现象，如图0.3所示。

图0.1　安全帽对比

图0.2　头发卷进工具发生事故

图0.3　佩戴安全帽

视频

着装安全

2. 安全服穿着规范

机床操作者工作中的安全服穿着规范:机床操作者在机械加工中常常需要拿起和摆放各类型不同的工件、夹具、量具等物品,所以机床操作者的安全服(工作服)要尽量保证在工作时不能出现过紧和过松的状态如图 0.4 所示,要在一定要求范围内尽量宽松些。

图 0.4　工作服松紧合适

工作服上衣的三紧尤为重要,三紧指:领口紧(图 0.5),避免加工的铁屑飞溅入衣内发生烫伤;袖口紧,避免操作机床时,袖口被机床卷入机器内发生事故;上衣下摆紧:避免衣服出现开怀,使工作衣服下摆被机床和工件带入机器而发生事故。

工作服的裤子应适当宽松,不能过紧,不利于工作;若太松则会出现安全隐患;不能穿短裙、短裤。安全鞋不能穿凉鞋、布鞋、拖鞋等,要穿正规的劳保安全鞋,避免发生和减少发生安全问题。

●视频

操机安全

图 0.5　三紧

二、 工作安全

(1)首先在机床操作者操作机床时,工作服的穿戴是必不可少的,同时也要佩戴护目镜,不可戴手套进行操机避免出现事故,如图 0.6 所示。

(2)不能损坏和移动安全警示牌或标志,如图 0.7 所示。

(3)不要在机床周围摆放障碍物,保证有足够的安全操作空间,以免发生绊倒、滑倒等事故,如图 0.8 所示。

(4)某一项操作中需要两个或多人完成时,要注意彼此的配合,如图 0.9 所示。

图 0.6　佩戴护目镜，禁止戴手套

图 0.7　不能损坏移动安全标

图 0.8　乱摆乱放

图 0.9　多人配合完成工作

（5）加工零件时要确保刀具和工件都已经被夹紧和固定，避免事故发生。

（6）加工过程中操作者不可擅自离开，并擅自开启安全防护门，如图 0.10 所示。

（7）操作机床结束后要打扫机床并按顺序关闭机床电源。

图 0.10　工作中擅自离岗擅自开防护罩

三、　物品运输安全

（1）在工作区域内进行运输作业时，要确保工作者穿戴好工作服和安全帽等个人防护用品，如图 0.11 所示。

（2）工作区域内如有大型车辆参与运输，要具有相关资质，方准许驾驶作业，如图 0.12 所示。

（3）搬运前要检查好搬运的工具是否正常，排除事故隐患，如图 0.13 所示。

（4）检查好搬运的物品在搬运工具中是否捆扎牢固，摆放均衡，防止重心偏移出现运输事故，如图 0.14 所示。

（5）如用吊车等搬运，不是专业人员不可参与搬运，并确保保持一定的安全距离。

（6）搬运中要时刻保持警惕，不可麻痹大意，精力不集中，如图 0.15 所示。

图 0.11　穿戴好防护用品

图 0.12　驾驶作业需要资质证书

图 0.13　搬运前检验

图 0.14　搬运物品

视频

物品运输安全

(a)

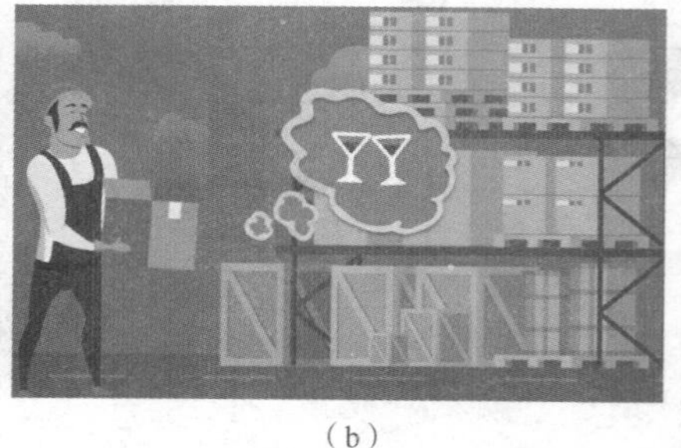

(b)

图 0.15　工作时麻痹大意，精力不集中

四、 水、电、油品安全管理

(1)自觉遵守安全用电规章制度，用电和接线时要申请，找专业电工，不可自行私接电线，如图 0.16 所示。

(2)不能在电力线等用电设备上放置物品，不能在电力线附近作业，如图 0.17 所示。

(3)一些移动性设备用电时，要使用漏电保护开关。

(4)电气设备维护、维修时要有专人负责，非专业人员不可私自动手操作，如图 0.18 所示。

(5)用水时保持水源干净，不浪费，保证水电独立分开。避免用电设备与水源距离过近，使用电设备出现潮湿、漏电、短路等现象，如图 0.19 所示。

(6)发现电线和设备冒烟或起火，应立即切断电源，切不可用水或泡沫灭火器灭火，如图 0.20 所示。

(7)电线用的时间过久，有明显老化现象要及时更换处理，如图 0.21 所示。

图 0.16　自行私接电线

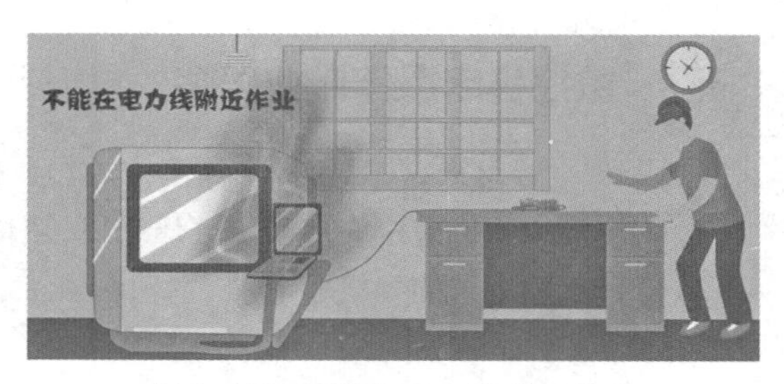

图 0.17　不能在电力线附近作业

图 0.18　专人负责不可私自动手操作

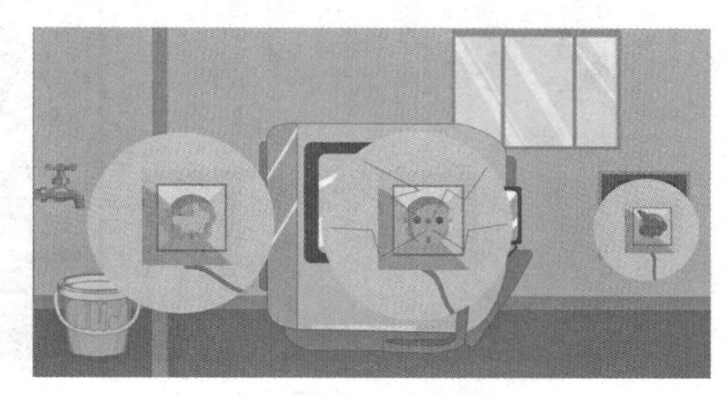

图 0.19　水电分开

图 0.20　电线、设备起火

图 0.21　老化的电线

（8）油品类要单独存放，不可接近高温和明火区域，废弃的油品要通过专门渠道进行回收，避免泄漏和污染，如图 0.22 所示。

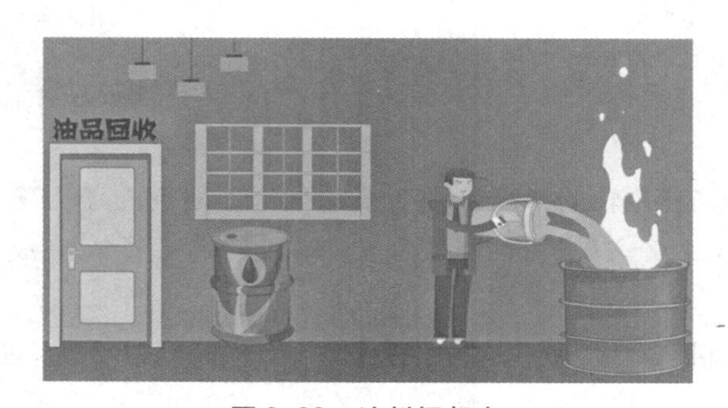

图 0.22　油料桶起火

视频

水、电、油安全管理

五、 数控机床操作作业程序

常规安全不容忽视，在数控多轴加工中的作业程序更需要记忆，作业程序如下：

(1)数控机床开机前应先启动空气压缩机，使供气系统气压达到 0.5 MPa，如图 0.23 所示。

(2)检查数控机床的导轨润滑油、主轴润滑油、切削液量是否处于使用安全线内，如果低于使用安全线就要补充，如图 0.24 所示。

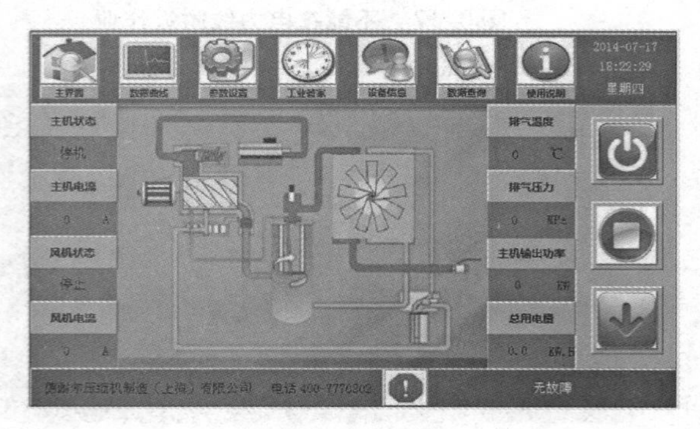

图 0.23　空气压缩机开机

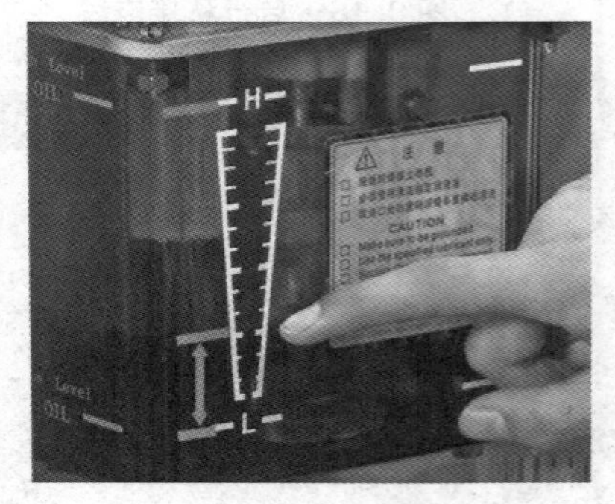

图 0.24　润滑油箱

(3)开启数控机床压缩空气阀，检查数控机床上的气压表显示气压是否不小于 0.5 MPa，如图 0.25 所示。

(4)启动数控机床电源开关，使数控机床先回到原点，然后空运转机床不小于 15 min，如图 0.26 所示。

图 0.25　气压表

图 0.26　电源开关

(5)停止数控机床运转，将数控机床工作台面清扫干净，将工件摆放在工作台上，用合适的夹具装夹工件，再将其紧固。

(6)将测头安装在数控机床主轴上，对工件基准直边两个不同点进行触碰，测量出 ROT 值，输入坐标系中，并摆正工件，在工件 X、Y、Z 方向进行触碰并记忆，输入到坐标系中，完成对刀操作。测头工作示意图，如图 0.27 所示。

(7)将刀具安装到数控机床对应刀号库，利用程序将刀具安装到数控机床主轴上，将 Z 轴对刀器放置在工作台上，手动测量刀具长度，并输入到刀具表中。Z 轴对刀器如图 0.28 所示。

图 0.27　测头工作

图 0.28　Z 轴对刀器

（8）当检查数控机床运行没问题时，调试好冷却装置后就调出编制好的程序进行加工，如图 0.29 所示。

（9）工件加工完工后，数控机床主轴返回原点，将工件拆卸下来，打扫好数控机床及周边卫生，对数控机床工作台做好防锈措施。填写好数控机床状态记录，关机、关闭数控机床电源与空压机。

图 0.29　冷却系统检查

六、 数控机床操作安全规则

（1）数控机床操作者要充分理解加工中心具体操作步骤，掌握数控机床《操作手册》和《CNC 装置操作手册》中的有关内容如图 0.30 所示，才可以启动数控机床。学员只有在具有操作五轴数控机床资质的实习教师指导下，方能操作数控机床。

（2）操作者进入实训场地必须穿工作服，如图 0.31 所示。不能佩戴领带、项链、手链、吊绳胸卡。留长发者要戴工作帽并将头发全部塞进工作帽中，不得穿裙子、穿短裤、穿凉鞋、戴手套操作数控机床。

（3）遇雷电天气，要终止数控机床运转。

（4）数控机床运行时要注意观察润滑油是否充分，是否出现杂声，有无异味等。

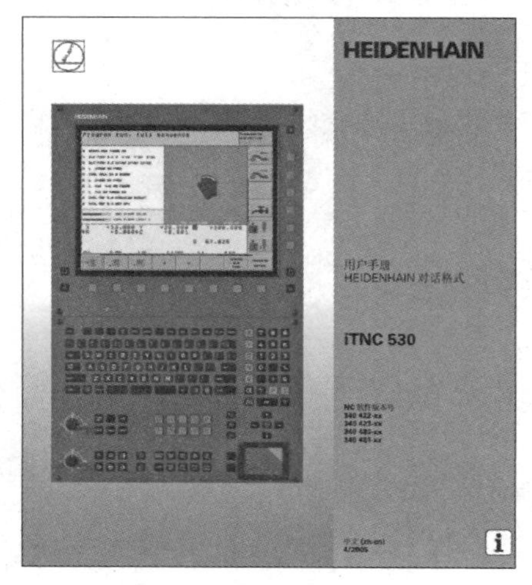

图 0.30　操作手册

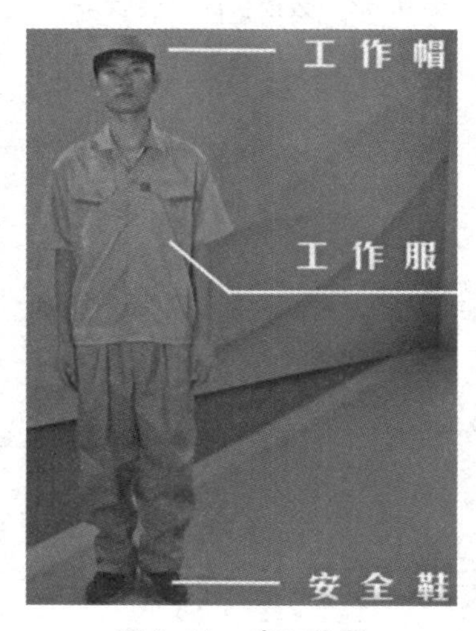

图 0.31　穿工作服

(5)数控机床装刀时要切换到手动模式,运转开始前要检查确保已装夹的刀具及锁紧螺钉已上紧,工件已正确夹紧。确认刀具及刀柄额定转速低于将运行的主轴转速。数控机床运行加工程序前,要确定工件原点坐标已按加工程序要求正确设置,刀具长度应满足要求。操作者要能看懂加工工件图样,弄清每个程序的加工内容,预计加工余量。

(6)数控机床在运转过程中不要开启门或盖板,如图 0.32 所示。加工过程中检查工件尺寸或清理铁屑时,要先停止主轴转动。

(7)加工工件或切削刀具上附有切屑要用刷子清除,不能徒手清除切屑。

(8)不能在手部潮湿的状态下操作开关与按钮。

(9)数控机床工作中出现异常情况时,要立刻停止主轴转动,关闭控制面板开关,及时查找原因并处理。如果发生刀具、工件、主轴等碰撞要立即停机,保留现场及时向设备管理员报告。

(10)工作结束,停止数控机床工作要按以下步骤进行:停止主轴,关闭控制面板开关,关闭数控机床总开关,关闭稳压电器开关,关闭压缩气阀和压缩机。

(11)机床工作过程中严禁打闹,避免出现失去重心、跌倒等意外情况,如图 0.33 所示。

图 0.32　数控机床运转状态

图 0.33　严禁打闹

项目一　DMU60 型数控多轴机床操作

任务一　开、关机

知识、技能目标

1. 掌握 DMU60 型数控多轴机床开、关机过程。
2. 了解 DMU60 型数控多轴机床开、关机注意事项。

思政育人目标

1. 培养学生一丝不苟的工作态度。
2. 培养学生树立安全第一的操作意识。

任务描述

使用 DMU60 型数控多轴机床进行开、关机过程步骤的学习和操作。

任务实践

开、关机是操作者操作设备的主要步骤，正确安全规范的操作可以避免设备的非法（正常）开机，同时可以确保机床的参数完整，延长机床的寿命。不正确的开、关机会造成机床故障和系统参数丢失。

一、DMU60 型数控多轴机床简介

DMG（德马吉数控机床集团公司）5 轴万能加工中心 DMU60 型数控多轴机床是同类级别中最高效的 5 轴加工中心，灵活性最佳。DMU monoBLOCK® 机床具有与生俱来的高水准：标配 5 轴或模块式设计，可选配转速在 10 000～42 000 r/min 范围之间的，针对特定数控机床的主轴，用作 B 轴的快速动态数控铣头

具有很大的摆动范围，负摆角最大达 30°，还有快速数控回转工作台，适用于日常生产的 5 面/5 轴加工。图 1.1 所示为 DMU60 型数控多轴机床。这些创新特点在万能高速加工领域开拓了广泛的应用范围，具有较佳的操作舒适性。机床设计符合人体工程学，如旋转门是吸引人的设计特点之一，只要拉一下手柄，就可以进入加工区域。

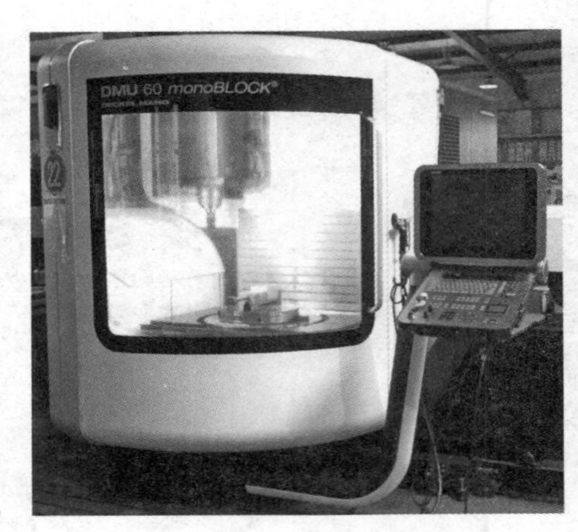

图 1.1　DMU60 型数控多轴机床

二、 DMU60 型数控多轴机床特点

（1）新设计：加工空间具有优越的畅通性和更高的可视性，“DMG ERGOline®　Control”控制面板配有 19" 显示屏和 DECKEL MAHO MillPlus iT V600 或 Heidenhain iTNC 530 数控系统。

（2）标配 0.7*g*（*g*：重力加速度）加速度带来较佳的动态性能，30 m/min 的快速移动和进给速度及转速高达 12 000 r/min 的高速回转轴使得机床可以满足现代模具加工的需求。

（3）标配一体刮板式排屑器和 250 L 冷却液箱，几何温度补偿，封闭式全罩壳，整合在铣头内的电源，整合在底座中的电缆索无碎屑堆积，无碰撞，5 轴机床中和 iTNC 530 上具有碰撞监控功能，机床配有插入式主轴。机床带有坚固工作台，并且有高达 1 100 kg 的载重量。

（4）标配多功能 3 轴，选配 3＋2 轴、4 轴或 5 轴，可完美用于 5 面加工和 5 轴同步铣削，链式刀库具有 60 个刀位。盘式刀库具有 24 个刀位。

三、 DMU60 型数控机床技术数据和特性

DMU 60 型数控机床的技术数据和特性见表 1-1。

表 1-1　DMU60 型数控多轴机床参数表

序号	内容	技术指标	单位	数据
1	工作范围	*X*/*Y*/*Z* 轴	mm	730（630*）/560/560
		最大快移和进给速度	m/min	30
		机床重量	kg	6 300
2	换刀机械手	刀柄	—	SK40
		刀库	类型	盘式
		刀库刀位数量	个	24
		换刀时间	s	9
3	电主轴的主驱动机构	功率（40/100% DC）	kW	15/10
		最大扭矩（40/100% DC）	nm	130/87
		最大主轴转速	r/min	12 000
4	铣头	数控摆头铣头（B 轴）摆动范围	度（°）	+30/－120
		摆动时间	s	1.5
		快移	r/min	35

序号	内容	技术指标	单位	数据
5	工作台（数控回转工作台集成在刚性工作台上）	回转工作台尺寸	mm	ϕ600
		固定工作台尺寸	mm	1 000×600
		最大载重量	kg	500
		最大快移和进给速度	r/min	40

四、DMU60 型数控多轴机床数控系统

配置 Heidenhain（海德汉）iTNC 530 数控系统。该系统是面向生产车间应用的轮廓加工数控系统，操作人员可以在机床上采用易用的对话格式编程语言编写常规加工程序。它适用于铣床、钻床、镗床和加工中心。iTNC 530 数控系统最多可控制 12 个进给轴。

五、开、关机操作步骤

1. 开机前准备工作

开机过程是操作者操作机床的第一项任务，在开启机床之前，操作者要按照操作流程和安全规定进行检查和点检如下所示项目：

（1）遵守铣镗工一般安全操作规程，按规定穿戴好劳动保护用品。

（2）检查操作手柄、开关、旋钮、夹具机构、液压活塞的联结是否处在正确位置，操作是否灵活，安全装置是否齐全、可靠。

（3）检查机床各轴有效运行范围内是否有障碍物。

（4）严禁超性能使用机床。按工件材料选用合理的切削速度和进给量。

（5）装卸较重的工件时，必须根据工件重量和形状选用合理的吊具和吊装方法。

（6）主轴转动、移动时，严禁用手触摸主轴及安装在主轴端部的刀具。

（7）更换刀具时，必须先停机，经确认后才能更换，更换时应该注意刀刃的损坏状态。

（8）禁止踩踏设备的导轨面及油漆表面或在其上面放置物品，严禁在工作台上敲打或校直工件。

（9）对新的工件在输入加工程序后，必须检查程序的正确性，模拟运行程序是否正确，未经试验不允许进行自动循环操作，以防止机床发生故障。

（10）使用平旋径向刀架单独切削时，应先把镗杆退回至零位，然后在 MDA 方式下用 M43 换到平旋盘方式，若 U 轴要移动，则须确保 U 轴手动夹紧装置已经松开。

（11）在工作中需要旋转工作台（B 轴）时，应确保其在旋转时不会碰到机床的其他部件，也不能碰到机床周围的其他物体。

（12）机床运行时，禁止触碰旋转的丝轴、光杆、主轴、平旋盘周围，操作者不得停留在机床的移动部件上。

（13）机床运转时操作者不准擅自离开工作岗位或托人看管。

（14）机床运行中出现异常现象及响声，应立即停机，查明原因，及时处理。

(15)当机床的主轴箱,工作台处于或接近运动极限位置时,操作者不得进入下列区域:

①主轴箱底面与床身之间;

②镗轴与工作台之间;

③镗轴伸出时与床身或与工作台面之间;

④工作台与主轴箱之间;

⑤镗轴转动时,后尾筒与墙、油箱之间;

⑥其他有可能造成挤压的区域。

(16)机床关机时,须将工作台退至中间位置,刀杆退回,然后退出操作系统,最后切断机床电源。

2. 开机过程

(1)将电气控制柜上的主开关转到"ON"位置如图1.2所示。测量系统已供给电压,数控系统启动,内存自检如图1.3所示状态。此时TNC将开机,自动初始化,出现如图1.4所示界面。

图1.2 主开关

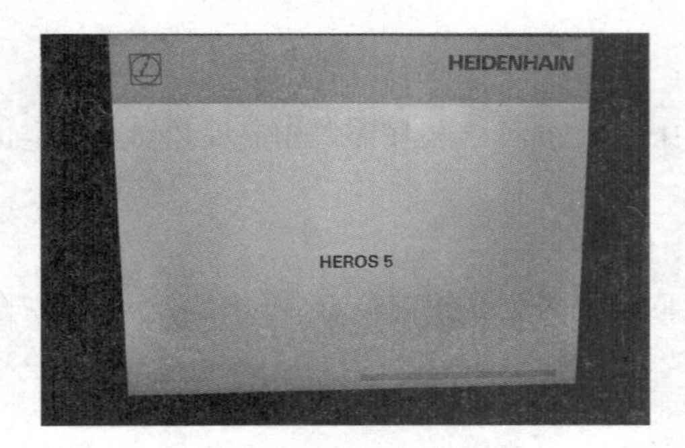

图1.3 内存自检图

图1.4 初始化界面

(2)电源掉电。当数控系统电源掉电,TNC显示出错信息"电源中断",如图1.5所示界面。此时需要按 CE 按钮两次,清除出错信息。

(3)解释PLC程序。数控系统启动后,自动编译TNC的PLC程序,如图1.6所示PLC程序自检界面。

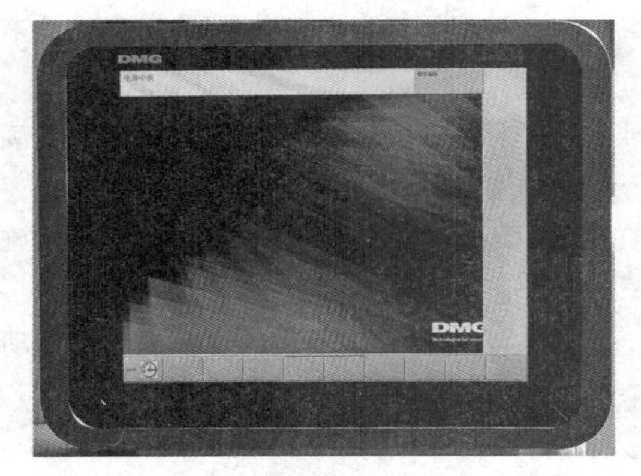

图1.5 电源中断界面

图1.6 PLC程序自检界面

(4)外部直流电源故障检查。开启外部直流电源后，TNC 将检查急停按钮电路是否正常工作，出现图 1.7 所示提示。

下一步操作者释放急停按钮如图 1.8 所示，点击电气电源按钮，数控系统正常启动。

图 1.7　电压中断

图 1.8　外部急停

开机过程结束后，界面正常显示如图 1.9 所示界面，说明整个机床开机过程结束。

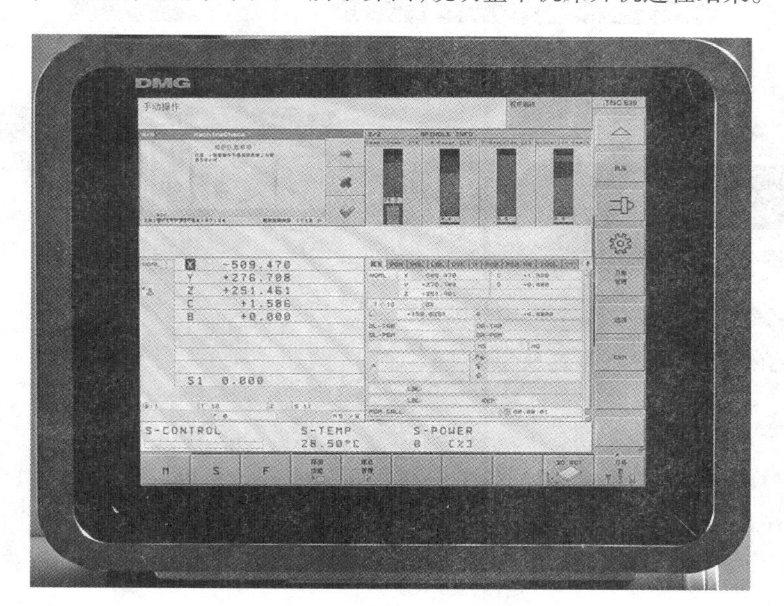

图 1.9　开机完成界面

视频

DMU60机床开机

3. 关机过程

为了防止关机时发生数据丢失，需要用如下方法关闭操作系统：

(1)当程序结束，主轴上没有刀具，点击急停按钮使得所有驱动器关断、程序暂停，轴位置和刀具修正数据等被保存，数控系统和测量系统被供电。选择“手动操作”模式，进入图 1.10 所示界面。

在显示屏右下角点击数次 ，选择“第 4 功能键栏”，页面左下角出现 标志。点击其对应的按钮，选择关机功能。

(2)出现图 1.11 所示对话框，用“YES(是)”键再次确认。

(3)当 TNC 弹出图 1.12 所示对话框显示“Now you can switch off the TNC”(现在可以关闭 TNC 系统了)字样时，可将 TNC 的电源切断。

●视频

DMU60机床关机

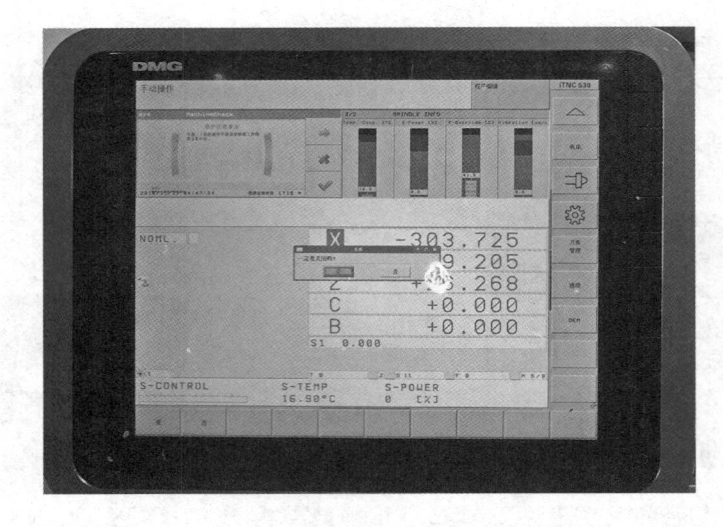

图 1.10　关机界面

Do you really wish to switch off the control?

图 1.11　确认界面

图 1.12　重启界面

(4)主开关旋转到“OFF”位置，机床关断电源。

注意：不正确关闭 TNC 系统将导致数据丢失。

延伸思考

掌握 DMU60 型数控多轴机床开机过程，了解机床开机过程中大家需要注意的具体事项，就像学习开车一样，要严格按照操作流程来进行操作，这样才能成为一名合格的驾驶人。操作机床和开汽车(或飞机)一样，一旦操作失误都可能造成人身伤害事故。所以，安全操作是头等大事，要时刻保持安全意识，不能出现丝毫松懈。

学习效果评价

学习评价表

单位		学号		姓名		成绩
		任务名称				
评价内容		配分(分)	得分与点评			
一、成果评价:60 分						
正确操作机床开机		15				
开机前安全检查		15				
开机后设备功能检查		15				
正确进行关机操作		15				

二、自我评价:15 分		
学习活动的主动性	5	
独立解决问题能力	3	
工作方法正确性	3	
团队合作	2	
个人在团队中作用	2	
三、教师评价:25 分		
工作态度	8	
工作量	5	
工作难度	5	
工具使用能力	2	
自主学习	5	
学习或教学建议		

延伸阅读 责任感

责任感从本质上讲既要求利己，又要利他人、利事业、利国家、利社会，而且自己的利益同国家、社会和他人的利益相矛盾时，要以国家、社会和他人的利益为重。人只有有了责任感，才能具有驱动自己一生都勇往直前的不竭动力，才能感到许许多多有意义的事需要自己去做，才能感受到自我存在的价值和意义，才能真正得到人们的信赖和尊重。责任感是一种自觉主动地做好分内分外一切有益事情的精神状态。责任感与一般的心理情感所不同的是，它属于社会道德心理的范畴，是思想道德素质的重要内容。

故事评析：赵州桥，是一座位于河北省石家庄市赵县城南洨河之上的石拱桥，赵州桥始建于公元 1 400 年前的隋朝，全长 64.4 米，拱顶宽 9 米，拱脚宽 9.6 米，跨径 37.02 米，由匠师李春设计建造，后由宋哲宗赵煦赐名安济桥，并以之为正名。赵州桥是世界上现存年代久远、跨度最大、保存最完整的单孔坦弧敞肩石拱桥，其建造工艺独特，在世界桥梁史上首创“敞肩拱”结构形式，具有较高的科学研究价值。赵州桥自建成至今，经历了数次水灾、战乱和地震，但是依然安然无恙。赵州桥能够如此稳固，源于它的建造者们巧妙运用了构造力学知识，才使它经受了千百年风雨的考验，赵州桥在中国造桥史上占有重要地位，而使建造者们能够用心去设计的动力和源泉是他们的工匠精神和高度的责任感。赵州桥雕作刀法苍劲有力，艺术风格新颖豪放，显示了隋代浑厚、严整、俊逸的石雕风貌，桥体饰纹雕刻精细，具有较高的艺术价值。赵州桥在中国造桥史上占有重要的历史地位，对全世界后代桥梁建筑有着深远的影响。

接下来从一组调查统计数据来看一下(数据来源 https://www.wjx.cn/——问卷星),用人单位认为哪种素质是职业人最为重要的:

素质	看重度
责任感	4.56
团队协作精神	4.42
事业心	4.37
自信心	4.29

调查结果表明,用人单位的人事主管最看重的是责任感。在 2016 年某知名企业的一次招聘会上,人力资源管理负责人在谈到这个问题时说:"一个人只有充满责任感,才会自觉地努力地去工作,为他本身、也为单位而工作。那些没有责任感的大学生我们是不会考虑的,没有责任感,怎么会把工作做好呢?"

任务二　界面功能

知识、技能目标

1. 掌握界面布局和基本功能。
2. 掌握基本功能按钮的使用和操作方法。

思政育人目标

1. 培养学生认真的工作态度。
2. 培养学生树立应用技能创造未来的职业梦想。

任务描述

1. 通过 DMU60 型数控多轴机床的界面布局和基本功能,了解和应用布局按钮及相关参数。
2. 通过对基本功能按键的使用,完成数控机床的运行操作。

任务实践

机床界面是操作者进行操作的工作台面,想要熟练操作机床就必须了解按键的具体位置和功能及按键的操作顺序。若想成为合格的操作者必须熟练掌握 DMU60 型数控多轴机床的界面布局和按键功能。

一、 DMU60 型数控多轴机床基本结构组成

DMU60 型数控多轴机床外形简洁,结构紧凑。该机床主要由:刀库、铣削头、主轴箱、工作间、排屑器、操作台、冷却润滑装置、数控回转工作台八部分组成,机床基本结构组成如图 1. 13 所示,主轴结构组成如图 1. 14 所示。

视频
DMU60机床基本结构

图 1. 13　机床基本结构组成

1—刀库;2—铣削头;3—主轴箱;4—工作间;5—排屑器;6—操作台;7—冷却润滑装置;8—数控回转工作台

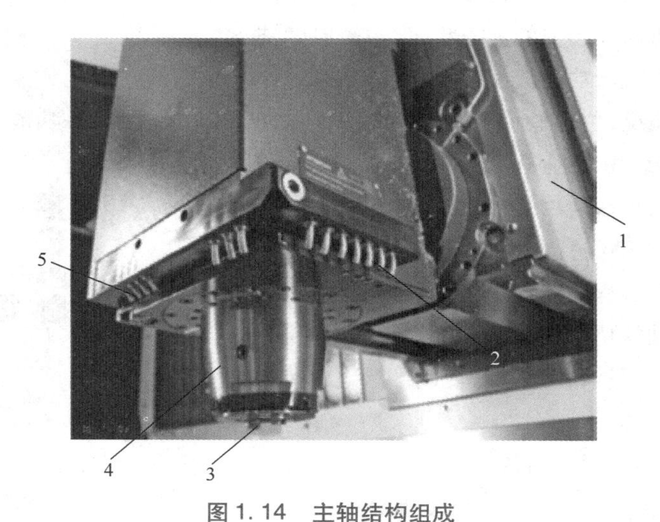

图 1. 14　主轴结构组成

1—主轴箱;2—冷却润滑液喷嘴;3—刀夹;4—主轴;5—空气喷嘴

二、 屏幕画面布局

DMU60 型数控多轴机床系统为 Heidenhain(海德汉)iTNC 530 数控系统,其屏幕画面布局内容丰富,各部分内容功能及含义如图 1.15 所示。

●视频

DMU60机床界面布局+机床操作面板

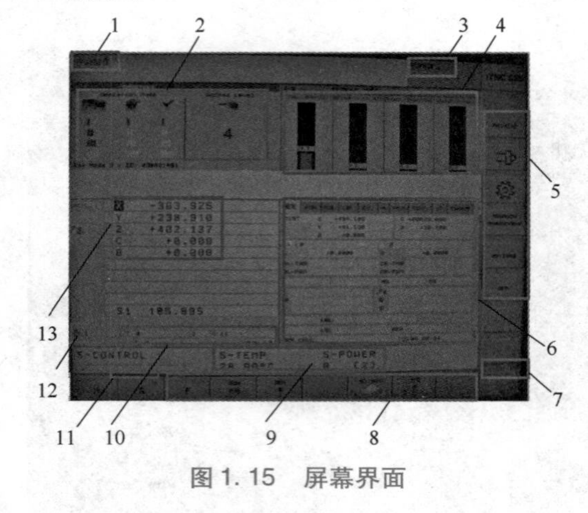

图 1.15 屏幕界面

图 1.15 中各项含义如下:

1:左侧标题行。将显示当前选中的机床运行方式(手动操作、MDI、电子手轮、单段运行、自动运行、smarT. NC 等)。

2:授权运行状态。显示当前机床的运行方式及 SmartKey 状态。

3:右侧标题行。显示当前选中的程序运行方式(程序保存/编辑、程序测试等)。

4:主轴监控。显示机床在当前的监控状态(主轴温度、振动、倍率等)。

5:垂直功能键。显示机床功能。

6:状态表格。表格概况,位置显示可达 5 个轴,刀具信息,正在启用的 M 功能,正在启用的坐标变换,正在启用的子程序,正在启用的程序循环,用 PGM CALL 调用的程序,当前的加工时间,正在启用的主程序名。

7:用户文档资料。在 TNC 引导下浏览。

8:水平功能键。显示编程功能。

9:监控显示。显示轴的功率和温度。

10:工艺显示。显示刀具名,刀具轴,转速,进给、旋转方向和冷却润滑剂的信息。

11:功能键层。显示功能键层的数量。

12:显示零点。来自预设值表正启用的基准点编号。

13:位置显示。可通过 MOD-模式键设置 IST(实际值)、REF(参考点)、SOLL(设定值)、RESTW(剩余行程),如图 1.16 所示。

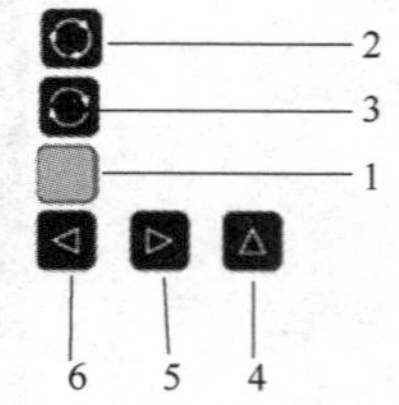

图 1.16 切换按钮

1—屏幕画面上的按键说明;2—切换主副页面;3—加工模式;4—编程模式切换;5—在显示屏幕中选择功能的键;6—切换软键行图标

三、 机床操作面板

(一)机床操作面板布局

DMU60 型数控多轴机床操作面板上分布多处按键功能区,通过对各功能区的操作来实现数控机床的自动控制功能。机床操作面板具体布局如图 1.17 所示。

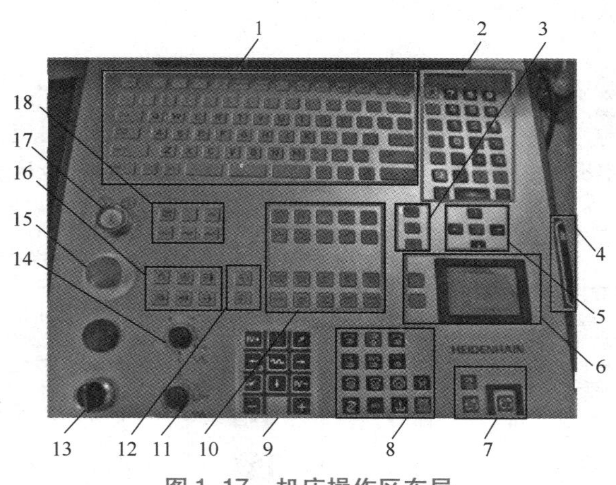

图 1.17　机床操作区布局

图 1.17 中各项含义如下:

1:输入字母和符号的键盘。

2:坐标轴和编号的输入和编辑键。

3:smarT. NC 导航键。

4:SmartKey,电气运行方式开关。

5:箭头键和 GOTO 跳转指令键。

6:触摸屏。

7:进给停止,主轴停止,程序启动键。

8:功能键。

9:轴运动键。

10:打开编程对话窗口区。

11:进给倍率按钮。

12:编程运行方式键。

13:松刀旋钮。

14:快移倍率按钮。

15:急停按钮。

16:机床操作模式键。

17:系统电源开关。

18:程序/文件管理功能键,包括计算器,MOD 模式功能,HELP 帮助功能等。

(二)操作面板按键详细说明

1. 输入字母和符号的键盘

输入字母和符号的键盘如图 1.18 所示。该键盘可以输入文件名、注释 ISO 程序等。

2. 坐标轴和编号的输入和编辑键

(1)坐标轴和编号的输入和编辑键,如图 1.19 所示。

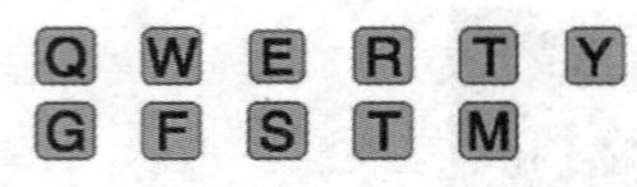

图 1.18　字母键

图 1.19　坐标轴和编号的输入键

(2)编辑功能

·	小数点	NO ENT	忽略对话提问、删除字
-/+	变换代数符号	ENT	确认输入项及继续对话
P	极坐标	END	结束程序段,退出输入清除数字输
I	增量尺寸	CE	入或清除 TNC 出错信息
Q	Q 参数编程/Q 参数状态	DEL	中断对话,删除程序块
✛	由计算器获取实际位置或值		

3. 箭头键和 GOTO 跳转指令键

↑ ↓ ← →	可将高亮条移动到程序段、循环和参数功能上	GOTO	可直接移动高亮条到程序段、循环和参数功能上

4. SmartKey(授权钥匙)

授权钥匙 TAG 如图 1.20 所示。

(1)授权钥匙 TAG。用来作为授权的钥匙并用于数据存储。

(2)运行方式选择键。选择运行方式有四种:

【Ⅰ】键:在加工间关闭状态下的安全运行模式,可进行绝大多数操作,为系统默认状态;

【Ⅱ】键:可在加工间开启状态下运行的调整运行模式,系统限制主轴转速最高 800 r/min,进给速度最大 2 m/min;

【Ⅲ】键:可在加工间开启状态下运行,与调整运行模式相同,系统限制主轴转速最高 5 000 r/min,进给速度最大 5 m/min;

【Ⅳ】键:扩展的手工干预模式,可获得更大权限,需要特殊授权。

图 1.20　授权钥匙 TAG

5. 打开编程对话窗口区

(1)编程路径运动指令键

按键	功能	按键	功能
APPR DEP	接近/离开轮廓	FK	FK 自由轮廓编程
L	直线	CC	极坐标圆心/极点
C	已知圆心的圆弧	CR	已知半径的圆弧
CT	相切圆弧	CHF	倒角
RND	倒圆角		

(2)刀具功能指令键

按键	功能	按键	功能
TOOL DEF	刀具定义	TOOL CALL	刀具调用

(3)循环、子程序指令键

按键	功能	按键	功能
CYCL DEF	循环定义	CYCL CALL	循环调用
LBL SET	子程序和循环的标记	LBL CALL	子程序和循环的调用
STOP	中断程序运行	TOUCH PROBE	循环测头定义

6. smarT. NC 键(导航键)

按键	功能	按键	功能
smarT. NC	选择下一个表格	smarT. NC	前一个/下一个选择框架

7. 程序/文件管理功能键

按键	功能	按键	功能
PGM MGT	程序管理,选择或删除程序和文件以及外部数据传输	HELP	帮助功能键,显示 NC 出错的帮助信息
PGM CALL	程序调用,定义程序调用并选择原点和点表	ERR	错误功能键,显示当前全部出错信息
MOD	MOD 功能键	CALC	计算器

8. 机床操作模式键

按键	功能	按键	功能
	手动操作模式键		手动数据输入(MDI)模式键
	电子手轮模式键		smart. NC
	单段运行模式键		自动运行模式键

9. 编程运行方式键

按键	功能	按键	功能
	程序编辑		测试运行

10. 轴运动键

	$X+$方向运行键		$X-$方向运行键
	$Y+$方向运行键		$Y-$方向运行键
	$Z+$方向运行键		$Z-$方向运行键
	$B-$方向运行键		$B+$方向运行键
IV+	$C+$方向运行键	IV−	$C-$方向运行键

11. 其他功能键

	主轴左转		主轴右转
	主轴停转		主轴倍率升
	主轴倍率 100%		主轴倍率降
	冷却液接通/关闭		内部冷却液接通/关闭
	刀库右转		刀库左转
	托盘放行		解锁加工间门
FCT	FCT 或 FCT A 屏幕切换		放行刀夹具

延伸思考

通过实际操作,掌握机床的界面布局,练习按键的基本功能,人性化的操作界面给操作者在操作过程中带来非常好的体验,因此,我们要有爱岗敬业精神,干一行爱一行。

学习效果评价

学习评价表

<table>
<tr><td rowspan="2">单位</td><td rowspan="2"></td><td>学号</td><td></td><td>姓名</td><td></td><td>成绩</td><td></td></tr>
<tr><td>任务名称</td><td></td><td></td><td></td><td></td><td></td></tr>
<tr><td colspan="2">评价内容</td><td>配分(分)</td><td colspan="5">得分与点评</td></tr>
<tr><td colspan="8">一、成果评价:60 分</td></tr>
<tr><td colspan="2">正确描述数控机床基本结构名称</td><td>15</td><td colspan="5"></td></tr>
<tr><td colspan="2">正确区分数控机床显示界面各区域的名称</td><td>15</td><td colspan="5"></td></tr>
<tr><td colspan="2">在数控机床面板上能找到各功能键的位置</td><td>15</td><td colspan="5"></td></tr>
<tr><td colspan="2">能熟练应用冷却系统</td><td>15</td><td colspan="5"></td></tr>
</table>

二、自我评价:15 分		
学习活动的主动性	5	
独立解决问题能力	3	
工作方法正确性	3	
团队合作	2	
个人在团队中作用	2	
三、教师评价:25 分		
工作态度	8	
工作量	5	
工作难度	5	
工具使用能力	2	
自主学习	5	
学习或教学建议		

延伸阅读　责任感培养

在人的一生中,青少年时期是成长的关键期,责任感的培养应从孩子抓起,从小就培养他们的责任心,对社会负责,对集体负责,对家庭负责。那么,怎样培养孩子的责任感呢?某职业顾问建议:

第一,自己的事情自己做。对应当自己做的事必须给孩子一个明确的概念和范围,在不同的年龄给他制定不同难度的目标范围,父母绝不要包办代替,不能总是替孩子承担责任。

第二,家里的事、别人的事帮着做。应让孩子明白,只做好自己的事还很不够,因为他还是家庭的一员,是集体的一员,当然有责任协助做一些家里的事,集体的事,在力所能及的范围内对家庭,对集体尽责,只有这样将来才能更好地为社会尽责。

第三,对自己行为的后果负责。要善于抓住生活中的点滴小事,无论事情的结果好坏,只要是孩子的独立行为结果,就要鼓励孩子敢做敢当,不要逃避责任,应该勇于承担后果。家长不应替他承担一切,以免淡漠孩子的责任感。

第四,要履行自己的诺言。教育孩子从小就应当言而有信,自己答应了别人,许下的诺言就要尽全力去履行,即使有些事自己不情愿但也必须这样做,因为这样做是对别人负责,也是对自己负责。

故事评析:钱学森的严与实——体现担当的“责任在我”

钱学森对科研工作要求严格是出了名的,很多和他有过接触的人都因不够严谨认真受到过他的批评。可这些人非但不记恨钱老,还在钱老的严格要求下成长为某一领域的人才。

中国科学院院士孙家栋谈起钱老对自己的严格要求时,讲过一件令他终生难忘的事。20 世纪 60 年代后期,我国自行研制的一种新型火箭要运往发射基地,其中惯性制导系统有一个平台,要安装四个陀螺。在总装车间，第一个陀螺顺利装上了，工人师傅对孙家栋说，四个陀螺是一批生产的，精度很高，第一个能装上，其他三个也应该没有问题。时间这么紧，是不是可以不再试装了？

孙家栋想，工人师傅说得也有道理就同意了。没想到，到了基地发射场装配时，那三个陀螺怎么也装不上去。第二天导弹就要发射了，孙家栋赶紧向钱学森报告。钱老听后并没有批评孙家栋，只是让他组织工人师傅赶紧仔细研磨后再装，把问题尽快解决好。紧接着，钱老也来到现场，搬个板凳坐在那里。孙家栋和工人师傅从下午 1 点一直工作到第二天凌晨 4 点，钱老始终没有离开，看着他们排除故障，坐累了就在车间走几圈。看钱老这样陪着熬夜，孙家栋心里很愧疚，几次劝钱老回去休息，可钱老就是不走，也不理孙家栋。孙家栋后来说，这件事情给他的印象太深了，虽然钱老没有批评他，但那种无声的力量使他感到比批评更严厉。从此，哪怕一点小事孙家栋都认真办，不敢有丝毫马虎。

当面对失败，科研人员心里已经顶着很大压力时，钱学森非但不会批评他们，还主动把责任承担起来，让科研人员轻装前进，把精力放在查找原因、解决问题上来。

1962 年，我国自行设计研制的“东风二号”导弹升空后不久便解体坠毁，坠落地离发射塔仅 600 米远，将戈壁滩炸出了一个大坑。总设计师林津绕着这个直径 30 米的坑转圈，眼泪掉了下来：“这个坑是我的，我准备埋在这里了。”钱学森此时完全理解科研人员的沉重心情，知道经历失败是科研工作中的必然过程，如何把失败的原因找出以减少失败才是问题的关键，所以他不去追究责任，还提出对查找出原因的人要奖励。很快，失败原因就找到了，主要是发动机和控制系统出了问题，这些都与总体设计和协调不够有关。钱老看到负责总体设计的科技人员灰溜溜的，没有批评他们，而是主动给他们减压。钱老说，如果考虑不周的话，首先是我考虑不周，责任在我，不在你们。你们只管研究怎样改进结构和试验方法，大胆工作。钱老一席话卸下了大家的心理包袱，工作积极性一下子调动起来。通过这次失败教训，钱学森提出“把故障消灭在地面”，成为我国导弹航天事业的一条重要原则和准绳。

评析：

钱学森说：“我作为一名科技工作者，活着的目的就是为人民服务，如果人民最后对我的工作满意，那才是最高的奖赏。”这是钱老高尚灵魂的真实写照，一个人的成功，不在于他的个人成就，而在于他是否与国家和人民同呼吸共命运，在祖国需要的时候，挺身而出，为祖国不惜牺牲一切。正是怀着这样坚定的理想信念，对国家、对人民无限的爱以及高度的责任心和使命感才铸就了钱老伟大的人格魅力。

任务三 程序管理

知识、技能目标

1. 掌握 DMU60 型数控多轴机床程序文件的管理方法。

2. 掌握 DMU60 型数控多轴机床外部文件的管理和使用方法。

思政育人目标

1. 培养学生认真细心的工作习惯。
2. 培养学生的爱岗敬业精神。

任务描述

1. 通过使用 DMU60 型数控多轴机床程序文件的“导入”“导出”“新建”“命名”等功能，完成对程序的管理。
2. 通过基本程序管理功能进行程序的复制、粘贴、重命名等操作。

任务实践

程序管理是利用机床自身的系统针对程序文件、参数文件进行新建、修改、备份、复制、命名、重命名等具体操作，程序的优质高效管理，可以避免因疏忽导致调用错误程序等失误。所以必须养成良好、规范的使用和管理习惯。

一、文件路径管理

在目录（文件夹）中可以保存和组织文件，目录文件可以建立最多 6 层子目录。一个目录总是通过文件夹符号和目录名标识。子目录是向右展开的，如果在文件夹符号前有一个三角形，则表示还有进一步可以用“ -/+ ”或“ENT”打开的子目录，如图 1.21 所示。

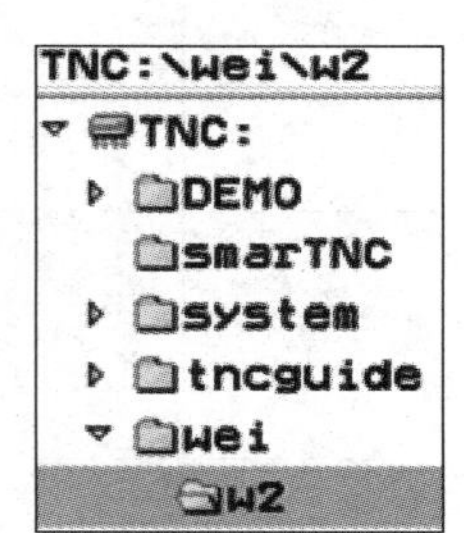

图 1.21　文件路径

在后续窗口将显示所有文件，其保存在所选择的目录中如图 1.22 所示。

建立好的文件在状态显示中会显示文件的特性：

“E”——在运行方式“程序保存/编辑”中选中程序；

“S”——在运行方式“程序测试”中选中程序；

“M”——程序运行方式中选中程序；

“P”——文件为防止删除并被修改而写保护；

“ + ”——有其他相关文件。

二、文件命名

数控程序、表和文本将作为文件保存在 TNC 硬盘上。一个文件名称由文件名和文件类型组成，如图 1.23 所示。

1. 文件名

文件名应当不多于 25 个字符，否则将不能完整显示。文件名可达到一定长度，不得超过 256 个字符的最长路径长度。其中：空格、*、\、“、?、<、>都不允许使用。

视频

DMU60机床程序文件导入管理

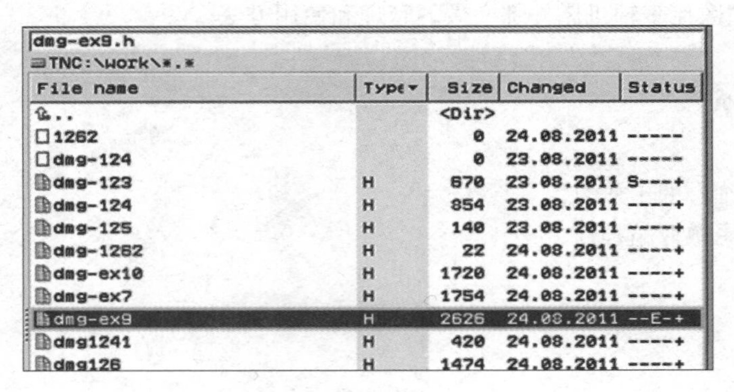

图 1.22　程序显示

图 1.23　文件名称

2. 文件类型

海德汉(Heidenhain)数控系统的文件类型有很多种,并且有固定的格式。数控程序文件的类型、显示由何种格式组成文件见表 1-2。

表 1-2　文件类型及格式组成

序号	内容		类型
1	程序	海德汉纯文本对话中	. h
		DIN/ISO	. i
2	smart. 数控程序	统一程序	. hu
		轮廓描述	. hc
		点表	. hp
3	表	刀具	. t
		换刀装置	. tch
		托盘	. p
		零点	. d
		点	. pnt
		Presets(基准点)	. pr
		切削参数	. cdt
		刀具、工件材料	. tab
		相关数据(如分段点)	. dep
4	文本	ASCII 文件	. a/. txt
		帮助文件	. chm
5	图样文件	ASCII 文件	. dxf

三、 新建目录

(1)在“程序保存/编辑”运行方式下,按机床面板左上角 PGM MGT 键,进入文件管理界面,如图 1.24 所示。

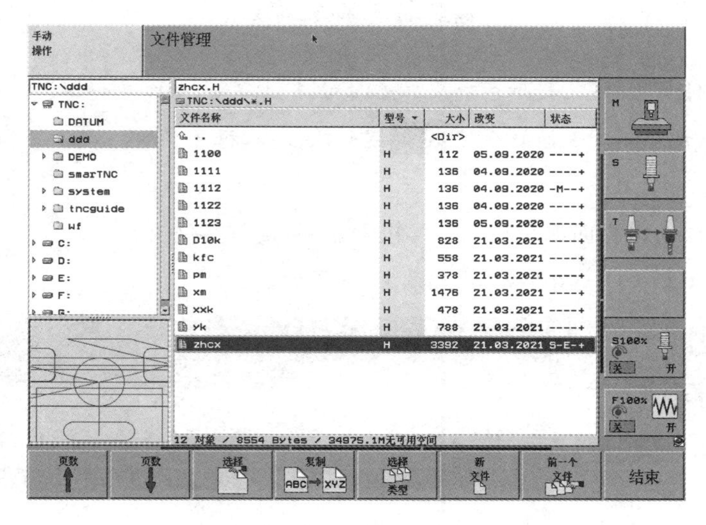

图 1.24 文件管理界面

(2)找到界面左侧的目录树,在所在文件夹中建立新的文件夹,将新文件夹用“箭头方向”键移动到驱动器下或根目录中的文件夹。比如在 TNC 文件夹下建立名为“wei”文件夹,用“箭头方向”键将光标移动到 TNC 驱动器上,点击“新目录”输入目录名称,然后点击“是”生成新的文件夹,如图 1.25 所示。

图 1.25 新文件过程图

如图 1.26 所示,在 TNC 根目录下建立新的文件夹“wei”。

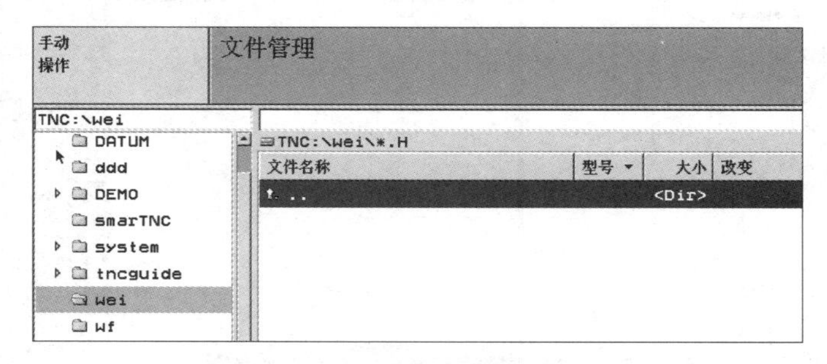

图 1.26 文件路径图

(3)若继续在该目录下建立文件夹可按图 1.25 所示步骤进行建立。如果在新文件夹下建立一个新文件,比如在“wei”文件夹下建“xyz. h”文件,则点击“新文件”如图 1.27 所示。

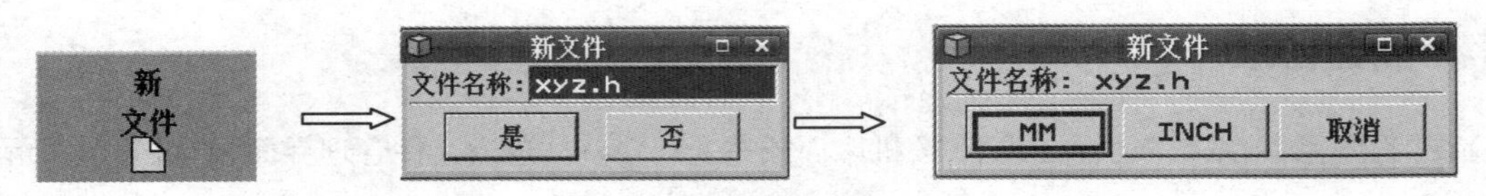

图 1.27　新文件路径

注意:必须添上文件类型后缀,提示所建文件选择的单位公制“MM”或英制“INCH”,系统默认公制。选择好后按 ENT 键确认,进入程序编辑界面,如图 1.28 所示。

手动
操作
程序编辑
主轴?
0 BEGIN PGM xyz MM
*1 BLK FORM 0.1 Z
1 END PGM xyz MM

图 1.28　程序编辑界面

此时,可以在此程序编辑界面编写程序。再按 PGM MGT 返回查看文件夹,在文件夹“wei”下产生了新程序文件“xyz. h”如图 1.29 所示。

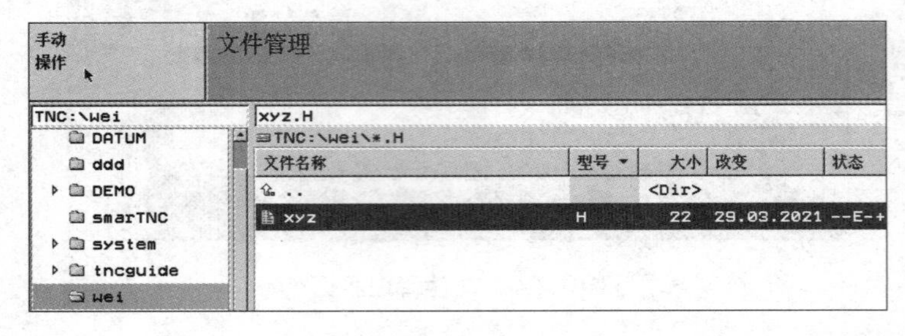

图 1.29　新程序文件

四、 文件操作

1. 文件重命名

(1)用方向箭头移动光标选择待重命名的文件,如图 1.30 所示;

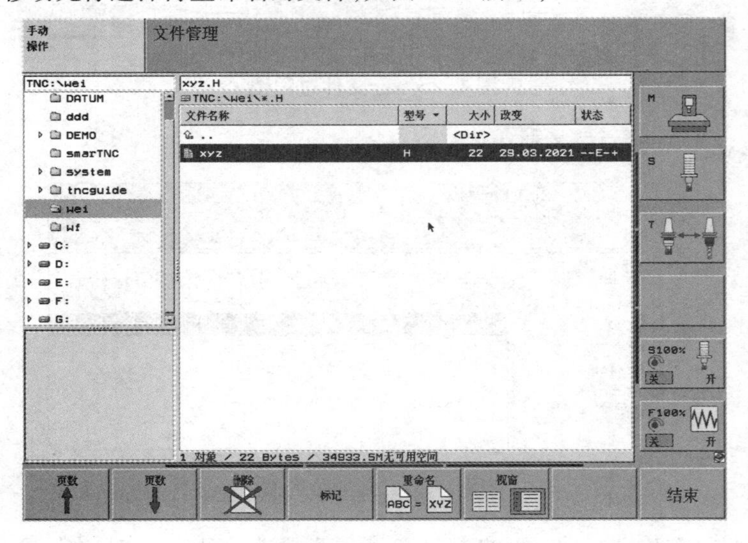

图 1.30　文件重命名界面

(2)点击屏幕下方“重命名”；

(3)出现“重新命名文件”对话框,输入目标文件名“ojie. h”,如图 1. 31 所示;

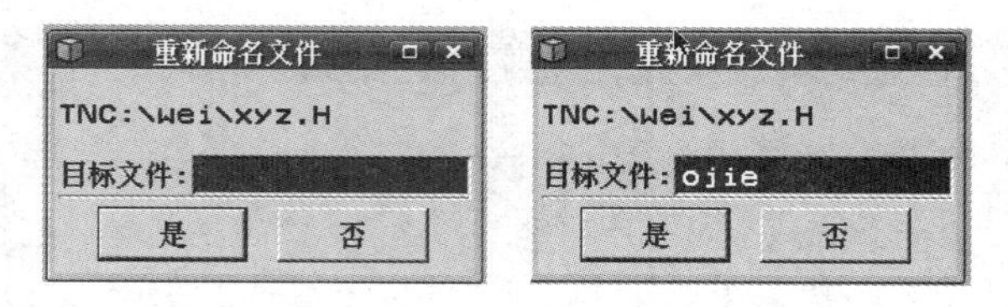

图 1. 31　重命名步骤

(4)检查无误后点击 是 确认;

(5)该文件被重新命名成功,如图 1. 32 所示。

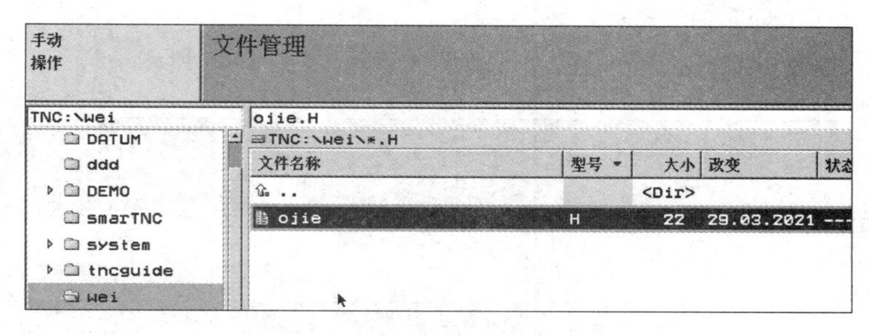

图 1. 32　重命名后的文件

2. 文件删除

(1)用方向箭头移动光标,选择待删除的文件或文件夹,比如删除文件夹“wei”,如图 1. 33 所示;

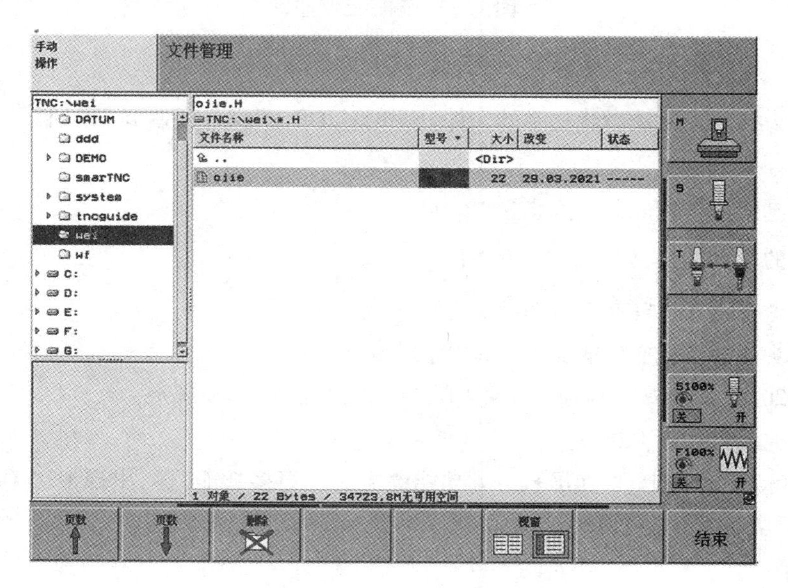

图 1. 33　文件删除界面

(2)切换功能键层,点击屏幕下方“删除”；

(3)系统提示是否删除文件夹里所有文件及其子文件夹,如图 1.34 所示；

图 1.34 删除确认键

(4)检查无误后点击是确认；

(5)删除成功后,原来的文件夹“wei”在该目录下被清除,如图 1.35 所示。

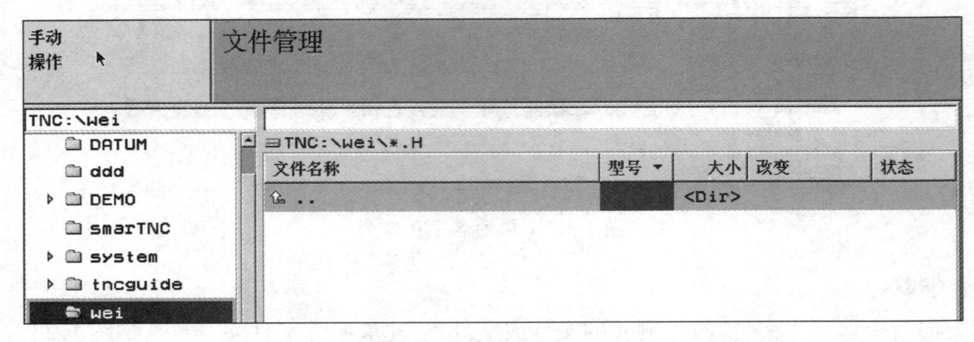

图 1.35 删除后状态图

3. 文件复制

(1)用方向箭头移动光标选择待复制的文件,比如将“020. h”文件复制到 TNC 目录下文件夹“wei”中,如图 1.36 所示；

(2)切换功能键层,点击屏幕下方“复制”；

(3)出现复制的目标文件,如图 1.37 所示；

(4)点击屏幕下方“目录树”,如图 1.38 所示；

(5)用方向箭头选择目标文件的文件夹,如图 1.39 所示；

(6)确认后“020. h”文件被复制到文件夹“wei”目录下,如图 1.40 所示；

(7)复制操作完成后移除 USB 盘。

移动光标至 USB 驱动器上,切换屏幕下方功能键层,按“更多功能”键,出现 USB 移除标识,点击该标识后即可移除 USB 盘,如图 1.41 所示。

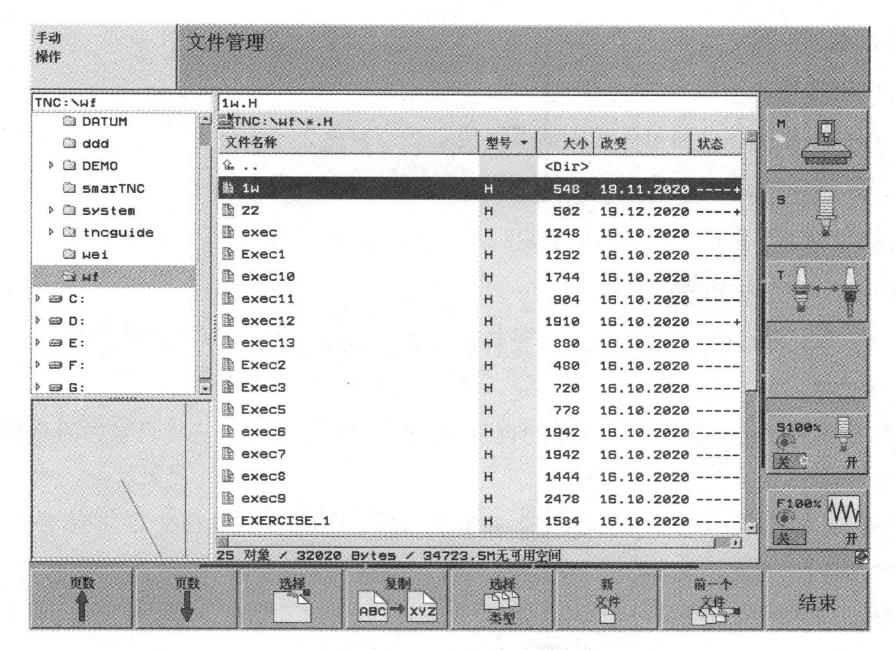

图 1.36　文件的选择

图 1.37　复制按钮

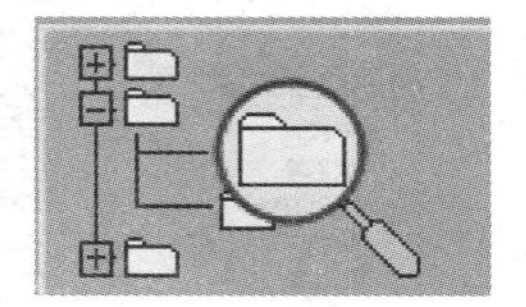

图 1.38　目录树

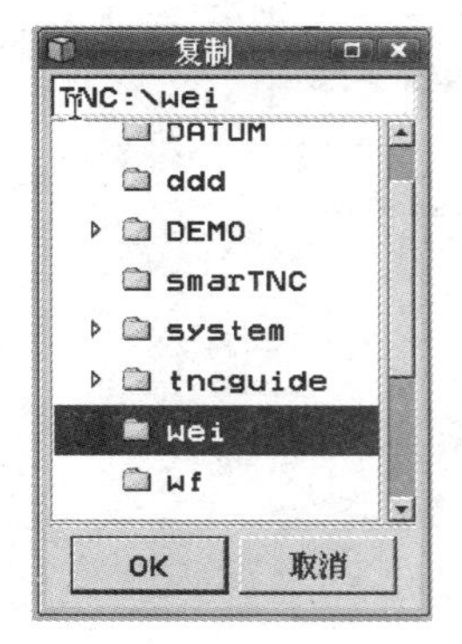

图 1.39　文件夹选择

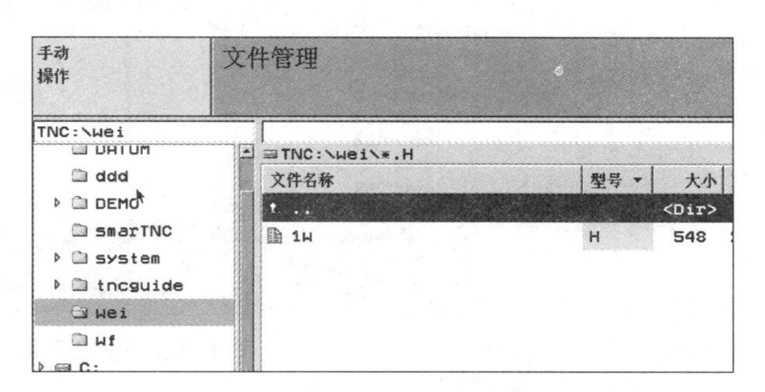

图 1.40　文件复制效果

图 1.41　USB 盘退出过程图

4. 选择驱动器、目录和文件

调用文件管理器。

用箭头键或软键,将高亮区移至屏幕中的所需位置处:

在窗口中由左右动高亮区。

在窗口中上下移动高亮区,将高亮区移至一个窗口中的上一页或下一页。

步骤1:单击文件管理按钮。

将高亮区移至左侧窗口中所需的驱动器:要选择驱动器,点击,或者点击键。

步骤2:选择目录。

用箭头键将高亮区移至左侧窗口中所需的目录,右侧窗口将自动显示高亮目录中的全部文件。

步骤3:选择一个文件。

点击键,点击所需文件类型的键,或者点击键,显示所有文件,或者使用通配符,例如显示以4开头的所有“.H”类型文件。

用箭头键移动高亮区至右侧窗口中所需的文件上。

点击“SELECT”(选择)键,或者按下键,界面如图所示1.42所示。

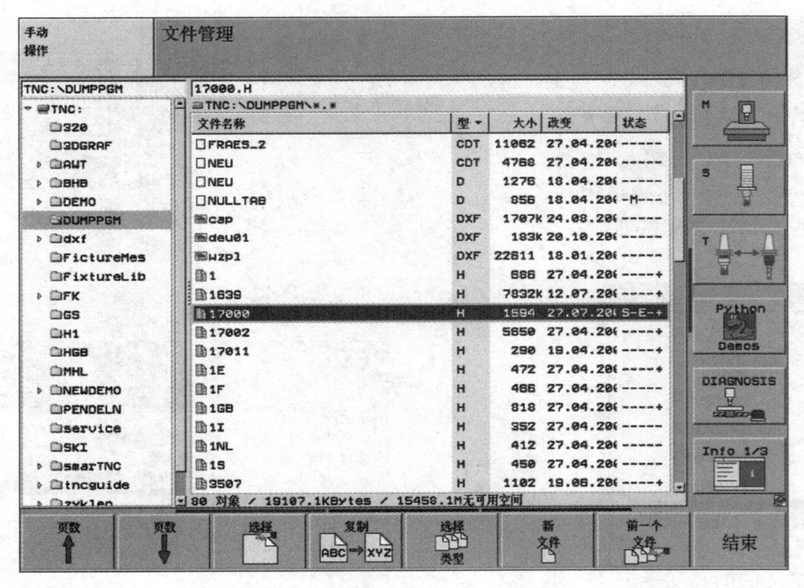

图1.42 选择驱动器、目录和文件界面

5. 文件目录转换

将文件复制到另一个目录中,可以参照“文件复制”操作过程。

选择两个大小相等窗口的屏幕布局。

要在两个窗口中均显示目录,点击“PATH(路径)”键。

在右侧窗口中用箭头键将高亮区移至待复制文件的目标目录上,用ENT键显示该目录中的文件。

在左侧窗口中选择待复制文件所在的目录,按ENT键显示目录中文件。

点击标记键调用文件标记功能。利用箭头键将高亮区移至要复制的文件上利用标记文件键标记它。必要时,用同样方法可以标记多个文件。将标记的文件利用复制标记键复制到目标目录中。

如果标记了左右窗口中的文件,TNC 将从高亮的目录处复制。

覆盖文件:如果复制文件的目标目录中有其他同名文件,TNC 将提示是否改写目标目录中的文件。

要覆盖全部文件的话,点击“YES(是)”,或者不覆盖文件的话,点击“NO(否)”,或者在改写前分别确认每个要被覆盖文件时,点击“CONFIRM(确认)”键。

延伸思考

程序的文件命名至关重要,因为在零件加工过程中,刀具的运动是依靠程序功能进行自动控制的。所以,在零件加工过程中,零件的报废或者设备的撞击都与所编辑的程序有极大关系,因此编程时要确保程序名称和刀具一一对应。

基于以上原因,在零件的程序编辑加工过程中,一定要养成细心、认真的习惯,反复检查程序和刀具,确保准确无误。

学习效果评价

学习评价表

单位		学号		姓名		成绩	
		任务名称					
评价内容		配分(分)	得分与点评				
一、成果评价:60 分							
能进行程序的拷贝		15					
能进行 USB 盘和机床之间的数据存储交换		15					
能针对程序进行手工编辑		15					
能分析程序的类型		15					
二、自我评价:15 分							
学习活动的主动性		5					
独立解决问题能力		3					
工作方法正确性		3					
团队合作		2					
个人在团队中的作用		2					
三、教师评价:25 分							
工作态度		8					
工作量		5					

工作难度	5	
工具使用能力	2	
自主学习	5	
学习或教学建议		

延伸阅读 胡双钱——精益求精 匠心筑梦

“学技术是其次，学做人是首位，干活要凭良心。”胡双钱喜欢把这句话挂在嘴边，这也是他技工生涯的注脚。

胡双钱是上海飞机制造有限公司的高级技师，一位坚守航空事业35年、加工数十万飞机零件无一差错的普通钳工。对质量的坚守，已经是融入血液的习惯。他心里清楚，一次差错可能就意味着无可估量的损失甚至是要付出生命的代价。他用自己总结归纳的“对比复查法”和“反向验证法”，在飞机零件制造岗位上创造了35年零差错的纪录，连续十二年被公司评为“质量信得过岗位”，并授予产品免检荣誉证书。

胡双钱不仅无差错，还特别能攻坚。在ARJ21新支线飞机项目和大型客机项目的研制和试飞阶段，设计定型及各项试验的过程中会产生许多特制件，这些零件无法进行大批量、规模化生产，钳工是进行零件加工最直接的手段。胡双钱几十年的积累和沉淀开始发挥作用。他攻坚克难，创新工作方法，圆满完成了ARJ21—700飞机起落架钛合金接头特制件制孔、C919大型客机项目平尾零件制孔等各种特制件的加工工作。胡双钱先后获得全国五一劳动奖章、全国劳动模范、全国道德模范称号。

一定要把我们自己的装备制造业搞上去，一定要把大飞机搞上去。已经55岁的胡双钱现在最大的愿望是：“最好再干10年、20年，为中国大飞机多做一点。”

任务四 基本操作

知识、技能目标

1. 掌握DMU60型数控多轴机床基本操作功能。
2. 掌握机床外设设备的操作步骤。

思政育人目标

1. 帮助学生建立自信、养成一丝不苟的好习惯。
2. 培养学生爱岗敬业精神。

任务描述

1. 通过 DMU60 型数控多轴机床手动、MDI、编辑、测试、电子手轮等进行机床的操作。
2. 通过电子手轮进行 DMU60 型数控多轴机床的移动控制。

任务实践

基本操作是操作者使用机床的基本功能实现机床的运动操作，主要包含系统、程序的使用，机床操作按钮的使用，手摇轮的使用，冷却清扫，装卸刀具、测头等具体操作任务，完成零件的加工，必须会操作设备。

一、 手动操作

1. 手动操作过程

在“手动操作”模式下，可以用手动或增量运动来定位机床轴、设置工件原点以及倾斜加工面。

(1)点击(手动操作)图标进入手动操作界面，如图 1.43 所示，选择“手动操作”模式。

(2)按住【机床轴方向】键直到轴移动到所要求的位置为止，或者按住【机床轴方向键】，然后按住【机床启动(START)】按钮连续移动轴。需要停止移动时按下【停止(STOP)】按钮。

视频

DMU60机床手动操作功能

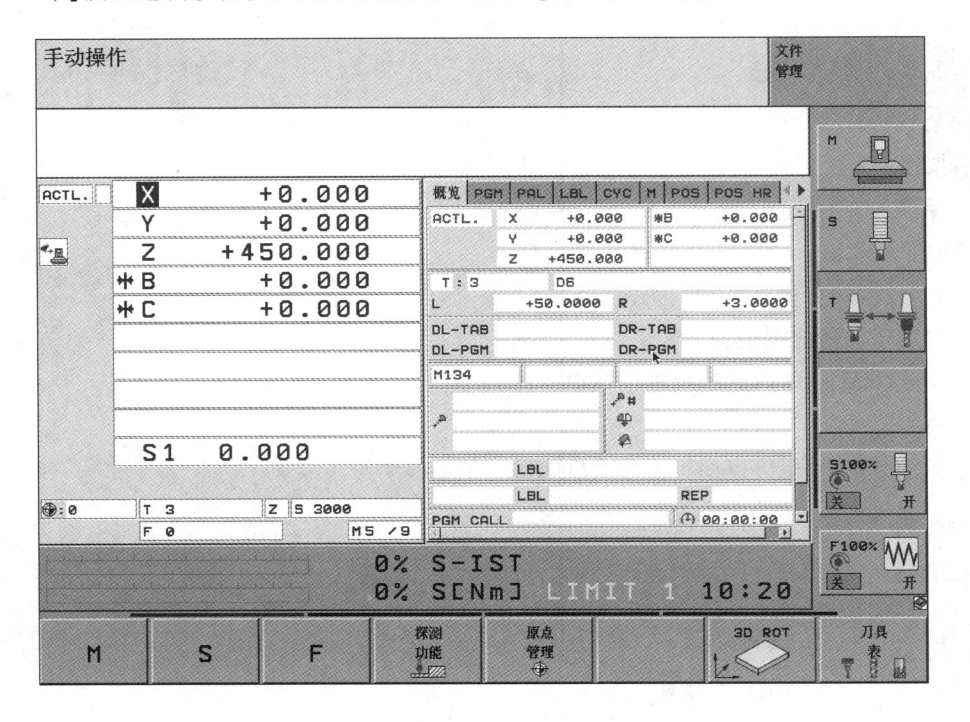

图 1.43　手动操作界面

(3)在轴移动时,可以点击 F 键或使用【进给倍率修调】按钮改变进给倍率。

2. 电子手轮操作

电子手轮具有如下操作功能(图 1.45):

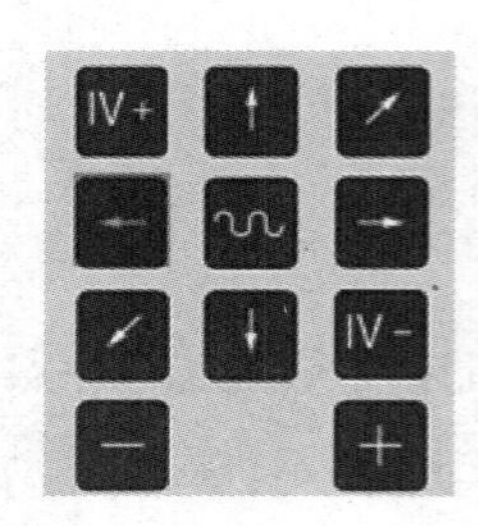

图 1.44　方向按钮

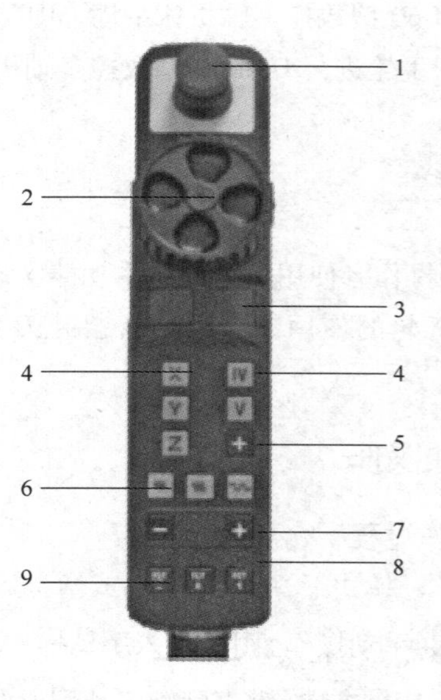

图 1.45　电子手轮

图 1.45 中各项含义如下:

1:紧急停止;

2:手轮;

3:激活按钮;

4:轴选择键;

5:实际位置获取键;

6:进给速度选择键(慢速、中速、快速);

7:TNC 移动所选轴的方向;

8:红色指示灯,表示所选的轴及进给速率;

9:机床功能。

在程序运行过程中,也可以用手轮移动机床轴。单轴移动操作步骤:

(1)选择"电子手轮"操作模式;

(2)选择屏幕右侧"MACHINE",单击"ON"(手轮打开);

(3)按住【激活】按钮(注:在加工开启状态下使用);

(4)选择轴,若选 X 轴则按下 X 按钮;

(5)利用【进给速率】按钮选择进给速率;

(6)利用[−　+]按钮在正、负方向移动所选机床轴。

3. 增量方式点动

采用增量式点动定位方式,可按预定的距离移动机床轴。

(1)选择"手动操作"或"电子手轮"操作模式;

(2)选择增量式点动定位,将"INCREMENT(增量)"置于"ON(开)",输入以毫米为单位的点动增量,比如 8 mm。

(3)根据具体需要决定按压机床轴方向键的次数。最大允许进给量为 10 mm。

延伸思考

在机床手动操作过程中,均用电子手轮进行机床的移动。电子手轮是高灵敏度的电子设备,在使用过程中一定要保持操作者双手清洁,按企业 6S 管理规定保持工作环境达标。从而进一步保证设备正常工作。

4. 建立刀具

(1)建立刀具的步骤如下。

①点击[手形]按钮,选择"手动操作"模式;

②点击[刀具表]按钮,选择"刀具表"TOOL. T;

③将"EDIT"(编辑)设置在"ON"(开启)位置;

④用光标键选择需要修改的值进行修改,如图 1.46 所示。

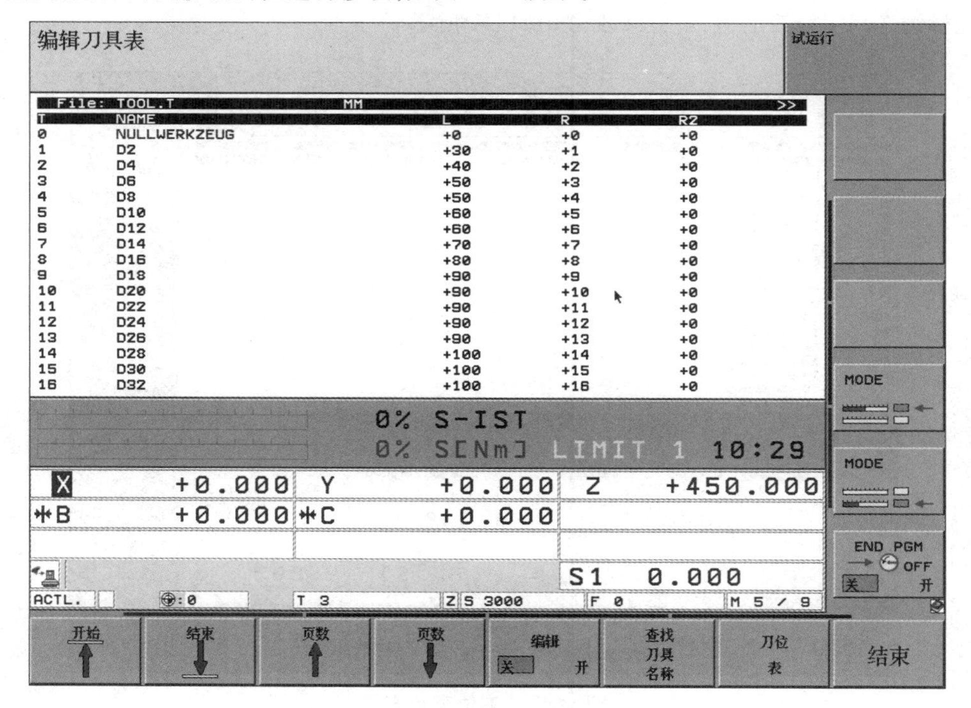

T	NAME	L	R	R2
0	NULLWERKZEUG	+0	+0	+0
1	D2	+30	+1	+0
2	D4	+40	+2	+0
3	D6	+50	+3	+0
4	D8	+50	+4	+0
5	D10	+60	+5	+0
6	D12	+60	+6	+0
7	D14	+70	+7	+0
8	D16	+80	+8	+0
9	D18	+90	+9	+0
10	D20	+90	+10	+0
11	D22	+90	+11	+0
12	D24	+90	+12	+0
13	D26	+90	+13	+0
14	D28	+100	+14	+0
15	D30	+100	+15	+0
16	D32	+100	+16	+0

图 1.46　刀具修改状态图

注意:在将“EDIT”（编辑）切换到“OFF”（关闭）或退出刀具表前,修改不生效。如果修改当前刀具的刀具数据,则该刀具的下个“TOOL CALL”后生效。

(2)刀具表基本参数如下所示:

①“NAME(名称)”:用半角引号包围在T程序段中输入刀具名列;

②“L”:定义刀具长度尺寸;

③“R”:定义刀具半径尺寸;

④“R2”:定义刀具磨损值(刀具实际变化);

⑤“LCUTS”:定义刀具实际切削刃长度;

⑥“ANGLE”:定义循环中刀具切入工件中的可能角度;

⑦“T-ANGLE”:定义刀尖角(是定心循环240的重要参数)。

5. 建立刀位表

(1)刀位表作用:主要是刀库装刀时利用刀位表自动寻找刀位。

(2)编辑刀位表步骤如下:

①点击按钮,选择“手动操作”模式;

②点击按钮,选择“刀具表 TOOL. T”;

③点击按钮,选择“刀位表 TOOL_P. TCH”;

④将“EDIT”(编辑)设置在“ON”(开启)位置;

⑤用光标键选择需修改的值,进行修改,如图1.47所示。

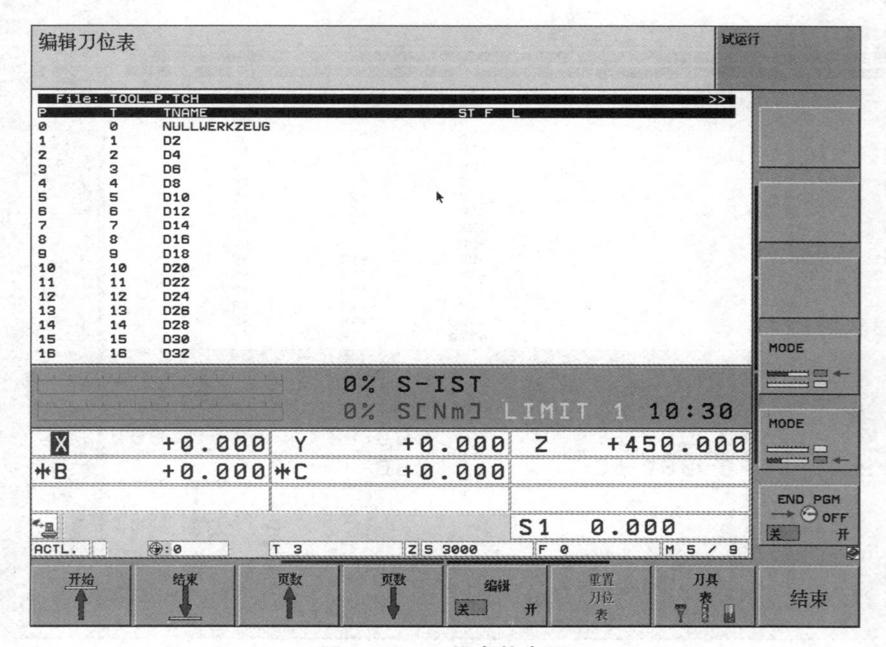

图1.47 刀位表状态图

(3)刀位表基本参数:

①“P”:刀具在刀库中的刀槽(刀位);

②“T”:刀具表中的刀具号,用于定义刀具;

③“TNAME”:如果在刀具表中输入了刀具名称,则 TNC 自动创建名称;

④“ST”:特殊刀具。用于机床制造商控制不同的加工过程;

⑤“F”:必须回到原相同刀位的标识符;

⑥“L”:锁定刀位的标识符。

注意:在将“EDIT”(编辑)切换到“OFF”(关闭)或退出刀具表前,修改不生效。

延伸思考

刀具的每一个参数在生产加工中都能起到一定的作用。同理,每一个人对于社会的发展也都会起到一定的作用,拥有自己的价值。

6. 手动状态下的“M”“S”“F”功能

主轴转速“S”、进给速率“F”和辅助功能 M 功能在“手动操作”和“电子手轮”操作模式下,可用软键输入。

机床所具有的具体辅助功能及其作用将由机床制造商决定,特别是某些特殊应用的辅助指令。

(1)主轴转速“S”输入。

点击“S”输入主轴转速:

主轴转速 S =

输入所需主轴转速按压【START(启动)】按钮确认。

说明:输入的主轴转速“S”以辅助功能 M 开头,其作用与输入辅助功能 M 相同。

(2)辅助功能 M 输入。

①主轴正转输入 M3;

②主轴反转输入 M4;

③主轴停止输入 M5。

(3)进给速率“F”输入

进给速率“F”操作过程与上相似。首先输入进给速率,输入后,必须用“ENT”键确认而不能用机床的【START(启动)】按钮确认。

进给速率“F”有如下特性:改变主轴转速和进给速率,是通过主轴修调按钮进行,如图 1.48 所示。

图 1.48 进给修调界面

说明:

①主轴转速“S”和进给速率“F”可用倍率调节旋钮在设置值的 0 ~ 150% 之间改变。

②主轴转速的倍率调节旋钮仅能用于主轴具有无级变速驱动功能的机床上。

视频

MDI操作功能

二、 MDI 操作

用“手动数据输入定位”操作模式能非常方便地执行简单加工操作

或刀具预定位。在该模式下可以用“HEIDENHAIN”对话格式编写程序或 ISO 格式编写短程序并立即执行。还可以调用 TNC 固定循环。编写的程序被保存在 MDI 文件中。在“手动数据输入定位”操作模式下，还可以显示附加的状态信息。

(1)手动数据输入(MDI)定位。

点击按钮，选择“手动数据输入定位”操作模式。在 MDI 文件中编写程序。要开始执行程序，按机床的【START(启动)】按钮。

限制不能使用 FK 自由轮廓编程、编程图形和程序运行图形显示功能。在 MDI 文件中不能包含程序调用(PGM CALL)。

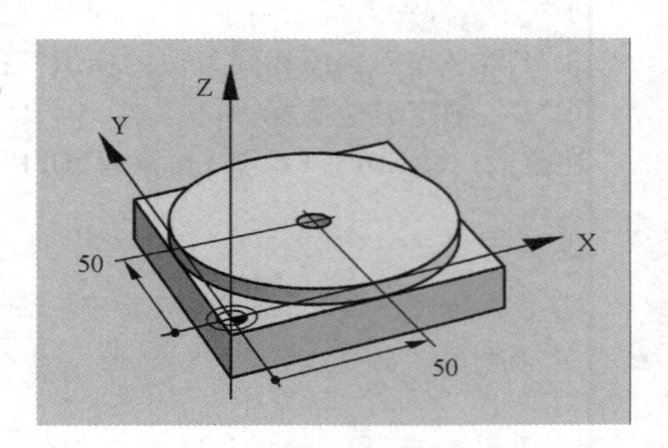

图 1.49　实例 1

【例 1-1】　如图 1.49 所示，在一个工件上钻一个深度为 20 mm 的孔。夹紧并对正工件和设置原点后，编写几行钻孔程序(表 1-3)并执行。

首先，在程序段 L(直线程序段)将刀具预定位至孔的圆心坐标处，使刀具位于工件表面之上 5 mm 的安全高度处，然后用循环钻孔命令循环操作。

表 1-3　(啄钻)钻孔程序

0 BEGIN PGM MDI MM	
1 TOOL DEF 1 L +0 R +5	定义刀具：标准刀具，半径值为 5 mm
2 TOOL CALL 1 Z S2000	调用刀具：刀具轴 Z，主轴转速 2 000 r/min
3 L Z +200 R0 FMAX	退刀 (FMAX = 快速移动)
4 L X +50 Y +50 R0 FMAX M3	刀具以快速移动速度移至要钻的孔上方，主轴转动
6 CYCL DEF 200 DRILLING	定义钻孔 (DRILLING)循环
200 =5；设置安全高度	刀具在要钻孔上方的安全高度
Q201 = -15；深度	孔的总深度(代数符号 = 加工方向)
Q206 =250；切入进给速率	啄钻的进给速率
Q202 =5；切入深度	退刀前每次进给的深度
Q210 =0；顶部停顿时间	每次退刀后的停顿时间，以秒为单位
Q203 = -10；表面坐标	工件表面坐标
Q204 =20；第二安全高度	刀具在要钻孔上方的安全高度
Q211 =0.2；底部停顿时间	在孔底的停顿时间，以秒为单位
7 CYCL CALL	调用钻孔(DRILLING)循环
8 L Z +200 R0 FMAX M2	退刀
9 END PGM $ MDI MM	程序结束

【例 1-2】　使用旋转工作台校正机床上未对正的工件。

用 3D 测头旋转坐标系统(《测头循环用户手册》中的“未对正工件的补偿”部分)。写下旋转角度并取消“基本旋转”。

点击按钮，选择“手动数据输入（MDI）”操作模式定位。

点击 IV 按钮，选择旋转工作台轴，输入先前写下的旋转角度并设置进给速率，例如：C +2.561　F50。

点击 END 按钮，结束输入。

按机床【START（启动）】按钮，旋转工作台开始校正工件对正。

（2）保护与删除 MDI 中的程序。

①通常 MDI 文件只用于临时所需的短程序。虽然如此，必要时还可以按如下步骤将其保存起来：

a. 点击按钮，选择“程序编辑”操作模式。

b. 点击 PGM MGT（程序管理）按钮，调用文件管理器。

c. 点击按钮，将高亮条移至 MDI 文件上。

d. 点击 复制 ABC→XYZ，选择文件复制功能。

e. 目标文件 = BOREHOL 输入准备保存当前 MDI 文件内容的文件名。

f. 点击 执行 复制文件。

g. 点击 结束 关闭文件管理器。

视频

DMU60机床编辑、测试、单段、自动等其他功能

②用类似的方法删除 MDI 文件内容：

与复制不同，按“DELETE ”（删除）键将把文件删除。下一次选择“手动数据输入定位”操作模式时，TNC 将显示一个空的 MDI 文件。

如果想删除 MDI 文件，则一定不能选择“手动数据输入定位”操作模式。在“程序编辑”操作模式下也不能有被选择的 MDI 文件。

三、　程序编辑操作

用这个操作模式编写零件程序。FK 自由编程功能、多个循环和 Q 参数功能帮助用户编程和添加必要信息。根据需要，编程图形或 3D 线图（此为 FCL 2 功能）功能可以显示编程运动路径。根据案例图样显示的问题可以返回到编辑状态进行程序的修改，如图 1.50 和图 1.51 所示。

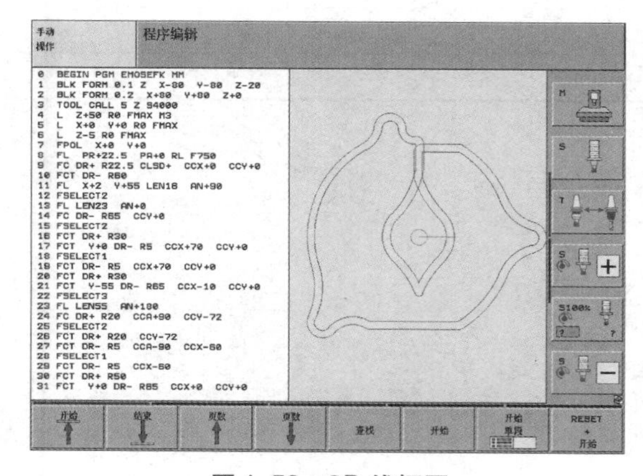

图 1.50　2D 线框图

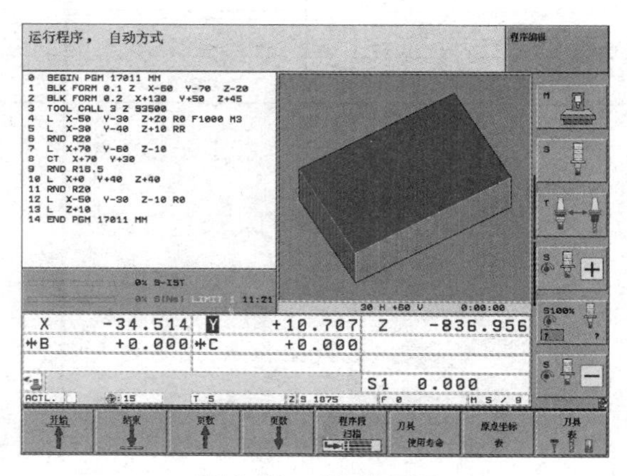

图 1.51　3D 显示图

延伸思考

通过学习、使用编辑、测试、单段、自动功能，使我们能领悟到做任何事情都要充满耐心、建立自信、养成一丝不苟的做事好习惯才能取得更好的成绩。

学习效果评价

学习评价表

单位		学号		姓名		成绩	
		任务名称					
评价内容		配分(分)	得分与点评				
一、成果评价:60分							
能正确使用手动按钮		15					
能使用手动进行轴移动		15					
手动下进行主轴激活		15					
手动下能进行坐标系激活		15					
二、自我评价:15分							
学习活动的主动性		5					
独立解决问题能力		3					
工作方法正确性		3					
团队合作		2					
个人在团队中作用		2					
三、教师评价:25分							
工作态度		8					
工作量		5					
工作难度		5					
工具使用能力		2					
自主学习		5					
学习或教学建议							

延伸阅读 理想

理想信念是心灵世界的深层核心。有无理想信念，就像一道分水岭，把高尚充实的人生与庸俗空虚的人生区别开来。有志之人立长志，无志之人常立志。人生需要树立科学的理想信念。因此，帮助大学生树立科学的理想和信念显得至关重要。

“从19世纪中叶到20世纪中叶的一百年间，中国人民的一切奋斗，都是为了实现祖国的独立和民族的解放，彻底结束民族屈辱的历史。这个历史伟业，我们已经完成了。”这就是说，那一百年间，中国人民的理想是祖国的独立和民族的解放，奋斗的结果是1949年建立了中华人民共和国，中国人民站起来了。

"从20世纪中叶到21世纪中叶的一百年间，中国人民的一切奋斗，则是为了实现祖国的富强，人的富裕和民族的伟大复兴。这个历史伟业，我们党领导全国人民已经奋斗了50年，取得了巨大的进展，再经过50年的奋斗，也必将胜利完成。"这就是说，今天中国人民的理想是祖国的富强，人民的富裕和民族的伟大复兴。

社会主义现代化的宏伟事业需要我们去建设，中华民族的伟大复兴将在我们的手中实现，党和人民殷切期望我们志存高远，在改革开放和现代化建设的广阔舞台上，充分发挥自己的聪明才智，展现自己的人生价值，努力创造无愧于时代和人民的业绩。

"樱桃好吃树难栽，不下苦功花不开。"理想是美好的，令人向往的，但理想不会自行到来。只有立志高远，充分理解和正视实现理想的艰巨性，才能在社会实践和艰苦奋斗中把理想转化为现实。架起通往理想彼岸的桥梁需要做到：

第一、立志当高远。

这里的"志"就是理想，是对未来目标的向往。青年时期是理想形成的重要时期，也是立志的关键时期。立志是一件很重要的事情。工作随着志向走，成功随着工作来，这是一定的规律。立志、工作、成功是人类活动的三大要素。所谓志，乃是理想、决心、毅力。立志，首先是解决理想问题。可以说，理想并不专属于青年，但对青年尤为重要。人生进入青年时期，生活之路刚刚开始，面临着一系列重要的生活课题。需要人生的指路灯，这就是理想。青年时期是理想的形成时期，是立志的关键阶段。远大的理想像太阳，唯其大，才有永不枯竭的热量；远大的志向像灯塔，唯其高，才能指引前进的航程。

在无产阶级革命史上，无数的英雄人物和革命领袖，在青年时期就立下了伟大的志向，并为之奋斗不息，为人类做出了巨大的贡献。马克思在青年时代就立下了为人类幸福献身的崇高志向。毛泽东15岁就"身无半文，心忧天下"，立志让祖国"富强、独立起来"，他把自己"自信人生二百年，会当击水三千里"的豪情壮志与中国人民的命运紧密相连，终于带领中国人民推翻了"三座大山"，建立了中华人民共和国，也成就了世界公认的一代伟人。大量的事实告诉我们，一个人在事业上所取得的成就，与他在青年时期就立下志向并不懈奋斗是分不开的。

第二、立志做大事。

建设中国特色社会主义，把我国建设成富强民主的现代化国家，是全国人民的共同理想。新时代的大学生在确立理想时，不能局限于对自我个人的前途命运的关心，应把个人放之于社会历史发展的大背景下考虑，必须正确处理个人理想与社会理想的关系。把自身的个人理想自觉地同共同理想统一起来，才能真正有所作为。

个人理想与社会理想的关系是辩证统一的。社会理想决定、制约着个人理想。个人理想虽然是由自己来确立，但它所反映的内容是客观的，是时代所赋予的。个人的理想只有具备了社会的意义，才是真实美好的。因此，个人理想的建立要有社会理想作指导，个人理想只有与国家的前途、民族的命运相结合，同社会的需要和人民的利益相一致，才可能变为现实。如果仅仅从个人出发去设计和追求个人理想，这种"理想"必定是苍白的、渺小的，往往会在现实中碰壁，甚至出现损害国家利益、集体利益和他人利益的后果。努力为实现现阶段我国人民的共同理想而奋斗是时代对中国青年的要求。邓小平指出："现在中国提出'四有'，有理想、有道德、有文化、有纪律。其中我们最强调的，是有理想。"青年应当不断学习，像历史上有作为的人们那样，珍惜青春年华，立下符合社会需要、适合自身情况的远大志向和崇高理想。

事实上，理想的形成，总是从具体到一般，从低层次向高层次发展的。个人理想是社会理想的起点与基础，而社会理想则是个人理想的升华。社会理想决定、制约着个人理想，个人理想要体现社会理想，只有升华为社会理想，才更深刻，更富有意义。

第三、立志须躬行。

千里之行，始于足下。实现崇高的理想，要从我做起，从现在做起，从平凡的工作做起。古人说得好："道虽迩，不行不至；事虽小，不为不成。"理想之所以美好，不仅仅在于它的最终实现，而且体现在其实现过程中，体现在实现理想的平凡劳动中。列宁说："要成就一件大事业，必须从一点一滴做起。""少说些漂亮话，多做些日常平凡的事情。"伟大来自平凡，任何伟大成就，都是由无数具体、平凡的工作积累、发展起来的。实现理想目标如同登台阶，要经过许多中间步骤才能最后到达。而每一步、每一个小目标的完成都会给人一种踏实感、满足感，同是也增强了实现理想目标的信心。因此，在实现人生理想的过程中，必须脚踏实地、一步一个脚印地从身边的小事做起。对于大学生来说，要从学好每一门功课、培养各方面能力、提高基本素质做起，抓住大好时光，刻苦攻读，全面锻炼。为今后实现自己的理想做好准备、打好基础。

故事评析：朱英富——舰船人生

虽然此前并不为公众所熟知，但在中国舰船设计行业内，"辽宁号"总设计师朱英富却早已是大名鼎鼎。朱英富，浙江宁波人，1941 年出生于上海，1966 年，他从上海交通大学研究生毕业。毕业后，朱英富一直在位于武汉的 701 所工作，主持过 F25T 型护卫舰、新一代两型驱逐舰等多个型号的水面舰船设计工作，曾任 701 所所长。2011 年当选为中国工程院院士。

朱英富回忆了他在上海交大的学习生活和师友，还有他一生钟爱的舰船工作。谦逊朴素的话语中，有对自己的审视，有对后辈学子的期望，更有对舰船这个他充满深情的专业的期待，对祖国强盛的信念。他说从大学毕业后，自己到了武汉 701 所，一直到现在，40 多年，就是从一个小技术员一点点这么过来的。刚来时工作并不饱满，就利用机会多学习些工程设计知识。到 20 世纪 90 年代以后工作就比较饱满了，国家经济也好了，工业也在快速发展，各种高端科技应运而生。他在所里有幸从一个技术员做起，后来担任过三个型号的总设计师。第一次是搞一个护卫舰，出口泰国，因为是第一次做总设计师，实际上是边学习边做。到 1995 年，他当了一型驱逐舰的总设计师，就是现在的中华神盾舰。2004 年起，朱英富担任我国第一艘航空母舰辽宁舰总设计师。他曾在一次公开演讲中谈到"辽宁"舰设计的内幕，当时，任务定下来交到它手上的时候，时间非常紧张，要求到 2012 年交船。"瓦良格"拖来时只有一个壳体，也没有设计图样，没有规范，没有经验。朱英富回忆说，虽说当时我们有很多造舰船的经验，但造航母跟造驱逐舰还是有很大的差异的。做个比喻吧，造驱逐舰像造一个大楼一样，造航空母舰像设计一个小区，整个配套、运转都不一样，涉及许多新的设计理念。30 万吨巨型油轮有 30 多个舱室，大型驱逐舰有 300 多个舱室，而航母则有 3 600 个舱室，光零件就有几十万个，每个都要求万分精准。于是，他和他的团队在论证中做了很多工作，很多需求是根据军地双方共同研究后提出来的。通过供需双方大量地、不断地交流，提出我们国家第

一艘航空母舰到底要搞成什么样的。经过 8 年努力，最终将一座“烂尾楼”建成了具有较强作战能力的航空母舰！

正是因为心怀“辽阔海疆守安宁，只要国家需要愿一直做下去”。的崇高人生理想，才铸就了朱英富从一名普通学子成为有理想、有能力、有担当的国之栋梁。他对我们新时代大学生最厚重的寄语就是“努力学习打好基础，学好本领报效祖国”。

任务五 DMU60 型数控多轴机床刀库刀具操作

知识、技能目标

1. 掌握铣削刀具的相关参数含义及作用。
2. 掌握海德汉 ITNC530 数控系统刀具的参数输入及编写方法。

思政育人目标

1. 培养学生自信心。
2. 培养学生工匠精神，加强效率意识。
3. 培养学生社会责任感，提高遵守社会规范意识。

任务描述

1. 了解熟悉数控铣刀的各个刀具角的作用。
2. 通过课程学习初步掌握根据不同材料选择不同的刀具的方法。

任务实践

数控刀具是机械制造中用于切削加工的工具，又称切削工具。广义的切削工具既包括刀具，还包括磨具；同时数控刀具除切削用的刀片外，还包括刀体和刀柄等附件。

一、 DMU60 型数控多轴机床刀具相关数据

1. 刀具的几何要素

刀具作为具有既定功能的金属切削工具，其性能除了决定于刀具材料和涂层以外，还决定于刀具切削部分的几何参数。刀具的切削部分是一个由几何参数确定的几何体。由于刀具切削部分直接参与切削过程，其几何参数关系着切削时金属的变形、切屑与刀具的摩擦、工件已加工表面与刀具的摩擦等，从而影响

切削力、切削热及刀具的磨损；此外，还影响工件已加工表面的形状和质量、切屑的卷曲、折断和流向的控制等，从而对刀具的切削性能和切削效果起重大的作用。因此，了解刀具几何参数与切削性能和切削过程的关系是设计刀具和合理使用刀具的前提。

刀具切削部分的具体形状因刀具类别不同有很大的区别，但是它们参加切削的部分在几何特征和各几何要素的功能上却具有共性。下面就以铣刀为例，分析铣刀的几何要素，如图 1.52 所示。

●视频

DMU60机床刀具相关数据

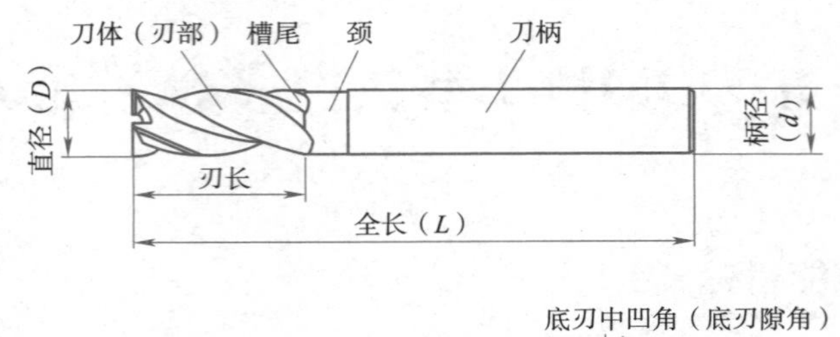

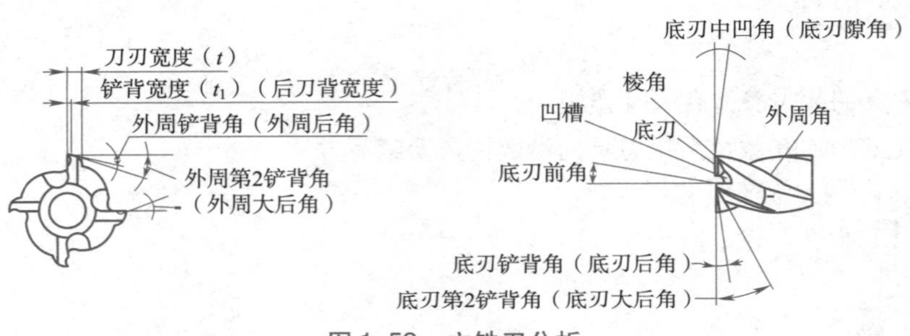

图 1.52　立铣刀分析

（1）前刀面：是直接挤压金属形成切屑并引导切屑排出的表面，它与切屑产生剧烈的摩擦，金属变形的热量和与切屑摩擦的热量是刀具两个主要热源，因此前刀面刀尖附近区域温度很高。前刀面的形状、倾角是刀具控制切屑卷曲、折断和流向的要素。

（2）主后刀面：是刀具上与工件上的加工表面相对着并且相互作用的表面，称为主后刀面。主后刀面与过渡表面或切削表面之间的摩擦是切削过程中形成切削热的部分。

（3）主切削刃：是前刀面与主后面相交形成的刀刃，起着对金属切入、切离的作用，是切削过程中载荷和热量最集中的部位。

（4）副后刀面：是与主后面相连并与前刀面一起三者共同构成刀尖和副切削刃的表面。除某些类型的刀具以外，对于大多数刀具它为实现走刀、进行连续切削和刀具的实际应用提供了可能，副后面对着已加工表面并与已加工表面之间有一个隙角，以减少副后面与已加工表面的摩擦。

（5）副切削刃：是副后面与前刀面相交形成的刀刃，与主切削刃相连。因切削时有一定的切削厚度，刀尖埋入工件材料内部，副切削刃也参与对部分金属的切入、切离工作，并共同形成已加工表面和形态。副切削刃与主切削刃连接形成刀尖，为提高刀尖强度并加大散热的体积，或减小已加工表面的粗糙度，可将刀尖倒圆或倒角，在主、副切削刃之间形成过渡刃。

刀具的几何参数就是用以确定几何要素在空间位置的角度参数或与形状相关的参数。这些几何要素的位置、形状决定了刀具的切削性能，关系着刀具的锋利程度、承载能力、摩擦力的大小和散热快慢等，因此决定着切削的效率及刀具的磨损消耗。

2. 刀具的几何角度

刀具的几何角度是把刀具放在与其工作位置相关的坐标系里并在规定的截面内测量的角度值，其值因坐标系或截面的不同而变化。刀具在正交坐标参考系中各截面的主要几何角度，包括前角(γ_0)、后角(α_0)、主偏角(κ_r)、副偏角(κ_r')、刃倾角(λ_s)。刀具的切削性能与刀具的这些几何角度有着密切的关系，并随着刀具材料、工件材料、工序类别、加工条件的不同而变化，面铣刀几何角度如图 1.53、图 1.54 所示。

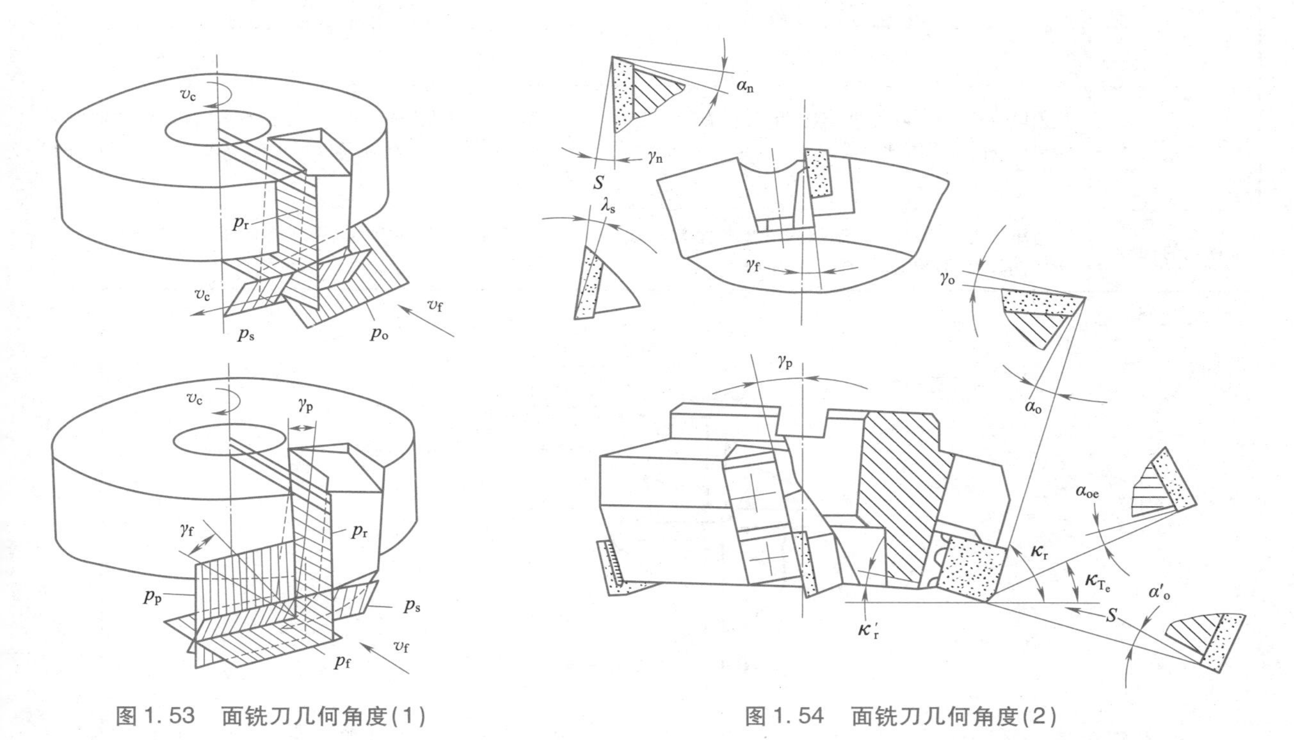

图 1.53　面铣刀几何角度(1)　　图 1.54　面铣刀几何角度(2)

(1)前角：是刀具上最重要的一个角度。增大前角，切削刃锐利，切削层金属的变形小，减小切屑流经前刀面的摩擦阻力，因而切削力和切削热会降低，但刀具切削部分的强度和散热能力将被削弱。显然，前角取得太大或太小都会降低刀具的寿命。前角的合理数值主要根据工件材料来确定，加工强度、硬度低，塑性大的金属，应取较大前角；而加工强度、硬度高的金属，应取较小前角。由于硬质合金的抗弯强度较低、性脆，所以，在相同切削条件下其合理前角的数值通常均小于高速钢刀具，见表 1-4。

(2)后角：后角的主要作用是减小后刀面与工件间的摩擦，同时，后角的大小也会影响刀齿的强度。由于铣刀每齿的切削厚度较小，所以后角的数值一般比车刀的大，以减小后刀面与工件间的摩擦。例如粗加工铣刀或加工强度、硬度较高的工件时，应取较小后角，以保证刀齿有足够的强度。在加工塑性大或弹性较大的工件时，后角应适当加大，以免由于已加工表面的弹性恢复，使后刀面与工件的摩擦接触面过大，立铣刀后角示意图如图 1.55 所示。

注意：高速钢刀具的后角可比同类型硬质合金刀具的后角稍大些。

表 1-4　在相同切削条件下不同材料的前角

前角	正前角刃型	负前角刃型
放大图	后刀面 前刀面（刀背） 前角 正前角刃	后刀面 前刀面（刀背） 前角 负前角刃
特点	刃口锋利，切削阻力小，即便在低速条件下也可获得良好的加工表现粗糙度	不易崩刃，但切削阻力大，在低速条件下加工会降低加工表面粗糙度；但在高速条件下也能获得良好的加工表面粗糙度
使用的材料	适用于容易产生挤裂和熔附现象的柔软材质。例如：铜、铝、不锈钢、普通钢、调质钢等	适用于容易产生崩刃的高硬度钢的加工，铸铁等

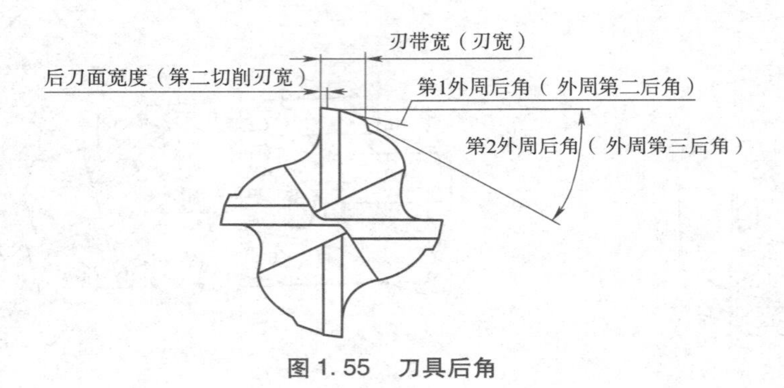

图 1.55　刀具后角

(3)螺旋角：它实际上是圆柱铣刀或立铣刀的刃倾角。螺旋角为0°时，切削刃沿其全长同时切入工件，最后又同时离开，所以容易产生振动。加大螺旋角后，各刀齿沿切削刃逐渐切入和切出，从而提高了切削过程的平稳性。此外，加大螺旋角，可以获得斜刃切削的效果，使实际前角加大，并可提高工件的加工表面质量，这就是大螺旋角铣刀切削效果的主要原因。但螺旋角过大或过小都会降低刀具的寿命，因此，应根据具体的切削条件，确定合理的数值，刀具螺旋角如图 1.56 所示。

(4)刃倾角：它是铣刀的一个重要角度。刃倾角对切屑的流向有着决定性的影响，当刃倾角为正值、负值或为零时，切屑的排出方向不同。其中刃倾角为负值时，切屑成螺卷形较轻快地流出，可以减小所需要的容屑空间。刃倾角的取值，还影响刀齿的切入情况，进而影响刀齿的抗冲击能力。

3. 铣刀种类及用途分类

(1)按用途分。

①圆柱形铣刀。用于在卧式铣床上加工平面。刀齿分布在铣刀的圆周上按齿形分为直齿和螺旋齿两种。按齿数分粗齿和细齿两种。螺旋齿粗齿铣刀齿数少，刀齿强度高，容屑空间大，适用于粗加工，细齿铣刀适用于精加工。

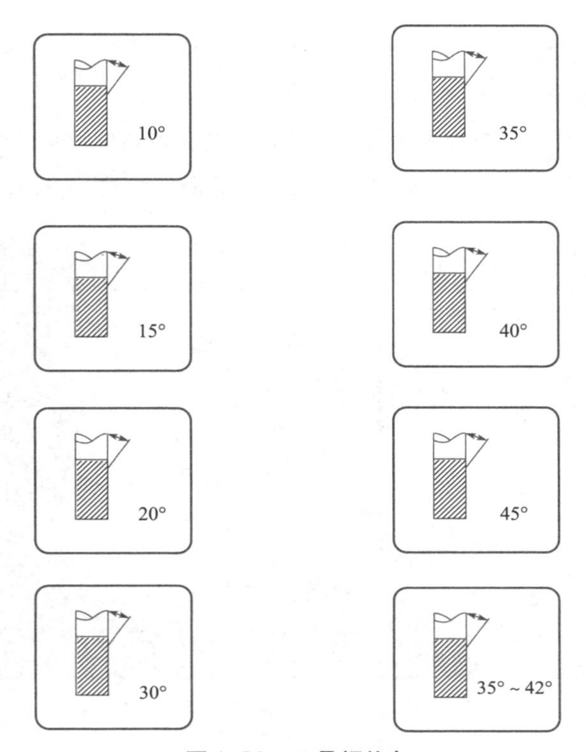

图 1.56　刀具螺旋角

②面铣刀。面铣刀用于立式铣床、端面铣床或龙门铣床上加工平面、端面。面铣刀圆周上均有刀齿，刀齿有粗齿和细齿之分，其结构有整体式、镶齿式、同转位式三种。

③立铣刀。用于加工沟槽和台阶面等，刀齿在圆周和端面上，工作时不沿轴向进给。当立铣刀上有通过中心的端齿时可轴向进给。

④三面刃铣刀。三面刃铣刀除圆周表面具有主切削刃外，两侧面也有副切削刃，从而改善了切削条件，提高了切削效率并减小了表面粗糙度。三面刃铣刀主要用于中等硬度、强度的金属材料的台阶面和槽形面的铣削加工，也可用于非金属材料的加工，超硬材料三面刃铣刀主要用于难切削材料的台阶面和槽形面的铣削加工。包括铣削定值尺寸的凹槽，也可铣削一般凹槽、台阶面、侧面。

⑤角度铣刀。用于铣削成一定角度的沟槽，有单角和双角铣刀两种。

⑥锯片铣刀。用于加工深槽和切断工件，其圆周上有较多的刀齿。为了减少铣削时的摩擦，刀齿两侧有 15′～1°的副偏角。

此外还有键槽铣刀、燕尾槽铣刀、T 形槽铣刀和各种成形铣刀等。

(2)按结构分。

①整体式：刀体和刀齿制成一体。

②整体焊齿式：刀齿用硬质合金或其他耐磨刀具材料制成并焊接在刀体上。

③镶齿式：刀齿用机械夹固的方法紧固在刀体上。这种可换的刀齿可以是整体刀具材料的刀头也可以是焊接刀具材料的刀头。刀头装在刀体上刃磨的铣刀称为体内刃磨式，刀头在夹具上单独刃磨的铣刀

称为体外刃磨式。

④可转位式:这种结构已广泛用于面铣刀、立铣刀和三面刃铣刀等。

4. 机床刀具相关参数的设定操作过程

DMU60 型数控多轴机床海德汉数控系统刀具(立铣刀)相关参数的设定需要在手动操作模式下进行。点击操作面板上的(手动操作)图标,TNC 切换至手动操作模式,如图 1.57 所示。

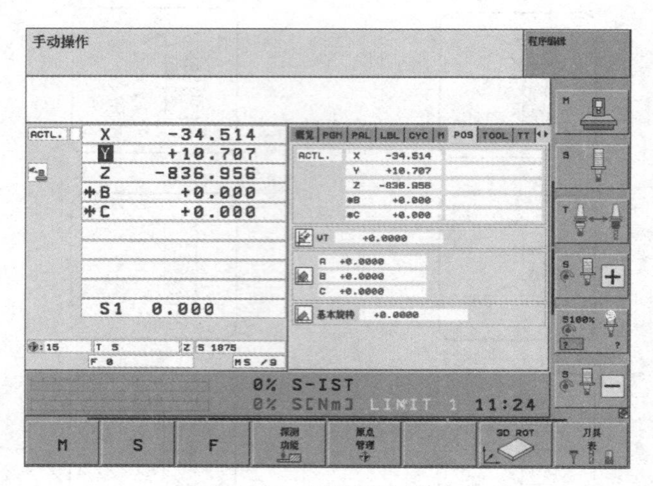

图 1.57 手动模式界面

在该模式下选择下排功能区的刀具表功能,进入刀具相关参数的设置模式,如图 1.58 所示。刀具具体参数取值范围见表 1-5(注:刀具表永久保存在“TNC:\”目录下)。

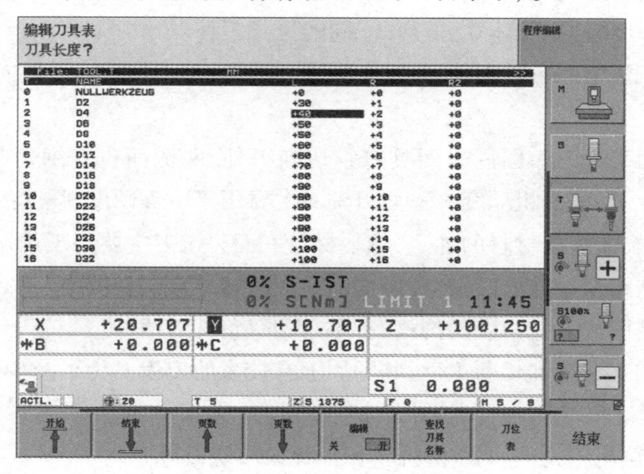

图 1.58 刀具表显示界面

在刀具表中主要更改刀具的相关参数,例如刀具的刀长、半径等。操作过程是找到键点击“开”,使其处于打开状态。通过鼠标进行安装刀具的位置选择,再对其进行参数修改。

①刀具号和刀具名称：在海德汉数控系统中刀具的调用方式有两种，一种为刀具号码的调用，如"TOOL CALL 1 Z S1800"。该方法是指加工刀具在刀库中的哪个位置，加工时就调用刀库中的对应号码即可(注：刀具在刀具表中的位置与刀库中的位置要重合)。另一种为刀具名称的调用，如"TOOL CALL "D10" Z S1800"。该方法是指加工调用时选择刀具在刀具表中的名称。

②刀具长度"L"：刀具长度中输入的参数是刀长计算点到刀具下端面最低点的绝对长度，该数值为正值，如图 1.59 所示。

表 1-5　海德汉 530 系统中刀具参数输入数据说明

刀具表中缩写	说明	窗口对话
T	在程序中调用的刀具编号	
NAME	程序中调用该名的刀具。 输入范围：最多 32 个字符，仅限大写字母，无空格	刀具名称
L	刀具长度"L"的补偿值。 输入范围（mm）：-99999.9999 至 +99999.9999 输入范围（英寸）：-3936.9999 至 +3936.9999	刀具长度
R	刀具半径"R"补偿值。 输入范围（mm）：-99999.9999 至 +99999.9999 输入范围（英寸）：-3936.9999 至 +3936.9999	刀具半径
R2	盘铣刀半径"R2"（仅用于球头铣刀或盘铣刀加工时的 3D 半径补偿或图形显示）。 输入范围（mm）：-99999.9999 至 +99999.9999 输入范围（英寸）：-3936.9999 至 +3936.9999	
DL	刀具长度"L"的差值。 输入范围（mm）：-999.9999 至 +999.9999 输入范围（英寸）：-39.37 至 +39.37	刀具长度正差值
DR	刀具半径"R"的差值。 输入范围（mm）：-999.9999 至 +999.9999 输入范围（英寸）：-39.37 至 +39.37	刀具半径正差值
LCUTS	循环 22 的刀刃长度。 输入范围（mm）：0 至 +99999.9999 输入范围（英寸）：0 至 +3936.9999	沿刀具轴的刀刃长度
ANGLE	循环 22，208 和 25x 往复切入加工时刀具的最大切入角。输入范围：0 至 90°	最大切入角
TL	设置刀具锁定（TL：Tool Locked）。 输入范围："L"或空格	刀具锁定？ 是 = ENT / 否 = NO ENT
RT	如有备用刀，备用刀编号（RT：Replacement Tool；参见 TIME2）。输入范围：0 至 65535	备用刀
TIME1	以分钟为单位的刀具最大使用寿命。该功能与具体机床有关。更多信息，可查阅《机床操作手册》。 输入范围：0 ~ 9999 min	刀具最长寿命

续表

刀具表中缩写	说明	窗口对话
TIME2	TOOL CALL(刀具调用)期间以分钟为单位的刀具最长使用寿命:如果当前刀具的使用时间达到或超过此值,TNC 将在下一个 TOOL CALL (刀具调用)期间换刀 (参见 CUR_TIME)。 输入范围:0 ~ 9999 min	刀具调用的刀具最长寿命
CUR. TIME	以分钟为单位的当前刀具使用时间:TNC 自动计算当前刀具使用寿命(CUR. TIME)。可为已用刀具输入起始值。输入范围:0 至 99999 min	当前刀具寿命
DOC	刀具注释。输入范围:最多 16 个字符	刀具注释
PLC	传给 PLC 的有关该刀具的信息。输入范围:8 字符编码	PLC 状态
PLC-VAL	传给 PLC 的有关该刀的值。 输入范围: -99999. 9999 至 +99999. 9999	PLC 值
PTYP	型腔表中的刀具类型计算	刀位表的刀具类型
NMAX	该刀的主轴转速限速。监视编程值 (出错信息) 并通过电位器提高轴速。输入负值使功能不可用。 输入范围:输入 0 至 +99999,输入负值该功能不可用	最高转速 [r/min]
LIFTOFF	用于确定 NC 停止或供电中断时,TNC 是否需沿刀具轴的正向退刀,避免在轮廓上留下刀具停留的痕迹。如果输入 "Y (是)",只要 NC 程序用 M148 激活了该功能,TNC 将使刀具退离轮廓 30 mm。可输入:"Y"和"N"	是否退刀
P1. . . P3	与机床相关的功能:向 PLC 传输值,参见机床手册。(输入范围: -99999. 9999 至 +99999. 9999)	值 = ?
运动特性	与机床相关的功能:立式铣头的运动特性描述,TNC 将其添加到当前机床运动特性中。用 "ASSIGN KINEMATICS (指定运动特性)" 键指定已有运动特性描述。输入范围:最多 16 个字符	附加运动特性描述
刀尖角	用于定心循环 (循环 240),以便用直径信息计算定心孔深度。 输入范围: -180 ° ~ +180°	刀尖角 (类型钻孔 + 锪孔)
螺距	刀具的螺纹螺距 (现在不可用)。 输入范围 (mm):0 至 +99999. 9999 输入范围 (英寸):0 至 +3936. 9999	螺纹螺距 (仅限攻螺纹类型)
AFC	AFC. TAB 表的 "NAME (名称)" 列中定义的自适应进给控制(AFC)的控制设置值。 用"ASSIGN AFC CONTROL SETTING(指定 AFC 控制设置值)"键启用反馈控制法。 输入范围:最多 10 个字符	反馈控制法
DR2TABLE	3D-ToolComp 软件选装项:输入补偿值表名,TNC 用该表中与角度相关的半径差值 DR2 输入范围:最多 16 个字符无文件扩展名	补偿值表
LAST_USE	用"TOOL CALL"指令最后插入刀具的日期和时间。 输入范围:最多 16 个字符,系统要求的格式为:"日期 = yyyy. mm. dd","时间 = hh. mm"	最后一次刀具调用的日期 / 时间
ACC	激活或取消相应刀具当前有效的振纹控制功能。 输入范围:0 (不可用) 和 1 (可用)	ACC 状态 1 = 可用 /0 = 不可用

注意：

①刀长计算点可以是主轴端面，也可以是主轴轴线上的某一个固定点，需要机床厂家给定位置或随机床附带一把标准刀具。

②标准刀具是带有绝对长度数值的测量工具，可以通过标准刀具找到机床的刀具长度计算点。

③刀具直径 D_3 和刀尖圆角半径 R_C：刀具半径 D_3 指的是刀具的柱面直径值，R_C 指的是刀具刀尖圆角数值，如图 1.60 所示。

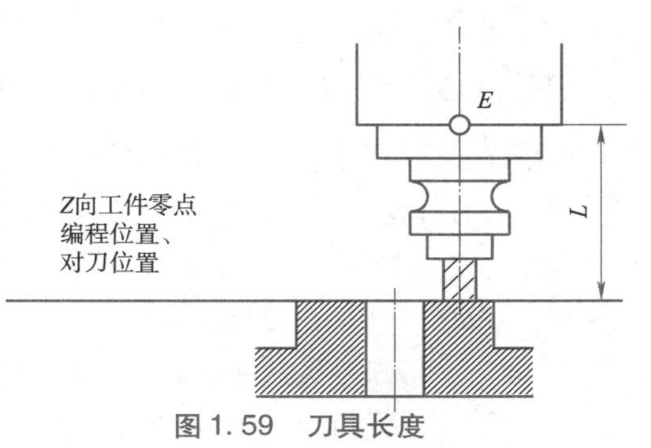

图 1.59　刀具长度

L—刀具长度；E—机床主轴端面或刀长计算点

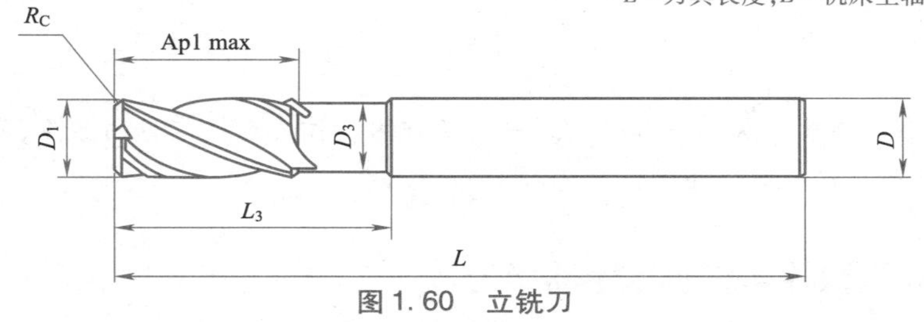

图 1.60　立铣刀

D_1——刀具切削部分直径；R_C ——刀具刀尖圆角

④建立刀位表。对于自动换刀装置，需要用到刀位表“TOOL_P. TCH”。TNC 可以管理使用任何文件名的多个刀位表。要为程序运行激活特定刀位表，必须在“程序运行”操作模式（状态 M）的文件管理器中选择该刀位表。为了能在刀位表（刀位索引编号）中管理不同的刀库，机床参数 7 261.0 ~ 7 261.3 不允许为 0。

TNC 可以控制刀位表中的刀位数量多达 9999 个。

在“程序运行”操作模式中编辑刀位表，如图 1.61 所示。

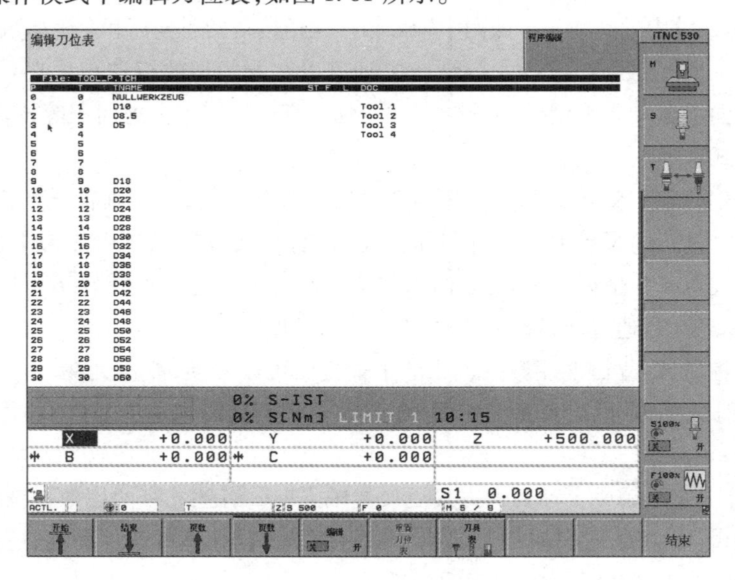

图 1.61　刀具表参数

选择刀具表：点击“TOOL　TABLE（刀具表）”键。

选择刀位表：点击“POCKET　TABLE（刀位表）”键。

使“EDIT（编辑）”软件“ON（开启）”（有的机床可能没有该功能）。

“P”：刀具在刀库中的刀槽（刀位）。

“T”：刀具表中的刀具号，用于定义刀具。

“TNAME”：如果在刀具表中输入了刀具名称，TNC自动创建名称。

“ST”：　特殊刀具。可用于机床制造商控制不同的加工过程。

“F”：　必须回到原相同刀位的标识符。

“L”：锁定刀位的标识符。

延伸思考

刀具的每一个参数在生产加工中都是起到一定的作用。作为在校学习的学生，要对自己有信心，努力学习，将来才能对社会的发展做出应有的贡献。

二、 DMU60型数控多轴机床手动换刀

DMU60型数控多轴机床刀具装在机床主轴上，主轴的结构决定装刀的可靠性。因此，在学习DMU60型数控多轴机床手动换刀方法的同时，还要了解机床及主轴的分类和结构特点。

1．数控铣床按主轴位置分类

（1）立式数控铣床：立式数控铣床主轴轴线垂直于水平面，是数控铣床中常见的一种布局形式，应用范围广泛。从机床数控系统控制的坐标数量来看，目前2坐标数控立式铣床仍占大多数，一般可进行3坐标联动加工，但也有部分机床只能进行3个坐标中的任意两个坐标联动加工（常称为2.5坐标加工）。此外还有机床主轴可以绕X、Y、Z坐标轴中的其中一个或两个轴做数控摆角运动的4坐标和5坐标数控立式铣床。

•视频

DMU60机床手动换刀

（2）龙门式数控铣床：数控龙门铣床主轴可以在龙门架的横向与垂直导轨上运动，龙门架则沿床身做纵向动运动。大型数控铣床，考虑到扩大行程、缩小占地面积等技术上的问题，往往采用龙门架移动式。

（3）卧式数控铣床：卧式数控铣床与普通卧式铣床相同，其主轴轴线平行于水平面，主要用于加工箱体类零件。为了扩大加工范围和扩充功能，卧式数控铣床通常采用增加数控转盘或万能数控转盘来实现4、5坐标加工。这样，不但工件侧面上的连续回转轮廓可以加工出来，而且可以实现在一次安装中，通过转盘改变工位，进行“四面加工”。

（4）立卧两用数控铣床：立卧两用数控铣床的主轴方向可以更换，能达到在一台机床上既可以进行立式加工，又可以进行卧式加工，同时具备上述两类机床的功能，其使用范围更广，功能更全，选择加工对象的范围更大。

立卧两用数控铣床靠手动或自动两种方式更换主轴方向。有些立卧两用数控铣床采用的主轴是可以任意方向转换的万能数控主轴，使其可以加工出与水平面呈不同角度的工件表面，还可以在这类铣床的工作台上增设数控转盘，以实现对零件的“五面加工”。

2. 数控铣床主轴形式分类

对于 CNC 加工中心来说主轴是非常重要的零部件之一，决定了加工中心的转速和切削力度，根据形式的不同分为带式主轴、直联式主轴和电主轴三种。

（1）带式主轴

CNC 加工中心带式主轴用途很广泛，从小型到大型加工中心都可以使用。转速不会超过 8 000 r/min，转速越快噪声越大，但传载能力强，适合重切削。

（2）直联式主轴

CNC 加工中心直联式主轴转速都能达到 12 000 r/min，转速越大切削力越小，直联式主轴切削力不如带式主轴，不做重切削。所以使用直联式主轴的加工中心基本上以加工小型零件为主。

（3）电主轴

电主轴是最新型的主轴，主轴转速能达到 50 000 r/min，转速越大切削力度越小，所以电主轴转速大，但切削力小。在我国最常用的是带式主轴及直联式主轴，直联式主轴和电主轴只适用于高速加工中心，如图 1.62 所示。

DMU60 数控五轴机床属于立式铣削加工中心，主轴平行于 Z 轴，垂直于水平面。其主轴形式为直联式主轴方式，最高转速 12 000 r/min。

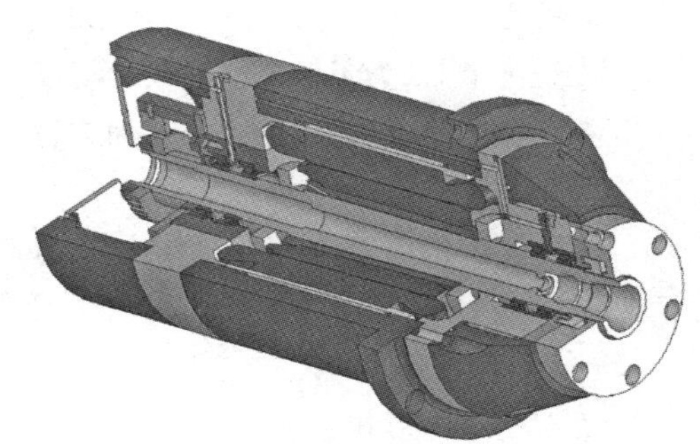

图 1.62 电主轴结构

3. 主轴结构分析

加工中心主传动系统的组成主要分为主轴电动机、主轴传动系统和主轴组件。加工中心的主传动优点为高转速、高回转精度、高机构刚性以及抗振性。CNC 加工中心的主轴系统具备以下特点：

①主轴必须具有一定的调速范围并实现无级变速。

②具有较高的精度与刚度，传动平稳，噪声低。

③升降速时间短，调速时运转平稳。

④主轴组件要有较高的固有频率，保持合适的配合间隙并进行循环润滑等。

⑤有自动换刀和刀具自动夹紧功能。

⑥主轴具有足够的驱动功率或输出转矩。

⑦主轴具有准停功能又称主轴定位功能。

4. 数控铣床刀柄的样式

数控加工对刀具的刚度、精度、耐用度及动平衡性能等方面更为严格。刀具的选择要注重工件的结构与工艺性分析，应结合数控机床的加工能力、工件材料及工序内容等因素综合考虑，数控铣床强力刀柄如图 1.63 所示。

（1）国内标准。

国内应用的数控机床工具柄部及配用拉钉标准：

①GB/T 10944.1—2013，自动换刀 7:24 圆锥工具柄 第 1 部分：A、AD、AF、U、UD 和 UF 型柄的尺寸和标记。

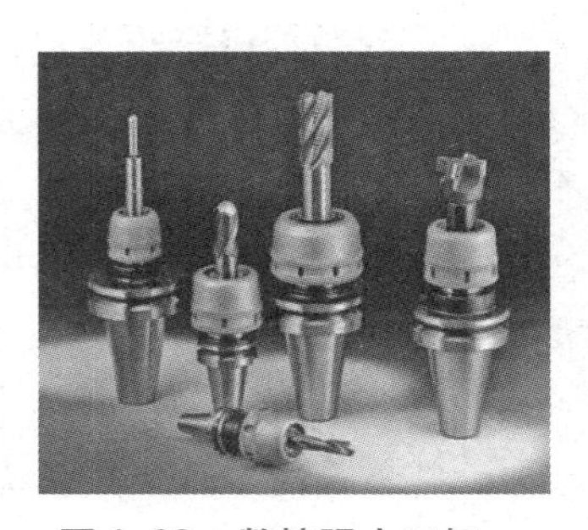

图 1.63 数控强力刀柄

②GB/T 10944.2—2013,自动换刀 7:24 圆锥工具柄 第 2 部分:J、JD 和 JF 型柄的尺寸和标记。

③GB/T 10944.3—2013,自动换刀 7:24 圆锥工具柄 第 3 部分:AC、AD、AF、UC、UD、UF、JD 和 JF 型拉钉。

④GB/T 10944.4—2013,自动换刀 7:24 圆锥工具柄 第 4 部分:柄的技术条件。

⑤GB/T 10944.5—2013,自动换刀 7:24 圆锥工具柄 第 5 部分:拉钉的技术条件。

(2)根据零件加工特点选择刀具。

①加工曲面类零件时,为了保证刀具切削刃与加工轮廓在切削点相切,而避免刀刃与工件轮廓发生干涉,一般采用球头刀,粗加工用两刃铣刀,半精加工和精加工用四刃铣刀;

②铣削较大平面时,为了提高生产效率和提高加工表面粗糙度,一般采用刀片式盘形铣刀;

③铣小平面或台阶面时一般采用通用铣刀;

④铣键槽时,为了保证槽的尺寸精度、一般用两刃键槽铣刀;

⑤孔加工时,可采用钻头等孔加工类工具。

(3)分类。

数控加工常用刀柄主要分为:钻孔刀具刀柄、镗孔刀具刀柄、铣刀类刀柄、螺纹刀具刀柄和直柄刀具类刀柄。

(4)刀柄选择。

①刀柄结构形式。

数控机床刀具刀柄的结构形式分为整体式和模块式两种。整体式刀柄其装夹刀具的工作部分与它在机床上安装定位用的柄部是一体的。这种刀柄对机床与零件的变换适应能力较差。为适应零件与机床的变换,用户必须储备各种规格的刀柄,因此刀柄的利用率较低。模块式刀具系统是一种较先进的刀具系统,每把刀柄都可通过各种系列化的模块组装而成。针对不同的加工零件和使用机床,采取不同的组装方案,可获得多种刀柄系列,从而提高刀柄的适应能力和利用率。

②刀柄结构形式的选择应兼顾技术先进与经济合理。

a. 对一些长期反复使用,不需要拼装的简单刀具以装备整体式刀柄为宜,该刀柄使用刚性好,价格便宜(如加工零件外轮廓用的立铣刀刀柄,弹簧夹头刀柄,钻夹头刀柄等)。

b. 在加工孔径、孔深经常变化的多品种、小批量零件时,宜选用模块式刀柄,以取代大量整体式镗刀柄,降低加工成本。

c. 对数控机床较多,尤其是机床主轴端部、换刀机械手各不相同时,宜选用模块式刀柄。由于各机床所用的中间模块(接杆)和工作模块(装刀模块)都可通用,可大大减少设备投资,提高工具利用率。

(5)刀柄规格。

数控刀具刀柄多数采用 7:24 圆锥工具刀柄,并采用相应形式的拉紧结构与机床主轴相配合。刀柄有各种规格,常用的有 40 号、45 号和 50 号。选择时应考虑刀柄规格,与机床主轴机械手相适应。

(6)刀柄的规格数量。

整体式的 TSG 工具系统包括 20 类刀柄,其规格数量多达数百种,用户可根据所加工的典型零件的数控加工工艺来选取刀柄的品种规格,既可满足加工要求,又不致造成积压。考虑到数控机床工作的同时,还有一定数量的刀柄处于预调或刀具修磨中,因此通常刀柄的配置数量是手续刀柄的 2 ~ 3 倍。

（7）刀具与刀柄的配套。

关注刀柄与刀具的匹配，尤其是在选用加工螺纹刀柄时，要注意配用的丝锥传动方头尺寸。此外，数控机床上选用单刃镗孔刀具可避免退刀时划伤工件，但应注意刀尖相对于刀柄上键槽的位置方向：有的机床要求与键槽方向一致，而有的机床则要求与键槽垂直。

（8）优先选用高效和复合刀柄。

为提高加工效率，应尽可能选用高效率的刀具和刀柄。如粗镗孔可选用双刃镗刀刀柄，即可提高加工效率，又有利于减少切削振动；选用强力弹簧夹头不仅可以夹持直柄刀具，也可通过接杆夹持带孔刀具等。对于批量大、加工复杂的典型工件，应尽可能选用复合刀具。尽管复合刀具与刀柄价格较为昂贵，但在加工中心上采用复合刀具加工，可把多道工序合并成一道工序、由一把刀具完成，有利于减少加工时间和换刀次数，显著提高生产效率。对于一些特殊零件，还可考虑采用专门设计的复合刀柄。

5. DMU60 型数控多轴机床手动装卸刀具

在 DMU60 型数控多轴机床海德汉数控系统中，主轴的手动装刀存在两种形式：

（1）刀库以外的刀具安装，机床本身可以容纳 24 把刀具，如果在加工中需要 25 把及以上刀具，则需要通过主轴更换刀具，加工刀具为临时使用刀具。具体操作步骤如下：

①通过点击图标选择手动方式，选择“刀具列表”键，进入到刀具表中。

②点击“编辑（开）”后，查找 25 号刀具表位置，进行刀具参数建立，如图 1.64 所示。

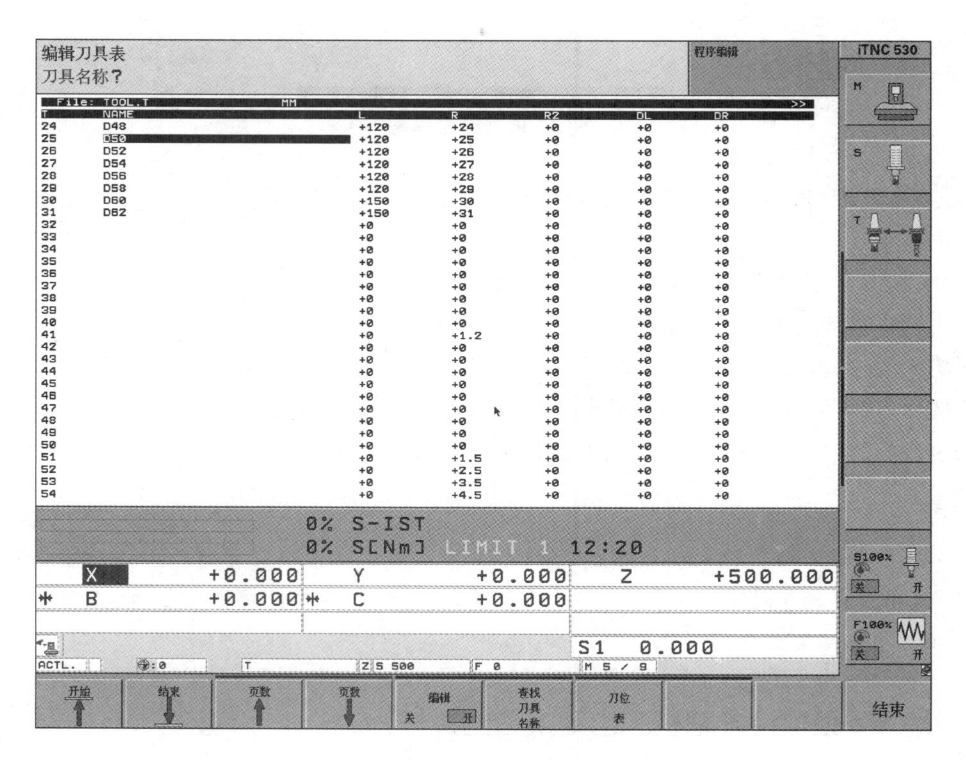

图 1.64　25 号刀具参数输入

③通过 MDI 方式将 25 号刀具加载到主轴上,如图 1.65 所示。

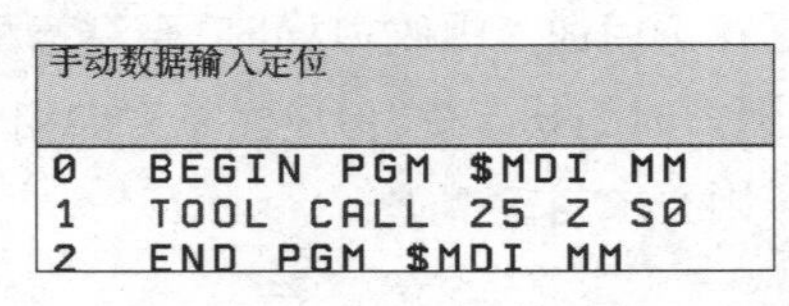

图 1.65 MDI 刀具的调用

④机床主轴将把刀具送回刀库相对应位置,并快速移动到主轴安装位置,机床门将自动解锁。

⑤打开机床门,点击“换刀允许”,将刀具安装到主轴上,关闭安全门,刀具安装结束。

将机床刀库内所有刀具通过刀位表进行屏蔽处理,刀具库将被锁定,主轴将无法从刀具库内调取刀具,这时机床如同三轴机床一样,所有刀具都将从主轴装卸刀具。刀具表中的数值不受影响,如图 1.66 所示。

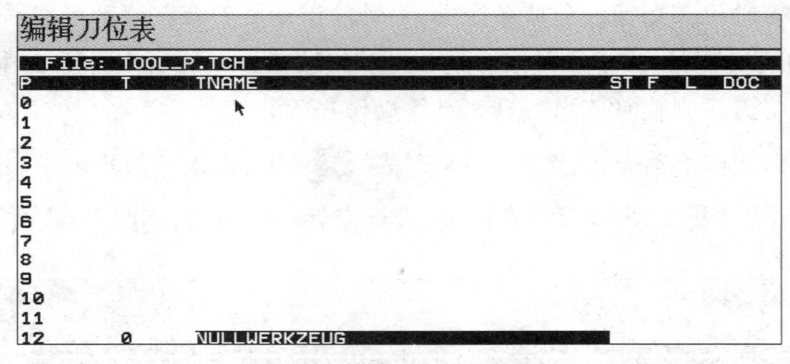

图 1.66 刀库屏蔽

注意: 屏蔽方式为“将刀位表中的 T 数值均输入为 0,刀库将被屏蔽”。

(2)拆刀。

①在 MDI 方式下,输入“Tool Call 0 Z”后启动;

②机床主轴将移动到主轴换刀位置;

③打开机床门,点击“确认拆刀”按钮;

④一手握住刀柄,另一手点击“刀具松夹”按钮,从主轴上拔下刀具;

⑤关闭机床门,点击“门关闭”按钮,点击“循环启动”,机床门关闭。

延伸思考

通过学习,了解了主轴手动装刀的整个过程,而主轴手动装刀必须要有顺序。在进行手动装刀时一定要保证安全,因为主轴手动装刀时,有些刀具质量很大,这时不但要保护好自己,也要保护好机床和刀具。安全在工作中始终要放在第一位。

三、 DMU60 型数控多轴机床自动换刀的操作

1. 概述

要实现一次装夹多工序加工,机床上必须具备自动换刀功能。实现刀库与机床主轴之间刀具的装卸

与传递功能的装置称为自动换刀系统。

自动换刀已广泛地用于镗铣床、铣床、钻床、车床、组合机床和其他机床。使用自动换刀系统,配合精密的数控转台,不仅扩大了数控机床的使用范围,减少了生产面积,还可使机加工时间提高 70% ~ 80%,显著提高了生产率。由于零件在一次安装中完成多工序加工,大大减少了零件安装的定位次数,从而进一步提高了加工精度。

自动换刀系统应该满足换刀时间短,刀具重复定位精度高,刀具储存数量足够,结构紧凑,便于制造、维修、调整,应有防屑、防尘装置,布局应合理等要求。同时也应具有较好的刚性,冲击、振动及噪声小,运转安全可靠等特点。

自动换刀系统的形式和具体结构对数控机床的总体布局、生产率和工作可靠性都有直接的影响。

2. 刀库的组成及其形式

自动换刀系统由刀库、选刀机构、刀具交换机构(如机械手)、刀具在主轴上的自动装卸机构等部分组成。自动换刀系统的形式是多种多样的,换刀的原理及结构的复杂程度也不同。

刀库是用来储备刀具的装置,由计算机程序控制来完成机床的自动换刀过程。减少加工时间,提高工作效率从而降低生产成本,这就是数控加工中心刀库的特点。

一般根据刀库的容量、布局、外形和取刀方式将刀库进行分类:

①斗笠式刀库:性价比高,适合小批量生产,能存放 16 ~ 24 把刀具,但是换刀时间相对较长,一般在 8 s 内完成换刀。在换刀的时候刀库向主轴移动,当刀具进入刀库的卡槽时,主轴就会向上移动并且脱离刀具,这时刀库转动。当要换的刀具对正主轴正下方时主轴向下移动,让刀具进入主轴锥孔内,刀具夹紧后,刀库退回到原来的位置。

②圆盘式刀库:又称机械臂刀库,这种刀库的结构比较复杂,换刀速度较快(一般在 4 s 内完成)。刀具的容量最高为 40 把刀,价格比斗笠式刀库稍高。圆盘式刀库对刀具的重量要求比较严格,装载的刀具如果超过了刀库的承受能力,刀具会从刀库中脱落。不仅如此,圆盘式刀库对刀具的长度也有限制,如果刀具长度超过规定尺寸,在换刀过程中就会出现刀具碰撞的情况。这也是圆盘刀库故障率较高的原因,如图 1.67 所示。

③链式刀库:链式刀库的刀具容量为 20 ~ 120 把。它是由链条将要更换的刀具传到指定位置,由机械手将刀具装到主轴上。链条式刀库的价格比较高,一般属于定制类的产品。

图 1.67　圆盘式刀库

3. 换刀方式

数控机床的自动换刀装置中,实现刀库与机床主轴之间传递和装卸刀具的装置称为刀具交换装置。数控机床的自动换刀有两种方式:

(1)无机械手换刀。由刀库和主轴的相对运动实现刀具交换。采用这种形式交换刀具时,主轴上用过的刀具送回刀库和从刀库中取出新刀,这两个动作不能同时进行,选刀和换刀由数控定位系统来完成,因此换刀时间长,换刀动作较多。

(2)机械手换刀。采用机械手进行刀具交换的方式(图 1.67)应用最为广泛。由刀库选刀,再由机械手完成换刀动作。数控机床结构不同,机械手的形式及动作也不一样。机械手换刀特点是自动换刀有很大的灵活性,而且可以减少换刀时间。

在加工中心五轴机床中,机床的自动换刀是其加工的主要特点,机床自动换刀可以大大的缩减加工零件的时间周期,提升加工效率。在 DMU60 型数控多轴机床中的自动换刀分为两种:

①通过加工程序中的刀具调用指令进行机床的自动换刀。

DMU60机床自动换刀操作

```
 0  BEGIN PGM 240 MM
 1  BLK FORM 0.1 Z  X-50  Y-50  Z-28
 2  BLK FORM 0.2  X+50  Y+50  Z+0
 3  CYCL DEF 247 DATUM SETTING
    Q339 = +0  ; DATUM NUMBER
 4  TOOL CALL "D10"  Z S1800
 5  M3
 6  L  X+0  Y+0  Z+100  FMAX
 7  CYCL DEF 240 CENTERING
    Q200 = +2  ; SET-UP CLEARANCE
    Q343 = +0   ; SELECT DIA. /DEPTH
    Q201 = -6.5 ; DEPTH
    Q344 = -10  ; DIAMETER
    Q206 = +150 ; FEED  RATE  FOR  PLNGNG
    Q211 = +1   ; DWELL  TIME  AT  DEPTH
    Q203 = +0   ; SURFACE  COORDINATE
    Q204 = +50  ; 2ND  SET-UP  CLEARANCE
 8  CYCL CALL POS  X+20  Y+20  Z+0  FMAX
 9  CYCL CALL POS  X-20  Y-20  Z+0  FMAX
10  L Z+100  FMAX
11  M5 M30
12  END PGM 240 MM
```

②通过 MDI 功能指令对主轴和刀库之间进行换刀(程序如下)。

```
0  BEGIN PGM $MDI MM
1  TOOL CALL 25 Z S0
2  END PGM $MDI MM
```

注意:无论哪种刀具的调用模式,调用之前都需要将刀具安装到相对应的刀库位置。

延伸思考

手动操作在主轴上装卸刀具的过程相对比较烦琐,对于加工者来说,工作效率不高。自动换刀可以提高机床的换刀效率。高效率是数控机床相对于普通机床特有的突出点,而且我们在任何工作中都既要求保证质量也要求保证效率。在 2020 年初,武汉建设的"雷神山"和"火神山"医院,最短交付时间 10 天,这就是中国速度。它的建成挽救了许多人的生命,这充分体现了高效率的重要性。

四、 DMU60 型数控多轴机床刀库的管理应用

加工中心可将铣、镗、钻、铰、攻螺纹等多项功能集于一身，大大提高了生产效率。换刀装置（ATC）是加工中心的重要组成部分，也是加工中心故障率最高的部分，约有 50% 的机床故障与换刀装置有关。斗笠式刀库是加工中心比较常见的一种换刀装置，也是 DMU60 型数控多轴机床中具有的刀库形式，现在结合课程内容来对斗笠式刀库的动作过程及换刀过程进行详细的讲解和说明。

加工中心的一个很大优势在于它有 ATC 装置，使加工变得更具有柔性化。加工中心常用的刀库有斗笠式、凸轮式、链条式等，其中斗笠式刀库由于其形状像个大斗笠而得名，一般存储刀具数量不能太多，10～24 把刀具为宜，具有体积小、安装方便等特点，在立式加工中心中应用较多。

斗笠式刀库的动作过程如下：

斗笠式刀库在换刀时整个刀库与主轴做平行移动。首先，取下主轴上原有刀具，当主轴上的刀具进入刀库的卡槽时，主轴向上移动脱离刀具或刀库向下移动脱离主轴。其次，主轴安装新刀具时，刀库转动，当目标刀具对正主轴正下方时，主轴下移或刀库上移，使刀具进入主轴锥孔内，刀具夹紧后，刀库与主轴上下脱离，刀库退回原来的位置，换刀结束。刀库具体动作过程如图 1. 68，图 1. 69 所示：

视频

DMU60机床刀库管理及应用

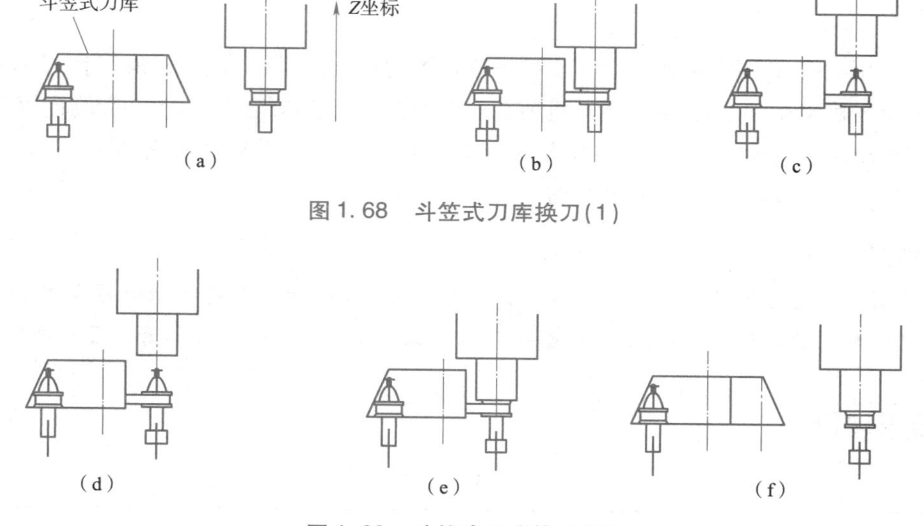

图 1. 68　斗笠式刀库换刀(1)

图 1. 69　斗笠式刀库换刀(2)

（1）刀库处于正常状态，此时刀库停留在远离主轴中心的位置。此位置一般安装有信号传感器（为了方便理解，定义为 A），传感器（A）发送信号输送到数控机床的 PLC 中，对刀库状态进行确认。

（2）数控系统对指令的目标刀具号和当前主轴的刀具号进行分析。如果目标刀具号和当前主轴刀具号一致，则直接发出换刀完成信号。如果目标刀具号和当前主轴刀具号不一致，启动换刀程序，进入下一步。

（3）主轴沿 Z 方向移动到安全位置。一般安全位置定义为 Z 轴的第一参考点位置，同时主轴完成定位动作，并保持定位状态；主轴定位常常通过检测主轴所带的位置编码器转换成信号来完成。

(4)刀库与主轴做平行位置移动。刀库刀具中心和主轴中心线在一条直线上时为换刀位置,位置到达通过信号传感器(B)时反馈信号到数控系统PLC进行确认。

(5)主轴向下移动或刀库向上移动到刀具交换位置。一般刀具交换位置定义为Z轴的第二参考点,在此位置将当前主轴上的刀具还回到刀库中。

(6)刀库抓刀确认后,主轴吹气松刀。机床在主轴部分安装松刀确认传感器(C),数控机床PLC接收到传感器(C)发送的反馈信号后,确认本步动作执行完成,允许下一步动作开始。

(7)主轴抬起到Z轴第一参考点位置或刀库下降至刀库原点位置。此操作目的是防止刀库转动时,刀库和主轴发生干涉。

(8)数控系统发出刀库电动机正/反转启动信号,启动刀库电动机的转动,找到指令要求更换的目标刀具,并使此刀具位置的中心与主轴中心在一条直线上,刀库旋转停止。

(9)主轴向下移到Z轴的第二参考点位置或刀库上移到主轴抓刀位置,进行抓刀动作。

(10)主轴刀具夹紧。夹紧传感器(D)发出确认信号。

(11)刀库向远离主轴中心位置侧平移,直到PLC接收到传感器(A)发出的反馈确认信号。

(12)主轴定位解除,换刀操作完成。

刀库仅有以上四个传感器是不够的,为了保证数控机床的安全,保证刀库的换刀顺利完成,在斗笠式刀库中一般还安装刀库转动到位确认传感器(E),保证刀库转动停止时,刀具中心线位置和主轴中心线在一条直线上。

加工中心采用斗笠式刀库换刀,一般刀库的平移过程通过气缸动作来实现,所以在刀库动作过程中,保证气压的充足与稳定非常重要,操作者开机前首先要检查机床的压缩空气压力,保证压力稳定在要求范围内。对于刀库出现的其他电气问题,维修人员应参照机床的电气图册,通过分析斗笠式刀库的动作过程,找出原因,解决问题,保证设备的正常运转。

延伸思考

管理刀具实际就是管理刀库内的刀具,按照一定的加工顺序和刀具特性来排序归类和放置。在日常工作中要遵守相应的行为管理规范要求,如企业日常工作中的6S管理,工作者都要求遵守。

学习效果评价

学习评价表

单位		学号		姓名		成绩	
		任务名称					
评价内容		配分(分)	得分与点评				
一、成果评价:60分							
刀具名称的正确建立		15					
刀具参数的正确填写		15					
刀具角度的正确认识		15					
刀具长度的正确理解		15					

二、自我评价:15 分		
学习活动的主动性	5	
独立解决问题能力	3	
工作方法正确性	3	
团队合作	2	
个人在团队中作用	2	
三、教师评价:25 分		
工作态度	8	
工作量	5	
工作难度	5	
工具使用能力	2	
自主学习	5	
学习或教学建议		

任务六　DMU60 型数控多轴机床对刀操作

知识、技能目标

1. 掌握 3D 测头对正过程的含义及作用。
2. 掌握海德汉 ITNC530 数控系统对正指令的应用。

思政育人目标

1. 培养学生具有遵章守纪的意识。
2. 培养学生加强纪律意识,完善自我。

任务描述

1. 了解 3D 测头的结构和工作原理。
2. 通过课程学习掌握 3D 测头在加工零件前的对正方法。

任务实践

对刀操作在加工零件中起到关键作用,如果对刀不准会导致工件报废。因此 3D 测头在 DMU60 型数控多轴机床中的使用过程就显得尤为重要。

一、 DMU60 型数控多轴机床测头的标定

1. 数控机床测头的功能及优势

数控机床测头(图 1.70)是一种可安装在大多数数控机床上,并让该数控机床在加工循环中不需人为介入就能直接对刀具或对工件的尺寸及位置进行自动测量,并根据测量结果自动修正工件或刀具的偏置量的革新式机床测量设备。

●视频

DMU60机床探头的标定

图 1.70 机床 3D 测头

数控机床测头的应用将打破现有机床加工生产模式,使得数控机床在实现自动在线实时测量与测量加工一体化、高效化的同时,其测量精密程度也得到巨大的提升,并且将加速数控机床实现自动化、数字化、网络化、智能化生产的进程。

在数控加工过程中,有很多时间被工件的装夹找正及刀具尺寸的测量所占。在传统的工件装夹过程中,操作者采用百分表及芯棒找出基准位置,然后手工把有关数据输入到数控系统,以设定工件的坐标系。采用工件测头系统,可在机床上快速、准确测量工件的位置,直接把测量结果反馈到数控系统中修正机床的工件坐标系。若机床具有数控转台,还可由测头自动找正工件基准面,自动完成如基准面的调整、工件坐标系的设定等工作。简化工装夹具,节省夹具费用,缩短机床辅助时间,大大提高机床切削效率,并且可使切削余量均匀,切削过程平稳,延长刀具使用寿命。在利用刀具半径补偿的批量加工过程中,还可利用测头自动测量工件的尺寸精度,根据测量结果自动修正刀具的偏置量,补偿刀具的磨损,以保证工件加工尺寸的一致性,这种机内测量方法,还可避免把工件搬至测量机上测量所带来的二次装夹误差。

加工中心、数控铣床的刀具测量一般采用两种方法:一是采用机外对刀仪测量;二是在机床上用塞尺等手工测量。以上方法都需人工介入,测量效率低,而且还可能带来人为误差。采用刀具测头,可在机床内快速、准确测量出刀具的尺寸,自动反馈回数控系统中变成刀偏量。由于整个过程都由测量软件控制自动进行,因而避免了人为误差。此外,在批量自动加工过程中,可判断刀具的破损及折断,及时给出报警,中断加工,在有备用刀具情况下,由程序控制更换备用刀具进行下一零件的加工。

在工业发达国家,机床测头基本上和刀具一样成为数控机床不可缺少的基本备件,国内在机械制造领域中应用也越来越广泛。

2. 机床测头对数控机床的作用

(1)能自动识别机床精度误差,自动补偿机床精度。

(2)代替人工做自动分中、寻边、测量,自动修正坐标系,自动补刀。

(3)对大型复杂零件可在机床上直接进行曲面的测量。

(4)能提升现有机床的加工能力和精度,对大型单件产品能在线修正一次完成,不再二次装夹返工修补。

(5)比对测量结果并出报告。

(6)提高生产效率、提升制造品质确保产品合格率。

(7)降低零件基准的制造成本并减少外形加工工序。

(8)批量分中一次完成,首件调机、大样、确定生产方案方便快捷。

(9)减少机床辅助时间,降低制造成本。

3. 测头结构

测头结构紧凑,采用光电控制,测量精度高,其内部结构如图 1.71 所示。测头使用标准见表 1-6。

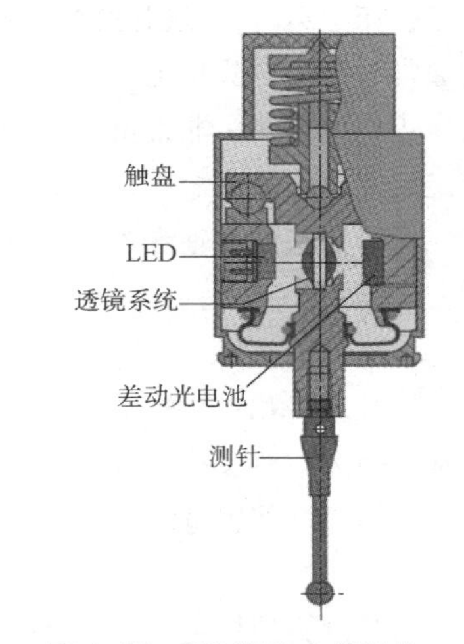

图 1.71　3D 测头内部结构

表 1-6　测头使用标准

探测精度	±5 μm,用标准测针时
探测重复精度 单方向重复精度	2σ +1 μm,探测速度为 1 m/min 时 典型值: 2σ +1 μm,探测速度为 3 m/min 时 2σ +4 μm,探测速度为 5 m/min 时
测头接触偏离量	+5 mm,各方向(测针长度 L=40 mm)
弯曲力	轴向:约 7 N 径向:0.7~1.3 N
探测速度	+5 m/min
防护等级 IEC 60 529	IP 67
工作温度 存放温度	10~40 ℃ -20~70 ℃
重量无锥柄(约重)	0.4 kg
锥柄	带锥柄 无锥柄(连接螺纹 M12×0.5)
信号传输	红外线传输,360°范围
红外线信号发射角	0°或+30°
发射器/接收器*	SE 540 或 SE 640
TS 开关	SE 的红外线信号
电源	电池,充电和非充电电池
储电器	2 节电池(充电或非充电),规格 AA 或 每节电池电压为 1~4 V
工作时间(近似值)	连续工作,典型值为 200 h,锂电池 3.6 V/1 200 mA·h

对于测头而言,在首次及以后的应用中定期确定每一个测头安装的特性。这样,随附的软件就可以在

数控机床上运行，通过补偿测量系统的固有特性来准确计算刀补、工件偏置等。这种特性确定过程，在业内通常被称为测头标定。

正确标定测头非常重要，因为所有后续测量都基于此处建立的数值，引起的任何误差只有在系统重新标定后才能消除。

对于典型的主轴测头，标定程序可能会涉及如下特性：

①测头长度。

②测针球头半径。

测针球头相对主轴中心线的偏心，即测针球头中心与机床主轴中心线之间在 X、Y 轴方向上的距离。通常该距离在所有后续测量中获得补偿。但是，在某些机床上并不能进行此类补偿，因此必须通过机械方式来尽量降低偏置量。

4. 标定方法

尽管测头的标定方法多种多样，但每种方法的标定程序基本相似。不同之处主要在于参考特征的选取与设定。

具有回转轴的数控机床（五轴机床）基本上采用如下方法，如图1.72所示。

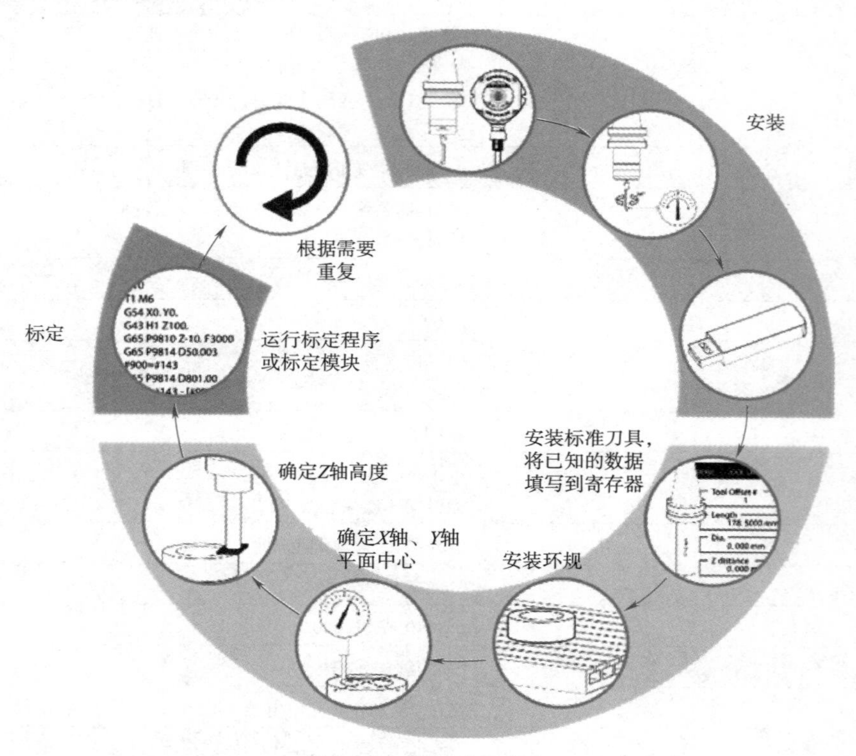

图1.72　参考特征设定

5. DMU60机床探头长度标定操作步骤

（1）标定探头长度，调用测头23号刀具，并激活1号坐标系，如图1.73所示。

测头有效长度总是相对刀具原点。机床制造商通常将主轴端面中心点到刀具底面尖点作为有效刀长（主轴端面中心点是机床默认的一个基准点）。

(2)将一个标准环规清理干净后放置到机床表面（放置机床位置处应提前清理干净），环规的厚度一定是被测量到千分之一毫米精度，其厚度精度为 32. 453 7 mm。如果环规没有厚度精度，可以用量块来代替，如图 1. 74 所示。

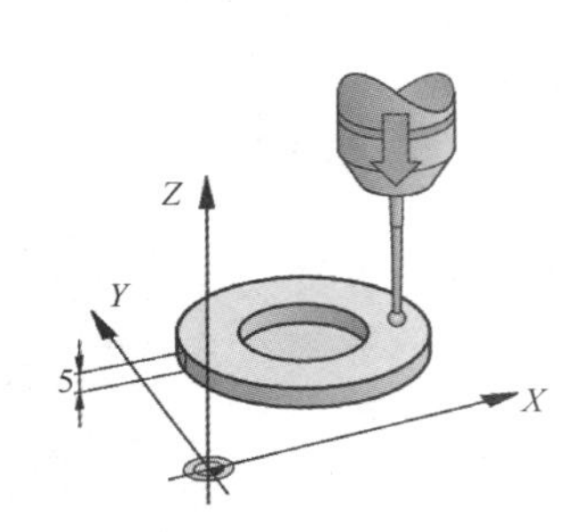

图 1. 73　3D 测头长度标定

图 1. 74　标准环规

(3)通过操作手动功能键或手轮( )功能，将 3D 测头移动至环规的上表面位置处，如图 1. 75 所示。

(4)1 号坐标系中的 Z 值输入" -32. 453 7"。

(5)选择 "测头长度的校准"功能，并选择探测轴方向为"Z -"方向，如图 1. 76 所示。

图 1. 75　测头移至环规上方

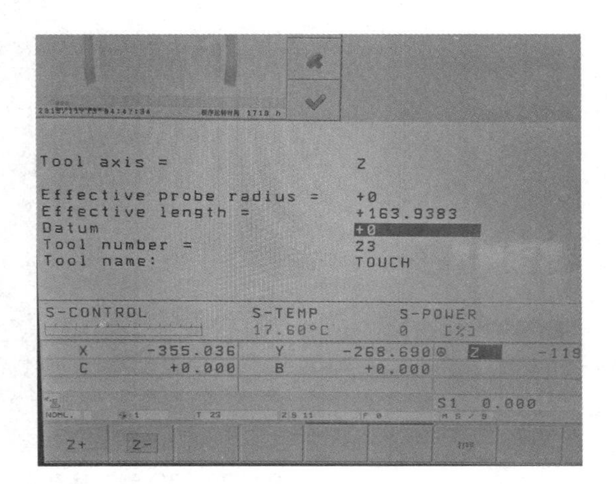

图 1. 76　探测界面显示

(6)探测上表面，点击"NC"启动按钮，测头长度自动记录到 23 号坐标系下，数值为"163. 938 3"，如图 1. 77 所示。

File: TOOL.T　　MM

T	NAME	L	R	R2	D
22	D5	+108.551	+2.5	+0	+(
23	TOUCH	+163.9383	+2.9855	+0	+(
24		+0	+0	+0	+0
25		+0	+0	+0	+0
26	D100	+0	+0	+0	+0
27		+0	+0	+0	+0
28		+0	+0	+0	+0
29		+0	+1	+0	+0
30		+0	+5	+5	+0
31		+0	+7	+0	+0
32		+0	+0	+0	+0
33					

图 1.77　测头长度记录 23 号坐标系下

6. 标定测头半径操作过程

调出测头后，通常需要准确对准主轴。校准功能用于确定测头坐标轴与主轴坐标轴的不对正量并计算补偿值，如图 1.78 所示。

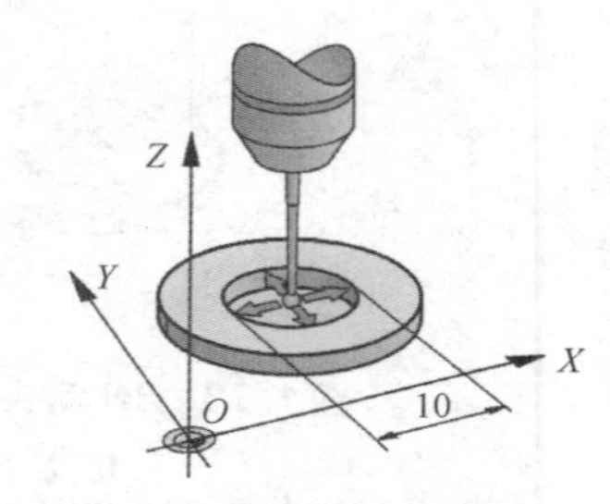

图 1.78　3D 测头半径标定

(1)操作“手动”功能键( )或“手轮”( )功能键，将 3D 测头移动至环规的内径中间位置，如图 1.79 所示。

(2)先通过手动千分尺测量方式，将探头前端直径值输入到机床的 23 号刀具半径处，如图 1.80 所示。并通过测量圆心方式，测得工件中心点位置，并键入 1 号坐标系下，如图 1.81 所示。

图 1.79　3D 测头移至工件内径中间位置

(3)选择“标定半径功能”键。

(4)输入环规直径，如图 1.82 所示。

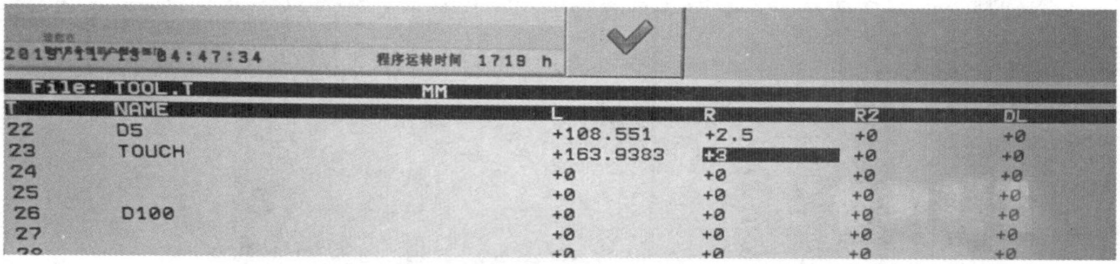

2019/11/23 04:47:34　程序运转时间 1719 h

File: TOOL.T　MM

T	NAME	L	R	R2	DL
22	D5	+108.551	+2.5	+0	+0
23	TOUCH	+163.9383	+3	+0	+0
24		+0	+0	+0	+0
25		+0	+0	+0	+0
26	D100	+0	+0	+0	+0
27		+0	+0	+0	+0

图 1.80　手动测量结果输入显示(1)

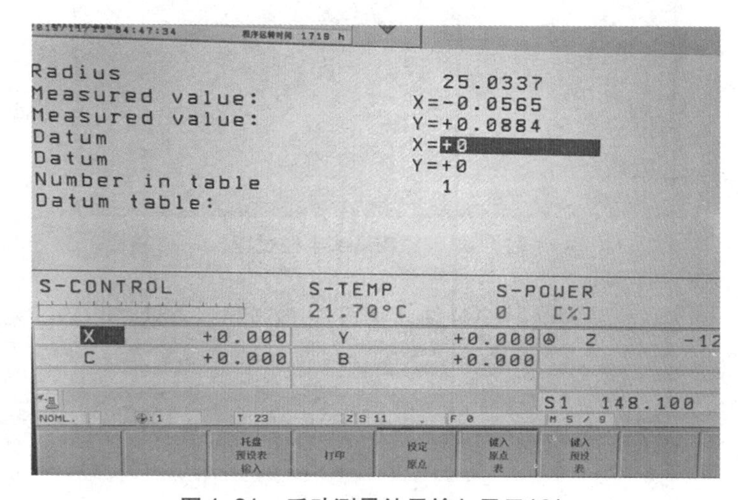

图 1.81　手动测量结果输入显示(2)

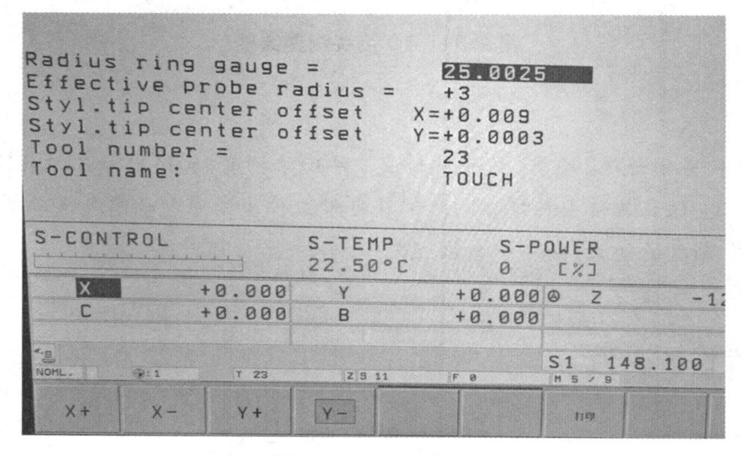

图 1.82　环规直径

(5)探测:点击“NC Start”(NC 启动)4 次,测头将沿各轴方向接触内孔表面上的一个位置并计算有效球头半径。如果要确定球头中心不对正量,点击“180°”键。TNC 旋转测头 180°。点击“NC Start”

(NC 启动)4 次。测头将沿各轴方向接触内孔表面上的一个位置并计算有效球头中心不对正量,如图 1. 83 所示。

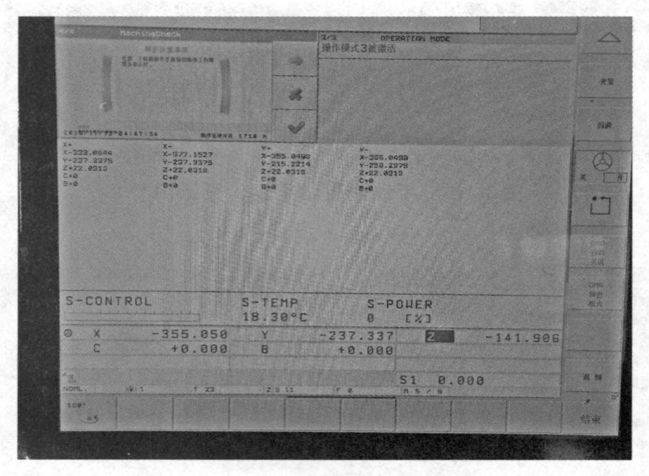

图 1. 83　探测测头半径过程

(6)探头标定结束所得结果“2. 985 5”将自动记录到 23 号刀具位置处,如图 1. 84 所示。

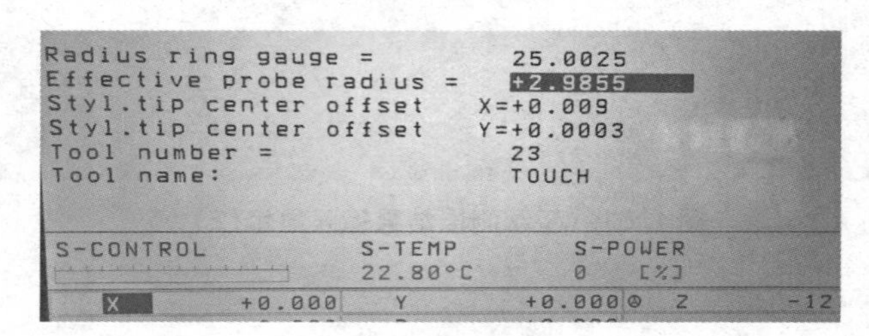

图 1. 84　3D 测头测量结果

延伸思考

测头在使用时就相当于一把“尺子”它可以测量工件尺寸精度,反馈出加工中的问题。所以,在使用时要经常对其进行标定,保证其使用精度。而我们在日常工作生活中也要有衡量个人行为的“尺子”,接受法律法规、各项规章制度的约束,做一个合格公民。

二、　工件原点设置说明

1. 坐标系

为了说明质点的位置、运动的快慢、方向等,必须选取其坐标系。在参照系中,为确定空间一点的位置,按规定方法选取的有次序的一组数据就称为“坐标”。在某一问题中规定坐标的方法,就是处理该问题所用的坐标系。坐标系的种类很多,常用的坐标系有:笛卡儿直角坐标系、平面极坐标系、柱面坐标系(或称柱坐标系)和球面坐标系(或称球坐标系)等。本课程常用的坐标系,为直角坐标系,或称正交坐标系。

2. 坐标系在数控机床中的作用

在数控加工过程中，数控机床是通过数控机床坐标系来识别工件的加工位置。

为了准确地描述数控机床的运动，简化程序的编制方法并保证记录数据的互换性，目前国际上数控机床的坐标轴和运动方向均已实现标准化。掌握数控机床坐标系，是具备人工设置编程坐标系和数控机床加工坐标系的基础。

3. 坐标系命名原则及判断

(1)坐标和运动方向的命名原则。

数控机床的进给运动是相对的，有的是刀具相对于工件运动(如数控车床)，有的是工件相对于刀具运动(如数控铣床)，为了使编程人员能在不知道是刀具移向工件还是工件移向刀具的情况下，可以确定机床的加工过程。统一规定：假定刀具相对于静止的工件运动。

(2)标准坐标系(机床坐标系)的规定。

在数控机床上加工零件，机床的动作是由数控系统的指令来控制。为了确定机床的运动方向和移动距离，就要在机床上建立一个坐标系，这个坐标系就称为标准坐标系，又称机床坐标系。

①右手笛卡儿直角坐标系。

数控机床坐标系中 X、Y、Z 坐标轴的相互关系用右手笛卡儿直角坐标系决定。它规定了 X、Y、Z 三个进给坐标轴的关系：用右手的拇指、食指和中指分别代表 X、Y、Z 三个进给坐标轴，三个手指互相垂直，手指所指方向分别为 X、Y、Z 轴的正方向(即表示为 $+X$、$+Y$、$+Z$)，相反则为 X、Y、Z 轴的负方向(即表示为 $-X$、$-Y$、$-Z$)。围绕 X、Y、Z 三个进给坐标轴的回转运动轴分别用 A、B、C 表示，其正方向用右手螺旋定则确定，即右手大拇指的指向为直线进给轴(X、Y、Z 轴)正方向，四指的螺旋旋转方向为回转运动轴(A、B、C 轴)的正方向，如图 1.85 所示。

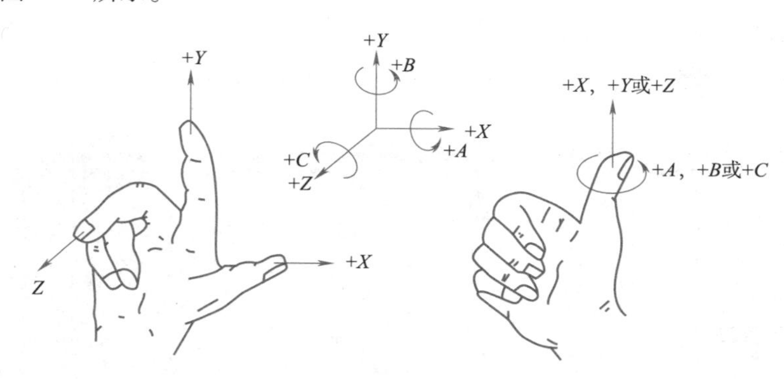

图 1.85　右手笛卡儿坐标系

②ISO 标准规定：

a. 不论机床的具体结构有何区别，都假定刀具相对于静止的工件运动。

b. 机床的直线坐标轴 X、Y、Z 的判定顺序是：先 Z 轴，再 X 轴，最后按右手定则判定 Y 轴。

4. 工件坐标系与工件坐标系原点

(1)工件坐标系。

编程人员在编程时设定的坐标系，称为工件(编程)坐标系。工件坐标系坐标轴的方向与机床坐标系坐标轴方向一致，如图 1.86 所示。

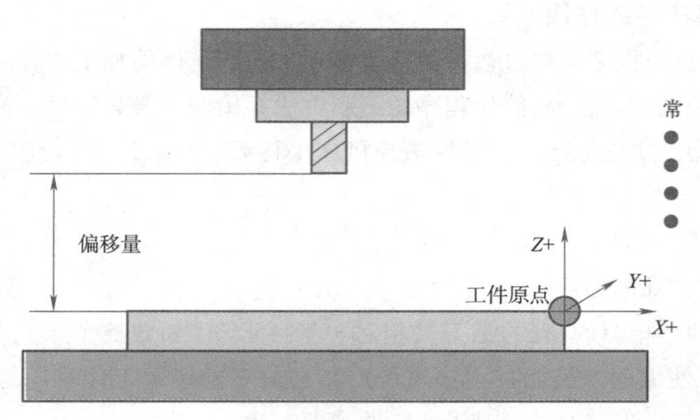

图 1.86　工件坐标系

(2)工件坐标系原点。

工件坐标系原点又称工件原点或编程原点,由编程人员根据编程计算方便性、数控机床调整方便性、对刀方便性、在毛坯上位置确定的方便性等具体情况定义在工件上的几何基准点,一般为零件图上最重要的设计基准点。

(3)工件原点选择。

①与设计基准一致。

②尽量选在尺寸精度高,粗糙度低的工件表面。

③最好在工件的对称中心上。

④要便于测量和检测。

5. DMU60 型数控多轴机床工件原点设置

通过点击“手动方式”,选择“原点管理”,进入坐标管理界面,如图 1.87 所示。

<<File: PRESET.PR　MM

NR	ROT	X	Y	Z	A	B	C
1	+0	+364.0114	+225.5666	-32.4537	-	-	+0
2	+0	+43.606	+21.4964	-250.9841	-	-	+0
3	+0	+0.1113	+8.1414	-208.0134	-	-	+0
4	+0	+0.1156	+8.1447	-207.5959	-	-	+0
5	+0	-3.0558	+20.8903	-338.5782	-	-	+0
6	+0	+49.5945	+44.3721	-50	-	-	+0
7	+0	-17.9319	+13.273	-390.7856	-	-	+0
8	+0	-18.0483	+13.0113	-390.7856	-	-	+2.9831
9	+0	-18.0434	+13.1581	+0	-	-	+0
10	+0.0094	-31.7869	+35.2604	-179.9484	-	-	+0
11	+0	-31.7481	+35.3561	-179.9435	-	-	+0
12	+0	-31.6342	+35.4095	-179.949	-	-	-360
13	+0	-31.8707	+35.19	-179.9595	-	-	-359.9996
14	+0	+5.7132	-70.2231	+0	-	-	-360
15	+0	-47.3751	-81.1244	+0	-	-	+0
16	+0	+49.7633	-36.5123	+0	-	-	+0
17	+0	+9.9944	-65.6561	+0	-	-	+0

S-CONTROL　S-TEMP 22.90°C　S-POWER 0 [%]

X +0.000　Y +0.000　Z -12

图 1.87　坐标管理界面

①0 ~99 号代表工件坐标系代码;

②ROT 代表 C 轴旋转角度;

③X、Y、Z 代表工件零点的坐标值；

④A、B、C 代表 X、Y、Z 轴的旋转角度。

延伸思考

工件原点就是编程的原点，数据计算的基准，也可能是加工零件图样的基准点。因此工件原点位置的确定就显得很重要了。我们在日常工作生活中也要有参照基准，例如时代楷模、身边的模范同事等，才能更好地约束自己，从而取得进步。

延伸阅读　坚持不懈、爱岗奉献

顾秋亮——深海“蛟龙”守护者

蛟龙号载人潜水器是目前世界上潜深最深的载人潜水器，其研制难度不亚于航天工程。在这个高精尖的重大技术攻关过程中，有一个普通钳工技师的身影，他就是顾秋亮——中国船舶重工集团公司第七〇二研究所水下工程研究开发部职工，蛟龙号载人潜水器首席装配钳工技师。

10 多年来，顾秋亮带领全组成员，保质保量完成了蛟龙号总装集成、数十次水池试验和海试过程中的蛟龙号部件拆装与维护，并和科技人员一同攻关，解决了海上试验中遇到的技术难题，用实际行动演绎着对祖国载人深潜事业的忠诚与热爱。

作为首席装配钳工技师，工作中面对技术难题是常有的事。而每次顾秋亮都能见招拆招，靠的就是工作四十余年来养成的“螺丝钉”精神。他爱琢磨善钻研，喜欢啃工作中的“硬骨头”。凡是交给他的活儿，他总是绞尽脑汁想着如何改进安装方法和工具，提高安装精度，确保高质量地完成安装任务。正是凭着这股爱钻研的劲，顾秋亮在工作中练就了较强的解决技术难题的技能，出色完成了各项高技术高难度高水平的工程安装调试任务。

已近花甲的顾秋亮始终坚守在科研生产第一线，为载人深潜事业不断书写的奇迹默默奉献。如今，他又肩负起了新的挑战——组装 4 500 米载人潜水器。

三、　工件的找正操作

1．工件装夹的概念

定位：工件在开始加工前，在机床上或夹具中占有某一正确位置的过程。

夹紧：使定位好的工件不至于在切削力的作用下发生位移，使其在加工过程中始终保持正确的位置，还需将工件压紧夹牢。

定位和夹紧的整个过程合起来称为装夹。

（1）机床夹具的定义。

在机床上使工件占有正确的加工位置并使其在加工过程中始终保持不变的工艺装备称为机床夹具。

（2）机床夹具的组成。

机床夹具一般由定位元件、夹紧装置、安装连接元件、导向元件、对刀元件和夹具体等六部分组成。

①定位元件：用于确定工件在夹具中的位置，使工件在加工时相对刀具及运动轨迹有一个正确的位

置。常用的定位元件有 V 形块、定位销、定位块等。

②夹紧装置:用于保持工件在夹具中的既定位置。它通常包括夹紧元件(如压板、压块)、增力装置(如杠杆、螺旋、偏心轮)和动力源(如气缸、液压缸)等组成部分。

③安装连接元件:用于确定夹具在机床上的位置,从而保证工件与机床之间的正确加工位置。

④导向元件和对刀元件。

a. 导向元件:用于确定刀具位置并引导刀具进行加工的元件,称为导向元件。

b. 对刀元件:用于确定刀具在加工前正确位置的元件,称为对刀元件,如对刀块。

⑤夹具体:是夹具的基础件,用来连接夹具上各个元件或装置,使之成为一个整体。

(3)机床夹具的作用与分类。

①机床夹具的作用。

a. 易于保证工件的加工精度。

b. 使用夹具可改变和扩大原机床的功能,实现“一机多用”。

c. 使用夹具后,不仅省去划线找正等辅助时间,而且有时还可采用高效率的多件、多位、机动夹紧装置,缩短辅助时间,从而大大提高劳动生产率。

d. 用夹具装夹工件方便、省力、安全。

e. 在批量生产中使用夹具时,由于劳动生产率的提高和允许使用技术等级较低的工人操作,故可明显降低生产成本。

②机床夹具的分类。

a. 按使用机床类型分类,可分为车床夹具、铣床夹具、钻床夹具、镗床夹具、加工中心夹具和其他机床夹具等。

b. 按驱动夹具的动力源分类,可分为手动夹具、气动夹具、液压夹具、电动夹具、磁力夹具、真空夹具和自夹紧夹具等。

c. 按其通用化程度,一般可分为通用夹具、专用夹具、成组夹具以及组合夹具等。

◆ 通用夹具的结构、尺寸已标准化,且具有很大的通用性,无须调整或稍加调整就可装夹不同的工件。

◆ 专用夹具是针对某一工件的某一工序而专门设计和制造的。因为不考虑通用性,所以夹具可设计的结构紧凑,操作方便。

◆ 成组可调夹具是针对通用夹具和专用夹具的缺陷而发展起来的,它是在加工某种工件后,经过调整或更换个别定位元件和夹紧元件,即可加工另外一种工件的夹具。

◆ 组合夹具是一种由一套标准元件组装而成的夹具。这种夹具用后可拆卸存放,当重新组装时又可循环使用。

2. 工件的定位

(1)六点定位原理。

若要使工件在夹具中获得唯一确定的位置,就需要在夹具上合理的设置相当于定位元件的六个支承点,使工件的定位基准与定位元件紧贴接触,即可限制工件的所有六个自由度,这就是工件的六点定位原理。而定位基准是指工件上用于定位的表面,即确定工件位置的基准,称为定位基准。以内、外圆柱面,内、外圆锥面定位时,其中心线为定位基准。

(2)六点定位原理的应用。

各种类型夹具在零件定位时有四种定位类型。

①完全定位:工件的六个自由度全部被夹具中的定位元件所限制,而在夹具中占有完全确定的唯一位置,称为完全定位。

②不完全定位:根据工件加工表面的不同加工要求,定位支承点的数目可以少于六个。

③欠定位:如工件定位的实际支承点数目少于理论上应予限制的自由度数,不能满足加工要求,称为欠定位。

④过定位:工件的一个或几个自由度被不同的定位元件重复限制的定位称为过定位。当过定位导致工件或定位元件变形,影响加工精度时,应该严禁采用。但当过定位并不影响加工精度,反而对提高加工精度有利时,也可以采用,要具体情况具体分析。

(3)定位与夹紧的关系。

定位与夹紧的任务是不同的,两者不能互相取代。定位时,必须是工件的定位基准紧贴夹具的定位元件,否则不称其是定位,而夹紧则是工件不离开定位元件。

(4)基准的类型。

设计基准:是在零件图上用以确定其他点、线、面位置的基准。它是标注尺寸的起点。

工艺基准:在零件加工、测量和装配过程中所用的基准。按用途可分为工序基准、测量基准和装配基准等。

定位基准:是在加工时,用以确定零件在机床夹具中的正确位置所采用的基准,它是工件与夹具定位元件直接接触的点、线、面。

工序基准:是在工艺文件上用以标注被加工表面位置的基准。

测量基准:是零件检验时,用以测量已加工表面尺寸及位置的基准。

装配基准:是装配时用以确定零件在机器中位置的基准。

(5)粗定位基准选择。

选择粗定位基准时,必须要达到以下两个基本要求:其一,应保证所有的加工表面都有足够的加工余量;其二,应保证工件加工表面和不加工表面之间具有一定的位置精度。

粗定位基准(简称粗基准)的选择原则如下:

①互相位置要求原则;

②加工余量合理分配;

③重要表面原则;

④不重复使用原则;

⑤便于工件装夹原则。

(6)精基准(精确定位基准)的选择原则。

①基准重合原则;

②基准统一原则;

③自为基准原则;

④互为基准原则;

⑤便于装夹原则。

3. DMU60 型数控多轴机床测头找正过程

TNC 通过计算“基本旋转”对工件的不对正量进行电子补偿。为此，TNC 将旋转角设置为相对加工面参考轴的所需角度，也可以通过转动回转工作台补偿不对正量。

找正过程案例分析，分析案例如图 1.88 所示。

(1) 用两点的基本旋转找正：

①通过“手动”方式选择 按键，在“探测功能”下选择“基本选择功能”键 。

②通过“手轮”方式将测头定位在第一触点附近的位置，如图 1.88 所示点 *A* 位置。选择探测方向（*Y* 轴正方向）使探测方向垂直于角度参考轴（*X* 轴）。

③探测：点击“NC Start”（NC 启动）按钮。

④第一触点 *A* 探测结束后，将测头定位在第二触点 *B* 附近的位置，如图 1.88 所示点 *B* 的位置。

●视频

机床测头
对工件找正

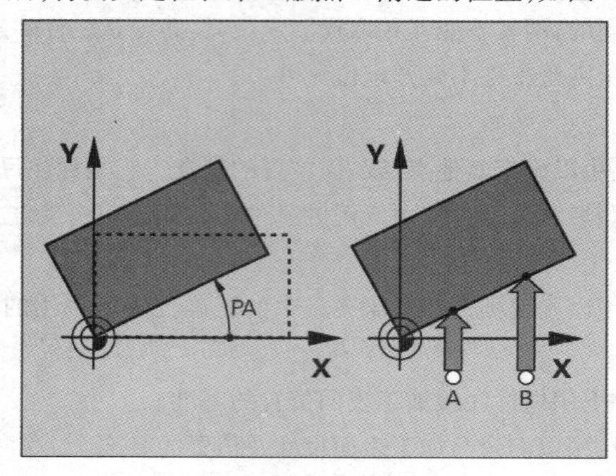

图 1.88 零件找正

⑤探测：点击“NC Start” （NC 启动）按钮。

TNC 显示 Number in table 为工件坐标系号码，编辑程序时选择 1 号坐标，将所得角度数值“Rotation angle”中的“15.302 4”输入到坐标系 1 中，如图 1.89 所示。选择“键入预设表” ，坐标数值将自动寄存在“原点管理”中的 1 号坐标中的 ROT 坐标值中。

(2) 确定用两孔/凸台的基本旋转找正：

①选择“探测功能”中的 键。

②选择 “探测孔”功能。将测头预定位到孔的圆心附近。点击外部“NC Start”（NC 启动）键后，TNC 自动探测孔壁上的四个点。测头移至下个孔，重复探测过程且 TNC 系统重复探测过程直到设置原点的所有孔都被探测。

③选择 “探测孔”功能。将测头定位在圆柱台的第一触点附近的起始位置。选择探测方向并用机床【START(启动)】按钮开始探测。执行以上探测过程四次。然后将所得角度数值输入到对应的坐标系中，并进行数值的坐标系预设。

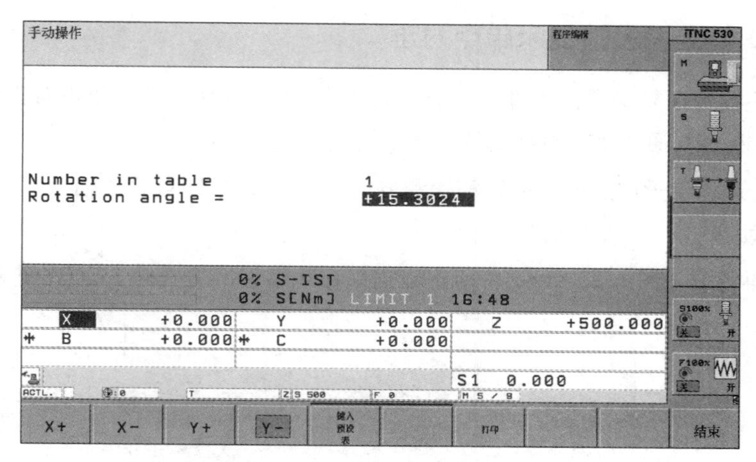

图 1.89　探测结果

(3)两点对正工件。

①选择“探测功能”中的键,该功能与以上两个功能特点相同,但是所输入到坐标预设值位置不同,前两个数值输入到坐标中的 ROT 中,后一个将数值输入到坐标的 C 值处。

②将测头定位在第一触点 A 附近的位置,选择探测方向使探测方向 Y 轴垂直于角度参考轴 X 轴。

③探测:点击“NC Start”　(NC 启动)按钮。

④将测头定位在第二触点 B 附近的位置。

⑤探测:点击“NC Start”　(NC 启动)按钮。

⑥探测结束后一定通过手轮将测头抬起到安全高度及以上,并点击“NC Start”(NC 启动)按钮,机床旋转工作台将测得角度自动旋转归位,如图 1.90、图 1.91 所示。

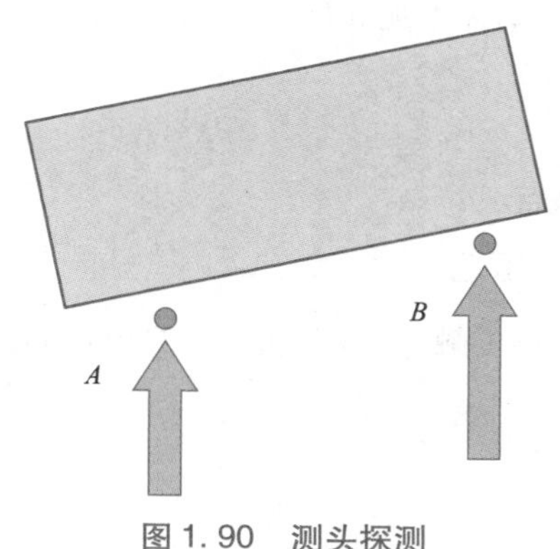

图 1.90　测头探测

图 1.91　探测后自动摆正工件

延伸思考

加工工件偏离后要找正,同样我们在学习或工作中也会经常出现错误,有了错误就需要及时纠正,规范自身行为,使自己越来越优秀。

四、 DMU60 型数控多轴机床单点对正

测头单点对正主要目的是测量出工件的 Z 轴编程零点，以下过程为 Z 轴单点对正操作过程。

①选择“探测功能”键，通过手轮将测头移至触点附近的位置。

②选择键，选择设置原点的探测轴和探测方向，例如“Z -”方向的 Z 轴。

③探测：点击“NC Start” （NC 启动）按钮。

④系统自动测得数据如图 1.92 所示，将所得数据保存至编程所需坐标下，点击键入预设表。

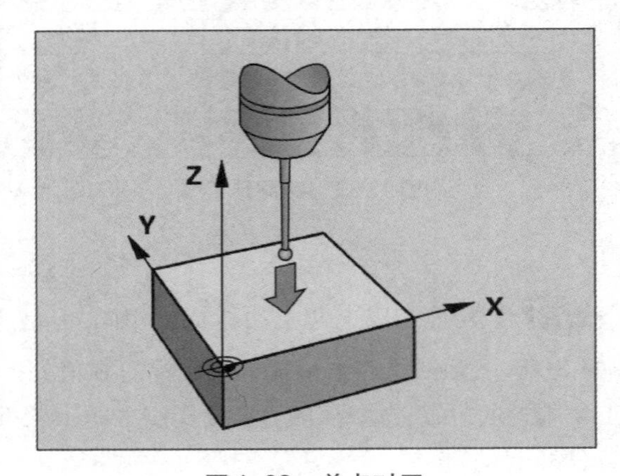

图 1.92　单点对正

⑤检查坐标设置中的坐标数值是否符合对刀数值，如果符合，单击“对正结束”。

注意：①如工件的 Z 轴零点在工件上表面，则测头对正位置为测得工件上表面位置。

②如工件的 Z 轴零点在工件下表面，则测头对正位置为测得工件上表面位置加上工件厚度。如若是工件 Z 轴的任意位置为零点，则测得上表面位置加零件所需位置工件厚度数值。

五、 DMU60 型数控多轴机床角点对正

测头角点对正目的是测量工件的某一个角为工件的坐标原点。

①选择“探测功能”键，通过手轮将测头移至触点附近的位置。

②选择键，将测头定位在测量基本旋转时非探测边的第 1 触点附近，选择设置原点的探测轴和探测方向，如图 1.93 所示。

③探测：点击“NC Start”（NC 启动）按钮。

④将测头定位在同一工件端面的第 2 触点附近。

⑤探测：点击”NC Start” （NC 启动）按钮。

⑥采用同样的方法测量工件的另一边的两个点。

⑦CNC 将之前测得的两点确认成一条直线，与后续测得两点形成直线的交点，即为工件的角点工件坐标系。

视频

测头的角点对正

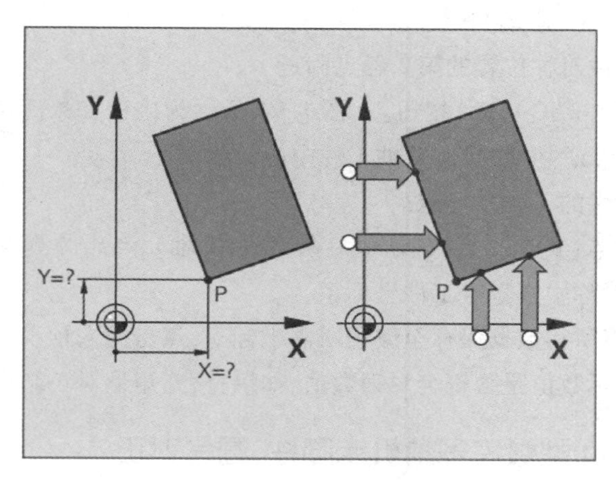

图 1.93　角点对正

⑧系统自动测得数据如图 1.93 所示的 P 点坐标值，将所得数据保存至编程所需坐标下，点击键入预设表。

⑨检查坐标设置中的坐标数值是否符合对刀数值，如果符合，角点对正结束。

注意：①测量角点为工件坐标原点时，可以根据工件的加工要求来选择是否需要进行工件对角点前的工件找正。

②角点对正时，工件可以不归零。

视频

测头的矩形对正

六、 DMU60 型数控多轴机床矩形对正

矩形对正即以中心线为原点对正测量。

①选择　键的工件对正功能，先将工件进行找正测量。

②点击“探测功能”键，用手轮将测头移至工件附近的位置。

③选择　键，将测头定位在探测边的第 1 触点附近，选择设置原点的探测轴和探测方向，如图 1.94、图 1.95 所示。

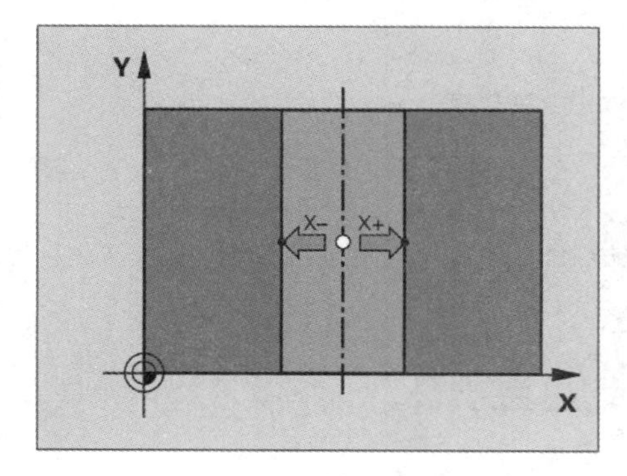

图 1.94　凹槽零件测量

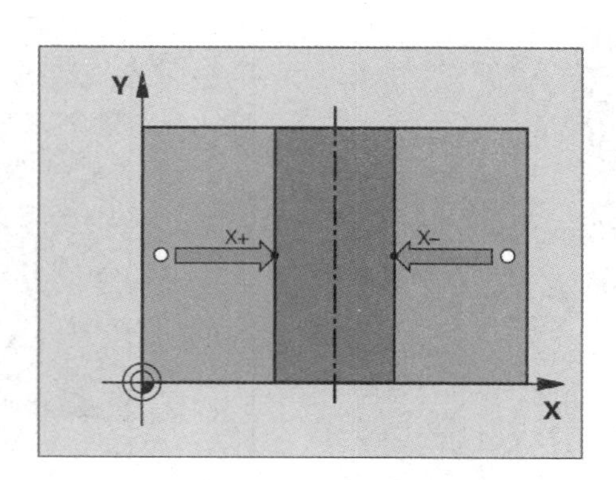

图 1.95　凸台零件测量

④探测:点击“NC Start”(NC 启动)按钮。

⑤将测头定位在同一工件对称位置的第 2 触点附近。

⑥探测:点击”NC Start” (NC 启动)按钮。(图 1.94 所示为内槽如果距离较小,1 点和 2 点重合,可以连续两次点击 NC 启动按钮)所得数据为 X 轴工件中心数值。

⑦同样的方法可测量工件的 Y 轴中心点。

⑧CNC 将之前测得的两点(1 点、2 点)确认成一条直线(X 轴),与后续测得两点(3 点、4 点)形成直线(Y 轴)的交点,即为工件的对称中心零点工件坐标系。

⑨系统自动测得数据,将所得数据保存至编程所需坐标下,点击键入预设表。

⑩检查坐标设置中的坐标数值是否符合对刀数值,如果符合,矩形对正结束。

视频

测头的单点对正

七、 DMU60 型数控多轴机床圆柱、圆台对正

1. 圆心为原点探测

用该功能可以将原点设置在中心孔,圆弧型腔,圆柱,凸台,圆弧台等的圆心处。

2. 内圆圆心探测

TNC 自动探测全部四个坐标轴方向上的内壁。对非整圆(圆弧),可以选择相应探测方向,如图 1.96 所示。

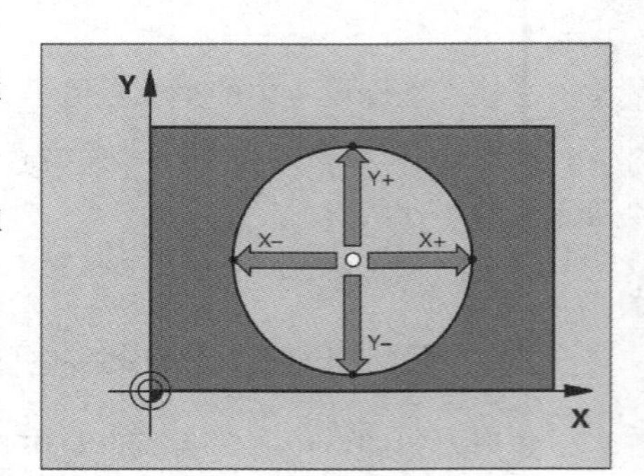

图 1.96 圆心对正

(1)选择“探测功能” 键,通过手轮将测头移至圆心位置处。

(2)选择“探测功能” 键,探测:点击“NC Start”(NC 启动)按钮四次。测头将触碰圆内壁上的四点。

(3)如果继续进行找探针中心的探测(仅适用于主轴定向机床),点击“180°”键并探测圆内壁上的另外四点。

(4)如果不进行找探针中心的探测,点击“END”键,结束圆心探测。

3. 外圆圆心探测

(1)将测头定位在圆外壁上第一触点附近的一个位置,选择探测方向,如图 1.97 所示。

视频

圆台、圆心的对正

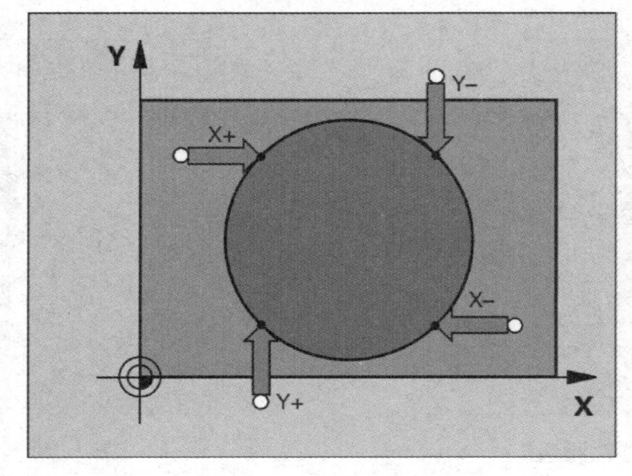

图 1.97 圆柱对正

(2)探测:点击“NC Start” (NC 启动)按钮。

(3)对其他三点,重复以上探测步骤。

学习效果评价

学习评价表

单位		学号		姓名		成绩	
		任务名称					
评价内容		配分(分)	得分与点评				
一、成果评价:60 分							
加工刀具的正确调用		15					
Z 轴零点的正确对刀		15					
对刀模块的正确选择		15					
对刀移动的正确方式		15					
二、自我评价:15 分							
学习活动的主动性		5					
独立解决问题能力		3					
工作方法正确性		3					
团队合作		2					
个人在团队中作用		2					
三、教师评价:25 分							
工作态度		8					
工作量		5					
工作难度		5					
工具使用能力		2					
自主学习		5					
学习或教学建议							

延伸阅读 求真务实、爱岗敬业

管延安:深海钳工专注筑梦

港珠澳大桥是粤港澳首次合作共建的超大型跨海交通工程,其中岛隧工程是大桥的控制性工程,也是目前世界上在建的最长公路沉管隧道。工程采用世界最高标准,设计、施工难度和挑战均为世界之最,被誉为“超级工程”。

在这个超级工程中,有位普通的钳工大显身手,成为“明星工人”。他就是管延安,中交港珠澳大桥岛隧工程V工区航修队首席钳工。经他安装的沉管设备,已成功完成18次海底隧道对接任务,无一次出现问题。接缝处间隙做到了“零误差”标准。因为操作技艺精湛，管延安被誉为中国“深海钳工”第一人。

零误差来自近乎苛刻的认真。管延安有两个多年养成的习惯，一是给每台修过的机器、每个修过的零件做笔记，将每个细节详细记录在个人的“修理日志”上，遇到什么情况、怎么样处理都“记录在案”。从入行到现在，他已记了厚厚四大本，闲暇时他都会拿出来温习。二是维修后的机器在送走前，他都会检查至少三遍。正是这种追求极致的态度，不厌其烦地重复检查、练习，练就了管延安精湛的操作技艺。

“我平时最喜欢听的就是锤子敲击时发出的声音。”管延安说，20多年钳工生涯，很艰苦，但他也深深地体会到其中的乐趣。

思考与练习

(1)请叙述回答DMU60型数控多轴机床开机的步骤。

(2)请叙述回答DMU60型数控多轴机床关机的步骤。

(3)DMU60型数控多轴机床海德汉系统的钥匙开关有4个挡位分别具有什么功能？

(4)DMU60型数控多轴机床界面上的急停按钮和手摇轮上的急停按钮的功能是什么？

(5)请叙述手摇轮上的按钮功能和含义。

(6)海德汉数控系统文件管理功能有哪些？

(7)在数控机床功能调试中，用什么操作模式能非常方便地执行简单加工操作或刀具预定位。

(8)请叙述在MDI状态下的调用刀具的操作过程。

(9)DMU60型数控多轴机床海德汉系统如何退出U盘？

(10)DMU60型数控多轴机床海德汉系统如何将U盘里的程序复制到机床的存储器上？

(11)DMU60型数控多轴机床海德汉系统如何将系统参数复制到U盘之中进行备份？

(12)请叙述在MDI状态下主轴正转1 200 r的操作过程。

(13)DMU60型数控多轴机床基本结构由哪些部分组成？

(14)铣刀种类有哪些？

(15)刀库的种类有哪些？

项目二 DMU60 型数控多轴机床编程、仿真与加工

任务一 创建和编写程序

知识、技能目标

1. 掌握海德汉系统程序格式。
2. 掌握 M、S、F 指令功能及参数含义。
3. 掌握毛坯设置的方法,了解毛坯设置的意义。

思政育人目标

1. 培养学生养成遵守社会行为规范的习惯。
2. 培养具有合作精神的技能型人才。

任务描述

根据基本程序案例,了解程序的作用,学习程序编制时程序的总体结构构成;根据 M、S、F 指令功能及指令参数确定原则,分析确定 M、S、F 指令参数;学习毛坯设置的方法、熟悉毛坯设置的步骤,理解毛坯设置的意义。

任务实践

数控机床编程是实施数控加工前的必须工作,数控机床没有加工程序将无法实现加工。编程的质量对加工质量和加工效率有着直接的影响。因为,程序是一切加工信息的载体,操作者对机床的一切控制都是通过程序实现的。只有高质量的加工程序才能最大限度地发挥数控机床的潜能,达到数控加工应有的技术效果与经济效益。

数控编程是指根据被加工零件的图样和技术要求、工艺要求，将零件加工的工艺路线、工序内的工步安排、刀具相对于工件运动的轨迹与方向（零件轮廓轨迹尺寸）、工艺参数（主轴转速、进给量、背吃刀量）及辅助动作（变速，换刀，冷却液开、停，工件装夹紧、松开等）等，用数控系统所规定的规则、代码和格式编制成文件（零件程序单），并将程序单的信息制作成控制介质的整个过程。

一、 海德汉系统程序格式

数控机床的指令格式在国际上有很多标准，并不完全一致。而随着数控机床不断改进和创新，其系统功能更加强大和使用方便，在不同数控系统之间，程序格式上存在一定的差异，因此，在具体进行某一数控机床编程时，要仔细了解其数控系统的编程格式，参考该数控机床配套编程手册。

每种数控系统，根据系统本身的特点及编程的需要，都有一定的程序格式。对于不同的机床，其格式也不尽相同。因此，编程人员必须严格按照机床说明书的规定格式进行编程。加工程序可分为主程序和子程序，无论是主程序还是子程序，都由若干程序段组成，而程序段是由一个或若干个程序字组成，每个程序字由地址符和数字组成，它代表机床的一个位置或一个动作（表 2-1）。

视频

海德汉系统程序格式

程序段结构：

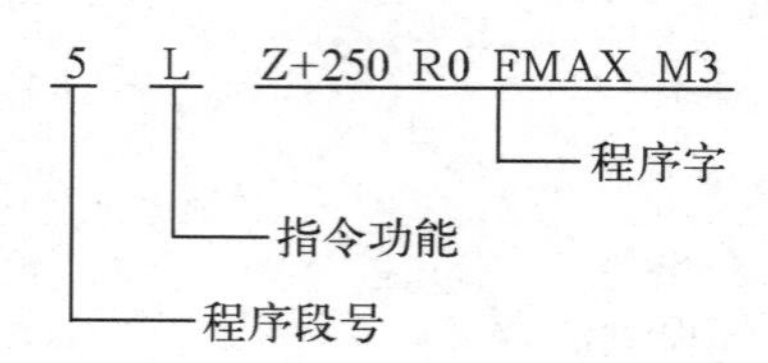

表 2-1 常用程序字含义

功 能	代 码	备 注
坐标字	X、Y、Z A、B、C I、J、K	坐标进给轴运动坐标指令
运动功能	L、CHF、RND、CC、CC、R	运动功能指令
进给速度	F	定义进给速度
主轴转速	S	定义主轴转速
刀具功能	T	定义刀具号
辅助功能	M	机床的辅助动作

一个完整的程序由程序名称、辅助准备程序、加工程序和结束程序四部分组成。TNC 以升序方式对程序段进行编号。

程序的第一个程序段由“BEGIN PGM”来标记，其中含有程序名和激活的测量单位。

1. 辅助准备程序中含有的信息

①工件毛坯设定。

②坐标系调用。

③刀具定义，刀具调用。

④进给速度和主轴速度设定。

2. 加工程序中含有下列信息

①路径轮廓。

②循环和其他功能。

最后的结束程序用“END PGM”来标记，其中含有程序名和激活的测量单位。

程序结构举例见表 2-2：

表 2-2 程序结构

程序段号	程序	程序功能意义
0	BEGIN PGM 1234 MM	程序名称
1	BLK FORM 0.1 Z X+0 Y+0 Z-20	定义毛坯形状用于工件图形模拟
2	BLK FORM 0.2 X+100 Y+100 Z+0	
3	TOOL CALL 1 Z S4000	在 Z 坐标轴方向上调用刀具并设置主轴转速 S
4	CYCL DEF 247 DATUM SETTING ~Q339 = +0;DATUM NUMBER	调用工件坐标系(247)，选用坐标系号(0 号)
5	L Z+250 R0 FMAX M3	Z 轴方向以快速移动 F_{MAX} 方式直线定位刀具高度位置
6	L X-20 Y-20 R0 FMAX	以快速移动速度 F_{MAX} 方式直线定位刀具 X、Y 轴位置
7	L Z-5 R0 F1 000	直线以进给速率 F=1 000 mm/min 移至加工 Z 轴深度
8	L X+10Y-10 R0 F1 000	直线以进给速率 F=1 000 mm/min 移至加工 X、Y 轴位置
.	.	加工程序
.	.	
15	L Z+250 R0 FMAX	直线以快速移动速度 F_{MAX} 方式沿 Z 轴方向退刀
16	L X+250Y+250 R0 FMAX	直线以快速移动速度 F_{MAX} 方式沿 X、Y 轴方向退刀
17	M2	程序结束
18	END PGM 1234 MM	程序尾

延伸思考

数控机床加工程序的编制有固定的格式，我们的日常学习与工作中好的习惯的养成也需要固定的框架，要按一定的行为规范去执行。

二、 程序中 M、S、F 指令参数确定

在数控机床编制的加工程序中，除了加工运动指令外，还有一些辅助控制的重要编程指令，如：辅助功能指令 M、主轴功能指令 S、进给功能指令 F 等，如图 2.1 所示。

1. M 指令

(1)M 指令功能的输入。

TNC 的辅助功能，即 M 功能用于控制程序运行，如程序中断机床功能，主轴的启动与停止，冷却液的开、关等。

在定位程序段结束处最多可以输入两个 M 指令。

TNC 显示以下对话提问：

```
Miscellaneous function M?(辅助功能 M?)
```

①一般情况下，只需在编程对话中输入 M 指令编号。有些 M 指令可以用附加参数编程。这时，系统会继续提示输入所需参数。

②在“手动操作”与“电子手轮”操作模式中，用单击“M”键输入 M 指令。

需要强调的是“有的 M 指令在定位程序段开始处生效，有的则在结束处生效”。

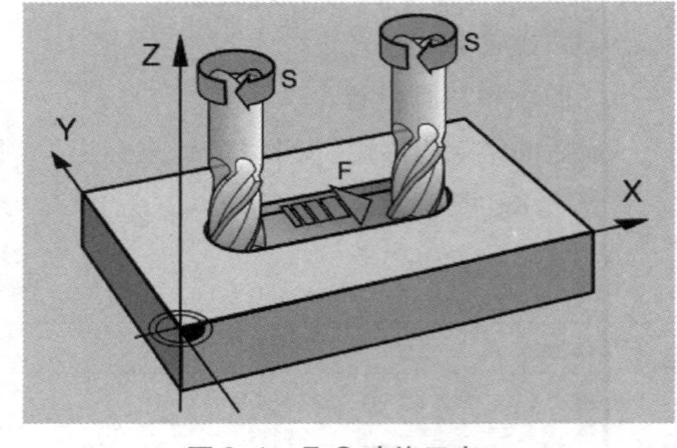

图 2.1　F、S 功能示意

M 指令在其被调用的程序段中生效。除非 M 指令在程序段中都有效，否则 M 指令将在后续程序段或程序结束时被取消。有些 M 指令只在所调用的程序段中有效。

③在“STOP”（停止）程序段中输入 M 指令。

如果编写了一个“STOP”（停止）程序段，那么在程序运行或测试运行到该程序段时将中断运行，比如用于刀具检查等。可以在“STOP”（停止）程序段中输入 M 指令。

要编写中断运行的程序，按“STOP”（停止）STOP键，生成中断运行的程序段，输入辅助功能 M。

●视频

程序中M、S、F指令功能

NC 程序段举例：

```
55 STOP M6
```

（2）用于控制程序运行、主轴转动和冷却液开关的辅助功能。

①M00——程序停止指令。

M00 指令实际上是一个暂停指令。功能是执行此指令后，机床停止一切操作（停止程序运行、主轴停转、冷却液关闭）。点击控制面板上的“启动”指令后，机床重新启动，继续执行后面的程序。

②M01——选择性停止指令。

M01 指令的功能与 M00 相似，不同的是，M01 只有在预先点击控制面板上“选择停止开关”按钮的情况下，程序才会停止。

③M02——程序结束指令。

M02 指令的功能是程序全部结束。此时主轴停转、切削液关闭，数控装置和机床复位。该指令写在程序的最后一段。

④M03、M04、M05——主轴正转、反转、停止指令。

M03：用来指定主轴正转。所谓主轴正转，是从 Z 轴正向看，主轴顺时针转动；

M04：用来指定主轴反转。所谓主轴反转，是从 Z 轴正向看，主轴逆时针转动；

M05：用来指定主轴停止转动。

⑤M06——自动换刀指令。

M06 为手动或自动换刀指令。当执行 M06 指令时,换刀、主轴停转、程序运行停止、进给停止,切削液不停。

⑥M08、M09——冷却液开关指令。

M08:表示打开冷却液开关;

M09:表示关闭冷却液开关。

⑦组合辅助功能指令。

M13:用来指定主轴顺时针转动、冷却液打开;

M14:用来指定主轴逆时针转动、冷却液打开。

⑧M30——程序结束。

M30 指令与 M02 指令的功能基本相同,不同的是,M30 能自动返回程序起始位置,为加工下一个工件做好准备。

M00、M02、M30 用于控制零件加工程序的走向,是数控系统内定的辅助功能,不由机床制造商设计确定,也就是说与 PLC 程序无关。其余 M 指令功能用于机床各种辅助功能的开关动作,其功能不由数控系统内定,而是由 PLC 程序指定。

用于控制程序运行、主轴转动和冷却液开关的辅助功能及生效位置见表 2-3。

表 2-3　辅助功能及生效位置

M 指令	有效范围	在程序段内生效的位置	
		开始处	结束处
M00	停止程序运行、主轴停转、冷却液关闭		■
M01	选择性的程序停止运行		■
M02	程序结束		■
M03	主轴顺时针转动	■	
M04	主轴逆时针转动	■	
M05	主轴停转		■
M06	换刀、主轴停转、程序运行停止		■
M08	冷却液打开	■	
M09	冷却液关闭		■
M13	主轴顺时针转动、冷却液打开	■	
M14	主轴逆时针转动、冷却液打开	■	
M30	同 M02		■

2. S 指令

在程序中用 S 指令来指定主轴的转动速度,主轴的转速单位为 r/min。

(1)主轴转速的改变。

在零件程序中,要改变主轴转速只能在“TOOL CALL”(刀具调用)程序段中输入主轴转速方法实现。

(2)程序运行期间改变。

程序运行期间可以用机床操作面板上的主轴转速倍率调节旋钮调整主轴转速。

(3)主轴转速的确定。

主轴转速一般根据切削速度 v 来选定。

计算公式:$n=1\ 000v/(\pi \times d)$

式中 d——刀具直径;

v——刀具切削速度(m/min)。

切削速度 v 可根据刀具材料及加工工件材料性质确定(表 2-4)。

表 2-4 铣刀的切削速度 v 单位:m/min

工件材料	铣刀材料				
	碳素钢	高速钢	超硬高速钢	YG	YT
铝合金	75 ~ 150	180 ~ 300		300 ~ 600	
镁合金		180 ~ 270		150 ~ 600	
硬铝合金		45 ~ 100		120 ~ 190	
黄铜(软)	12 ~ 25	20 ~ 25		100 ~ 180	
青铜	10 ~ 20	20 ~ 40		60 ~ 130	
青铜(硬)		10 ~ 15	15 ~ 20	40 ~ 60	
铸铁(软)	10 ~ 12	15 ~ 20	18 ~ 25	75 ~ 100	
铸铁(硬)		10 ~ 15	10 ~ 20	45 ~ 60	
可锻铸铁	10 ~ 15	20 ~ 30	25 ~ 40	75 ~ 110	
铜(软)	10 ~ 14	18 ~ 28	20 ~ 30		45 ~ 75
铜(中)	10 ~ 15	15 ~ 25	18 ~ 28		40 ~ 60
铜(硬)		10 ~ 15	12 ~ 20		30 ~ 45

3. F 指令

F 指令表示进给速率,是指刀具中心运动的速度,进给速率单位为 mm/min。每个数控机床进给移动轴的最大进给速率可以各不相同,并能通过机床参数设置。

我们在编程时可以在“TOOL CALL”(刀具调用)程序段中输入进给速率,也可以在每个定位程序段中输入进给速率。

例如:`L X+10 Y-10 R0 F1000 M3`

(1)快速移动。

如果想编程快速移动,可输入“FMAX”。

要输入“FMAX”,则当 TNC 屏幕显示对话提问:“`FEED RATE F=?`”(进给速率 $F=?$)时,按“ENT”或“FMAX”键。

要快速移动机床,也可以使用相应的数值编程,如“F30000”。与“FMAX”不同,快速移动不仅对当前程序段有效,而且适用于所有后续程序段直至编写新的进给速率。

(2)有效范围。

用数值输入的进给速率持续有效直到执行不同进给速率的程序段为止。“FMAX”仅在所编程序段内有效。执行完“FMAX”的程序段后,进给速率将恢复到以数值形式输入的最后一个进给速率。

(3)程序运行期间改变。

程序运行期间,可以用机床操作面板上的【进给速率倍率调节】旋钮调整进给速率。

延伸思考

程序中 M、S、F 指令虽然是加工程序中的辅助功能指令,但没有这些指令,程序就不能完成自动加工的任务。所以工作中任何角色都不可或缺,只有团结在一起,才能完成更大的任务。因此同学们要有合作精神,不能认为自己重要就能单打独斗,只有团结合作才能办好事、办成事。

三、 加工程序编制时的毛坯设置

产品图按一定的形式来标明工件的构成元素,通常情况下,一个角总是作为绝对坐标原点。在设定坐标原点之前,将工件与加工轴调正,并且沿着各轴向将刀具移到相对于工件的某一已知位置上。接着,让 TNC 或是显示“0”位置或是显示一个已确定的位置值。这样就建立了工件的参考系,此参考系将被用于 TNC 显示,工件程序也会用到此参考系。

1. 毛坯设置的意义

为了编程后能够能进行程序的仿真模拟加工,在加工程序编制中必须进行零件毛坯设置。如果没有毛坯设置,仿真模拟加工时就不会显示刀具的路径;如果没有毛坯设置,机床加工时将缺少刀具的运行范围。

2. 毛坯设置的形式

编程毛坯设置

在数控多轴机床编程加工中,一般毛坯设置有两种形式:

(1)以毛坯的角点为工件坐标系零点设置毛坯(图 2.2)。

【例 2-1】 工件坐标系零点在毛坯的角点:

①BLK FORM 0.1 Z X+0 Y+0 Z-20　毛坯最小点设置。

②BLK FORM 0.2 X+100 Y+100 Z+0　毛坯最大点设置。

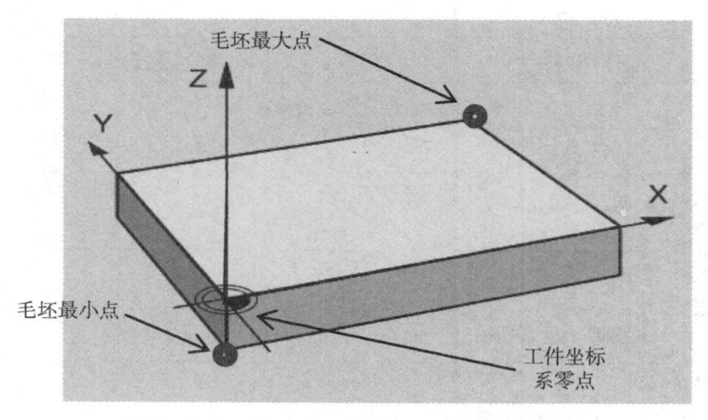

图 2.2　工件坐标系零点设在毛坯的角点

(2)以毛坯的对称中心点为工件坐标系零点(图2.3)。

【例2-2】 (工件坐标系零点在毛坯的对称中心点)

①BLK FORM 0.1 Z X-50 Y-50 Z-20　毛坯最小点设置;

②BLK FORM 0.2 X+50 Y+50 Z+0　毛坯最大点设置。

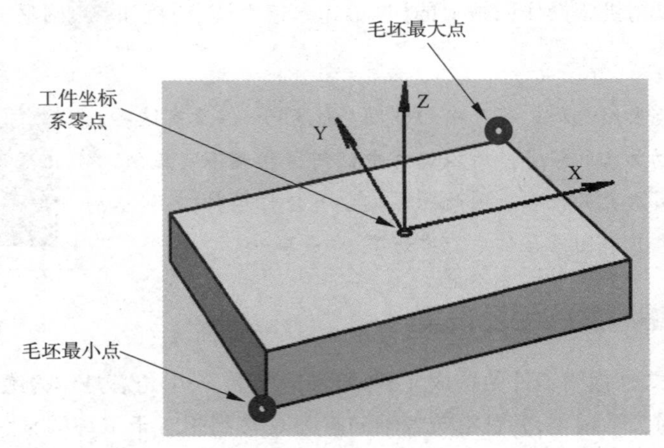

图2.3　工件坐标系零点设在毛坯的对称中心点

延伸思考

编辑程序时对毛坯的设置,是为了在仿真模拟加工时显示刀具的路径,同时也是为确定刀具加工时的运行范围,这样才可以避免撞刀等危险的发生。刀具自动运行时有安全边际,同样学生的行为也要有安全边际,要按社会要求的行为规范约束自己的日常行为,不要偏离轨道,做一个文明公民。为提高整体国民素质做出应有的贡献。

学习效果评价

学习评价表

单位		学号		姓名		成绩	
		任务名称					
评价内容		配分(分)	得分与点评				
一、成果评价:60分							
熟记编程格式		15					
理解各部分程序的主要功能,M、S、F功能及设定毛坯意义		15					
在编程时能够正确设定M、S、F参数;根据加工图样正确设定毛坯		15					
回答编程格式、M、S、F功能及设定毛坯意义正确		15					

二、自我评价:15 分		
学习活动的主动性	5	
独立解决问题能力	3	
工作方法正确性	3	
团队合作	2	
个人在团队中的作用	2	
三、教师评价:25 分		
工作态度	8	
工作量	5	
工作难度	5	
工具使用能力	2	
自主学习	5	
学习或教学建议		

任务二　基本指令功能

知识、技能目标

1. 掌握刀具半径补偿方法、意义,根据加工特点,合理进行刀具半径补偿。
2. 掌握海德汉系统直线指令 L 的含义及编程方法。
3. 掌握编程指令 CHF、RND 的功能应用,了解指令 CHF、RND 的参数含义。
4. 掌握编程指令 CC、C 的功能应用,了解指令格式。
5. 掌握编程指令 CR、CT 的编程格式及应用方法。
6. 掌握编程中的刀具切入、切出方式,了解刀具切入、切出方式对加工的影响。
7. 掌握坐标变换循环的编程方法,了解坐标变换循环的编程意义。

思政育人目标

1. 培养学生对未来职业发展的信心。
2. 培养学生严谨、认真的工作态度。
3. 培养学生分析问题解决问题的能力。
4. 培养学生的效率、质量意识。
5. 培养具有创新意识的技能人才。

任务描述

根据基本指令功能、格式及参数分析，利用基本编程指令编写加工程序。根据基本编程指令的格式特点，发挥基本指令在零件加工中的重要作用；根据机械制造工艺性最优化要求及零件加工特点，合理利用刀具半径补偿功能，提高零件加工质量；根据数控多轴机床刀具切入、切出方式，学会灵活运用各种方式的优点，提高零件加工质量；充分发挥坐标变换循环编程提供的简化编程优势，从而提高编程效率及编程质量。

任务实践

DMU60 型数控多轴机床基本指令编程是该型数控机床编程的重要组成部分，是其他模块式编程方法的基础。其主要内容包括：

①刀具半径补偿方法、意义；

②直线指令 L 的编程方法及参数含义；

③倒角编程指令 CHF 的功能、编程方法及参数含义；倒圆弧编程指令 RND 的功能、编程方法及参数含义；

④圆弧编程指令中定义圆心的编程指令 CC 的功能、编程方法，圆弧编程指令 C、CR、CT 的功能、编程格式、各参数意义及编程方法；

⑤编程中的刀具切入、切出方式，刀具切入、切出方式对加工的影响；

⑥坐标变换循环的编程指令：坐标平移、坐标镜像、坐标缩放、坐标旋转的编程方法、参数意义，坐标变换循环各指令的编程意义及优势。

一、 刀具半径补偿

1. 刀具半径补偿功能

根据按零件轮廓编制的程序和预先设定的偏置参数，数控装置能实时自动生成刀具中心轨迹的功能称为刀具半径补偿功能。实时将编程轨迹变换成刀具中心轨迹，如图 2.4 所示。

2. 进行刀具半径补偿的原因

(1)利用刀具半径补偿，编程时就可以按照图样尺寸进行编程，减小了编程计算工作量，提高了工作效率。

(2)利用刀具半径补偿，可以对加工误差进行补偿修正，提高了加工质量。

3. 刀具半径补偿方式

刀具半径补偿方式有两种，一种是刀具半径补偿左补偿(RL)方式，另一种是刀具半径补偿右补偿(RR)方式。

刀具半径补偿左补偿(RL)：沿着刀具的走向看，刀具在编程轮廓的左侧运动，如图 2.5 所示。

刀具半径补偿右补偿(RR)：沿着刀具的走向看，刀具在编程轮廓的右侧运动，如图 2.6 所示。

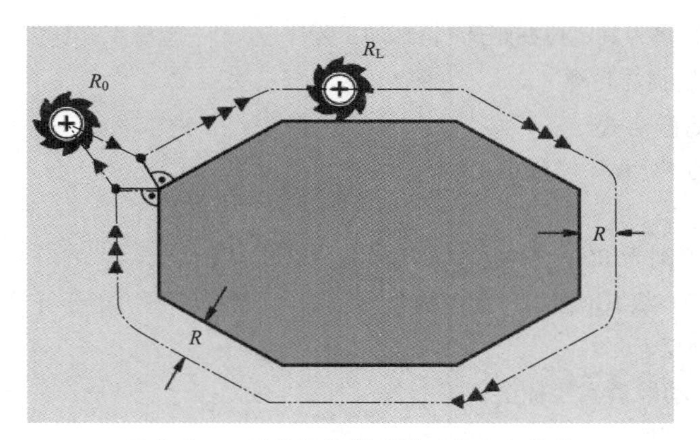

图 2.4 刀具半径补偿后的刀具中心轨迹

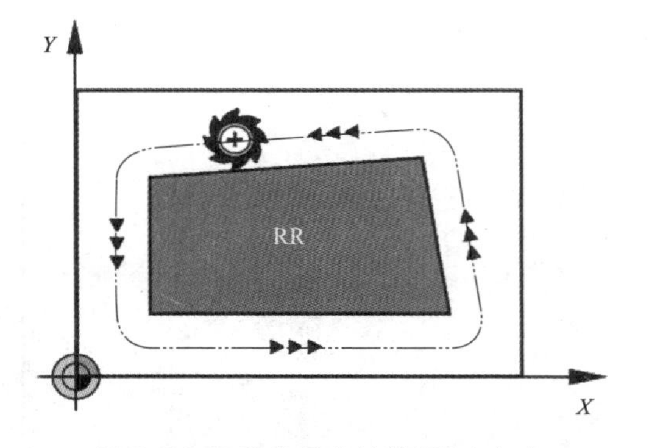

图 2.5 刀具半径左补偿(RL)方式

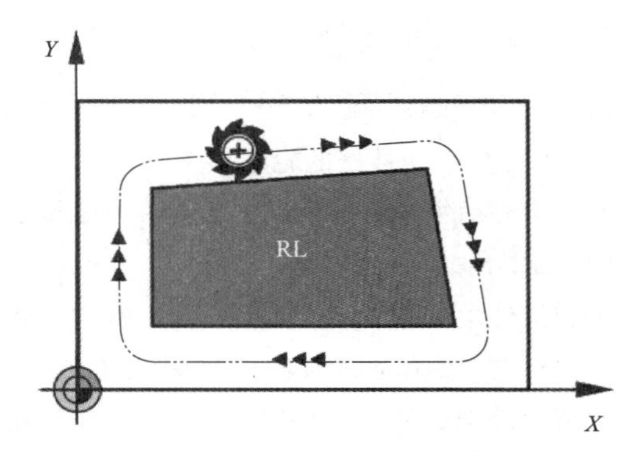

图 2.6 刀具右半径补偿(RR)方式

注意:*刀具中心沿轮廓运动并与编程轮廓保持半径等距。*

4. 刀具半径补偿方式输入

对任何所需路径功能的编程,都需要输入目标点的坐标并用"ENT"确认。然而刀具半径补偿方式输入如下:

(1)半径补偿:左补偿/右补偿/无补偿。

(2)输入"RL/RR/R0"。输入方法:屏幕下方显示三个键 R0 RL RR ,要选择刀具在轮廓左侧运动(刀具半径左补偿),按 RL 键;或者要选择刀具在轮廓右侧运动(刀具半径右补偿),按 RR 键;要选择刀具在轮廓线上运动,按 R0 键或者按机床操作面板上的 ENT 键。

(3)按机床操作面板上的 END 键结束程序段编辑。

5. 刀具半径补偿的应用注意事项

(1)在半径补偿方式不同的两个程序段间(RR 和 RL),至少须编写一个无半径补偿(R0)在加工面上的移动程序段。

(2)只要用 RR/RL 启动了半径补偿,或用 R0 取消了半径补偿,TNC 都会将刀具定位在垂直于编程的起点或终点坐标位置处。

(3)在进刀或退刀时,将刀具定位在距离"轮廓加工程序"中第一轮廓点坐标位置或最后一个轮廓点坐标位置足够远的位置处,以防损坏轮廓。

6. 刀具半径补偿编程格式

(1)编程刀具运动的 NC 程序段包括:

①半径补偿 RL 或 RR。

②如果没有半径补偿则为 R0。

一旦调用刀具并用 RL 或 RR 在工作面上通过直线程序段移动刀具,半径补偿将自动生效。

(2)取消刀具半径补偿。

以下情况,TNC 将自动取消半径补偿:

①以 R0 编写直线程序段的程序;

②用 DEP 功能使刀具切出轮廓;

③用"程序调用" PGM CALL 编写;

④用"程序列表" PGM MGT 选择新程序。

(3)无刀具半径补偿的轮廓加工:R0。

刀具中心沿编程路径或编程坐标在加工面上运动。应用:钻、镗、预定位,如图 2.7 所示。

(4)加工角的半径补偿。

①加工外角的半径补偿,如图 2.8 所示。当编写半径补偿程序时,无论是过渡曲线是圆弧还是样条曲线,TNC 都将沿外角运动。必要时,TNC 将在外角处降低进给速率以减小加工应力,如在突然换向处。

②加工内角的半径补偿,如图 2.9 所示。在考虑半径补偿下,TNC 将计算在内角处刀具中心路径的交点。然后,从该交点开始下一个轮廓元素加工。以此防止损坏工件。因此,可用的刀具半径是受编程轮廓几何尺寸限制的。

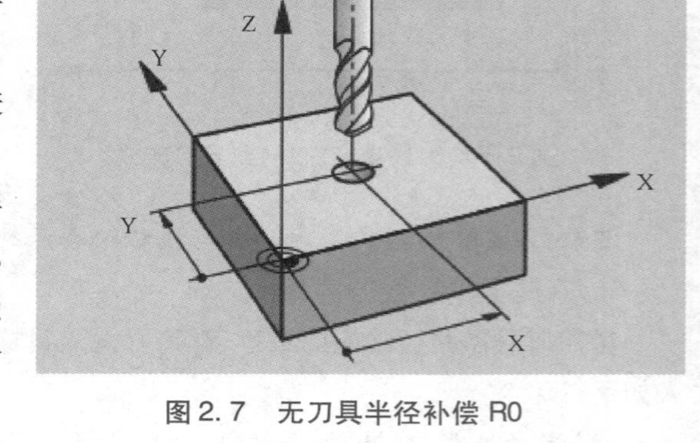

图 2.7　无刀具半径补偿 R0

注意:为避免刀具损坏轮廓,一定不要将轮廓角点处的内角作为加工程序的起点或终点。

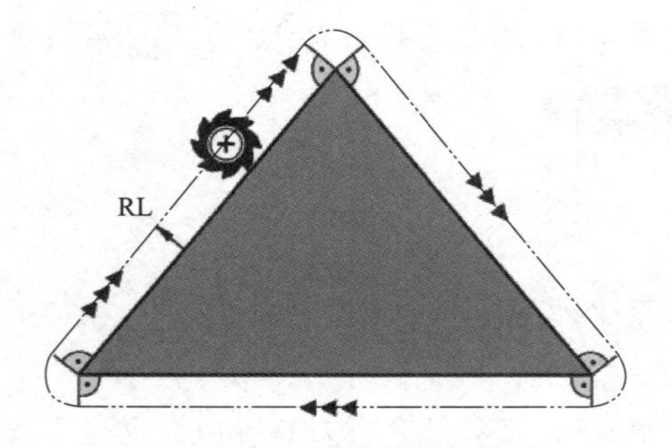

图 2.8　加工外角的半径补偿

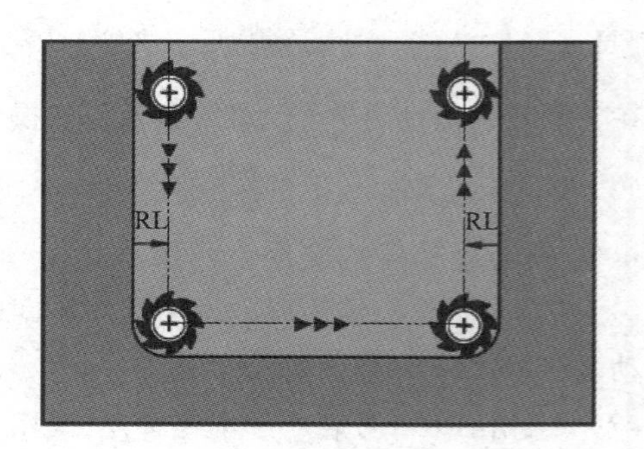

图 2.9　加工内角的半径补偿

7. 刀具半径补偿编程举例

如下所示刀具直线运行的程序段中，No. 5 ~ No. 7 程序段为“无刀具补偿”程序段（含有 R0）；No. 8 程序段为“有刀具补偿”程序段（含有 RL/RR）。

```
No.5  L  Z+250   R0   FMAX  M3 ┐
No.6  L  X-20   Y-20   R0   FMAX  ├ 无刀具补偿
No.7  L  Z-5   R0   F1000      ┘
No.8  L  X+10 Y-10   RL   F1000    有刀具补偿
No.9  L  X+10 Y-50
```

延伸思考

编辑程序时利用刀具半径补偿指令，可以简化编程，减小编程工作量。利用计算机（数控系统）代替人脑进行刀心路径计算，大大提高了工作效率及数据的准确性。这是科技带来的便利。因此同学们应不断努力学习新知识丰富自己，为国家的科技进步及自身的职业发展做出应有的贡献。

二、 直线编程指令 L

直线编程指令是数控机床编程加工最常用的运动指令，海德汉系统中的直线编程指令与 ISO 国际标准中的代码不同，但功能相同。

1. 直线编程指令 L 功能

刀具沿着直线从当前位置移动到直线结束点，该直线的起始点为前一行程序的结束点。（在 ISO 编程标准中利用指令 G01 实现直线编程功能，而在海德汉系统中则用指令 L 实现直线编程功能。）

2. 程序手工输入步骤

在数控机床操作控制面板上，找到“直线功能”键，点击后生成直线加工运行程序段，程序段中需要进行以下输入：

- ▶输入直线终点的坐标。必要时进一步输入：
- ▶半径补偿 RL/RR/R0。
- ▶进给速率 F。
- ▶辅助功能 M。

3. 手工输入 NC 程序实例（图 2. 10，$A \to B \to C$）

```
7 L X+10 Y+40 RL F300 M3          直线进给到 A 点；
8 L X+30 Y+25(IX+20 IY-15)        直线进给到 B 点；
9 L X+60 Y+15(X+60 IY-10)         直线进给到 C 点。
```

视频

直线编程指令L

4. 实际位置获取生成程序段

在机床上可用【实际位置获取】键（图 2. 11）生成直线程序段：

▶在“手动操作”模式中，把刀具移动到要获取的位置上。

▶将屏幕切换到“程序编辑”操作模式。

▶选定您要插入指令 L 程序段位置的前一程序段。

▶按压【实际位置获取键】 :TNC 生成带有当前的实际位置坐标的一行程序。

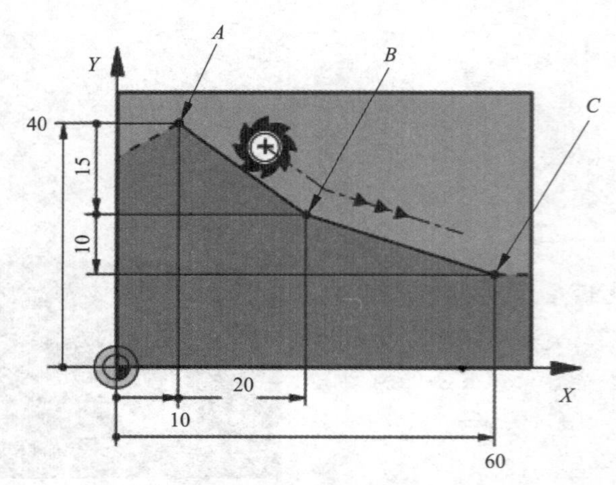

图 2.10　直线编程指令 L 加工

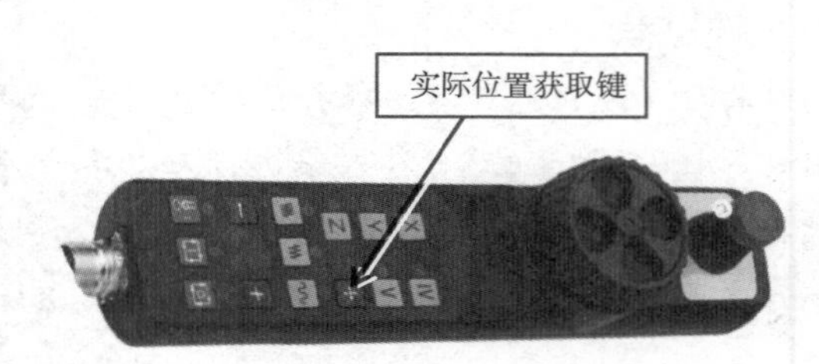

图 2.11　手轮上的“实际位置获取”键

延伸思考

指令 L 可用来进行直线自动加工,包括两种编程方式。现实生活中,解决同一问题时,往往也存在多种方法都能达到我们的要求。所以同学们面对问题时要有自信,相信“条条大路通罗马”。这样我们才能逐渐提高自己分析问题解决问题的能力。

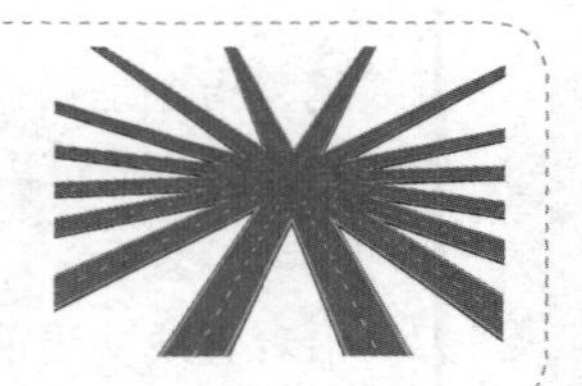

三、 倒角编程指令 CHF

在被加工的零件中,经常要进行倒角加工。一般情况下加工零件的倒角有以下作用:一个是为了去除零件边缘毛刺,使零件不会划伤使用者;二是为了在装配时,有利于零件的装配导入,防止毛刺干涉,影响装配精度。

1. 倒角编程指令 CHF 功能

使用倒角功能可以切去两条直线交点处的尖角。

2. 倒角编程指令 CHF 使用要求

①CHF 前后的程序段必须是在同一平面。

②CHF 前后的半径补偿必须相同。

③内倒角必须足够大,以能容纳刀具。

3. 程序手工输入步骤

在数控机床操作控制面板上,找到“倒角”键 ,点击后生成倒角加工运行程序段,程序段中需要进行以下输入:

▶倒角边长：倒角长度。

必要时进一步输入：

▶进给速率 F（只在 CHF 程序行中有效）。

说明：①CHF 程序段不能在程序段的开始处；

②倒角只能在加工面中。

视频

倒角编程指令CHF

4. NC 程序编辑实例（图 2.12）

```
7  L  X+0  Y+30  RL  F300  M3     直线进给到倒角首边的始点；
8  L  X+40  Y+35                  倒角点 A ；
9  CHF  12  F25                   倒角；
10  L  X+45  Y+0                  直线进给到倒角次边的终点。
```

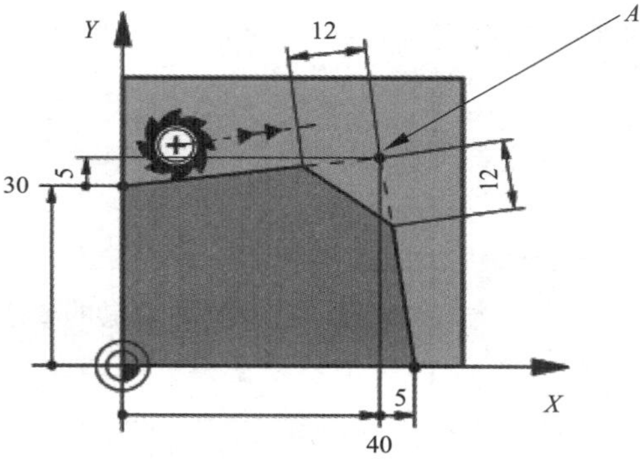

图 2.12　利用编程指令 CHF 倒角

延伸思考

倒角编程指令 CHF 可用来进行零件的尖角倒钝的自动加工，编程简单，可避免坐标计算。这也充分说明简化编程的方法很多，简化后的程序既能完成加工任务，又能提高效率及准确性。从中我们可以发现，在日常工作生活中要优化方法，积极创新这样才能提高效率及工作质量，才能逐渐提高自己分析问题解决问题的能力。

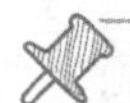

延伸阅读　求实创新、爱岗敬业

高凤林：为火箭焊接“心脏”的人

焊接技术千变万化，焊接火箭发动机就更需要拥有超高技能的人来胜任，高凤林就是一个为火箭焊接“心脏”的人。

高凤林，中国航天科技集团公司第一研究院国营二一一厂特种熔融焊接工、发动机零部件焊接车间班组长，特级技师。

30 多年来，高凤林先后参与北斗导航、嫦娥探月、载人航天等国家重点工程以及长征五号新一代运载火箭的研制工作，一次次攻克发动机喷管焊接技术世界级难关，出色完成亚洲最大的全箭振动试验塔的焊接攻关、修复苏制图154飞机发动机,还被丁肇中教授亲点,成功解决反物质探测器项目难题。高凤林先后荣获国家科技进步二等奖、全军科技进步二等奖等20多个奖项。

绝活不是凭空得,功夫还得练出来。

高凤林吃饭时拿筷子练送丝,喝水时端着盛满水的缸子练稳定性,休息时举着铁块练耐力,冒着高温观察铁水的流动规律;为了保障一次大型科学实验成功,他的双手至今还留有被严重烫伤的疤痕;为了攻克国家某重点攻关项目,近半年的时间,他天天趴在冰冷的产品上,关节麻木了、青紫了,他也没有停下甚至被戏称为“和产品结婚的人”。2015年,高凤林获得全国劳动模范称号。

高凤林以卓尔不群的技艺和高尚的人格、优良的品质,成为新时代高技能工人的时代坐标。

四、 倒圆角编程指令 RND

在被加工的零件中,也经常要进行倒圆角加工。一般情况下加工零件的圆角有以下作用:一个是为了去除零件边缘毛刺,使零件不会划伤使用者;二是为了在装配时,有利于装配零件的装配导入,防止毛刺干涉,影响装配精度。

1. 倒圆角指令 RND 功能

●视频

倒圆角编程指令RND

RND 功能用于倒圆角。

①刀具沿圆弧运动,圆弧与前后元素轮廓相切。

②圆角的圆弧半径必须足够大,能够满足当前所用刀具的要求。

2. 程序手工输入步骤

在数控机床操作控制面板上,找到“倒圆角”键,点击后生成倒圆角加工运行程序段,程序段中需要进行以下输入:

►倒圆半径:输入半径。

必要时进一步输入:

►进给速率F(只对RND程序行有效)。

说明:

①在前后相接的轮廓元素中,两个坐标轴必须位于圆角的加工平面中。

②如果加工轮廓不用刀具半径补偿功能,则必须对加工面所倒圆角始点与终点两坐标编写加工程序。

③角点被切除,且它不是轮廓的一部分。

④RND 程序段中的进给速率仅在该程序段有效。

⑤RND 程序段之后,将恢复前一程序段的进给速率。

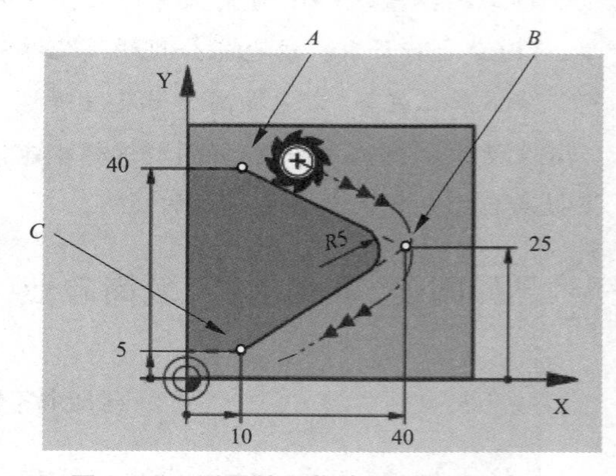

图2.13 利用编程指令 RND 倒圆角

3. NC 程序编辑实例($A \to B \to C$,见图2.13)。

```
5  L X+10 Y+40 RL F300 M3   直线进给到倒圆角前一点A;
6  L X+40 Y+25              直线定位到点B;
7  RND R5 F100              倒圆角;
8  L X+10 Y+5               直线进给到倒圆角下一点C。
```

延伸思考

倒圆角编程指令 RND 可用来进行零件倒圆角的自动加工，编程简单，避免了烦琐的坐标计算。这样既能完成加工任务，又能提高效率及准确性。

在工作学习中要有创新精神这样才能更好地提高工作效率及工作质量，才能逐渐提高自己创新意识。

五、 定义圆心编程指令 CC、圆弧编程指令 C

视频

定义圆心编程指令CC、圆弧编程指令C

在被加工的零件中，经常要进行圆弧加工。圆弧编程加工的方法很多，其中先确定圆弧圆心，然后进行圆弧编程加工就是常用的一种方式。

1. 定义圆心编程指令 CC

(1)指令功能：为编程的圆确定圆心。

(2)确定圆心的方法：

①输入圆心的直角坐标。

②利用在前面程序行中规定的圆心。

③用电子手轮上的实际位置归零工件归零刀具所在位置坐标，将该坐标确定为圆心。

说明：①CC 编程指令的作用只是规定圆心的位置，并不能使刀具移动到此位置。

②圆心也可以是极坐标的极心。

③在编程新的圆心位置之前，圆心的定义一直保持有效。

(3)程序手工输入步骤：

在数控机床操作控制面板上，找到“定义圆心”功能键，点击后生成定义圆心功能程序段，程序段中需要进行以下输入：

CC 坐标：输入圆心坐标，如果使用最后编程的位置，就不要输入任何坐标。

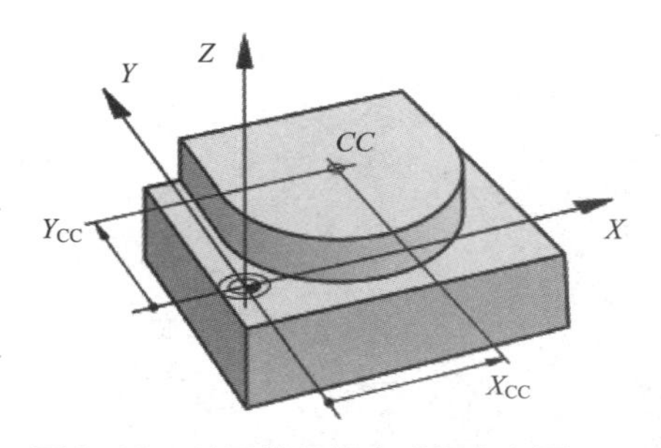

图 2.14　利用编程指令 CC 定义圆心

(4)NC 程序编辑实例，如图 2.14 所示。

```
5  CC X+25 Y+25          定义圆心在 X +25 Y +25 位置。
```

或者：

```
10  L  X +25  Y +25      直线定位到 X+25 Y+25 位置。
11  CC                   使用最后编程的位置，不用输入圆心坐标。
```

2. 圆弧编程指令 C

编制 C 指令程序前，必须首先使用 CC 指令定义圆心。C 程序段之前的刀具最后编程位置用作圆的起始点。

(1)程序手工输入步骤：

在数控机床操作控制面板上，找到“定义圆心”功能键，点击后生成定义圆心功能程序段，程序段中需要进行以下输入：

①刀具移动到圆的起始点。

②圆心的坐标。

圆心被定义之后,在数控机床操作控制面板上,找到“圆弧编程”功能键 ,点击后生成圆弧编程程序段,程序段中需要进行以下输入:

▶ 圆弧结束点的坐标。

▶ 转动方向 DR(DR - :顺时针 DR + :逆时针)。

必要时进一步输入:

▶ 进给速率 F。

▶ 辅助功能 M。

说明:

圆弧的转动方向如下,

顺时针圆弧(凸弧)——转动方向“DR -”,如图 2. 15(a)所示。

逆时针圆弧(凹弧)——转动方向“DR +”,如图 2. 15(b)所示。

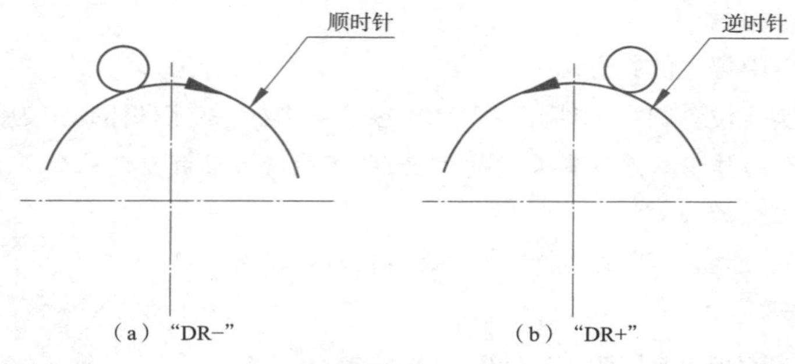

图 2. 15　圆弧的转动方向

(2)NC 程序编辑实例,如图 2. 16、图 2. 17 所示。

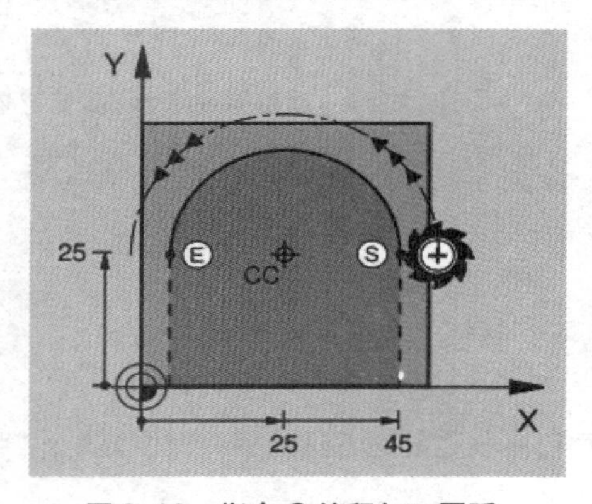

图 2. 16　指令 C 编程加工圆弧

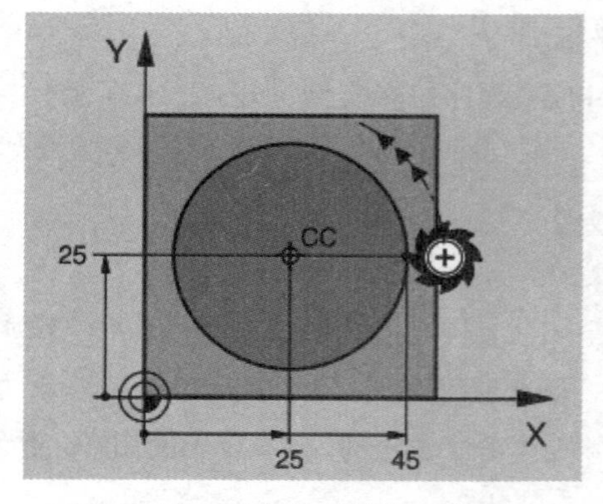

图 2. 17　指令 C 编程加工整圆

```
5 CC X +25 Y +25
6 L X +45 Y +25 RR F200 M3
7 C X +5   Y +25 DR +
```

```
5 CC X +25 Y +25
6 L X +45 Y +25 RR F200 M3
7 C X +45   Y +25 DR +
```

整圆的编程特点：在 C 程序段中，将起始点的坐标作为终点的坐标输入。

说明：圆弧的起始点和终点必须是在同一个圆上。

延伸思考

编程指令 CC、C 可用来进行圆弧自动加工，编程简单。但是如果混淆圆弧的加工方向，会造成零件作废或打刀。所以同学们不要因为看似简单而掉以轻心，做事要有严谨细致、一丝不苟、精益求精的工匠精神，培养自己良好工作习惯。

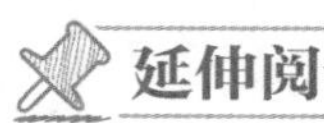

一丝不苟、精益求精

宁允展：高铁上的中国精度

宁允展是中车集团青岛四方机车车辆股份有限公司的车辆钳工，高级技师，高铁首席研磨师。他是国内第一位从事高铁转向架定位臂研磨的工人，也是这道工序最高技能水平的代表。他研磨的定位臂，已经创造了连续十年无次品的纪录。他和他的团队研磨的转向架共安装在 673 列高速动车组，奔驰 9 亿多公里，相当于绕地球 2 万多圈。

转向架是高速动车组九大关键技术之一，转向架上的定位臂，是关键中的关键。高速动车组在运行时速达 200 多公里的情况下，定位臂和轮对节点必须有 75% 以上的接触面间隙小于 0.05mm，否则会直接影响行车安全。宁允展的工作，就是确保这个间隙小于 0.05mm。他的“风动砂轮纯手工研磨操作法”，将研磨效率提高了 1 倍多，接触面的贴合率也从原来的 75% 提高到了 90% 以上。他发明的精加工表面缺陷焊修方法，修复精度最高可达到 0.01mm，相当于一根细头发丝的 1/5。他执着于创新研究，主持了多项课题攻关，发明了多种工装，其中有 2 项通过专利审查，获得了国家专利，每年为公司节约创效近 300 万元。

一心一意做手艺，不当班长不当官，扎根一线 24 年，宁允展与很多人有着不同的追求：“我不是完人，但我的产品一定是完美的。做到这一点，需要一辈子踏踏实实做手艺。”

六、 圆弧编程指令 CR、指令 CT

在被加工的零件中，进行圆弧加工。圆弧编程加工的方式除了先确定圆弧圆心，然后进行圆弧编程的加工方式外，还有利用圆弧终点及圆弧半径编程（CR）的方式与利用圆弧切线及圆弧终点编程（CT）的方式。这两种方式也是圆弧编程加工方式中常用的方式。

1. 已知半径的圆弧编程指令 CR

功能：可使刀具沿半径为 R 的圆弧路径运动，如图 2.18 所示。

(1) 手工输入程序的步骤：

在数控机床操作控制面板上，找到“圆弧编程”功能键，点击后生成圆弧编程功能程序段，程序段中需要进行以下输入：

▶ 圆弧终点坐标。

▶ 半径 R。

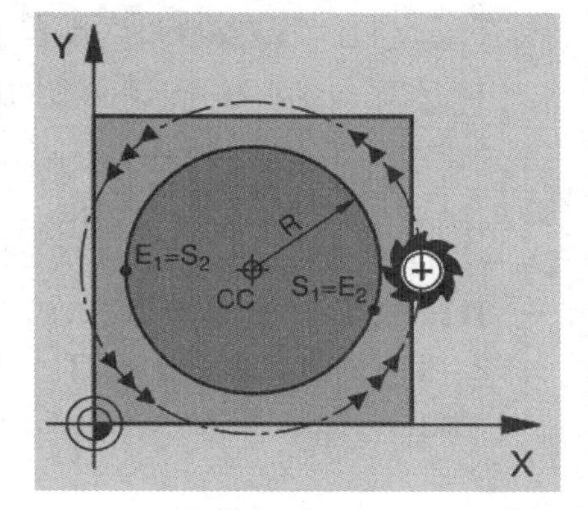

图 2.18　指令 CR 加工圆弧刀心轨迹

▶ 旋转方向 DR(DR－:顺时针 DR＋:逆时针)。

必要时进一步输入:

▶ 辅助功能 M。

▶ 进给速率 F。

(2)利用圆弧编程 CR 指令编制整圆。

对于整圆,要连续编制两个 CR 程序段:

①第一个半圆的终点是第二个半圆的起点;

②第二个半圆的终点又是第一个半圆的起点。

③手工输入程序参数说明。

圆心角 CCA 和圆弧半径 R:

劣弧:CCA＜180°输入半径带正号 $R>0$,如图 2.19 左所示。

优弧:CCA＞180°输入半径带负号 $R<0$,如图 2.19 右所示。

视频

圆弧编程CR、CT指令

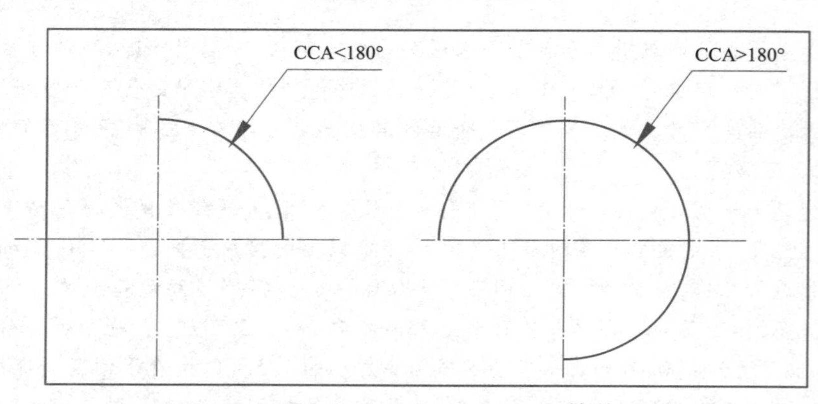

图 2.19 圆心角 CCA 和圆弧半径 R 的关系

4. NC 程序编程举例

(1)编制如图 2.20 所示圆弧①与圆弧②运行路线程序。

(arc1)

```
10  L X+40 Y+40 RL F200 M3
11  CR X+70 Y+40 R+20 DR-
```

(arc2)

```
10  L X+40 Y+40 RL F200 M3
11  CR X+70 Y+40 R+20 DR+
```

(2)编制如图 2.21 所示圆弧③与圆弧④运行路线程序。

(arc3)

```
10  L X+40 Y+40 RL F200 M3
11  CR X+70 Y+40 R-20 DR-
```

(arc4)

```
10  L X+40 Y+40 RL F200 M3
11  CR X+70 Y+40 R-20 DR+
```

注意:圆弧直径起点和终点的距离不能大于圆弧的直径。

2. 相切的圆弧编程指令 CT

功能:刀具沿圆弧运动,由相切于前一编程元素开始,如图 2.22 所示。

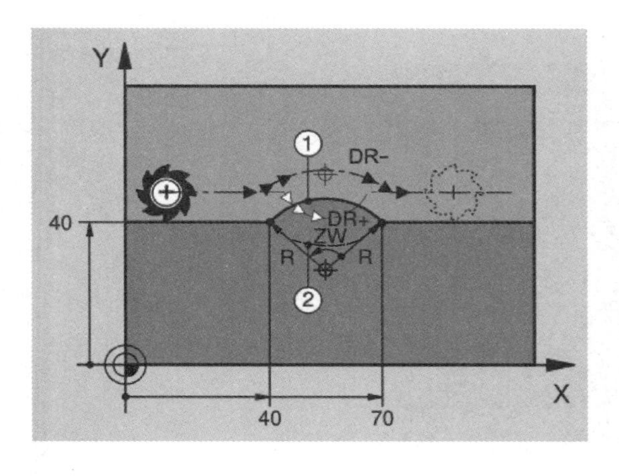

图 2.20　CR 指令加工劣弧时刀具运行轨迹

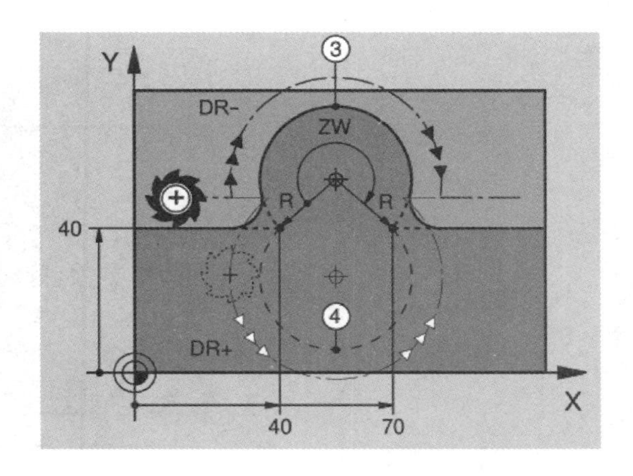

图 2.21　CR 指令加工优弧时刀具运行轨迹

说明：与圆弧相切的轮廓元素必须编写在 CT 程序段之前一个程序段中，因此至少需要两个定位程序段。

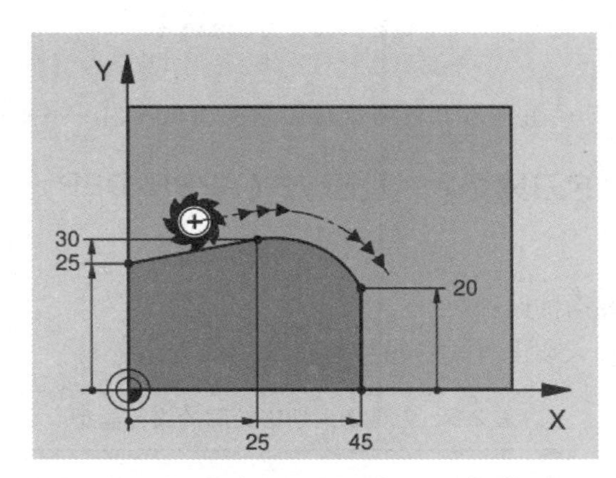

图 2.22　CT 指令加工圆弧的刀具运行轨迹

（1）程序手工输入步骤

在数控机床操作控制面板上，找到“圆弧编程”功能键，点击后生成“圆弧编程”功能程序段，程序段中需要进行以下输入：

▶ 圆弧终点的坐标。

必要时进一步输入：

▶ 进给速率 F。

▶ 辅助功能 M。

（2）NC 程序编程举例

编制如图 2.23 所示图形运行轨迹（$A \to B \to C \to D$）程序。

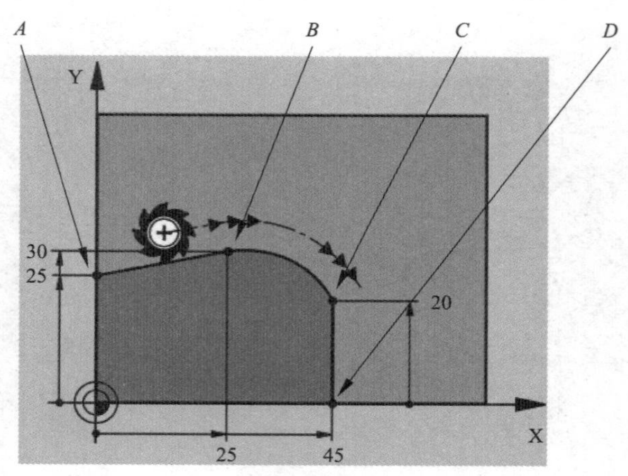

图 2.23　CT 指令加工圆弧的刀具运行轨迹

```
7  L  X+0  Y+25  RL  F300  M3   直线运行到 A 点;
8  L  X+25  Y+30                直线运行到切点 B;
9  CT  X+45  Y+20               运行圆弧轨迹到圆弧终点 C;
10  L  Y+0                      直线运行到 D 点(离开工件)。
```

视频

编程中的刀具切入切出

说明:与圆弧相切的直线程序段的坐标必须和圆弧在同一个平面内。

七、 编程中的刀具切入/切出方式(APPR/DEP)

(一)概述

刀具切入切出轮廓的路径类型:

编程中的刀具切入切出方式有四种类型,如表 2-5 所示。

表 2-5　刀具切入切出轮廓的路径类型

1	沿相切直线切入、切出	APPR LT	①沿相切直线切入	DEP LT	②沿相切直线切出
2	沿垂直于第一轮廓点的直线切入、切出	APPR LN	①沿垂直于第一轮廓点的直线切入	DEP LN	②沿垂直于第一轮廓点的直线切出
3	由直线沿相切圆弧切入、切出	APPR CT	①由直线沿相切圆弧切入	DEP CT	②由直线沿相切圆弧切出
4	沿相切圆弧切入、切出	APPR LCT	①沿相切圆弧切入	DEP LCT	②沿相切圆弧切出

按压【APPR/DEP】键启动刀具切入（“APPR”）与刀具切出（“DEP”）轮廓功能。用相应软键选择所需的路径功能，如图 2.24 所示。

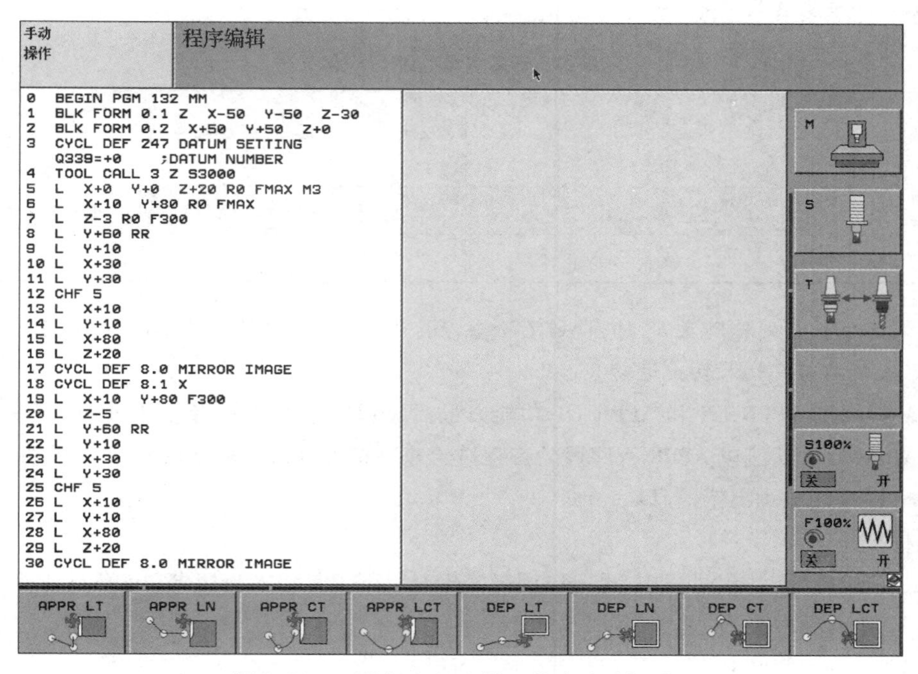

图 2.24　刀具切入切出的工作方式选择界面

1. 刀具切入、切出螺旋线

刀具沿与轮廓相切的圆弧运动，在其延伸线上刀具切入、切出螺旋线。用“APPR CT”和“DEP CT”功能对螺旋线刀具的切入、切出进行编程。

2. 刀具切入、切出的关键位置点（图 2.25）

（1）起点 P_S。

要在 APPR 程序段之前编写起点位置程序段。P_S 位于轮廓之外，无半径补偿（R0）地切入该点。

（2）辅助点 P_H。

有些刀具切入与切出的路径穿过辅助点 P_H，P_H 是 TNC 根据 APPR 或 DEP 程序段中的输入值计算而来的。TNC 以最后一个编程进给速率将刀具由当前位置移至辅助点 P_H。

（3）第一轮廓点 P_A 和最后轮廓点 P_E。

将第一轮廓点 P_A 编写在 APPR 程序段中。用任意路径功能编写最后一个轮廓点 P_E 程序。如果 APPR 程序段中有 Z 轴坐标的话，TNC 先在加工面上将刀具移至 P_H 位置，然后再将其移至刀具轴上所输入的深度处。

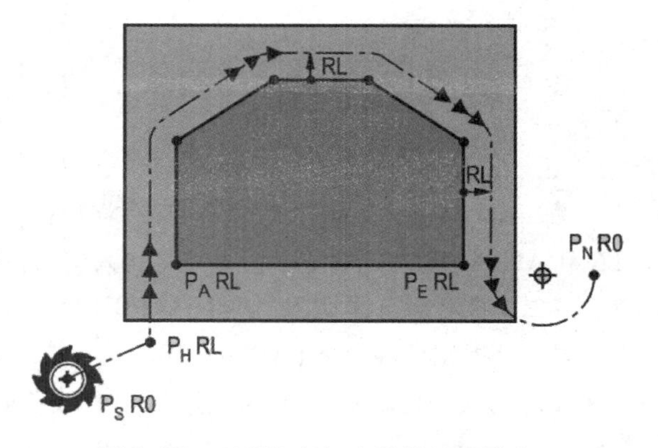

图 2.25　刀具切入切出的关键位置点

终点P_H终点P_N位于轮廓之外,它由DEP程序段中的输入值决定。如果DEP程序段中有Z轴坐标的话,TNC先在加工面上将刀具移至P_H位置,然后再将其移至刀具轴上所输入的高度处。

英文字母的缩写与含义见表2-6。

表2-6　英文字母的缩写与含义

缩写	含义	缩写	含义
APPR	切入	C	圆
DEP	切出	T	相切(平滑过渡)
L	线段	N	垂直

说明:由实际位置移到辅助点P_H时,TNC不检查刀具是否会损坏编程的轮廓。在执行零件程序之前,应用测试图形来模拟刀具切入切出运动。

TNC用APPR LT、APPR LN和APPR CT功能以最后编程的进给速率将刀具从实际位置移至辅助点P_H。TNC用APPR LCT功能以APPR程序段的编程进给速率将刀具移至辅助点P_H。如果切入程序段之前未设进给速率,TNC将显示出错信息。

3. 极坐标

在加工工件的切入与切出过程中,也可以用极坐标对以下刀具切入与切出功能的轮廓点进行编程:

APPR LT变为APPR PLT;

APPR LN变为APPR PLN;

APPR CT变为APPR PCT;

APPR LCT变为APPR PLCT;

DEP LCT变为DEP PLCT。

选择刀具切入与切出功能键,然后按橙色**P**键。

4. 半径补偿

刀具半径补偿要与APPR程序段中的第一个轮廓点P_A编程在一起。DEP程序段将自动取消刀具半径补偿。

无半径补偿的轮廓切入方法:

如果以R0编写APPR程序段,TNC将计算刀具半径为0及半径补偿RR的刀具路径!在APPR/DEP LN和APPR/DEP CT功能中设置刀具切入切出轮廓方向必须有半径补偿。

(二)沿相切直线切入、切出(APPR LT/DEP LT)

1. 沿相切直线切入(APPR LT)

(1)切入刀具轨迹:刀具由起点P_S沿直线移到辅助点P_H。然后,沿相切于轮廓的直线移到第一个轮廓点P_A。辅助点P_H与第一轮廓点P_A的距离为“LEN(=15)”,如图2.26所示。

①用任一路径功能切入起点P_S。

②用“APPR/DEP”键和“APPR LT”键启动对话。

(2)程序手工输入步骤：

按压机床操作面板上的 APPR DEP 按键，屏幕显示“刀具切入与切出的工作方式选择界面”，然后在屏幕下方点击 APPR LT 键，程序中生成刀具切入的工作方式程序段，接着按要求输入以下参数：

►第一轮廓点 P_A坐标

►LEN：辅助点 P_H与第一轮廓点 P_A间的距离。

►用于半径补偿 RR/RL 加工。

(3)NC 程序编辑实例：

刀具沿相切直线切入如图 2.26 所示，编辑刀具沿相切直线切入的程序。

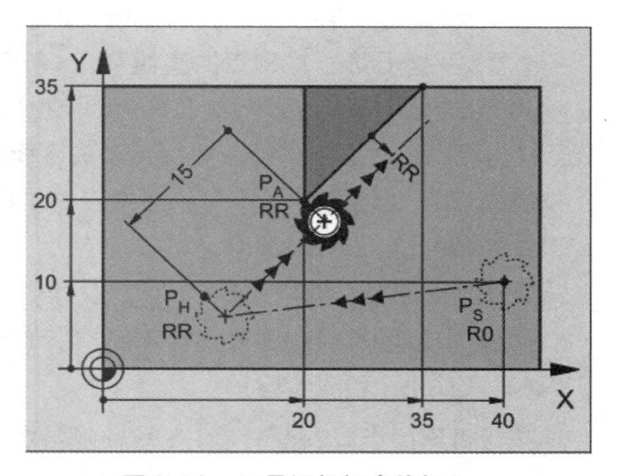

图 2.26　刀具沿相切直线切入

程序

```
7 L X+40 Y+10 R0 FMAX M3
8 APPR LT X+20 Y+20 Z-10 LEN15 RR F100
9 L X+35 Y+35
10 L...
```

刀具轨迹

无半径补偿的方式切入 P_S点；

P_A点处半径补偿为“RR”，P_H至 P_A的距离：“LEN=15”；

第一个轮廓要素的终点；

下一个轮廓要素。

2. 沿相切直线切出(DEP LT)

(1)切出刀具轨迹：刀具沿直线由最后一个轮廓点 P_E移至终点 P_N。直线在最后一个轮廓元素的延长线上。P_N与 P_E的距离为“LEN(=12.5)”，如图 2.27 所示。

①用终点 P_E和半径补偿指令编写最后一个轮廓元素的程序。

②用【APPR/DEP】键和“DEP LT”键启动对话。

(2)程序手工输入步骤：

按压机床操作面板上的 APPR DEP 按键，屏幕显示“刀具切入与切出的工作方式选择界面”，然后在屏幕下方点击 DEP LT 键，程序中生成刀具切出的工作方式程序段，接着按要求输入以下参数：

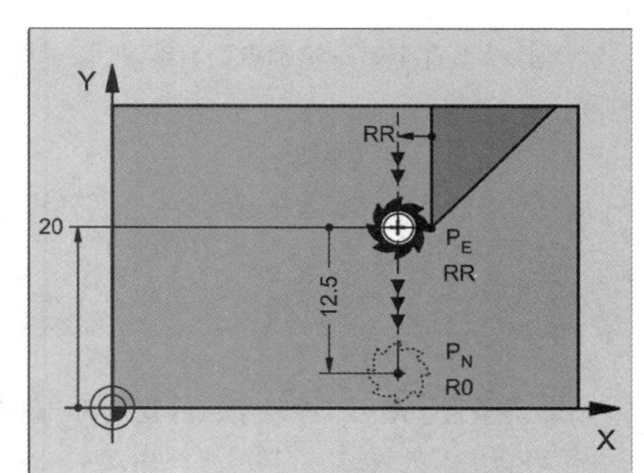

图 2.27　刀具沿相切直线切出

►LEN：输入最后一个轮廓元素 P_E到终点 P_N的距离。

(3)NC 编程举例：刀具沿相切直线切出如图 2.27 所示，编辑刀具沿相切直线切出的程序。

程序

```
23 L Y+20 RR F100
24 DEP LT LEN12.5 F100
25 L Z+100 FMAX M2
```

刀具轨迹

最后一个轮廓要素：有半径补偿的 P_E点；

用“LEN=12.5 mm”切出轮廓到 P_N点；

沿 Z 轴退刀，返回程序段 1，结束程序。

(三)沿垂直于第一轮廓点的直线切入、切出(APPR LN/DEP LN)

1. 沿垂直于第一轮廓点的直线切入(APPR LN)

(1)切入刀具轨迹:刀具由起点 P_S 沿直线移到辅助点 P_H。然后,沿垂直于第一轮廓元素的直线移到第一个轮廓点 P_A。辅助点 P_H 与第一轮廓点 P_A 的距离为 LEN 加半径补偿,如图 2.28 所示。

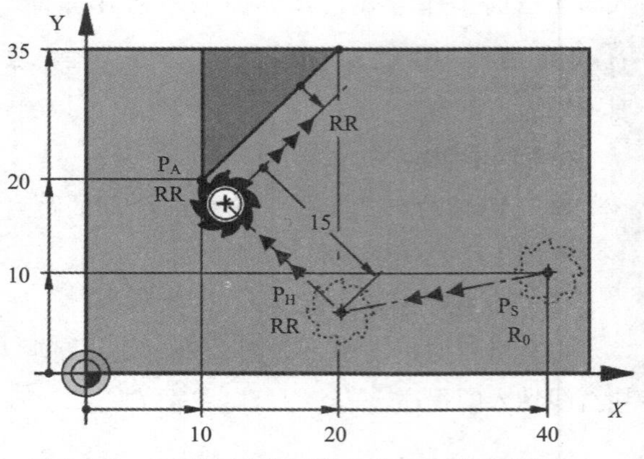

图 2.28 刀具沿垂直于第一轮廓点的直线切入

①用任一路径功能切入起点 P_S。

②用【APPR/DEP】按键和“APPR LN”启动对话。

(2)程序手工输入步骤:

按压机床操作面板上的 APPR/DEP 按键,屏幕显示“刀具切入与切出的工作方式选择界面”,然后在屏幕下方点击 APPR LN 键,程序中生成刀具切入的工作方式程序段,接着按要求输入以下参数:

►第一轮廓点 P_A 坐标。

►长度:距离辅助点 P_H 的距离。必须用正值输入 LEN 值!

►用于半径补偿“RR/RL”加工。

(3)NC 编程举例:

刀具沿垂直于第一轮廓点的直线切入,如图 2.28 所示,编辑刀具沿垂直于第一轮廓点的直线切入的程序。

程序	刀具轨迹
7 L X+40 Y+10 R0 FMAX M3	无半径补偿的方式切入 P_S 点;
8 APPR LN X+20 Y+20 Z-10 LEN15 RR F100	P_A 点处半径补偿为 RR,P_H 至 P_A 的距离:“LEN=15 mm”;
9 L X+20 Y+35	第一个轮廓要素的终点;
10 L...	下一个轮廓要素。

2. 沿垂直于最后一个轮廓点的直线切出(DEP LN)

(1)切出刀具轨迹:刀具沿直线由最后一个轮廓点 P_E 移至终点 P_N。沿垂直于最后一个轮廓点 P_E 的直线路径切出。P_N 与 P_E 的距离为 LEN 值加刀具半径,如图 2.29 所示。

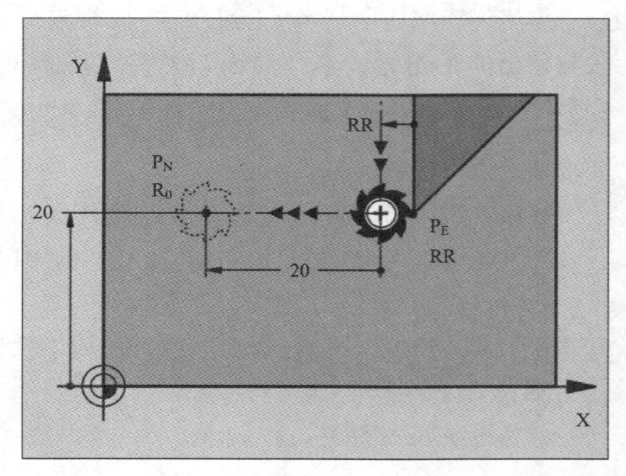

图 2.29 刀具沿垂直于最后一个轮廓点的直线切出

①用终点 P_E 和半径补偿指令编写最后一个轮廓元素的程序。

②用【APPR/DEP】键和“DEP LN”启动对话。

(2)程序手工输入步骤:

按压机床操作面板上的 APPR/DEP 按键,屏幕显示“刀具切入与切出的工作方式选择界面”,然后在屏幕下方点击 DEP LN 键，程序中生成刀具切出的工作方式程序段，接着按要求输入以下参数：

▶LEN：输入最后一个轮廓元素至 P_N 的距离。必须用正值输入 LEN 值！

(3) NC 编程举例：

刀具沿垂直于第一轮廓点的直线切出如图 2.29 所示，编辑刀具沿垂直于第一轮廓点的直线切出的程序。

程序	刀具轨迹
23 L Y+20 RR F100	最后一个轮廓要素：有半径补偿的 P_E 点；
24 DEP LN LEN+20 F100	用"LEN=20 mm"垂直于轮廓切出到 P_N 点；
25 L Z+100 FMAX M2	沿 Z 轴退刀，返回程序段 1，结束程序。

(四) 沿相切的圆弧切入/切出(APPR CT/DEP CT)

1. 沿相切的圆弧切入：APPR　CT

编程中最常用的刀具切入切出方式是直线沿相切圆弧切入、切出类型。

(1) 切入刀具轨迹：刀具由起点 P_S 沿直线移到辅助点 P_H。然后，沿相切于第一轮廓元素的圆弧移到第一个轮廓点 P_A。P_H 到 P_A 的圆弧由半径 R 与圆心角 CCA 确定。圆弧方向由第一轮廓元素的刀具路径自动计算得到，如图 2.30 所示。

①用任一路径功能切入起点 P_S。

②用【APPR/DEP】按键和"APPR CT"启动对话。

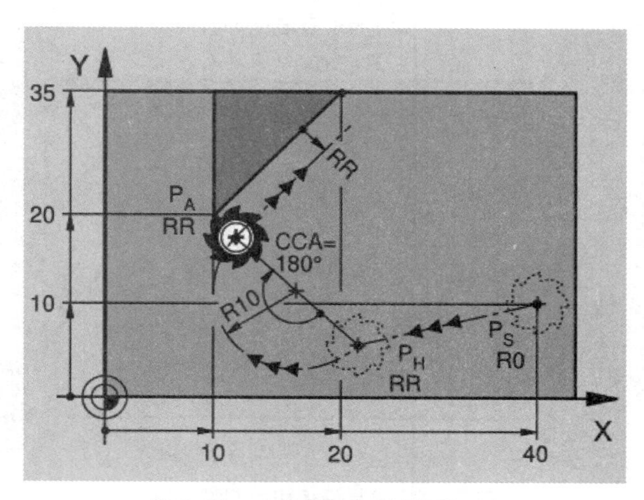

图 2.30　刀具沿相切的圆弧切入

(2) 程序手工输入步骤：

按压机床操作面板上的 APPR DEP 按键，屏幕显示"刀具切入与切出的工作方式选择界面"，然后在屏幕下方点击 APPR CT 键，程序中生成刀具切入的工作方式程序段，接着按要求输入以下参数：

▶ 第一轮廓点 P_A 坐标。

▶ 圆弧半径 R。

■如果刀具按半径补偿的方向切入工件，则将 R 输入为正值。

■如果刀具沿半径补偿相反的方向切入工件，则将 R 输入为负值。

▶ 圆弧的圆心角 CCA。

■CCA 只能输入为正值。

■最大输入值 360°。

▶ 用于半径补偿 RR/RL 加工。

(3) NC 编程举例：

刀具沿相切的圆弧切入，如图 2. 30 所示，编辑刀具沿相切的圆弧切入的程序。

程序	刀具轨迹
7 L X +40 Y +10 R0 FMAX M3	无半径补偿的方式切入 P_S 点；有半径右补偿，以半径 R10 切入 P_A 点；
8 APPR CT X +10 Y +20 CCA180 R +10 RR F100	
9 L X +20 Y +35	第一个轮廓要素的终点；
10 L…	下一个轮廓要素。

2. 沿相切的圆弧切出（“DEP CT”）

(1) 切出刀具轨迹：刀具沿着一个圆弧从最后轮廓点 P_E 移到终点 P_N 此圆弧与上一个轮廓要素相切，如图 2. 31 所示。

①用终点 P_E 和半径补偿指令 RR/RL 为上一个轮廓要素编程。

②用【APPR/DEP】键和“DEP CT” 启动对话。

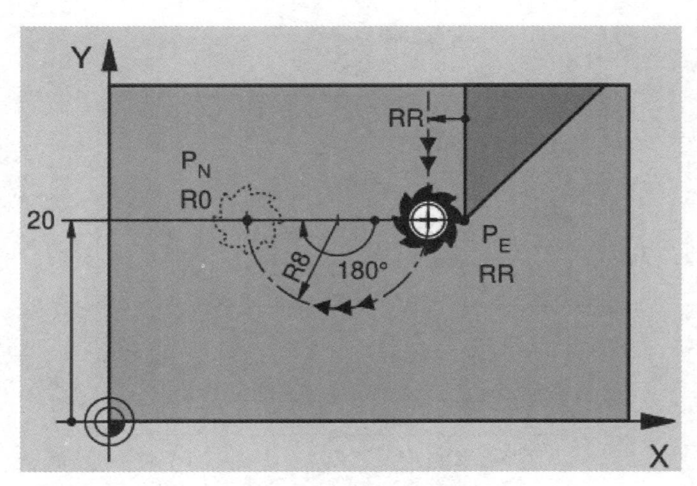

图 2. 31　刀具沿相切的圆弧切出

(2) 程序手工输入步骤：

按压机床操作面板上的 APPR/DEP 按键，屏幕显示“刀具切入与切出的工作方式选择界面”，然后在屏幕下方点击 DEP CT 键，程序中生成刀具切出的工作方式程序段，接着按要求输入以下参数：

▶圆弧的中心角 CCA。

▶圆弧半径 R。

■如果刀具需在半径补偿方向上切出工件(即用 RR 向右切出或用 RL 向左切出) 输入的 R 为正值。

■如果刀具需在与半径补偿相反方向上切出,输入的 R 为负值。

(3)NC 编程举例:

刀具沿相切的圆弧切出如图 2.31 所示,编辑刀具沿相切的圆弧切出的程序。

程序	刀具轨迹
23 L Y +20 RR F100	最后一个轮廓要素:有半径补偿的 P_E 点;
24 DEP CT CCA180 R +8 F100	切出圆弧中心角 180°,圆弧半径 $R10$ 到 P_N 点;
25 L Z +100 FMAX M2	沿 Z 轴退刀,返回程序段 1,结束程序。

(五)由直线沿相切圆弧切入/切出(APPR LCT/DEP LCT)

1. 由直线沿相切圆弧切入(APPR LCT)

(1)刀具切入轨迹:刀具由起点 P_S 沿直线移到辅助点 P_H。然后沿圆弧移至第一轮廓点 P_A。在 APPR 程序段中的编程进给速率有效。

圆弧与线段 $P_S - P_H$ 和第一轮廓元素相切。一旦确定了这些线段,只需要用半径就能定义刀具路径,如图 2.32 所示。

①用任一路径功能切入起点 P_S。

②用【APPR/DEP】按键和“APPR LCT”启动对话。

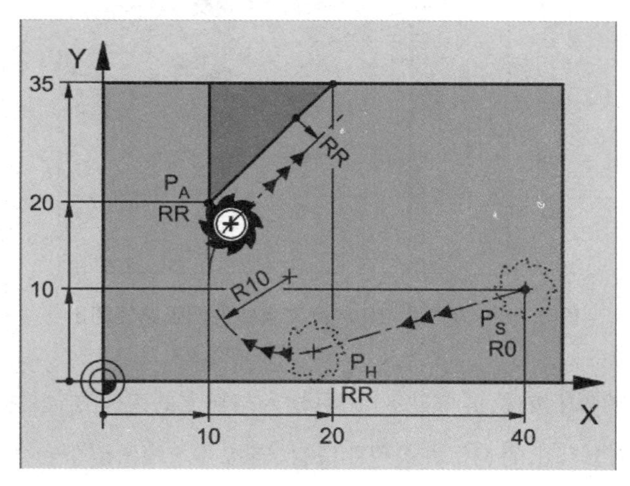

图 2.32 刀具由直线沿相切圆弧切入

(2)程序手工输入步骤:

按压机床操作面板上的 APPR DEP 按键,屏幕显示“刀具切入与切出的工作方式选择界面”,然后在屏幕下方点击 APPR LCT 键,程序中生成刀具切入的工作方式程序段,接着按要求输入以下参数:

►第一轮廓点 P_A 坐标;

►圆弧半径 R(将 R 输入为正值);

►用于半径补偿“RR/RL”加工。

(3) NC 编程举例:

刀具由直线沿相切圆弧切入如图 2.32 所示,编辑刀具由直线沿相切圆弧切入的程序。

程序	刀具轨迹
7 L X+40 Y+10 R0 FMAX M3	无半径补偿的方式切入 P_S点;
8 APPR LCT X+10 Y+20 Z-10 R+10 RR F100	有半径右补偿,以半径 $R10$ 切入 P_A点;
9 L X+20 Y+35	第一个轮廓要素的终点;
10 L…	下一个轮廓要素。

2. 沿相切轮廓和直线的圆弧路径切出:DEP LCT

(1) 刀具切出轨迹:刀具沿圆弧由最后一个轮廓点 P_S向辅助点 P_H运动。然后沿直线移至终点 P_N。圆弧与最后一个轮廓元素和 P_H至 P_N的线段相切,如图 2.33 所示。一旦确定了这些线段,用半径 R 足以定义刀具路径。

①用终点 P_E和半径补偿指令编写最后一个轮廓元素的程序。

②用【APPR/DEP】键和"DEP LCT"启动对话。

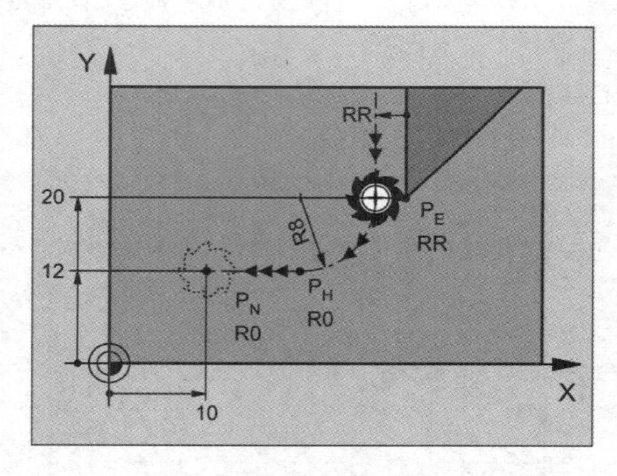

图 2.33　刀具沿相切轮廓和直线的圆弧路径切出

(2) 程序手工输入步骤:

按压机床操作面板上的 APPR DEP 按键,屏幕显示"刀具切入与切出的工作方式选择界面",然后在屏幕下方点击 DEP LCT 键,程序中生成刀具切出的工作方式程序段,接着按要求输入以下参数:

▶输入终点 P_N的坐标。

▶圆弧半径 R,将 R 输入为正值。

(3) NC 编程举例:

刀具由直线沿相切圆弧切出,如图 2.33 所示,编辑刀具由直线沿相切圆弧切出的程序。

程序	刀具轨迹
23 L Y+20 RR F100	最后一个轮廓要素:有半径补偿的 P_E点;
24 DEP LCT X+10 Y+12 R+8 F100	以圆弧半径 $R8$ 切出到 P_N点;
25 L Z+100 FMAX M2	沿 Z 轴退刀,返回程序段 1,结束程序。

延伸思考

编程中的刀具切入、切出方式，决定了零件加工时切入点与切出点的加工质量，零件的合格与否往往取决于细节，因此同学们在工作中要有追求完美，精益求精的精神。“大国工匠——孟剑锋”就是典型的代表，他的过人之处就是注重工作中的每一个细节，因此成就了现在的高超技艺。孟剑锋的成长经历给我们树立了学习的榜样，他取得的成就也是同学们作为技能型人才奋斗的目标。

孟剑锋：匠人精神制国礼——精益求精、求实创新

2014 年北京 APEC 会议期间，古老的中国錾刻技术，给各国元首开了一个小小的玩笑，在送给他们的国礼中，有一个是金色的果盘里放了一块柔软的丝巾，看到的人都会情不自禁地伸手去抓，结果没有一个人能抓得起来，原来这块丝巾是用纯银錾刻出来的。

錾刻工艺师孟剑锋就参与了这份国礼的制作。他是北京握拉菲首饰有限公司生产车间技术总监，已在工艺美术行业上奋斗了 22 年。孟剑锋是一个能够沉下心来做细活的人。为了提高技术水平，他勤练基本功，几个枯燥的动作，他能重复练习一年。他利用业余时间学习绘画，学习中国各个历史时期的工艺美术知识，积极探索新的工艺制作方法，大胆改进创新，创作出大量贵金属工艺摆件作品，先后制作了 2008 年北京奥运会优秀志愿者奖章、512 抗震英雄奖章、全国道德模范奖章、中国海军航母辽宁舰舰徽等作品模具，为中国传统文化的传播和工艺美术事业的发展做出了贡献。他尝试改变铸造的焙烧温度、化料温度和倒料时的浇铸速度，经过反复试验、对比和推算，攻克了纯银铸造的工艺难题，使成品率提高了近 50 个百分点，大大提高了生产效率，减少了生产成本。

孟剑锋是位坚守传承，勇于创新的工艺美术匠人，他用最朴实的劳动践行着一名普通劳动者的责任和一个共产党员的坚守。

八、 基本指令编程案例

基本指令综合编程案例

基本编程指令包含内容如下：

①直线编程指令 L；

②倒角编程指令 CHF；

③倒圆角编程指令 RND；

④定义圆心编程指令 CC、圆弧编程指令 C；

⑤圆弧编程指令 CR、CT；

⑥刀具半径补偿。

1. 案例图样分析

根据案例图样（图 2.34）可知：

①图中包含 5 种几何元素：直线、倒直角、倒圆角、圆弧、整圆。

②图中编程加工需用指令：直线指令 L、倒角指令 CHF、倒圆角指令 RND、圆心指令 CC、圆弧指令 CR、整圆指令 C。

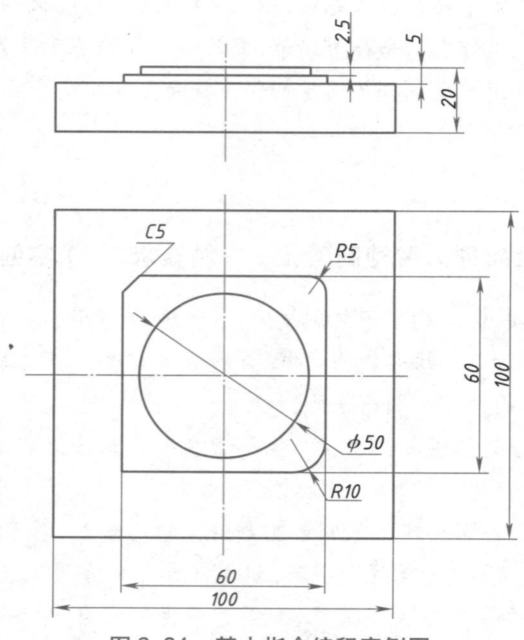

图 2.34　基本指令编程案例图

2. 案例图样加工程序及各程序段功能、刀具轨迹(表 2-7)

表 2-7　基本指令编程案例程序

程序	功能及刀具轨迹
0　BEGIN PGM131 MM	程序名称
1　BLK FORM 0.1 Z　X-50 Y-50 Z-20 2　BLK FORM 0.2　X+50　Y+50 Z+0	定义毛坯形状用于工件图形模拟
3　CYCL DEF 247 DATUM SETTING ~ Q339 = +0; DATUM NUMBER	调用工件坐标系(247),选用坐标系号(0 号)
4　TOOL CALL 9 Z S3000	在 Z 坐标轴方向上调用刀具并设置主轴转速 S
5　L　X-50　Y-80 R0　FMAX M3	Z 轴方向以快速移动“FMAX”方式无刀补直线定位刀具 X、Y 轴位置(主轴正转)
6　L　Z-2 R0	直线以进快速移动“FMAX”方式无刀补移至加工 Z 轴深度
7　L　X-30 Y-50 RL F300	以进给速率 $F=300$ mm/min 直线进给到 X、Y 轴位置
8 L　Y+30	以进给速率“F300”直线进给到倒角点位置
9 CHF 5	以进给速率“F300”加工 $C5$ 倒角
10 L　X+30	以进给速率“F300”直线进给到 X 轴位置
11 RND R5	以进给速率“F300”倒圆角 $R5$ 加工

续表

程序	功能及刀具轨迹
12 L　Y-20	以进给速率“F300”直线进给到 Y 轴位置
13 CR　X+20　Y-30 R+10 DR-	以进给速率“F300”用 CR 方式加工圆弧“R10”
14 L　X-40	以进给速率“F300”直线进给到 X 轴位置
15 L　Z-1	以进给速率“F300”直线进给到 Z 轴位置
16 L　Y+25	以进给速率“F300”直线进给到 Y 轴位置
17 L　X+0	以进给速率“F300”直线进给到 X 轴位置
18 CC　X+0　Y+0	加工圆弧前定义圆心
19 C　X+0　Y+25 DR-	以进给速率“F300”加工顺时针圆 ϕ50
20 L　X+80	以进给速率“F300”直线进给到 X 轴位置
21 L　Y+100 R0	以进给速率“F300”直线进给到 Y 轴位置(取消刀补)
22 L　Z+100 FMAX	直线以快速移动速度“FMAX”方式沿 Z 轴方向退刀
21 LX+200 Y+200 R0	直线以快速移动速度“FMAX”方式沿 X、Y 轴方向退刀
23 M5	主轴停止
24 M30	程序结束
25 END PGM131 MM	程序尾

3. 仿真加工

(1)机床基本指令编程程序创建、编辑

双击仿真软件“海德汉 iTNC530”图标，进入仿真软件页面，点击CE按键，进入正常编辑状态。点击按键后，点击PGM MGT按键，出现如图 2.35 所示文件管理目录界面。

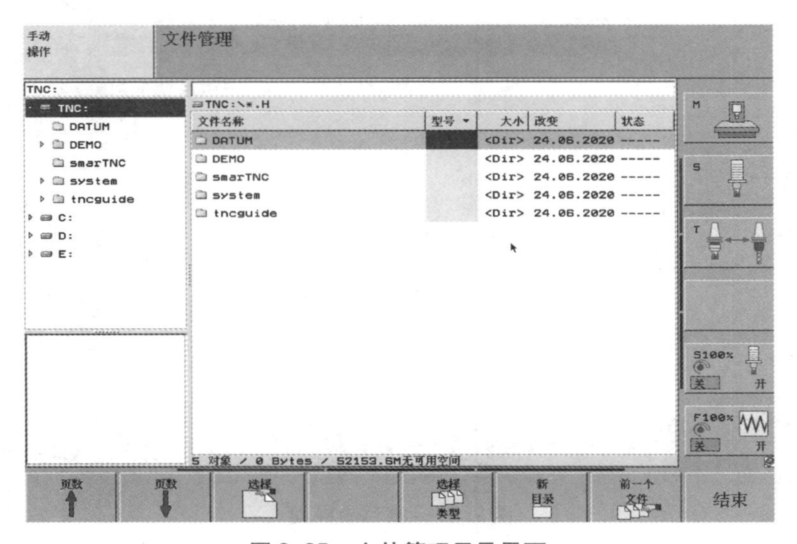

图 2.35　文件管理目录界面

点击界面下方的 新目录 键，出现图 2.36 所示建立目录界面，输入新目录名称。

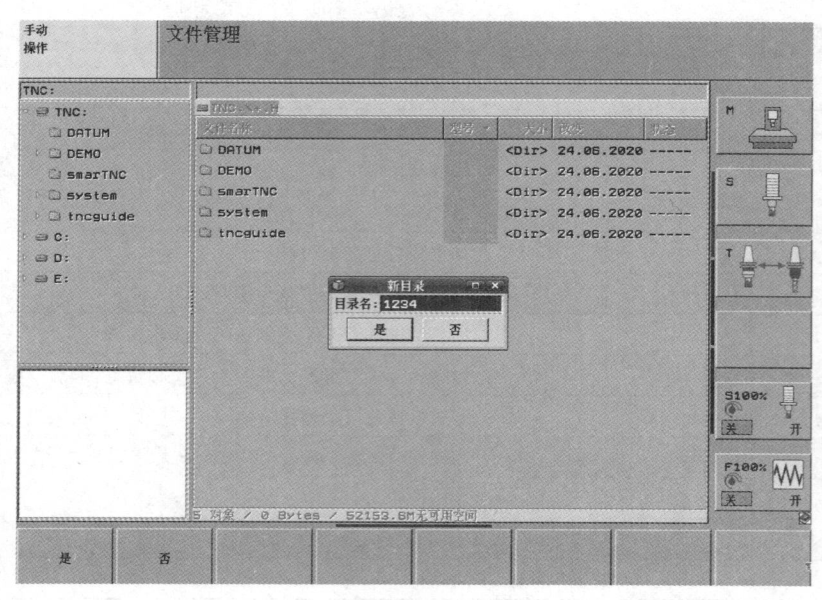

图 2.36　建立目录界面

在系统文件目录“1234”的根目录下（图 2.37）建立一个新文件。

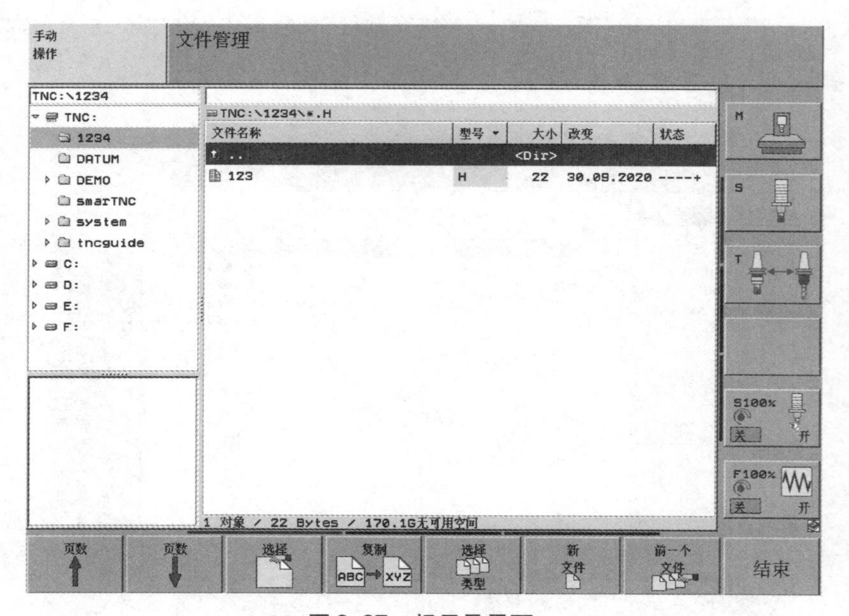

图 2.37　根目录界面

点击新文件键，输入新文件名称，如图2.38所示。

确认文件中选用的单位“MM”，如图2.39所示。

图2.38　输入新文件

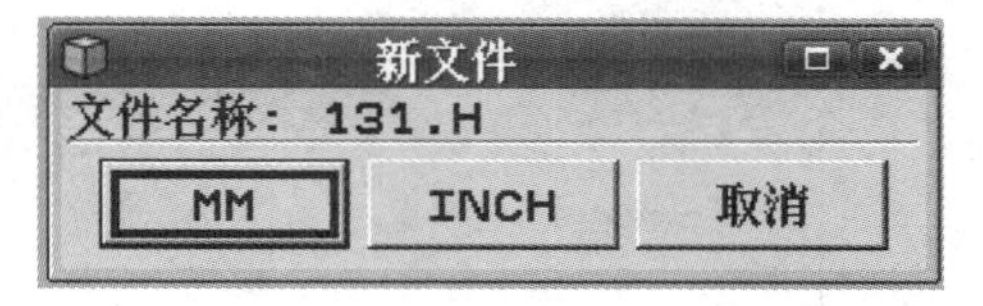

图2.39　确认单位

进入程序编辑界面如图2.40所示。

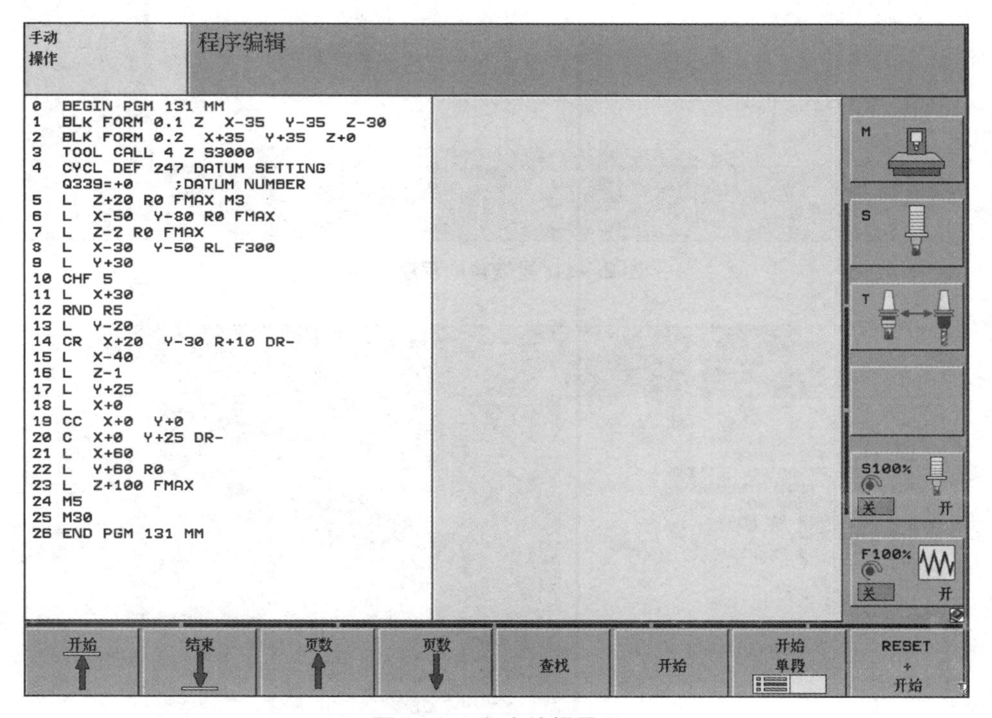

图2.40　程序编辑界面

(2)机床基本指令编程程序仿真执行

点击“仿真加工”键后，点击PGM MGT键，找到所编辑的程序文件“131.H”，如图2.41所示。

进入仿真界面如图2.42所示。

开始仿真加工如图2.43所示。

仿真加工完成状态如图2.44所示。

机床加工过程与仿真加工过程基本相同。

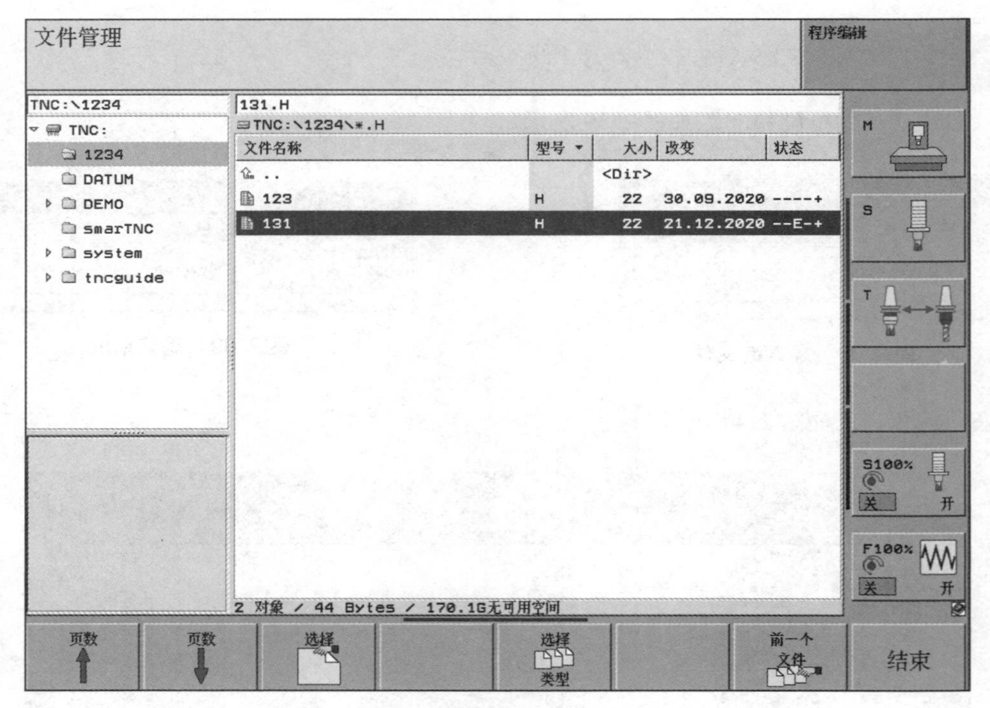

图 2.41　找编辑的程序文件

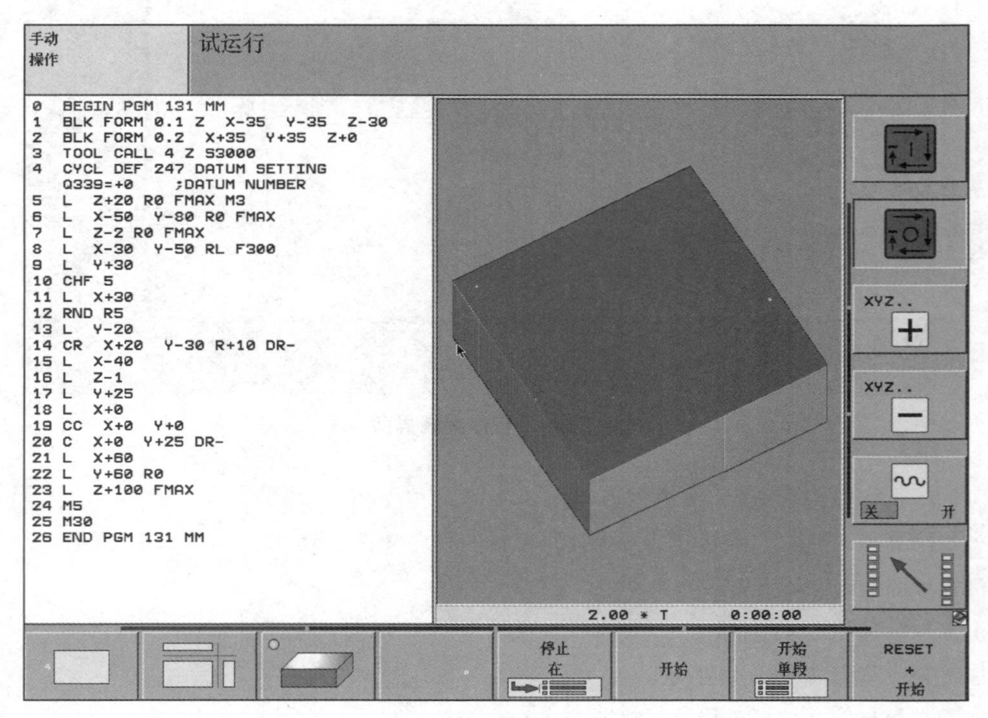

图 2.42　仿真界面

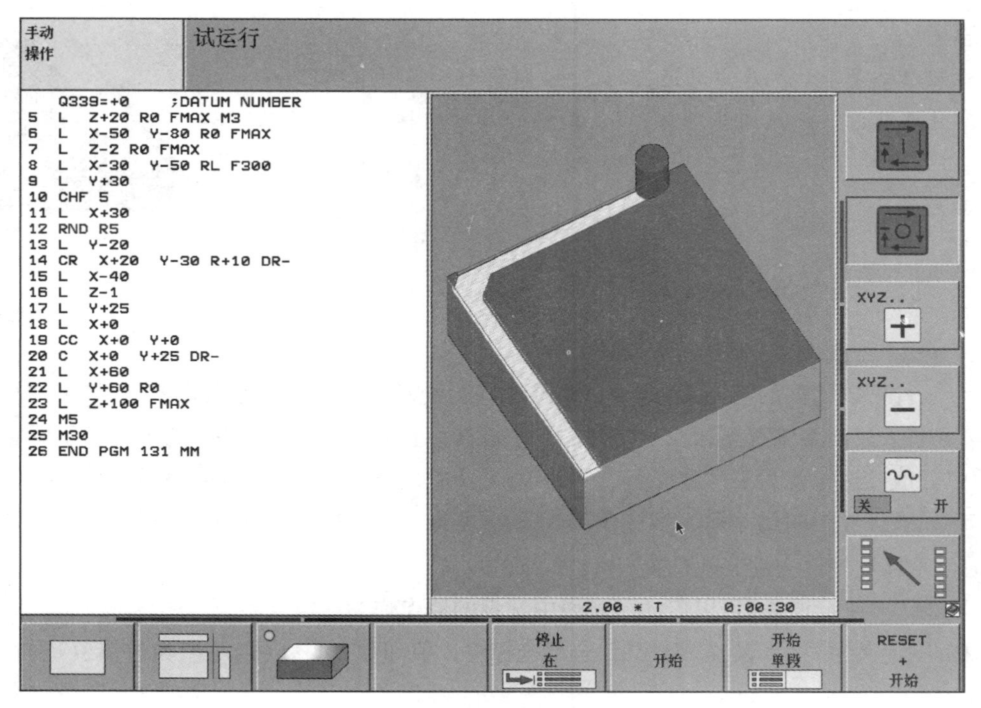

图 2.43　仿真加工界面

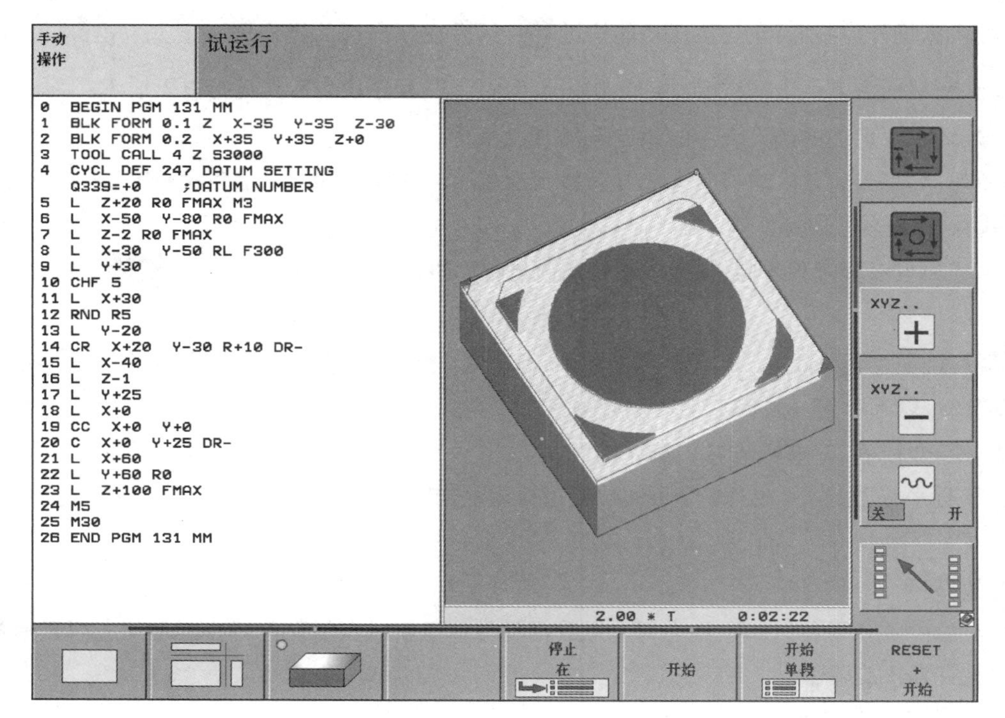

图 2.44　仿真加工完成状态

延伸思考

基本编程指令是数控机床自动运行的基础，同学们要牢固掌握，为理解循环功能打下扎实基础。知识的基础与建楼、建桥的基础同样重要。所以同学们在学习、工作中要注重夯实基础，只有基础扎实，才能走地更远，才能为后续发展提供动力。

视频

原点设置及原点平移

九、 原点设置及坐标平移

（一）原点设置（调用循环247）

工件图以工件的某元素（通常以角点），作为绝对原点。设置原点之前，应将工件与机床轴对正，并将刀具沿各轴移至相对于工件的一个已知位置处。然后，将TNC的坐标显示置零或某预定的位置值。这样就为工件建好了参考系统，并将它用于TNC显示及零件程序中。

如果工件图的尺寸标注不符合NC要求，可将工件上的某位置或一个角点设置为原点，这个点的选择应便于标注工件上的其他位置尺寸。

用“循环247”（原点设置）可以启动预设表中预设的原点作为新原点。

将有效范围定义为“原点设置”循环后，全部坐标输入值和原点平移（绝对值和增量值）均将相对新原点进行。

1. 原点设置过程

在数控机床操作控制面板上，按压功能按键CYCL DEF，然后在新出现的操作屏幕下方点击坐标变换键，进入又一个新界面，在新界面下方点击247键，生成调用原点程序段，程序段中需要进行以下输入：

原点号：输入要启动的预设表中的原点号（0、1、2、3）。

说明：TNC只设置预设表中有定义坐标轴的预设原点。在“测试运行”操作模式下循环247不起作用。

2. NC程序举例

重复上述原点设置过程步骤，出现以下调用原点程序段，输入原点号“0”，按压ENT按键确定，生成以下程序。

```
3  CYCL DEF 247 DATUM SETTING ~
   Q339 = +0( +1、+2…); DATUM NUMBER
```

（二）坐标变换循环-坐标平移（循环7）

通过“坐标平移”可在工件上多个不同位置进行重复加工操作，如图2.45所示，从O_1位置可以平移到O_2位置。

1. 有效范围

一旦定义好“原点平移”循环，则全部坐标数据都将基于新原点。TNC将在附加状态栏显示各轴的原点平移，也允许输入旋转轴。

2. 程序手工输入步骤

在数控机床操作控制面板上，按压功能按键CYCL DEF，然后在新出现的操作屏幕下方点击坐标变换键，进入又一个新界面，在新界面下方点击“原点平移”键，生成“原点平移”程序段，程序段中需要输入新的原点坐标。

（绝对值是以手动设置的工件原点为参考的；增量值是以上一个有效的原点为参考。）

说明：

①输入原点平移坐标 $X=0$、$Y=0$ 和 $Z=0$ 可取消原点平移。

②状态显示实际位置值是相对当前原点的（已经平移的），附加状态栏所显示的位置值都是相对手动设置的原点。

③NC 编程举例：

将原点平移至“X +60 Y +40 Z +0”。重复上述原点平移过程步骤，输入新原点坐标“X +60 Y +40 Z +0”，按下 ENT 按键确定，生成以下程序。

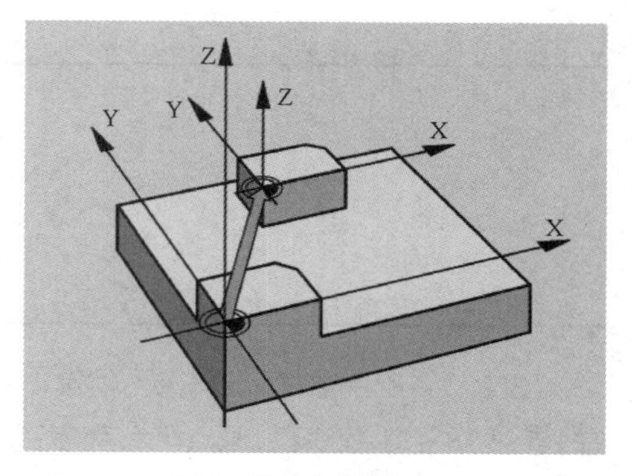

图 2.45　坐标平移

```
13 CYCL DEF 7.0 DATUM SHIFT
14 CYCL DEF 7.1 X +60
15 CYCL DEF 7.2 Y +40
16 CYCL DEF 7.3 Z0
```

3. 加工案例编程

根据案例图样，如图 2.46 所示，编制凸台加工程序。

（1）图样分析。

根据案例图样可知：

①该零件已有基础图样凸台，沿原点平移图样凸台。

②需用指令：直线指令 L、倒直角指令 CHF、原点平移功能等。

（2）加工案例程序如表 2-8 所示，总体分为六大部分。

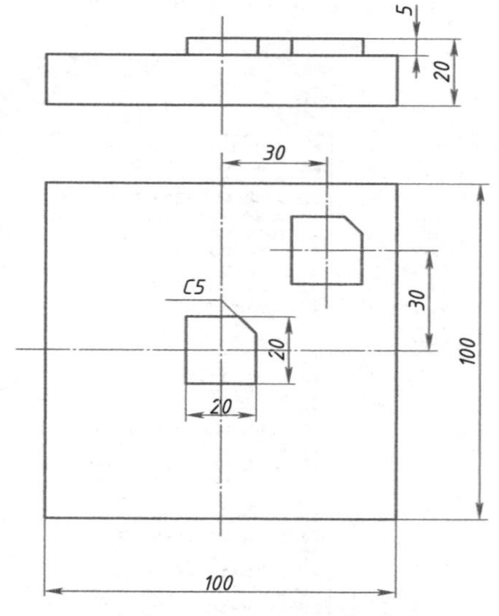

图 2.46　坐标平移加工案例图

表 2-8　坐标平移加工案例程序

0　BEGIN PGM 136 MM	14　CHF 5
1　BLK FORM 0.1 Z　X -50　Y -50　Z -50	15　L　Y -10
2　BLK FORM 0.2　X +50　Y +50　Z +0	16　L　Z +200
3　CYCL DEF 247 DATUM SETTING ~Q339 = +0;DATUM NUMBER	17　L　Y -20 R0
4　TOOL CALL 9 Z S3000	18　CYCL DEF 7.0 DATUM SHIFT
5　M13	19　CYCL DEF 7.1　X +30
6　L　X +80　Y -10 R0 FMAX	20　CYCL DEF 7.2　Y +30
7　L　X +10 FMAX	21　CYCL DEF 7.3　Z +0
8　L　Z -2 F2000 M3	22　L　X +80　Y -10 R0
9　L　X +60 RL	23　L　Z -2　M3
11　L　X -10	25　L　X +60 RL
12　L　Y +10	26　L　X -10
13　L　X +10	27　L　Y +10

续表

28　L　X+10	34　CYCL DEF 7.1　X+0
29　CHF 5	35　CYCL DEF 7.2　Y+0
30　L　Y-10	36　CYCL DEF 7.3　Z+0
31　L　Z+200	37　M5
32　L　Y-20 R0	38　M30
33　CYCL DEF 7.0 DATUM SHIFT	39　END PGM 136 MM

如表 2-8 所示加工程序分为:①第 1～5 程序段,加工前准备程序;②第 6～17 程序段,加工基础图形程序;③第 18～21 程序段,原点平移程序;④第 22～32 程序段,加工原点平移后的程序;⑤第 33～36 程序段,取消原点平移程序;⑥第 37～39 程序段,结束程序,共 6 部分。

(3)仿真加工图形如图 2.47 所示。

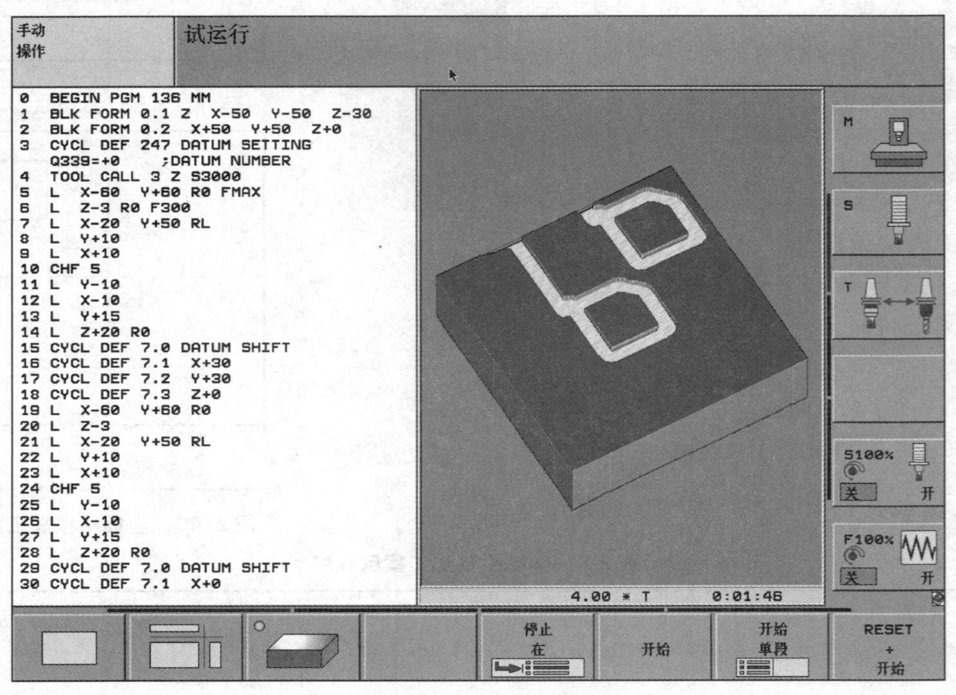

图 2.47　平移仿真加工图形

●视频

坐标变换循环-坐标镜像

十、 坐标变换循环——坐标镜像

1. “坐标镜像”功能

利用该功能,TNC 可以对加工面上轮廓的镜像进行加工,如图 2.48 所示。

2. 有效范围

若已在程序中定义好镜像循环,则它将立即生效。“坐标镜像”在“手动数据输入定位”操作模式下也起作用(附加状态栏显示当前镜像)。

说明：

①如果仅镜像一个轴，刀具的加工方向将反向；

②如果镜像两个轴，加工方向加工保持不变。镜像的结果取决于原点的位置；

③如果原点位于要被镜像的轮廓之上，轮廓元素将在对面；

④如果原点位于要被镜像的轮廓之外，轮廓元素将“跳”到另一位置处；

⑤如果仅镜像一个轴，铣削循环的加工方向将反向。

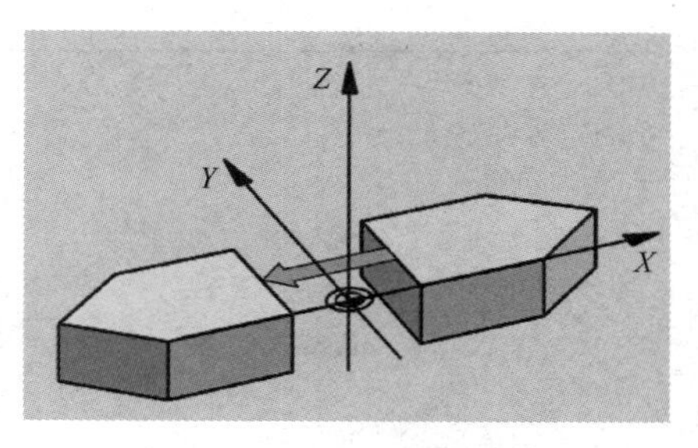

图 2.48　“坐标镜像”功能

3. 程序手工输入步骤

在数控机床操作控制面板上，按压功能按键 CYCL DEF，点击后在新出现的操作屏幕下方点击 坐标变换 键，进入又一个新界面，在新界面下方点击“坐标镜像” 8 键，生成“坐标镜像”程序段，程序段中需要进行以下输入：

镜像的轴：输入要被镜像的轴。

4. NC 编程举例

编辑沿 *Y* 轴坐标镜像加工程序。

重复上述坐标镜像过程步骤，输入坐标镜像轴（*Y* 轴），按压 ENT 按键确定，生成以下程序。

```
20  CYCL DEF 8.0 MIRROR IMAGE
21  CYCL DEF 8.1 Y
```

5. 加工案例编程

根据案例图样（图 2.49），编制凸台加工程序。

（1）图样分析。

根据案例图样可知：

①该零件具有基础图样凸台，沿 *Y* 轴镜像图样凸台。

②需用指令：直线指令 L、倒直角指令 CHF、“坐标镜像”功能等

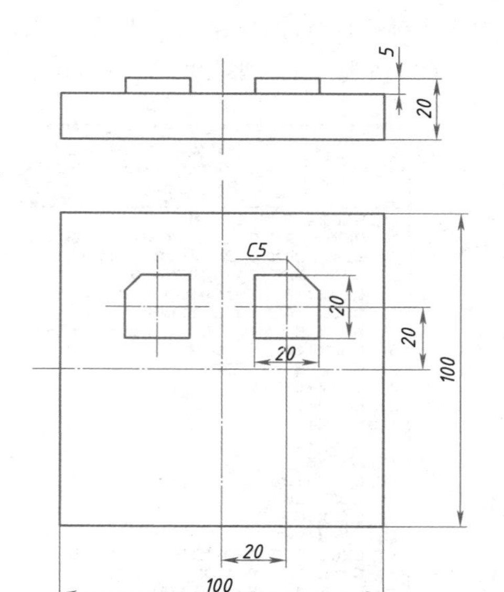

图 2.49　“坐标镜像”功能编程加工案例图

（2）加工案例程序如表 2-9 所示，总体分为六大部分。

表 2-9　“坐标镜像”加工案例程序

0　BEGIN PGM 132 MM	7 L　Z-5
1　BLK FORM 0.1 Z　X-50　Y-50　Z-20	8 L　Y+60 RR
2　BLK FORM 0.2　X+50　Y+50　Z+0	9 L　Y+10
3　CYCL DEF 247 DATUM SETTING ~Q339 = +0;DATUM NUMBER	10 L　X+30
4　TOOL CALL 9 Z S3000 M3	11 L　Y+30
5　L　X+0　Y+0　Z+50 R0 FMAX	12 CHF 5
6　L　X+10　Y+80 R0 F2000	13 L　X+10

续表

14 L Y+10	26 L X+10
15 L X+80	27 L Y+10
16 L Z+20	28 L X+80
17 CYCL DEF 8.0 MIRROR IMAGE	29 L Z+20
18 CYCL DEF 8.1 X	30 CYCL DEF 8.0 MIRROR IMAGE
19 L X+10 Y+80 F2000	31 CYCL DEF 8.1
20 L Z-5	32 L Z+200 R0
21 L Y+60 RR	33 L X+0 Y+0 R0 FMAX
22 L Y+10	34 M5
23 L X+30	35 M30
24 L Y+30	36 END PGM132 MM
25 CHF 5	

如表 2-9 所示加工程序分为:①第 1 ~4 程序段,加工前准备程序;②第 5 ~16 程序段,加工基础图形程序;③第 17、18 程序段,坐标镜像程序;④第 19 ~29 程序段,坐标镜像后的加工程序;⑤第 30 ~31 程序段,取消坐标镜像程序;⑥第 32 ~36 程序段,结束程序。共 6 部分。

(3)仿真加工图形如图 2.50 所示。

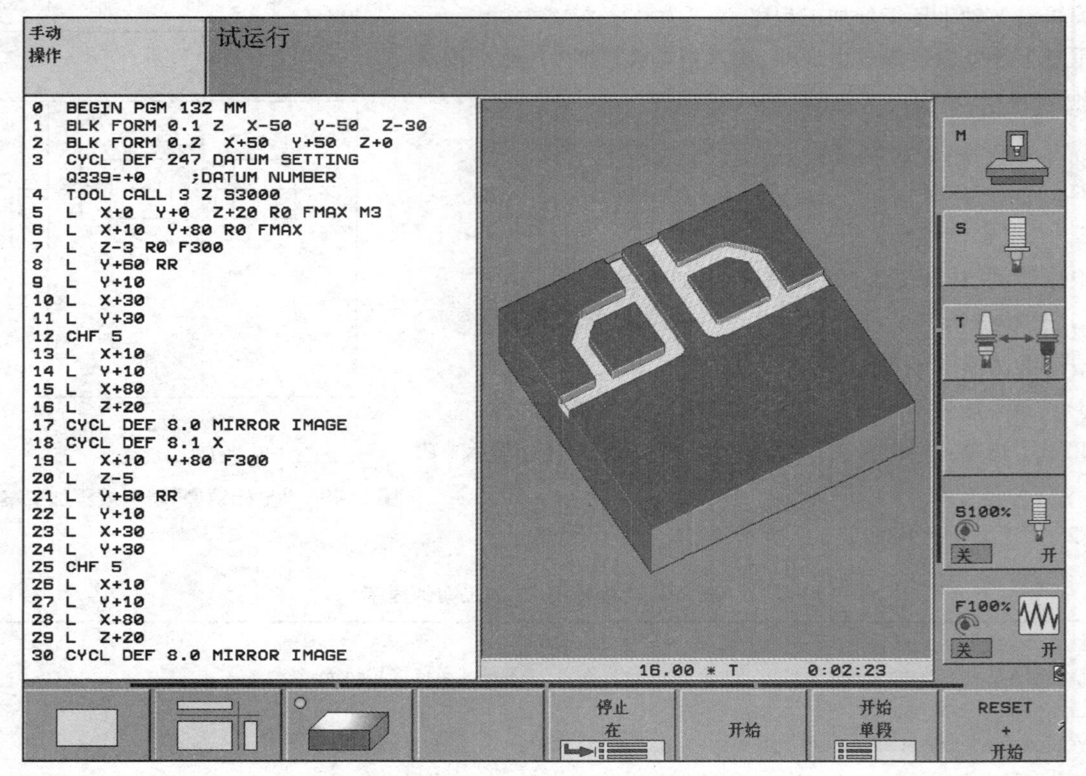

图 2.50 “坐标镜像”功能编程加工案例仿真加工图

延伸思考

“坐标镜像”功能是以基础图形为准以某坐标轴进行坐标镜像后自动加工。编程方法很多，可利用计算机(数控系统)代替人脑计算，简化编程，减少编程工作量，大大提高了工作效率及数据的准确性。所以同学们遇到问题时不要固守常规，要有创新精神，这样我们才能逐渐提高自己分析问题解决问题的能力。

十一、 坐标变换循环——坐标缩放

1. 坐标缩放功能

TNC 可以在程序中放大或缩小轮廓的尺寸，以便于缩小或放大加工余量，如图 2.51 所示。

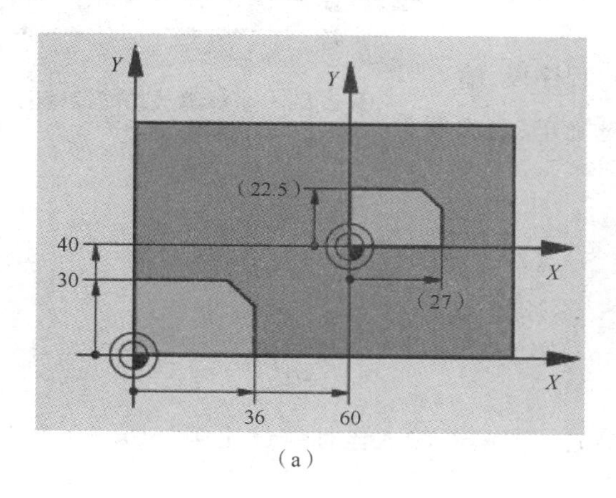

(a)

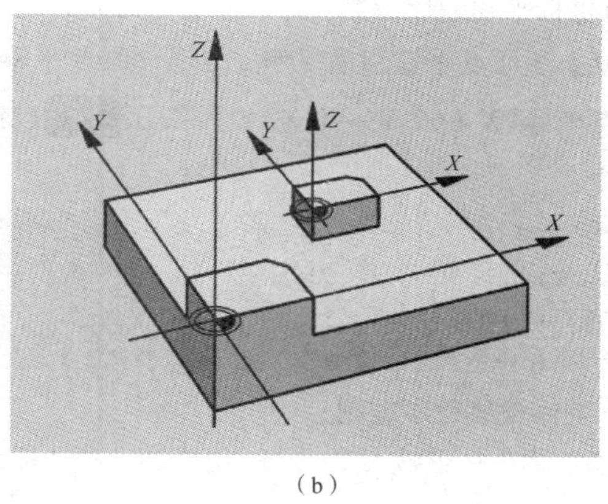

(b)

图 2.51　坐标缩放功能

2. 有效范围

在程序中定义好“缩放系数”后，它将立即生效。“缩放系数”在“手动数据输入定位”操作模式下也起作用。附加状态栏将显示当前缩放系数。

说明：

(1)缩放系数可被用于：

①加工面或同时用于全部三个坐标轴(取决于 MP7410)；

②循环中的尺寸；

③平行轴 U、V、W。

(2)前提条件：

建议在放大或缩小轮廓前，先将原点设置在尖角或轮廓角点处。

视频

坐标变换循环–坐标缩放

3. 程序手工输入步骤

在数控机床操作控制面板上，按压功能按键 CYCL DEF，然后在新出现的操作屏幕下方点击 坐标变换 键，进入又一个新界面，在新界面下方点击“坐标缩放” 11 键，生成“坐标缩放”程序段，程序段中需要输入缩放系数 SCL。

说明:

①TNC 将坐标值和半径与 SCL 系数相乘。

放大:SCL 大于1(最大至99.999999)。

缩小:SCL 小于1(最小至0.000001)。

②取消:设缩放系数为 1 再次编写"坐标缩放"循环。

4. NC 编程举例

如图 2.52 所示,在坐标平移点(*X*60 *Y*40)位置处"坐标缩放"75% 后的图形加工刀具轨迹。

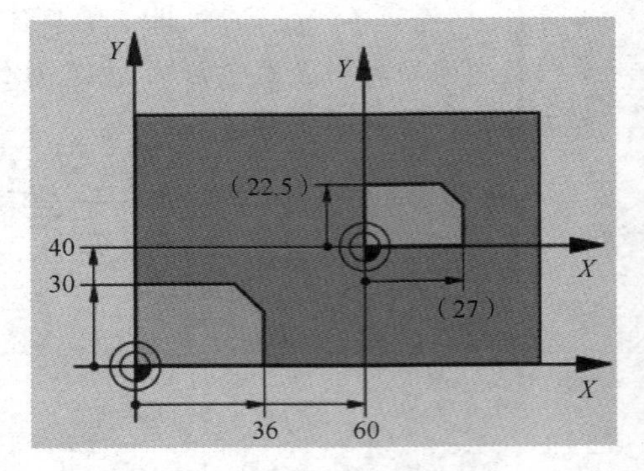

图 2.52　坐标缩放功能编程图

想要编辑加工图 2.52 所示零件,需要编制两部分程序:坐标平移程序和坐标缩放程序。

(1)坐标平移程序编制:

重复上述原点平移过程步骤,出现"原点平移"程序段,输入新原点坐标"X +60 Y +40 Z +0",按压 ENT 按键确定,生成以下程序。

```
17 CYCL DEF 7.0 DATUM SHIFT
18   CYCL DEF 7.1   X +60
19   CYCL DEF 7.2   Y +40
20   CYCL DEF 7.3   Z +0
```

(2)坐标缩放程序编制:

重复上述坐标缩放过程步骤,出现以下"坐标缩放"程序段,输入坐标缩放比例"SCL = 0.75",按压 ENT 按键确定,生成以下程序。

```
21   CYCL DEF 11.0 SCALING
22   CYCL DEF 11.1 SCL 0.75
```

(3)编辑加工图 2.52 所示零件整体程序为:

```
17   CYCL DEF 7.0 DATUM SHIFT
18   CYCL DEF 7.1   X +60
19   CYCL DEF 7.2   Y +40
20   CYCL DEF 7.3   Z +0
21   CYCL DEF 11.0 SCALING
22   CYCL DEF 11.1 SCL 0.75
```

5. 加工案例编程

根据案例图样,如图 2.53 所示,编制凸台加工程序。

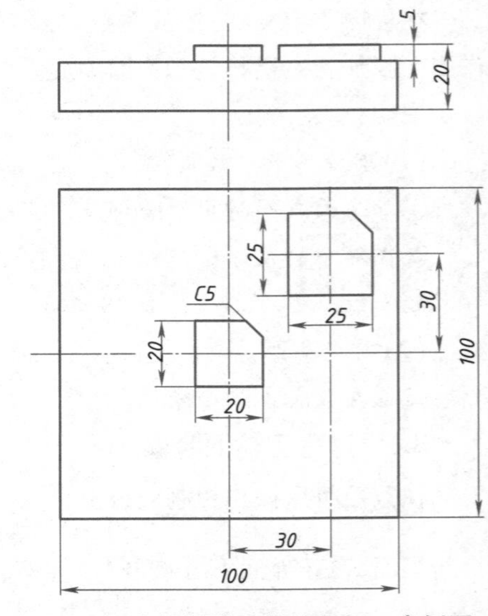

图 2.53　坐标缩放功能编程加工案例图

(1)图样分析。

根据案例图样可知:

①该零件具有基础图样凸台,坐标缩放(缩放比例"SCL = 1.25")图样凸台。

②需用指令：直线指令 L、倒角指令 CHF、原点平移功能、坐标缩放功能等。

(2)加工案例程序如表 2-10 所示，总体分为八大部分。

表 2-10　坐标缩放加工案例程序

0	BEGIN PGM 133 MM	21	CYCL DEF 11.1 SCL 1.25
1	BLK FORM 0.1 Z　X-50　Y-50　Z-50	22	L　X-60　Y+60 R0
2	BLK FORM 0.2　X+50　Y+50　Z+0	23	L　Z-2
3	CYCL DEF 247 DATUM SETTING ~Q339 = +0;DATUM NUMBER	24	L　X-20 Y50 RL
4	TOOL CALL 9 Z S3000 F2000	25	L　Y+10
5	M3	26	L　X+10
6	L　X-60　Y+60 R0	27	CHF 5
7	L　Z-2	28	L　Y-10
8	L　X-20 Y50 RL	29	L　X-10
9	L　Y+10	30	L　Y+15
10	L　X+10	31	L　Z+20R0
11	CHF 5	32	CYCL DEF 11.0 SCALING
12	L　Y-10	33	CYCL DEF 11.1 SCL 1
13	L　X-10	34	CYCL DEF 7.0 DATUM SHIFT
14	L　Y+15	35	CYCL DEF 7.1　X+0
15	L　Z+20R0	36	CYCL DEF 7.2　Y+0
16	CYCL DEF 7.0 DATUM SHIFT	37	CYCL DEF 7.3　Z+0
17	CYCL DEF 7.1　X+30	38	M5
18	CYCL DEF 7.2　Y+30	39	M30
19	CYCL DEF 7.3　Z+0	40	END PGM133 MM
20	CYCL DEF 11.0 SCALING		

如表 2-10 所示加工程序分为：①第 1～5 程序段，加工前准备程序；②第 6～15 程序段，加工基础图形程序；③第 16～19 程序段，坐标平移程序；④第 20、21 程序段，坐标缩放程序；⑤第 22～31 程序段，坐标缩放后的加工程序；⑥第 32、33 程序段，取消坐标缩放程序；⑦第 34～37 程序段，取消坐标平移程序；⑧第 38～40 程序段，结束程序。共 8 部分。

(3)仿真加工图形如图 2.54 所示。

十二、　坐标变换循环——坐标旋转

视频

坐标变换循环–坐标旋转

1. 坐标旋转功能

TNC 可以在程序内围绕当前加工面的原点旋转坐标系如图 2.55 所示。

2. 有效范围

在程序中定义好“坐标旋转”循环后，它将立即生效。“坐标旋转”在“手动数据输入定位”操作模式下也起作用。附加状态栏将显示当前旋转角。

(1)旋转角的参考轴：

① X/Y 平面的 X 轴；

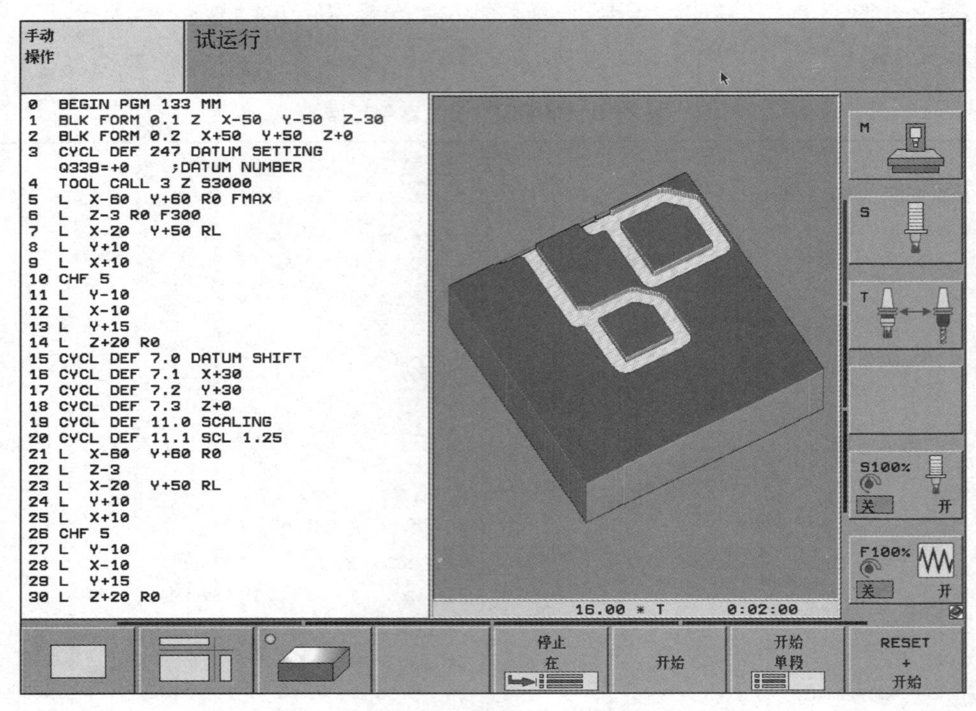

图 2.54 坐标缩放功能编程加工案例仿真加工图

② *Y/Z* 平面的 *Y* 轴;

③ *Z/X* 平面的 *Z* 轴。

(2)编程前应注意以下事项:

使用“坐标旋转”后将取消当前半径补偿,因此必须在必要时重新编程。定义“坐标旋转”后,必须移动加工面上的两个轴启动全部轴的旋转。

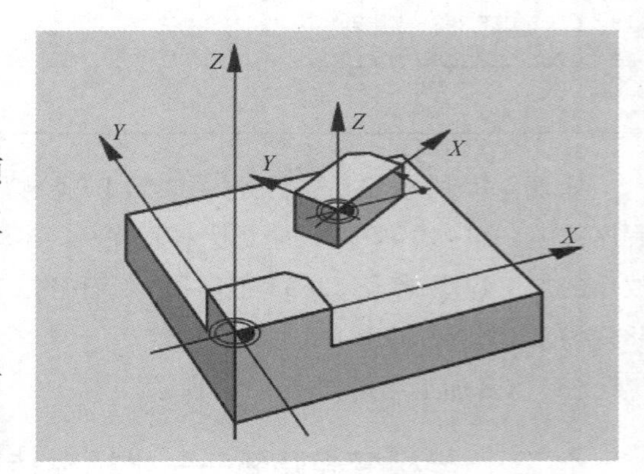

图 2.55 坐标旋转功能

3. 程序手工输入步骤

在数控机床操作控制面板上,按下功能按键,然后在新出现的操作屏幕下方点击键,进入又一个新界面,在新界面下方点击“坐标旋转”键,生成“坐标旋转”程序段,程序段中需要进行以下输入:

旋转:输入旋转角(°)。(输入范围:-360° ~ +360°)

取消:编辑“坐标旋转”循环程序,输入旋转角 0,即可取消“坐标旋转”循环功能。

4. NC 编程举例

编辑如图 2.56(a)所示,在坐标平移点(*X*60 *Y*40)位置处“坐标旋转”35°后图形加工程序。

想要编辑加工图 2.56(a)所示零件,需要编制两部分程序:坐标平移程序和坐标旋转程序。

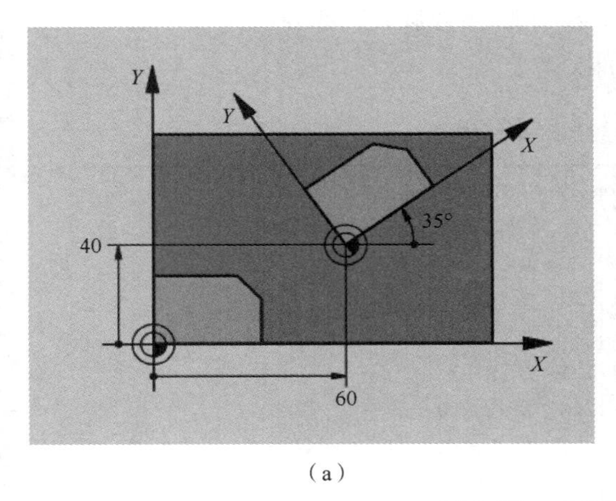

(a)

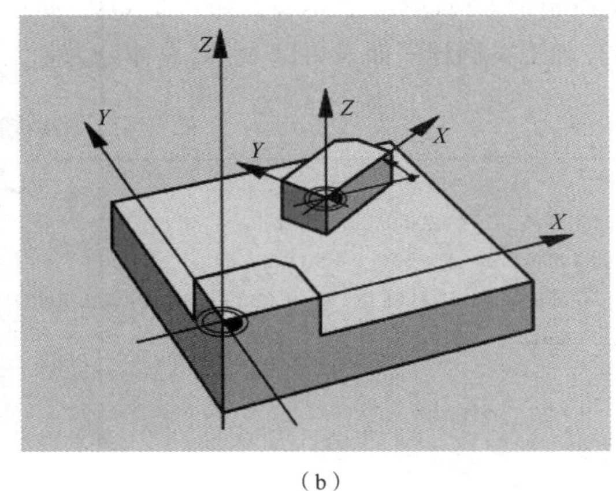

(b)

图 2.56 坐标旋转功能编程图

(1)坐标平移程序编制:

重复上述原点平移过程步骤,出现“原点平移”程序段,输入新原点坐标“X +60 Y +40”,按压 ENT 按键确定,生成以下程序。

```
13  CYCL DEF 7.0 DATUM SHIFT
14  CYCL DEF 7.1 X +60
15  CYCL DEF 7.2 Y +40
```

(2)坐标旋转程序编制:

重复上述坐标旋转过程步骤,出现“坐标旋转”程序段,输入坐标旋转角度(+35),按压 ENT 按键确定,生成以下程序。

```
16  CYCL DEF 10.0 ROTATION
17  CYCL DEF 10.1 ROT +35
```

(3)编辑加工图 2.56(a)所示零件,整体程序为:

```
13  CYCL DEF 7.0 DATUM SHIFT
14  CYCL DEF 7.1 X +60
15  CYCL DEF 7.2 Y +40
16  CYCL DEF 10.0 ROTATION
17  CYCL DEF 10.1 ROT +35
```

5. 编程加工案例

根据案例图样,如图 2.57 所示,编制凸台加工程序。

(1)图样分析。

根据案例图样可知:

①该零件即具有在坐标(0,0)点位置的基础图样凸台,又有“坐标旋转”旋转角度 30°后平移到坐标(X30,Y30)点位置的图样凸台。

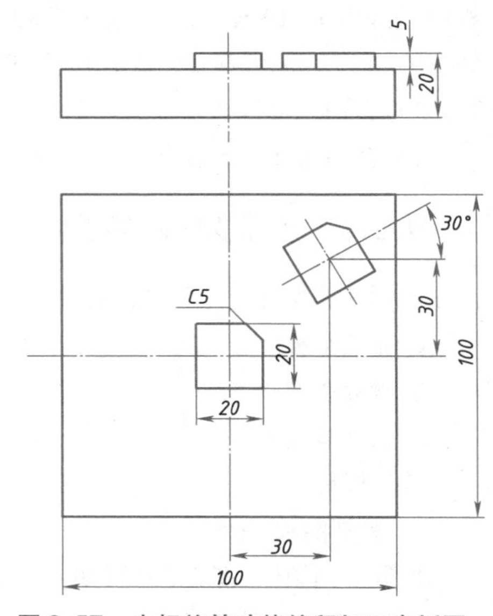

图 2.57 坐标旋转功能编程加工案例图

②需用指令:直线指令L、倒直角指令CHF、原点平移功能、坐标旋转功能等。

(2)加工案例程序如表2-11所示,总体分为8大部分。

表2-11　坐标缩放加工案例程序

0	BEGIN PGM 134 MM	20	CYCL DEF 10.0 ROTATION
1	BLK FORM 0.1 Z　X-50　Y-50　Z-50	21	CYCL DEF 10.1　ROT +30
2	BLK FORM 0.2　X +50　Y +50　Z +0	22	L　X +80　Y-10 R0
3	CYCL DEF 247 DATUM SETTING ~ Q339 = +0;DATUM NUMBER	23	L　Z-2
4	TOOL CALL 9 Z S3000	24	L　X +60 RL
5	M3	25	L　X-10
6	L　X +80　Y-10 R0	26	L　Y +10
7	L　Z-2	27	L　X +10
8	L　X +60 RL	28	CHF 5
9	L　X-10	29	L　Y-12
10	L　Y +10	30	L　Z +30
11	L　X +10	31	L　Y-20 R0
12	CHF 5	32	CYCL DEF 10.0 ROTATION
13	L　Y-12	33	CYCL DEF 10.1　ROT +0
14	L　Z +30	34	CYCL DEF 7.0 DATUM SHIFT
15	L　Y-20 R0	35	CYCL DEF 7.1　X +0
16	CYCL DEF 7.0 DATUM SHIFT	36	CYCL DEF 7.2　Y +0
17	CYCL DEF 7.1　X +30	37	CYCL DEF 7.3　Z +0
18	CYCL DEF 7.2　Y +30	38	M5
19	CYCL DEF 7.3　Z +0	39	M30
		40	END PGM 134 MM

如表2-11所示加工程序分为:①第1~5程序段,加工前准备程序;②第6~15程序段,加工基础图形程序;③第16~19程序段,坐标平移程序;④第20、21程序段,坐标旋转程序;⑤第22~31程序段,坐标旋转后的加工程序;⑥第32、33程序段,取消坐标旋转程序;⑦第34~37程序段,取消坐标平移程序;⑧第38~40程序段,结束程序。共8部分。

(3)仿真加工图形如图2.58所示。

十三、坐标变换循环综合案例编程

坐标变换循环指令包含内容如下:

①原点平移。

②坐标镜像。

③坐标缩放。

④坐标旋转。

1. 案例图样分析

根据案例图样(图2.59)可知:

(1)图中包含的主要几何图样有:基础图样、坐标平移图样、坐标镜像图样、坐标缩放图样、坐标旋转图样等 5 种类型。

(2)图中编程加工需用指令:直线 L、倒直角 CHF、倒圆角 RND、圆心 CC、圆弧 CR、坐标平移功能、坐标镜像功能、坐标移动功能、坐标缩放功能、坐标旋转功能等。

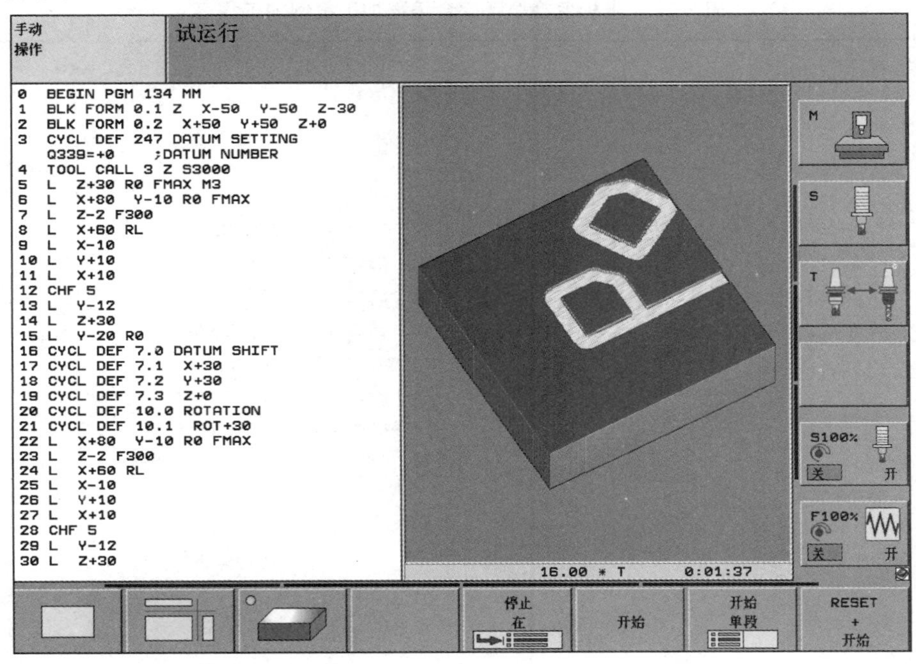

图 2.58 坐标旋转功能编程加工案例仿真加工图

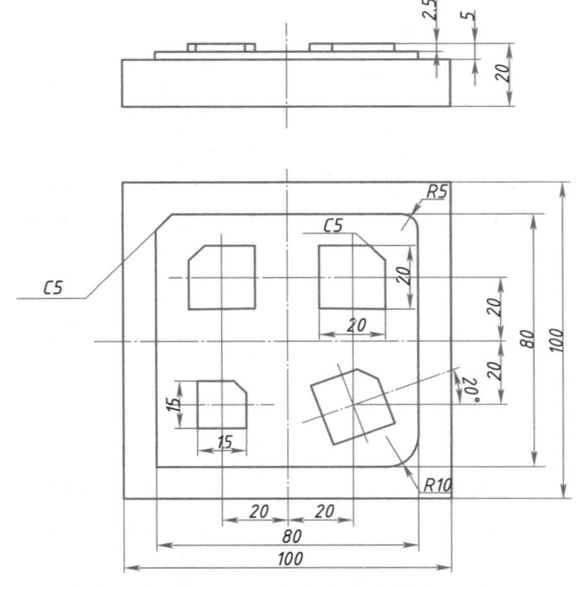

图 2.59 坐标变换循环综合编程加工案例

2. 案例图样加工程序(表 2-12)

案例加工程序总体分为 16 大部分。

表 2-12 坐标变换循环综合编程加工案例加工程序

```
0  BEGIN PGM 135 MM
1  BLK FORM 0.1 Z  X-50  Y-50  Z-20
2  BLK FORM 0.2  X+50  Y+50  Z+0
3  CYCL DEF 247 DATUM SETTING ~ Q339 = + 1; DATUM NUMBER
4  TOOL CALL 9 Z S3000
5  L  Z+30 R0 FMAX M3
6  L  X+10  Y+5 RL F300
7  L  Z-2
8  L  Y+30
9  L  X+30
10 CHF 5
11 L  Y+10
12 L  X+8
13 L  Z+20
14 CYCL DEF 8.0 MIRROR IMAGE
15 CYCL DEF 8.1 X
16 L  X+10  Y+5 RL
17 L  Z-2
18 L  Y+30
19 L  X+30
20 CHF 5
21 L  Y+10
22 L  X+8
23 L  Z+20
24 CYCL DEF 8.0 MIRROR IMAGE
25 CYCL DEF 8.1
26 CYCL DEF 7.0 DATUM SHIFT
27 CYCL DEF 7.1  X-20
28 CYCL DEF 7.2  Y-20
29 CYCL DEF 7.3  Z+0
30 CYCL DEF 11.0 SCALING
31 CYCL DEF 11.1 SCL 0.5
32 L  X+10  Y+5 RL
33 L  Z-2
34 L  Y+30
35 L  X+30
36 CHF 5
37 L  Y+10
38 L  X+8
39 L  Z+20
40 CYCL DEF 11.0 SCALING
41 CYCL DEF 11.1 SCL 1
42 CYCL DEF 7.0 DATUM SHIFT
43 CYCL DEF 7.1  X+0
44 CYCL DEF 7.2  Y+0
45 CYCL DEF 7.3  Z+0
46 CYCL DEF 7.0 DATUM SHIFT
47 CYCL DEF 7.1  X+20
48 CYCL DEF 7.2  Y-40
49 CYCL DEF 7.3  Z+0
50 CYCL DEF 10.0 ROTATION
51 CYCL DEF 10.1  ROT+20
52 L  X+10  Y+5 RL
53 L  Z-2
54 L  Y+30
55 L  X+30
56 CHF 5
57 L  Y+10
58 L  X+8
59 L  Z+20
60 CYCL DEF 10.0 ROTATION
61 CYCL DEF 10.1  ROT+0
62 CYCL DEF 7.0 DATUM SHIFT
63 CYCL DEF 7.1  X+0
64 CYCL DEF 7.2  Y+0
65 CYCL DEF 7.3  Z+0
66 L  X+0 Y+0 R0
67 M5
68 M30
69 END PGM 135 MM
```

如表 2-12 所示加工程序分为:①第 1 ~ 4 程序段,加工前准备程序;②第 5 ~ 13 程序段,加工基础图形程序;③第 14、15 程序段,坐标镜像程序;④第 16 ~ 23 程序段,坐标镜像后加工程序;⑤第 24、25 程序段,取消镜像程序;⑥第 26 ~ 29 程序段,坐标平移程序;⑦第 30、31 程序段,坐标缩放程序;⑧第 32 ~ 39 程序段,坐标缩放后加工程序；⑨第 40、41 程序段，取消坐标缩放程序；⑩第 42～45 程序段，取消坐标平移程序；⑪第 46～49 程序段，坐标平移程序；⑫第 50、51 程序段，坐标旋转程序；⑬第 52～59 程序段，坐标旋转后的加工程序；⑭第 60、61 程序段，取消坐标旋转程序；⑮第 62～65 程序段，取消坐标平移程序；⑯第 66～69 程序段，结束程序。共 16 部分。

3. 仿真加工图形（图 2.60）

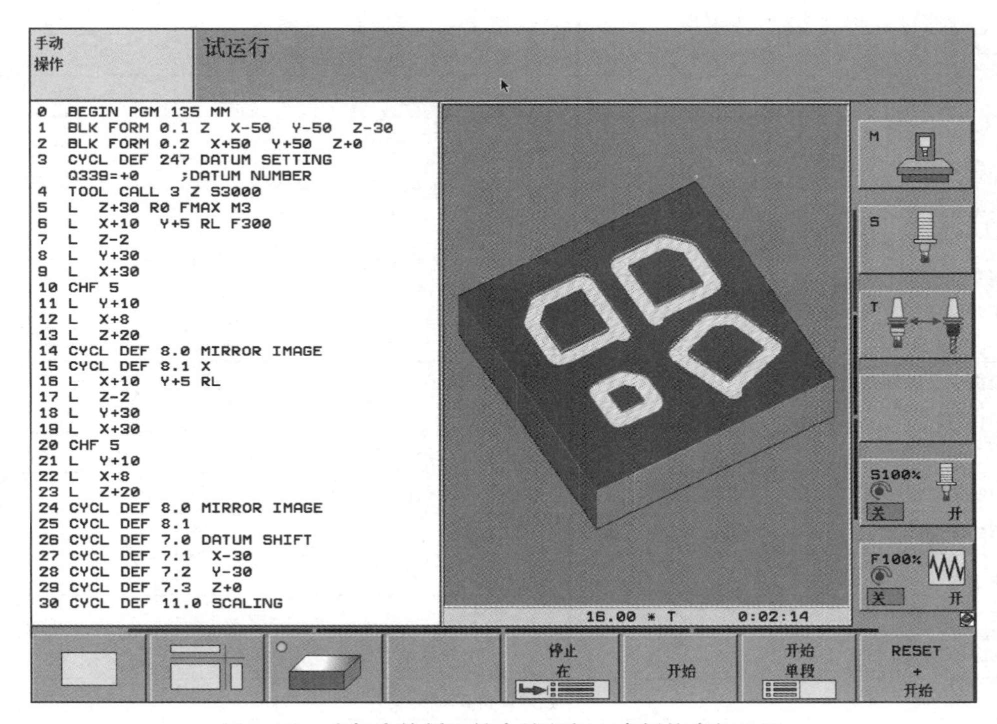

图 2.60　坐标变换循环综合编程加工案例仿真加工图

延伸思考

坐标变换循环是简化编程的一种方式，同学们应牢固掌握。所以在学习、工作中要注重利用新知识、新方法，使自己的技能水平提高更快。在数控机床加工过程中，由于利用了多个坐标变换循环功能，因此一定要先模拟加工，没问题后才能进行机床自动加工。要建立质量意识与安全意识。

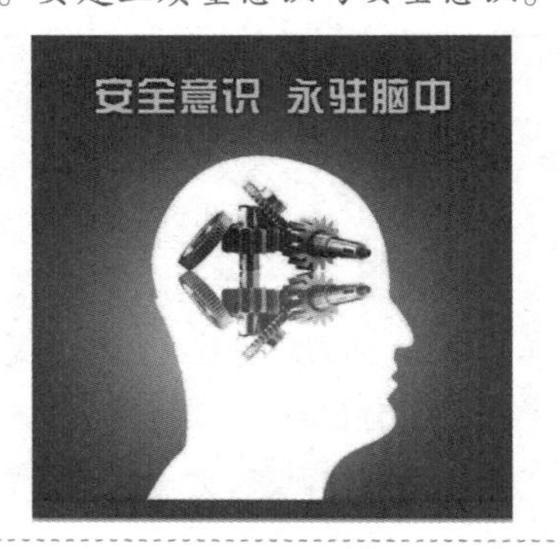

学习效果评价

学习评价表

<table>
<tr><td rowspan="2">单位</td><td rowspan="2"></td><td>学号</td><td></td><td>姓名</td><td></td><td>成绩</td><td></td></tr>
<tr><td>任务名称</td><td></td><td></td><td></td><td></td><td></td></tr>
<tr><td colspan="2">评价内容</td><td>配分(分)</td><td colspan="5">得分与点评</td></tr>
<tr><td colspan="8">一、成果评价:60 分</td></tr>
<tr><td colspan="2">熟记基本编程指令及坐标变换循环加工指令</td><td>15</td><td colspan="5"></td></tr>
<tr><td colspan="2">熟悉基本编程指令及坐标变换循环加工指令编程步骤</td><td>15</td><td colspan="5"></td></tr>
<tr><td colspan="2">正确使用及理解基本编程指令及坐标变换循环加工指令参数、意义</td><td>15</td><td colspan="5"></td></tr>
<tr><td colspan="2">基本编程指令及坐标变换循环编程加工正确</td><td>15</td><td colspan="5"></td></tr>
<tr><td colspan="8">二、自我评价:15 分</td></tr>
<tr><td colspan="2">学习活动的主动性</td><td>5</td><td colspan="5"></td></tr>
<tr><td colspan="2">独立解决问题能力</td><td>3</td><td colspan="5"></td></tr>
<tr><td colspan="2">工作方法正确性</td><td>3</td><td colspan="5"></td></tr>
<tr><td colspan="2">团队合作</td><td>2</td><td colspan="5"></td></tr>
<tr><td colspan="2">个人在团队中作用</td><td>2</td><td colspan="5"></td></tr>
<tr><td colspan="8">三、教师评价:25 分</td></tr>
<tr><td colspan="2">工作态度</td><td>8</td><td colspan="5"></td></tr>
<tr><td colspan="2">工作量</td><td>5</td><td colspan="5"></td></tr>
<tr><td colspan="2">工作难度</td><td>5</td><td colspan="5"></td></tr>
<tr><td colspan="2">工具使用能力</td><td>2</td><td colspan="5"></td></tr>
<tr><td colspan="2">自主学习</td><td>5</td><td colspan="5"></td></tr>
<tr><td colspan="2">学习或教学建议</td><td colspan="6"></td></tr>
</table>

延伸阅读 压力

古人云,“人生不如意事十之八九”。确实,人生在世,不会总是一帆风顺,时常会遇到坎坷,遭受挫折。种种的不快会使我们焦虑不安,感到压力重重。压力是指在某种情境下,个人觉得受到某种程度或种类的威胁。

压力使个人感到必须付出额外的精神以保持身心的平衡,也因为如此,它往往使人感到身心不适。过度的心理压力会影响一个人的精神面貌,使人看上去萎靡不振,会破坏一个人的生活情趣,使人感受不到生活美好,会影响一个人生活的意义。因此,我们应该了解心理压力产生的原因,并努力找寻解决心理压力的方法。

1. 压力类型

心理压力产生的原因是复杂的，每一个人的压力都有所不同。但总体说来，可以将引起压力的原因归为四类：生活事件、挫折、心理冲突和不合理的认知。

我们日常生活中所遇到事件，都是与我们切身利益息息相关的。这些事件都需要我们认真对待，需要为此花费心神和精力。因此，当把自己的内部能量倾注在这些事件或生活的变故上时，我们自身的防御能力就会下降，因而产生压力的可能性也就会增加。

谁没有过成功的喜悦，谁没有过失败的痛苦？正是成功的喜悦，加上失败的痛苦，构成了实实在在的人生。失败和挫折总是难免的，想得到的得不到，不想失去的却偏又失去。世界上的事就是这样，经常难如人愿。当遭到失败时，内心会产生一种消极的情感体验，我们称之为挫折感。

外在的挫折经验和内心的挫折情感体验，是导致心理压力的另一个非常重要的原因。心理学研究表明：一个人对成功与失败的体验，包括对挫折的体验，不仅仅依赖于某种客观的标准，而且更多依赖于个体内在的欲求水准。任何远离这一欲求水准的活动，都可能产生成功或者失败的体验。可以这样认为，一个人的欲求水平和主观态度，是决定是否产生挫折的最重要原因。中国有句俗话，“知足者常乐”，就是鼓励人们降低欲求水平以减少挫折，减少压力。

心理冲突同样是引起心理压力的重要原因。在很多时候，挫折和冲突总是分不开的，心理冲突会直接导致挫折。其实，所谓的心理冲突，就是内心的一种矛盾状态。现实生活中，人们的内心冲突都不是简单的，往往都是由多重的“趋”和“避”构成。也因此，人们在不能做出选择时，就会产生强烈的焦虑。心理冲突还常常体现在独立与依赖、亲密与隐私、合作与竞争、表现个性与遵守规范等现实矛盾情境中。这些矛盾冲突如果解决不好，都必然会给我们带来心理压力。

错误的认知和偏颇的看法会产生很多焦虑。对事情不合理的认知随处可见。比如有些事情，我们不应去做，别人也不应做，但是有人做了。别人做了不该做的事，并不一定说明他们的道德品质有问题。只要我们站在别人的立场上来看，总会发现他们的行为多少都是值得原谅的。唯一积极而有建设性的措施，就是体谅对方，规劝对方。这样做，不仅帮助了别人，更使自己受益匪浅。当我们做错了事，应该进一步站在别人的立场上来看一看自己的言行，而不是责备自己，更不应因此而焦虑、沮丧。其实，只要以合理的思想原则取而代之，即可免除无休止的焦虑。

2. 从容应对压力，培养阳光心态

要想解决心理压力，必须先有一个正确的态度，“不悲哀，不嘲笑，不怨天尤人，而只是理解”。这是斯宾诺莎说过的一句名言，也是我们面对生活，以及面对生活压力的时的一则座右铭。作为大学生的我们压力主要来源于学习压力、生活环境的压力、人际关系的压力、前途的压力以及经济的压力，应对这几种压力可采用如下方法：

第一、努力学习，打好扎实的基础。

面对激烈的社会竞争，我们相信学好知识，打好扎实的基础是十分关键的，只有具备足够的实力，在选择工作时，才能足够自信，才会有更多的选择机会。在大学期间，可以多看一些书，多学一点东西，提高自己的素养，培养独立的思考能力。大学真正培养的是一种学习的能力，只有养成这种能力，有了基础，今后不管是进一步深造，还是在职场奋斗，都是十分重要的。

第二、树立自信心。

为自己的行为负责,发现自己的才能,追求自己的目标;适应现实。成功者的态度包含众多的层面。但是,最重要的是具有自信心。

第三、合理的自我心理定位。

大学毕业生工作就业是其人生中所面临的重大抉择和重大转折,这对于他们今后事业的发展具有重要意义。从目前就业的严峻形势来看,情况也许不容乐观,历届毕业生中仍有不少人没有找到合适的工作。这当然有其社会方面的原因,但是,他们自身所存在的种种心理问题也是影响就业的一个不可忽视的重要因素。所以,对自我做一个合理的心理定位是十分重要的。

第四、用长处来经营自己。

有的毕业生存在过分的自卑心理,总认为自己技不如人,拿自己的短处与别人的长处去比,因而不敢主动地推销自己。其实每个人都有自己的长处与短处,成功人生的诀窍就是经营自己的长处!在选择职业时要注意发挥自己一技之长,把最能发挥个人优势的职业作为首选。

第五、增进人际交往能力。

要想获得成功,就要尽快融入你所在的工作环境中,扮演恰当的角色,具备与上级、同事等有关人员协调和沟通的能力。

第六、增强动手能力。

目前学历与技能并重的观念在逐步被社会认可。用人单位需要的也是既有理论知识又有较高操作技能的劳动者,故大学生需要不断地学习,提高自己的操作技能,加强对动手能力的培养,使自己做到真正的“货真价实”,以满足社会的要求。

第七、平衡心态,善待挫折。

从学校刚走上社会时,大学生对社会有诸多的不适应,加上工作常常受挫,因而可能感到心理有很多不平衡。其实,所谓的平衡都只是相对和暂时的,而失衡倒是经常的,绝对的公平是难以实现的,关键是看我们如何找到自我的平衡点。因此,对感觉不平衡的人、事、物,要能以客观的态度对待,不要过多地抱怨,因为发牢骚不会解决任何问题,只有从挫折中吸取教训,才能求得今后的进一步发展。

党的十九大提出,创新是引领发展的第一动力,是建设现代化经济体系的战略支撑,并对加快建设创新型国家做出战略部署。新形势下的科技创新必须以习近平新时代中国特色社会主义科技创新思想为统领,以改革驱动创新,以创新驱动发展,加快进入创新型国家行列,迈向建设世界科技强国的新征程。

任务三　循环指令

知识、技能目标

1. 掌握海德汉系统循环指令调用方法。

2. 掌握基础元素铣削指令功能及参数含义。
3. 掌握基础元素钻削指令功能及参数含义。

思政育人目标

1. 培养学生注重细节、追求完美的工匠精神。
2. 培养学生具有合作精神。
3. 培养学生建立效率意识。

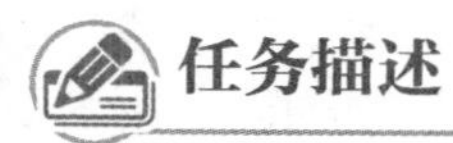

任务描述

根据基本程序案例，学习了解程序功能作用，学习程序编制时程序的总体结构构成；根据基础元素铣削及钻削指令参数确定原则，分析确定指令参数；学习毛坯设置的方法、熟悉循环调用步骤，理解基础元素铣削及钻削功能参数的意义。

任务实践

数控机床编程是实施数控加工前的必须工作，数控机床没有加工程序将无法实现加工。编程的质量对加工质量和加工效率有着直接影响。因为，程序是一切加工信息的载体，操作者对机床的一切控制都是通过程序实现的。只有高质量的加工程序才能最大限度地发挥数控机床的潜能，达到数控加工应有的技术效果与经济效益。

数控编程是指根据被加工零件的图样和技术要求、工艺要求，将零件加工的工艺路线、工序内的工步安排、刀具相对于工件运动的轨迹与方向（零件轮廓轨迹尺寸）、工艺参数（主轴转速、进给量、背吃刀量）及辅助动作（变速，换刀，冷却液开、停，工件夹紧、松开等）等，用数控系统所规定的规则、代码和格式编制成文件（零件程序单），并将程序单的信息制作成控制介质的整个过程。

一、 调用循环

调用循环是建立在平面循环、铣台循环、铣腔循环、钻孔循环等以外的一行程序段，如果缺少循环调用，则所有填写参数的元素循环是无法识别的。

1. 调用循环前提条件

循环调用前，在所编辑的程序中必须编写以下前置准备程序：

（1）用于图形显示的 BLK FORM（毛坯形状）（仅用于测试图形）。

（2）刀具调用。

（3）主轴旋转方向（M 功能 M3/M4）。

（4）循环定义（CYCL DEF）。

视频

调用循环指令

对某些循环，还有更多的前提条件需要遵守（详见各循环的说明）。

2. 调用循环生效

一旦在零件程序中定义了下列循环，它们将自动生效。这些循环不能被调用，也不允许被调用。

(1)加工圆周阵列孔的循环 220 和直线阵列孔的循环 221。

(2)SL 循环 14（轮廓几何尺寸）。

(3)SL 循环 20（轮廓数据）。

(4)循环 32（公差）。

(5)循环 9 停顿时间。

(6)坐标变换循环。

所有其他循环可以用下述方式调用。

3. 调用循环方式

(1)用“CYCL CALL”（循环调用）调用一个循环。

“CYCL CALL”（循环调用）功能将调用上一个定义的固定循环。循环起点位于“CYCL CALL”(循环调用)程序段之前最后一个编程位置处。

在机床操作面板上按下(【程序编辑】)按键，在程序编辑界面中点击“循环调用”CYCL CALL按键，程序编辑界面下方出现三个功能键，点击“循环调用”CYCL CALL键。如果需要，可以在此输入辅助功能（M 功能，例如 M03 使主轴转动），或在机床操作面板上按下END按键结束对话。

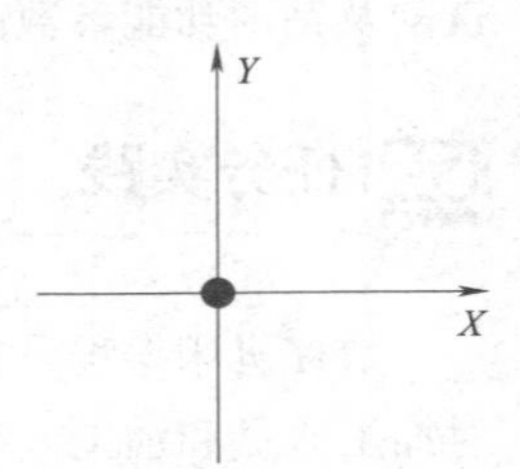

图 2.61 孔位中心点

程序结构举例：根据加工要求如图 2.61 所示，调用钻孔循环程序进行钻孔加工。

调用循环程序(结构)如下：

```
L X0 Y0              直线移动到X0Y0 位置;
CYCL DEF 200         钻孔循环 200;
CYCL CALL M3         调用循环并主轴正转。
```

(2)用“CYCL CALL POS”调用一个循环。

“CYCL CALL POS”(循环调用位置)功能将用于调用最新定义的固定循环一次。起点为“CYCL CALL POS”(循环调用位置)程序段中定义的位置。

在机床操作面板上按压按键，在程序编辑界面中点击“循环调用”CYCL CALL按键，程序编辑界面下方出现三个功能键，点击“循环调用位置”CYCLE CALL POS键。

程序结构举例：根据加工要求如图 2.61 所示，循环调用位置“X +0 Y +0 Z +0”进行钻孔加工。

循环调用位置程序如下：

```
L X10 Y20                          直线移动到X10 Y20 位置;
CYCL DEF 200                       钻孔循环 200;
CYCL CALL POS X0 Y0 Z0 R0 FMAX     调用循环在X0 Y0 处钻孔。
```

(3)用“CYCL CALL PAT”循环调用阵列

“CYCL CALL PAT”(循环调用阵列)功能用于在单独的点位表中定义的每一个位置处调用最新定义

的循环。

在机床操作面板上按下按键,在程序编辑界面中点击“循环调用”按键,程序编辑界面下方出现三个功能键,点击“循环调用阵列”键。

程序结构举例:根据加工要求如图 2.62 所示,循环调用阵列孔(阵列中心位置“X+0 Y+0”)进行钻孔加工。

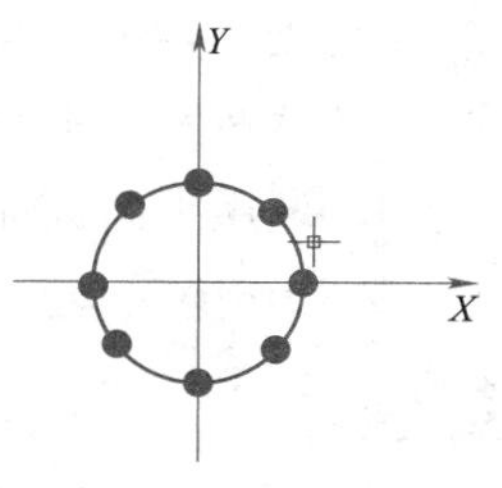

图 2.62　孔位中心点

调用循环程序(结构)如下:

```
L X0 Y0              直线移动到X0Y0 位置;
CYCL DEF 220         钻孔循环 200;
CYCL CALL PAT        调用圆形阵列 220;
CYCL CALL M3         调用循环并主轴正转。
```

(4)M99、M89。

①M99 功能仅在其编程程序段中有效,调用最新编程的固定循环。M99 编程在定位程序段的结尾处。TNC 移至该位置,然后执行最新定义的固定循环。

程序结构举例:根据图 2.63 所示在两个中心点加工孔,利用 M99 调用钻孔循环程序进行钻孔加工。

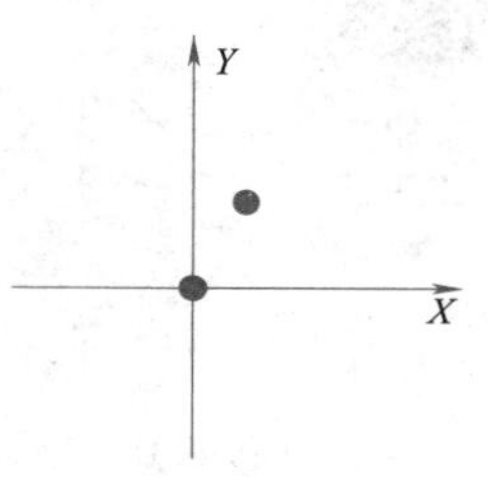

图 2.63　孔位中心点

程序结构如下(调用钻孔循环):

```
L X20 Y30                直线移动到“X20Y30”位置;
CYCL DEF 200             钻孔循环 200;
L X0 Y0 R0 FMAX M99      调用循环在X0Y0 处钻孔;
L X20 Y30 R0 FMAX M99    调用循环在X20Y30 处钻孔。
```

②如果需要 TNC 在每个定位程序段之后自动执行循环,可用 M89 编程第一个循环调用(取决于机床参数 7440)。

说明:关闭 M89 作用,M99 必须被编程在最后一个编程程序段。

程序结构举例:根据图 2.64 所示在四个中心点加工孔,利用 M89 调用钻孔循环程序进行钻孔加工。

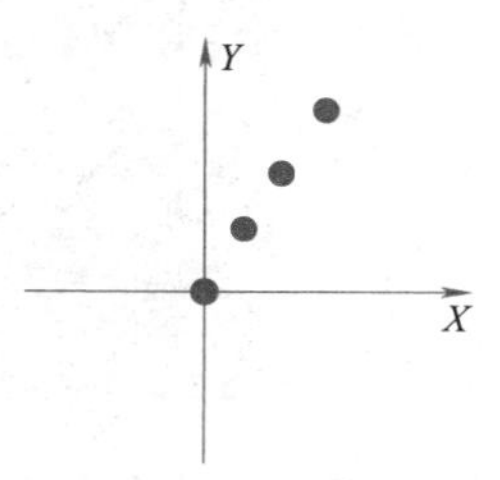

图 2.64　孔位中心点

程序结构如下(调用钻孔循环):

```
L X10 Y20                直线移动到“X10Y20”位置;
CYCL DEF 200             钻孔循环 200;
L X0 Y0 R0 FMAX M89      调用循环在“X0Y0”处钻孔;
L X10 Y20 R0 FMAX        调用循环在“X10Y20”处钻孔;
L X30 Y40 R0 FMAX        调用循环在“X30Y40”处钻孔;
L X40 Y50 R0 FMAX M99    调用循环在“X40Y50”处钻孔。
```

二、　平面循环(230)加工指令

铣平面是数控机床编程加工中最常用的加工工序,以往的加工方式是首先用手摇轮手动切削平面,其次用直线指令一条一条的编写程序切削加工,再次用 CAD/CAM 软件建模出程序传输到机床进行切削加工。这些方法费时费力,导致加工效率较低。海德汉系统中提供了平面循环加工指令，只需要调用平面循环加工指令，正确填写参数，就可以高质量、高效率地生成平面铣削程序并进行切削加工，大大提高了生产效率。

1. 调用平面循环(230)加工指令步骤

在程序编辑状态，按压数控机床操作控制面板上的功能按键 CYCL DEF，之后在新出现的操作屏幕下方点击 多刀加工 铣削 键，进入又一个新界面，在新界面下方点击“平面循环” 230 键，生成“平面循环”程序段，程序段中需要进行以下参数输入：

平面循环加工指令（230）

```
CYCL DEF 230 MULTIPASS MILLING
Q225 = +0; STARTNG PNT 1ST AXIS
Q226 = +0; STARTNG PNT 2ND AXIS
Q227 = +0; STARTNG PNT 3RD AXIS
Q218 = +60; FIRST SIDE LENGTH
Q219 = +20; 2ND SIDE LENGTH
Q240 = +20; NUMBER OF CUTS
Q206 = +150; FEED RATE FOR PLNGNG
Q207 = +500; FEED RATE FOR MILLNG
Q209 = +150; STEPOVER FEED RATE
Q200 = +2; SET-UP CLEARANCE
```

(1)起始点的第一轴坐标(Q225)：如图 2.65 所示，一般该参数根据毛坯大小确定。

(2)起始点的第二轴坐标(Q226)：如图 2.66 所示，一般该参数根据毛坯大小确定。

(3)起始点的第三轴坐标(Q227)：如图 2.67 所示，一般该参数根据经验可取“-1”。

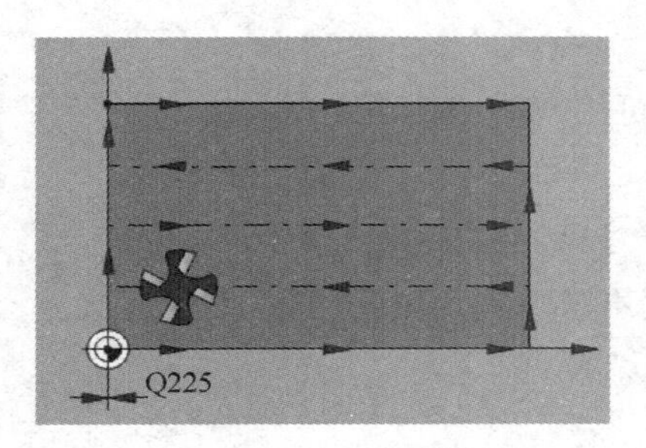

图 2.65　起始点第一轴坐标

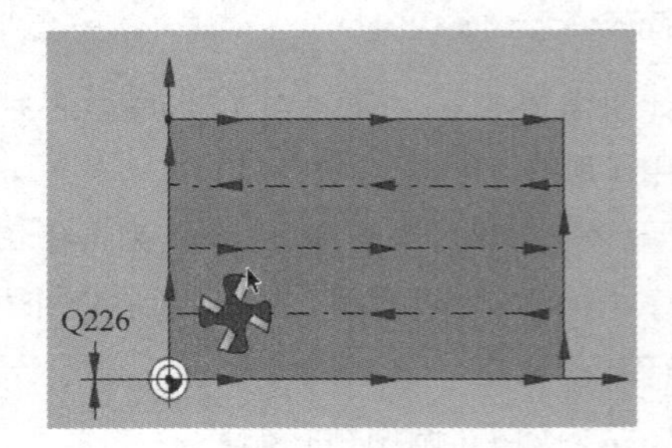

图 2.66　起始点第二轴坐标

(4)第一个边的长度(Q218)，如图 2.68 所示，一般该参数根据毛坯大小确定。

(5)第二个边的长度(Q219)，如图 2.69 所示，一般该参数根据毛坯大小确定。

(6)走刀数(Q240)，如图 2.70 所示，一般该参数根据毛坯大小确定(建议按每刀切削 5~10 mm 计算)。

(7)切入进给速率(Q206)，如图 2.71 所示，一般该参数根据毛坯材料确定(中碳钢一般取 100~200 mm/min)。

(8)铣削进给速率(Q207)，如图 2.72 所示，一般该参数根据毛坯材料确定(中碳钢一般取 400~600 mm/min)。

(9)跨行进给速率(Q209)：如图 2.73(a)所示，一般该参数根据毛坯材料确定(中碳钢一般取 100~200 mm/min)。

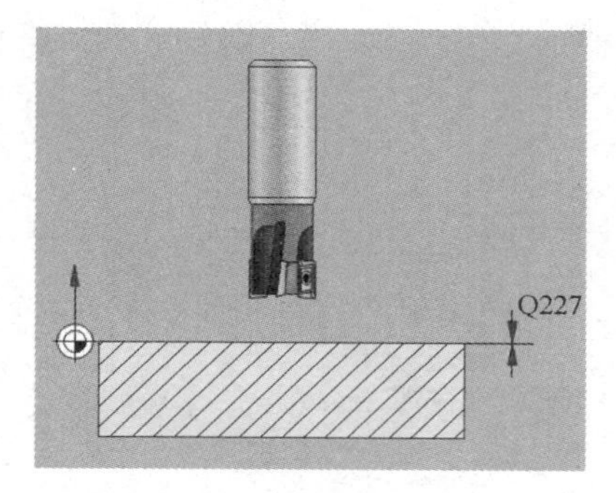

图 2.67　起始点的第三轴坐标

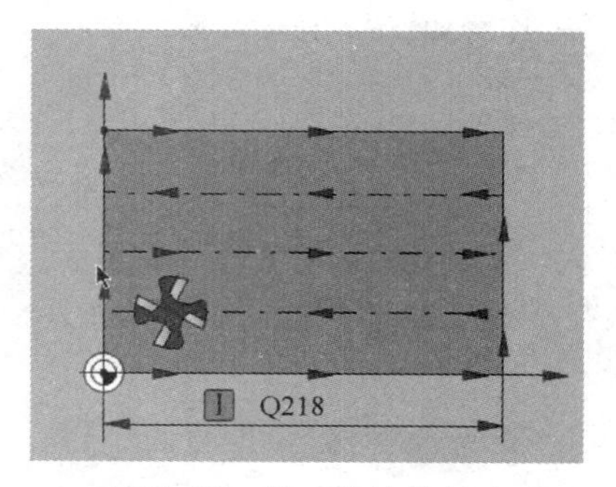

图 2.68　第一个边的长度

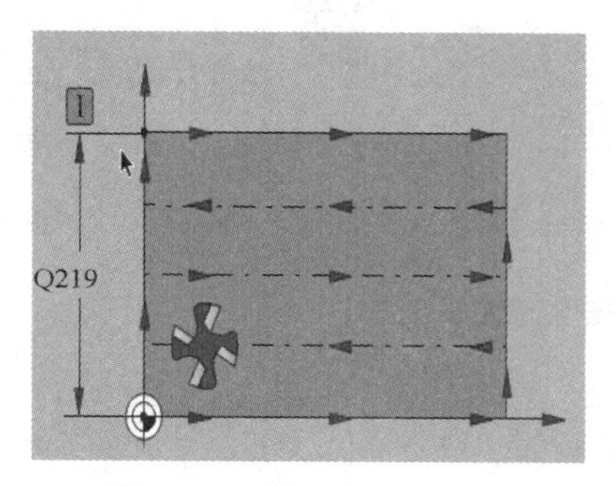

图 2.69　第二个边的长度

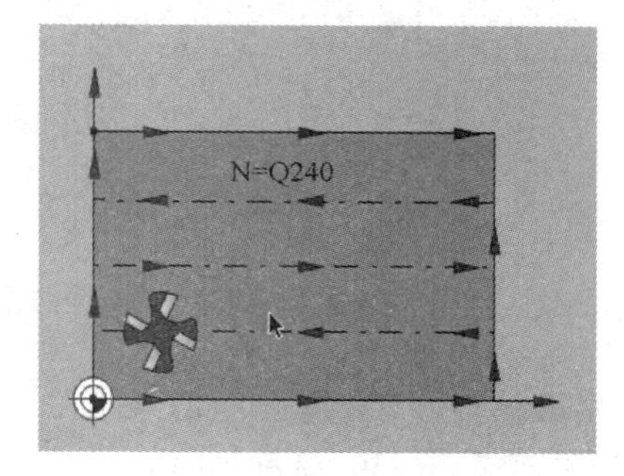

图 2.70　走刀数

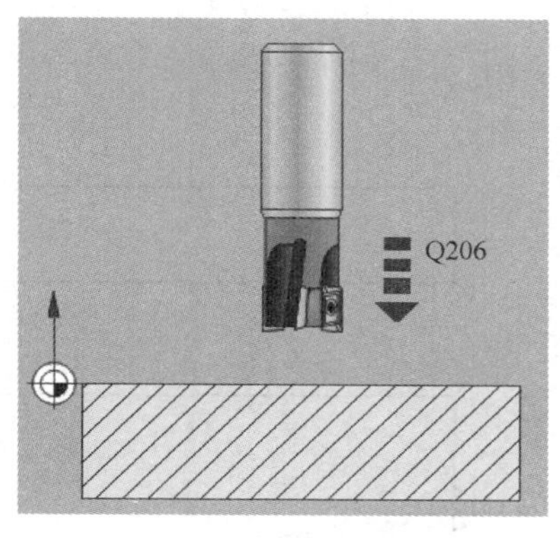

图 2.71　切入进给速率

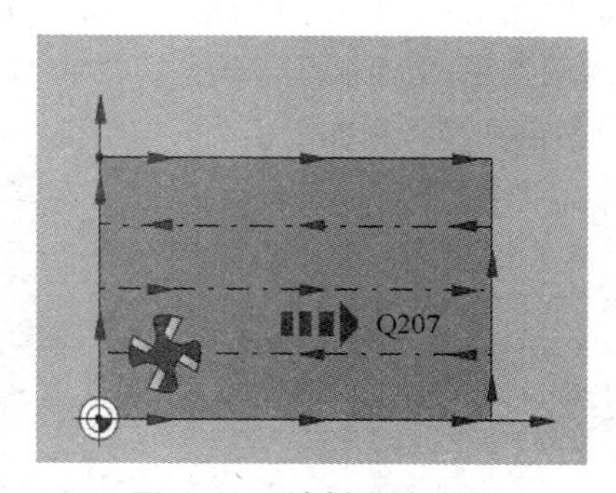

图 2.72　铣削进给速率

(10)安全高度(Q200):如图 2.73(b)所示,一般该参数根据经验取 2 ~ 4 mm。

2. 编程举例

调用平面循环(230)铣削毛坯 120 × 120 × 50 上表面。

加工上平面程序编辑如下:

```
CYCL DEF 230 MULTIPASS MILLING
Q225 =-60; STARTNG PNT 1STAXTS          起始点的第一轴坐标;
Q226 =-60; STARTNG PNT 2ND AXIS         起始点的第二轴坐标;
```

```
Q227 =-1; STARTNG PNT 3RD AXIS          起始点的第三轴坐标;
Q218 = +120; FIRST SIDE LENGTH          第一个边长度;
Q219 = +120; 2ND SIDE LENGTH            第二个边长度;
Q240 = +12; NUMBER OF CUTS              走刀数;
Q206 = +150; FEED RATE FOR PLNGNG       切入进给速率;
Q207 = +500; FEED RATE FOR MILLING      铣削进给速率;
Q209 =150; STEPOVER FEED RATE           跨行进给速率;
Q200 = +2; SET-UP CLEARANCE             安全高度
```

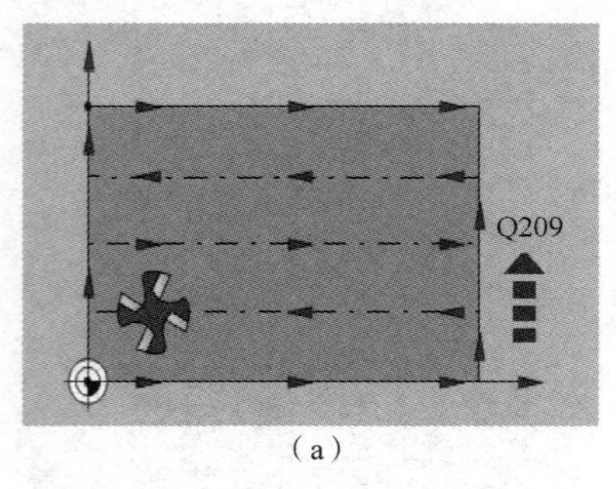

(a)

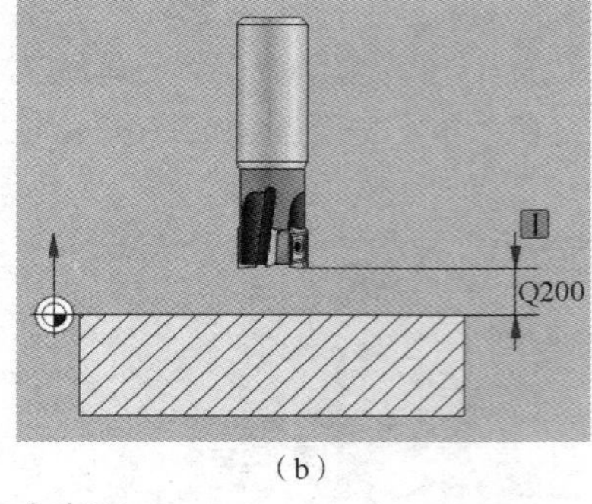

(b)

图 2.73　跨行进给速率与安全高度

3. 平面循环(230)编程、加工案例

调用平面循环(230)铣削如图 2.74 所示零件上表面。

(1)案例图样分析。

根据案例图样可知:

①图中元素:平面元素(铣削上平面),毛坯大小:100×100×20。

②需用指令:平面循环(230)、"CYCL CALL"程序调用。

(2)案例图样编程如下:

```
  0 BEGIN PGM pingmian MM              程序名:
  1 BLK FORM 0.1 Z X-50 Y-50 Z-20      定义毛坯;
  2 BLK FORM 0.2 X +50 Y +50 Z2
  3 TOOL CALL 25 Z S1000 F500          调用刀具;
  4 CYCL DEF 247 DATUM SETTING         确定工件坐标零点;
    Q339 = +0; DATUM NUMBER
  5 CYCL DEF 230 MULTIPASS MILLING 调用 230 平面铣
循环;
     Q225 =-60; STARTNG PNT 1STAXTS
     Q226 =-60; STARTNG PNT 2ND AXIS
     Q227 =-1; STARTNG PNT 3RD AXIS
     Q218 = +120; FIRST SIDE LENGTH
     Q219 = +120; 2ND SIDE LENGTH
     Q240 = +12; NUMBER OF CUTS
     Q206 = +150; FEED RATE FOR PLNGNG
     Q207 = +500; FEED RATE FOR MILLING
```

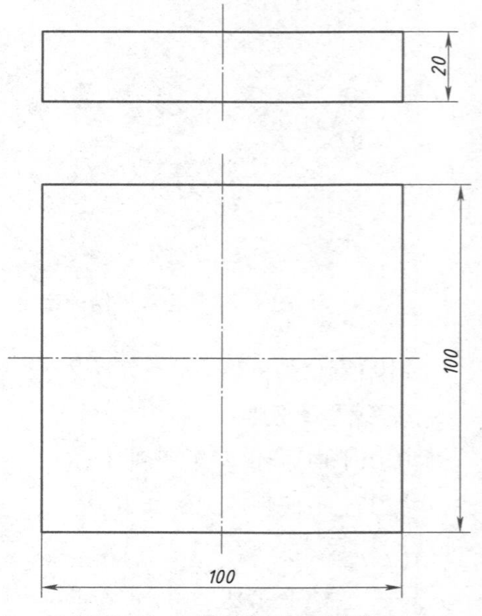

图 2.74　平面循环加工案例

```
  Q209 =150; STEPOVER FEED RATE
  Q200 = +2; SET-UP CLEARANCE
6 CYCL CALL M3
7 L Z +100 R0 FMAX M30          抬Z轴刀 100 mm;
8 END PGM pingmian MM           结束程序。
```

(3)加工平面仿真图形如图 2.75 所示：

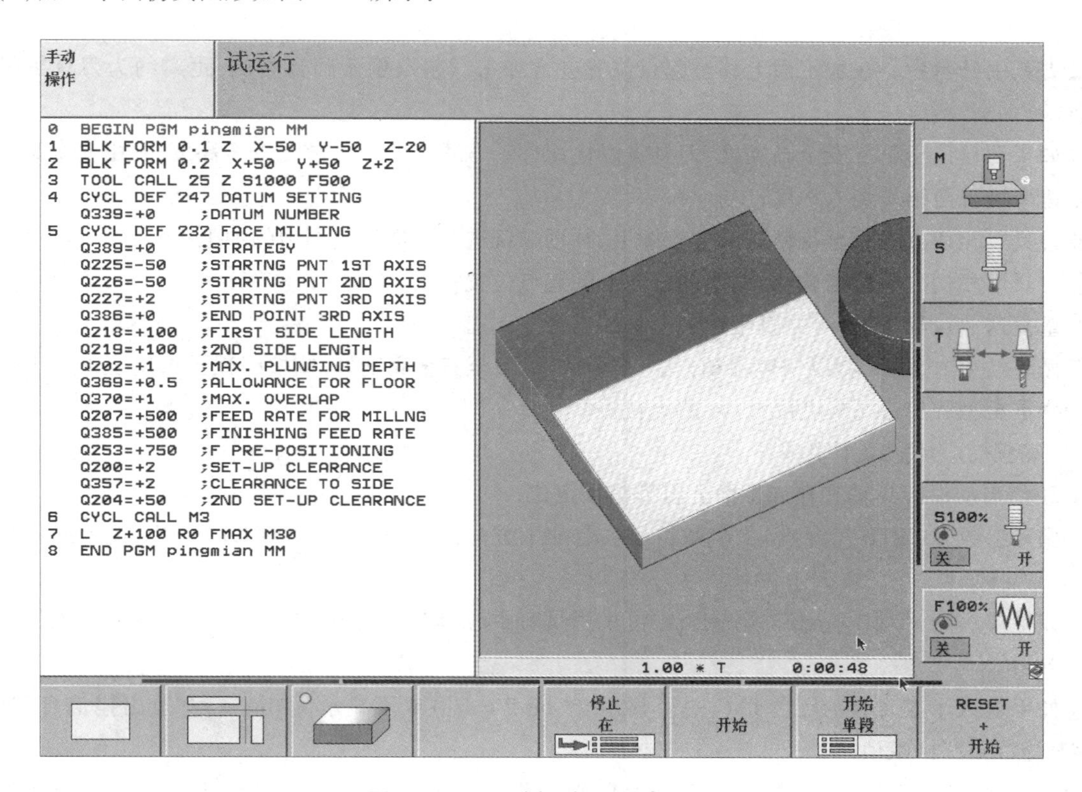

图 2.75　平面循环加工仿真图形

三、　凸台循环(256、257)加工指令

凸台循环加工指令包括矩形凸台、圆形凸台的粗加工,侧壁精加工,底面精加工工序。以往加工台类零件需要 3 ~5 条程序,包含粗加工、半精加工、侧壁精加工、底面精加工。海德汉系统中提供了凸台循环加工指令,只需要调用指令,正确填写参数,就可以省时省力高效的完成凸台循环加工。

视频

凸台循环加工指令(256)

1. 矩形凸台循环(循环 256)

(1)矩形凸台循环 (循环 256)用于加工完整矩形凸台。根据循环参数的不同,有如下加工方式：

①完整加工：粗铣、底面精铣、侧面精铣；

②仅粗铣；

③仅底面精铣和侧面精铣；

④仅底面精铣；

⑤仅侧面精铣。

(2)刀轴轨迹注意事项：

①TNC 自动将刀具沿刀具轴移至安全高度处，或按编程要求移至第二安全高度处，然后再移至型腔中心；

②刀具由凸台中心在加工面上移至起点位置进行加工。起点位于凸台右侧，距离约为刀具半径的两倍处；

③如果刀具位于第二安全高度处，刀具将以快速移动方式“FMAX” 移至安全高度，并由安全高度以切入进给速率进刀至第一切入深度；

④刀具以相切方式移至待精铣部分轮廓上，并用顺铣进行一次环绕周边的加工；

⑤刀具以相切方式退离轮廓，返回加工面上的起点位置；

⑥重复这一过程（③～⑤）直至达到编程深度为止；

⑦循环结束时，TNC 将以快速移动方式“FMAX”退刀至安全高度处，或按编程要求退至第二安全高度处并最终退至型腔中心（终点位置 = 起点位置）。

(3)编程前应注意以下事项：

①TNC 自动沿刀具轴和在加工面上将刀具预定位；

②循环参数“DEPTH”(深度)的代数符号决定加工方向。如果编程“ DEPTH = 0”，这个循环将不被执行；

③如果要用同一刀具清除和精铣凸台，可采用具有中心刃的立铣刀（ISO 1641）并输入切入的低进给速率；

④如果输入了正深度，无论 TNC 是否显示（“bit 2 = 1”）或不显示（“bit 2 = 0”）出错信息，都应在 MP7441 的“bit 2”中赋值。

(4)碰撞危险。请注意，如果输入了正深度，TNC 将反向计算预定位。也就是说刀具沿刀具轴快速移至低于工件表面的安全高度处。

(5)调用矩形凸台循环(循环 256)加工指令步骤：

在程序编辑状态下，按压数控机床操作控制面板上功能按键 CYCL DEF，之后在新出现的操作屏幕下方点击 型腔/凸台/凹槽 键，进入又一个新界面，在新界面下方点击“方凸台循环” 键，生成“方凸台循环”程序段，程序段中需要进行以下参数输入：

```
CYCL DEF 256 RECTANGULAR STUD
Q218 = +80; FIRST SIDE LENGTH
Q424 = +100   SWORKPC. BLANK SIDE 1
Q219 = +60; 2ND SIDE LENGTH
Q425 = +100   WORKPC.  BLANK SIDE 2
Q220 = +10; CORNER RADIUS
Q368 = +0.2; ALLOWANCE FOR SIDE
Q224 = +0: ANGLE OF ROTATION
```

```
Q367 = +0; STUD POSITION
Q207 = +500; FEED RATE FOR MILLNG
Q351 = +1; CLIMB OR UP-CUT
Q201 = -10; DEPTH
Q202 = +1; PLUNGING DEPTH
Q206 = +3000; FEED RATE FOR PLNGNG
Q200 = +2; SET-UP CLEARANCE
Q203 = +0; SURFACE COORDINATE
Q204 = +50; 2ND SET-UP CLEARANCE
Q370 = +1; TOOL PATH OVERLAP
Q437 = +0; 0000
```

①第一个边的长度（Q218），如图 2.76 所示，一般该参数根据工件长度确定。

②工件毛坯侧边长度 1（Q424），如图 2.77 所示，一般该参数根据毛坯长度确定。

③ 第二个边的长度（Q219），如图 2.78 所示，一般该参数根据工件宽度确定。

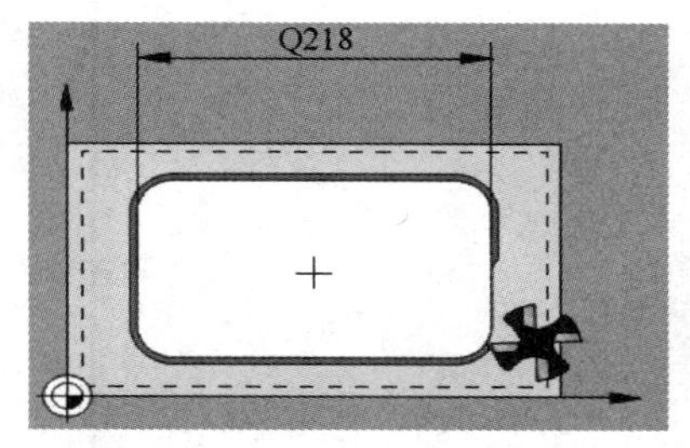

图 2.76　第一个边的长度

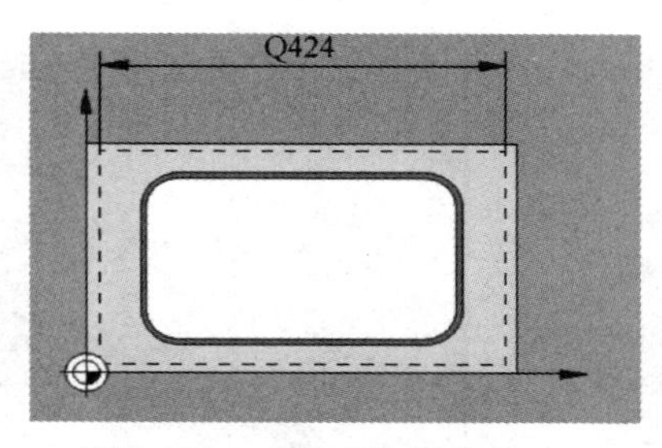

图 2.77　工件毛坯侧边长度 1

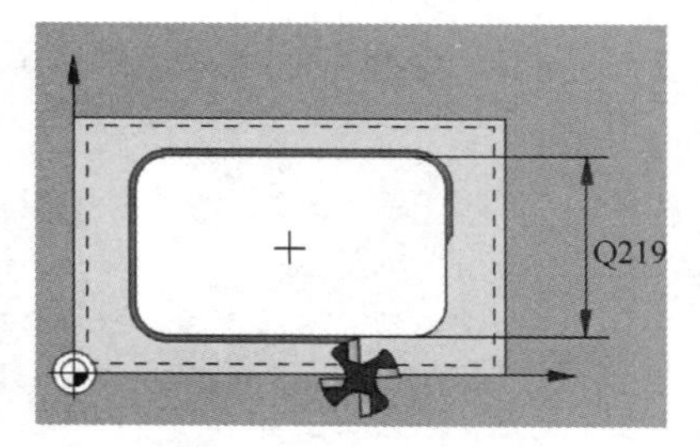

图 2.78　第二个边的长度

④工件毛坯侧边长度 2（Q425）：如图 2.79 所示，一般该参数根据毛坯宽度确定。

⑤转角半径（Q220）：如图 2.80 所示，一般该参数根据案例图样要求确定。

⑥侧面精铣余量（Q368）：如图 2.81 所示，一般该参数根据毛坯材料、刀具切削性能、图样要求确定（建议为 0.2 ~ 0.5 mm）。

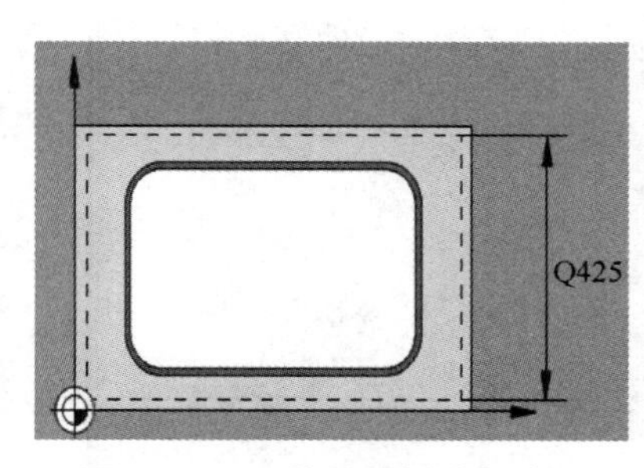

图 2.79　工件毛坯侧边长度 2

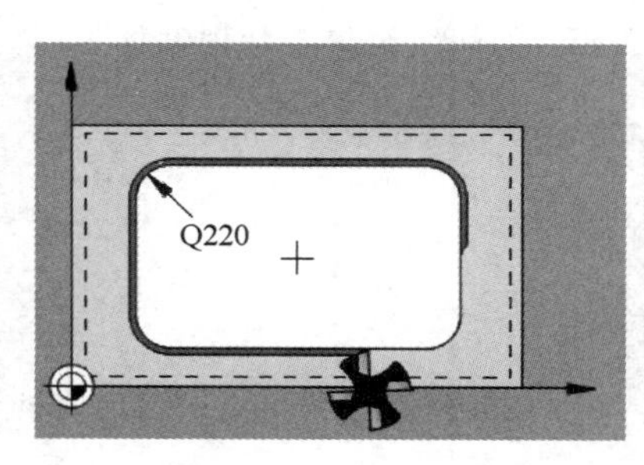

图 2.80　转角半径

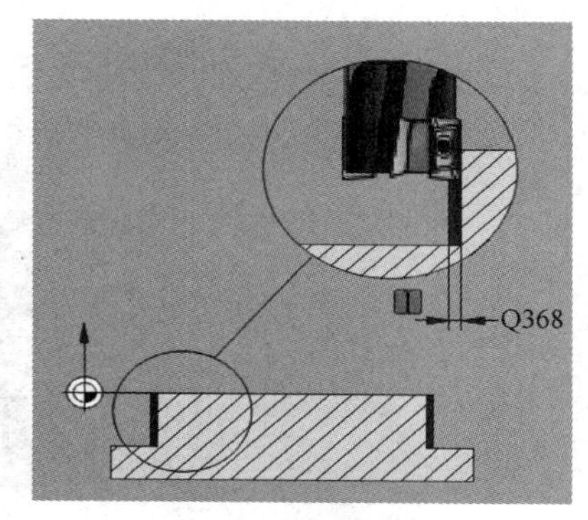

图 2.81　侧面精铣余量

⑦旋转角度（Q224）：如图 2.82 所示，一般该参数根据案例图样要求确定。

⑧凸台位置（0/1/2/3/4）（Q367）：如图 2.83 所示，一般该参数根据案例图样要求确定。

⑨铣削进给速率(Q207):如图 2.84 所示,一般该参数根据毛坯材料确定(中碳钢一般取 500 ~ 5 000 mm/min)。

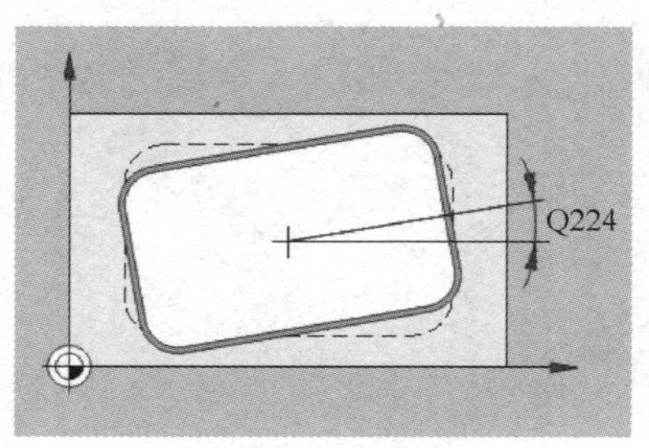

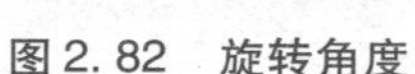
图 2.82　旋转角度

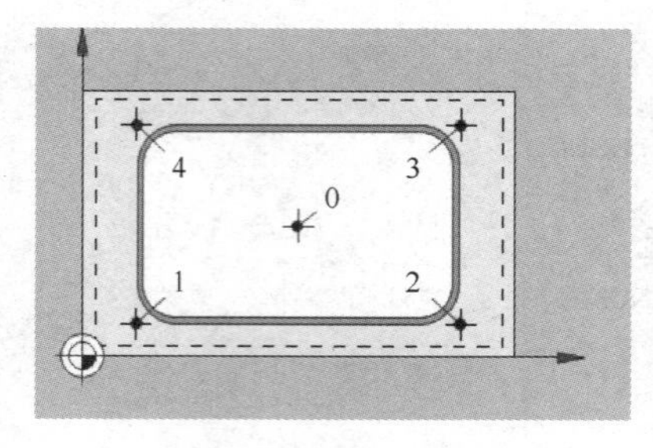

图 2.83　型腔位置

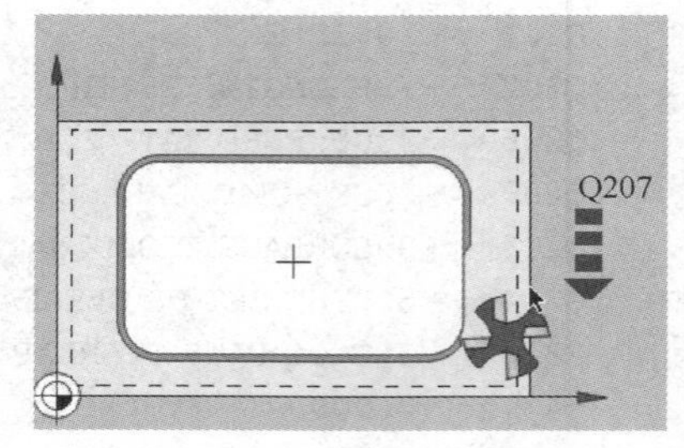

图 2.84　铣削进给速率

⑩方向"逆铣 = +1,顺铣 = -1"(Q351),如图 2.85 所示,一般该参数根据加工需要确定。

⑪深度(Q201):如图 2.86 所示,一般该参数根据案例图样要求确定。

⑫切入深度(Q202),如图 2.87 所示,一般该参数根据经验确定(取 0.5 ~ 5 mm)。

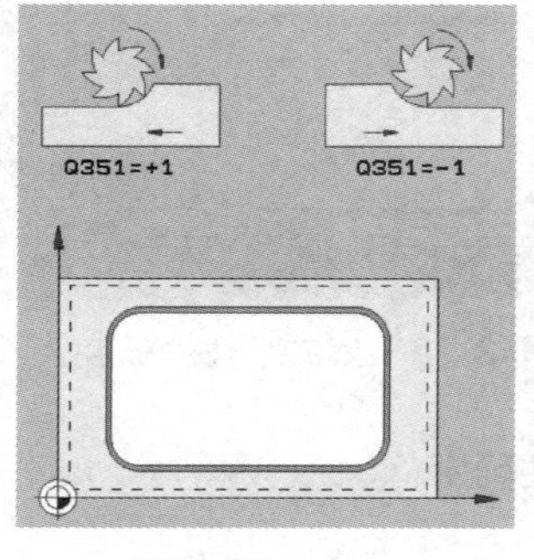

图 2.85　方向

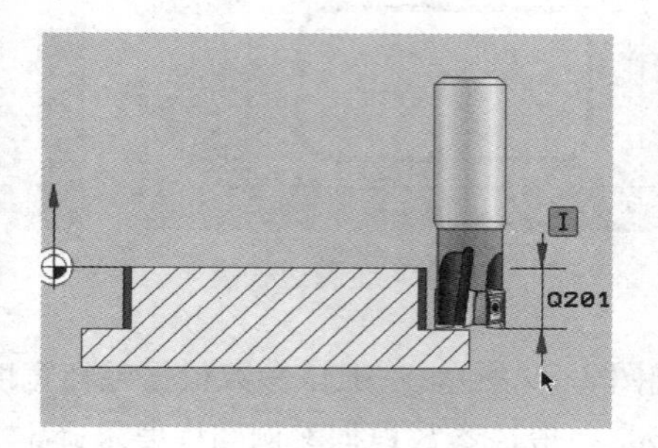

图 2.86　深度

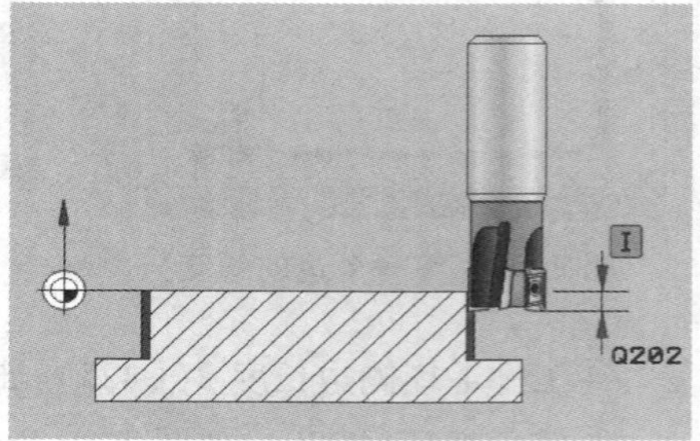

图 2.87　切入深度

⑬切入进给速率(Q206):如图 2.88 所示,一般该参数根据毛坯材料确定(中碳钢一般取 500 ~ 5 000 mm/min)。

⑭安全高度(Q200):如图 2.73 所示,参数意义如调用"平面循环安全高度参数"所述)。

⑮工件表面坐标(Q203):如图 2.89 所示,一般该参数根据加工对刀 *Z* 值确定(一般取 0 mm)。

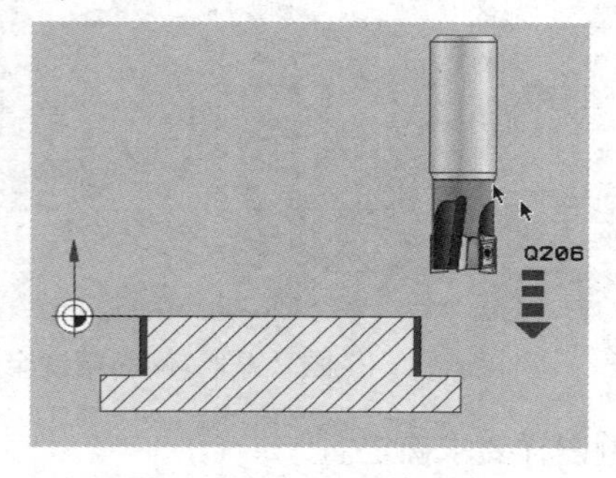

图 2.88　切入进给速率

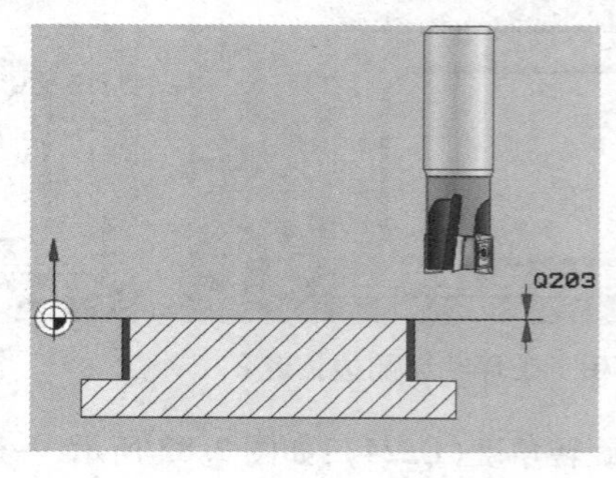

图 2.89　工件表面坐标

⑯第二个调整间隙（Q204）：如图 2.90 所示，一般该参数根据装夹、检测的需求确定。

⑰路径行距系数（Q370）：如图 2.91 所示，一般该参数根据刀具直径确定。

⑱起始位置（0…4）（Q437）：如图 2.92 所示，一般该参数根据工件开放路径及经验确定。

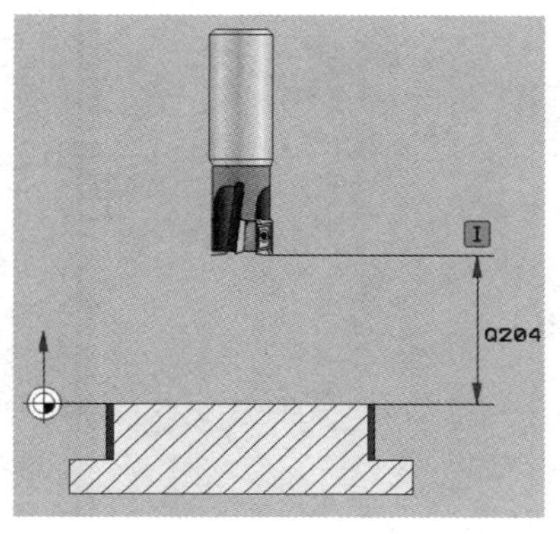

图 2.90　第二个调整间隙

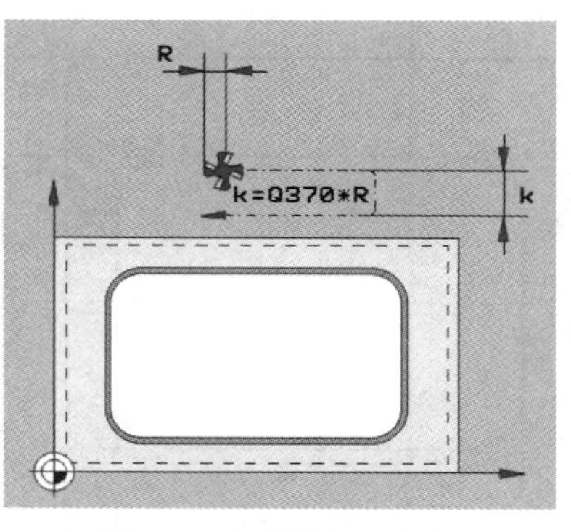

图 2.91　路径行距系数

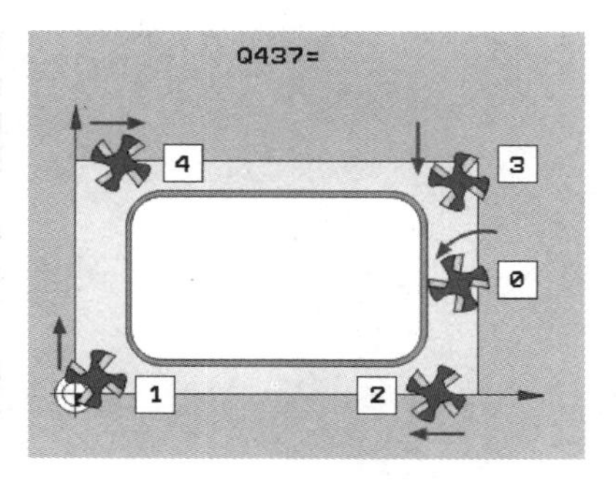

图 2.92　起始位置

（6）编程举例：调用矩形凸台循环（256）铣削 90 ×70 ×5 矩形凸台。

加工矩形凸台程序编辑如下：

```
CYCL DEF 256 RECTANGULAR STUD
Q218 = +90   ; FIRST SIDE LENGTH           第一个边的长度;
Q424 = +110; WORKPC. BLANK SIDE 1          工件毛坯侧边长度 1;
Q219 = +70   ; 2ND SIDE LENGTH             第二个边的长度;
Q425 = +90; WORKPC. BLANK SIDE 2           工件毛坯侧边长度 2;
Q220 = +5   ; CORNER RADIUS                转角半径;
Q368 = +0.2   ; ALLOWANCE FOR SIDE         侧面精铣余量;
Q224 = +0; ANGLE OF ROTATION               旋转角度;
Q367 = +0; POCKET POSITION                 型腔位置(0/1/2/3/4);
Q207 = +500; FEED RATE FOR MILLNG          铣削进给速率;
Q351 = +1; CLIMB OR UP-CUT                 方向 逆铣 = +1,顺铣 = -1;
Q201 =-5   ; DEPTH                         深度;
Q202 = +1; PLUNGING DEPTH                  切入深度;
Q206 = +3000   ; FEED RATE FOR PLNGNG      切入进给速率;
Q200 = +2; SET-UP CLEARANCE                安全高度;
Q203 = +0; SURFACE COORDINATE              工件表面坐标;
Q204 = +50; 2ND SET-UP CLEARANCE           第二个调整间隙;
Q370 = +1   ; TOOL PATH OVERLAP            路径行距系数;
Q437 = +0;                                 起始位置(0...4)。
```

（7）调用矩形凸台循环（256）编程、加工案例：

调用矩形凸台循环（256）铣削命令如图 2.93 所示为 80 ×60 ×10 矩形凸台。

①编程加工案例图样分析。

根据案例图样可知：

a. 图中元素：包含矩形凸台粗、精加工，矩形凸台倒圆角等元素。

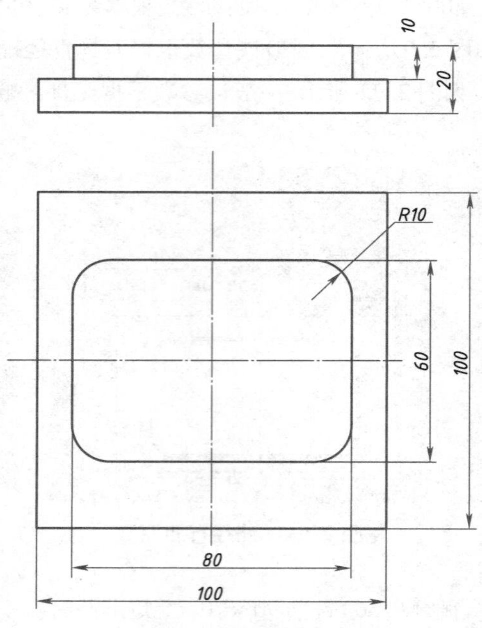

图 2.93　矩凸台循环案例

b. 需用指令:矩形凸台循环(256)、"CYCL CALL POS"程序调用。

②案例图样编程,见表 2-13。

表 2-13　矩形凸台循环加工案例程序

0 BEGIN PGM tutai MM	Q367 = +0;POCKET POSITION
1 BLK FORM 0.1 Z X-50 Y-50 Z-20	Q207 = +500;FEED RATE FOR MILLNG
2 BLK FORM 0.2 X +50 Y +50 Z0	Q351 = +1;CLIMB OR UP-CUT
3 TOOL CALL10 Z S3000 F3000	Q201 = -10;DEPTH
4 CYCL DEF 247 DATUM SETTING	Q202 = +1;PLUNGING DEPTH
Q339 = +0;DATUM NUMBER	Q206 = +3000;FEED RATE FOR PLNGNG
5 CYCL DEF 256 RECTANGULAR STUD	Q200 = +2;SET-UP CLEARANCE
Q218 = +80;FIRST SIDE LENGTH	Q203 = +0;SURFACE COORDINATE
Q424 = +100;WORKPC. BLANK SIDE 1	Q204 = +50;2ND SET-UP CLEARANCE
Q219 = +60;2ND SIDE LENGTH	Q370 = +1;TOOL PATH OVERLAP
Q425 = +100;WORKPC. BLANK SIDE 2	Q437 = +0;
Q220 = +10 ;CORNER RADIUS	6 CYCL CALL POS X +0 Y +0 Z +0 M3
Q368 = +0.2 ;ALLOWANCE FOR SIDE	7 L Z +100 R0 FMAX M30
Q224 = +0;ANGLE OF ROTATION	8 END PGM tutai MM

如表 2-13 所示加工程序分为:a. 第 1 ~4 程序段,加工前准备程序;b. 第 5 ~6 程序段,调用 256 矩形凸台铣;c. 第 7 程序段,抬起 *Z* 轴刀 100 mm,程序结束并返回程序头加工程序;d. 第 8 程序段,结束程序。共 4 部分。

③加工矩形凸台仿真图形如图 2.94 所示。

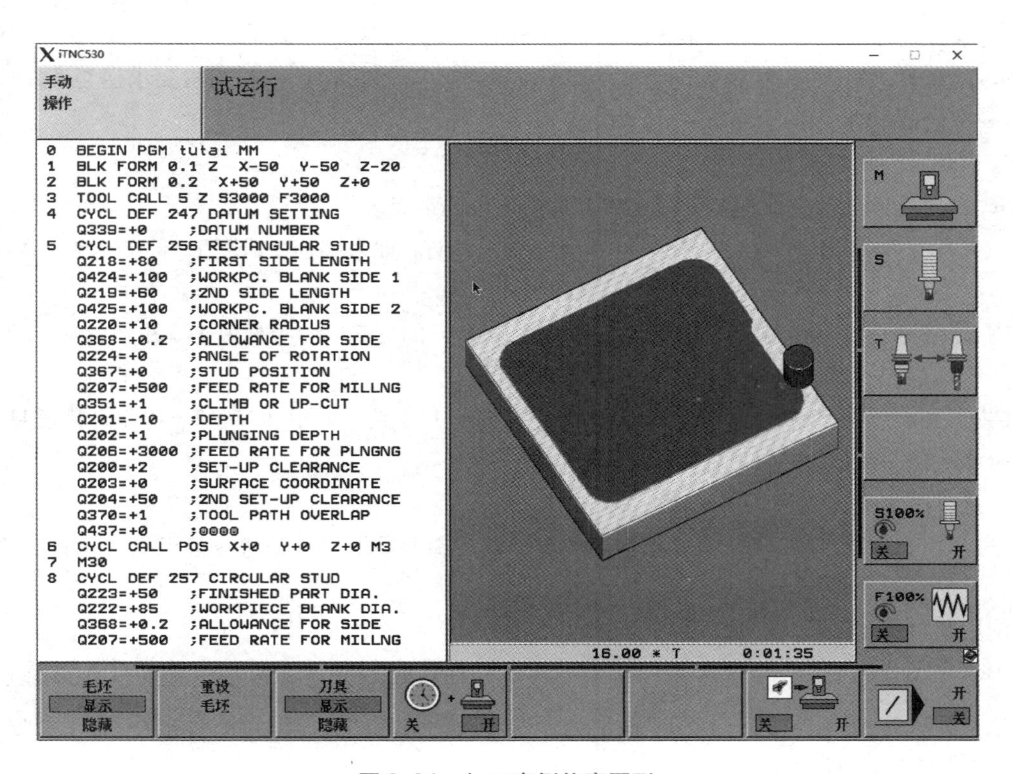

图 2.94　加工案例仿真图形

2. 圆凸台（循环 257）

（1）循环 257 用于加工完整圆形凸台。根据循环参数的不同，有如下加工方式：

①完整加工：粗铣、底面精铣、侧面精铣；

②仅粗铣；

③仅底面精铣和侧面精铣；

④仅底面精铣；

⑤仅侧面精铣。

（2）刀轴轨迹注意事项：

①TNC 自动将刀具沿刀具轴移至安全高度处，或按编程要求移至第二安全高度处，然后再移至型腔中心；

②刀具由凸台中心在加工面上移至起点位置进行加工。起点位于凸台右侧，相距约为刀具半径的两倍处；

③如果刀具位于第二安全高度处，刀具将以快速移动方式“FMAX”移至安全高度，并由安全高度以切入进给速率进刀至第一切入深度；

④然后，刀具以相切方式移至待精铣部分轮廓上，并用顺铣进行一次环绕周边的加工；

⑤刀具以相切方式退离轮廓，返回加工面上的起点位置；

⑥重复这一过程（③至⑤）直至达到编程深度为止；

⑦循环结束时，TNC 将以快速移动方式"FMAX"退刀至安全高度处，或按编程要求退至第二安全高度处并最终退至型腔中心（终点位置 = 起点位置）。

（3）编程前应注意以下事项：

①TNC 自动沿刀具轴方向在加工面上将刀具预定位到某点。

②循环参数"DEPTH"（深度）的代数符号决定加工方向。如果编程"DEPTH = 0"，这个循环将不被执行。

③如果要用同一刀具清除和精铣凸台，可采用中心刃的立铣刀（ISO 1641）并输入切入的低进给速率。

④如果输入了正深度，无论 TNC 是否显示（"bit 2 = 1"）或不显示（"bit 2 = 0"）出错信息，都应在 MP7441 的"bit 2"中赋值。

（4）注意碰撞危险。

如果输入了正深度，TNC 将反向计算预定位。也就是说刀具沿刀具轴快速移至低于工件表面的安全高度处。

（5）调用圆形凸台循环 257 加工指令步骤：

在程序编辑状态，按下数控机床操作控制面板上功能按键 CYCL DEF，之后在新出现的操作屏幕下方点击 型腔/凸台/凹槽 键，进入新界面，在新界面下方点击"圆形凸台循环" 257 键，生成"圆形凸台循环"加工程序段，程序段中需要进行以下参数输入：

```
CYCL DEF 257 CIRCULAR STUD
Q223 = +50      ; FINISHED PART DIA.
Q222 = +85      ; WORKPIECE BLANK DIA.
Q368 = +0.2     ; ALLOWANCE FOR SIDE
Q207 = +500     ; FEED RATE FOR MILLNG
Q351 = +1       ; CLIMB OR UP-CUT
Q201 = -5       ; DEPTH
Q202 = +1       ; PLUNGING DEPTH
Q206 = +3000    ; FEED RATE FOR PLNGNG
Q200 = +2       ; SET-UP CLEARANCE
Q203 = +0       ; SURFACE COORDINATE
Q204 = +50      ; 2ND SET-UP CLEARANCE
Q370 = +1       ; TOOL PATH OVERLAP
Q376 = +0       ; STARTING ANGLE
```

①精加工工件的直径（Q223），如图 2.95 所示，一般该参数根据工件直径确定。

②工件毛坯的直径（Q222），如图 2.96 所示，一般该参数根据毛坯直径确定。

③侧面精铣余量（Q368），如图 2.81 所示，参数意义如调用"矩形凸台循环侧面精铣余量参数"所述。

④铣削进给速率（Q207），如图 2.84 所示，参数意义如调用"矩形凸台铣削进给速率参数"所述，一般该参数根据毛坯材料确定（中碳钢一般取 500 ~ 5 000 mm/min）。

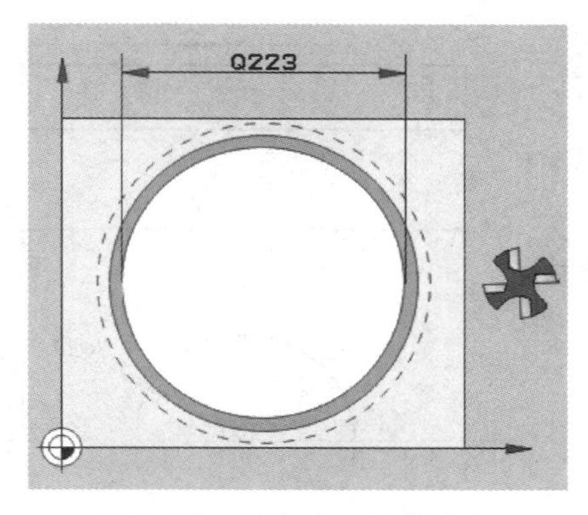

图 2.95　精加工工件的直径

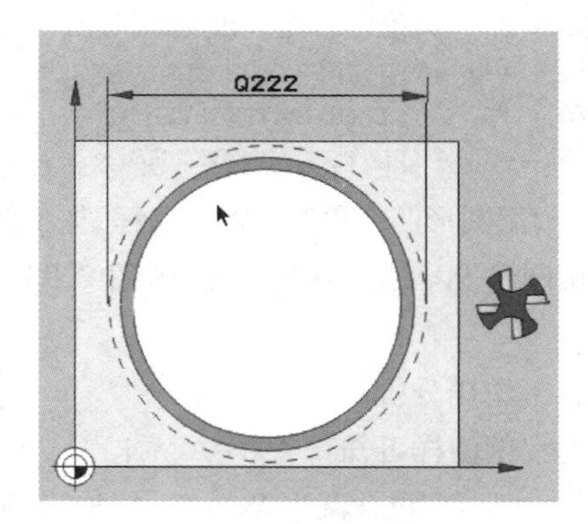

图 2.96　工件毛坯的直径

⑤方向"逆铣 = +1，顺铣 = -1"（Q351），如图 2.85 所示，参数意义如调用"矩形凸台铣削方向参数"所述。

⑥深度（Q201），如图 2.86 所示，参数意义如调用"矩形凸台铣削深度参数"所述。

⑦切入深度（Q202），如图 2.87 所示，参数意义如调用"矩形凸台铣削切入深度参数"所述。

⑧切入进给速率（Q206），如图 2.88 所示，参数意义如调用"矩形凸台切入进给速率参数"所述。

⑨安全高度（Q200），如图 2.73 所示，参数意义如调用"平面循环安全高度参数"所述。

⑩工件表面坐标（Q203），如图 2.90 所示，参数意义如调用"矩形凸台工件表面坐标参数"所述。

⑪第二个调整间隙（Q204），如图 2.91 所示，参数意义如调用"矩形凸台第二个调整间隙参数"所述。

⑫路径行距系数（Q370），如图 2.92 所示，参数意义如调用"矩形凸台路径行距参数"所述，一般该参数根据刀具直径确定。

⑬程序编辑：起始角度（Q376），如图 2.97 所示，一般该参数根据工件开放路径及经验确定。

（6）编程举例：调用圆形凸台循环（257）铣削 $\phi65 \times 5$ 圆形凸台。

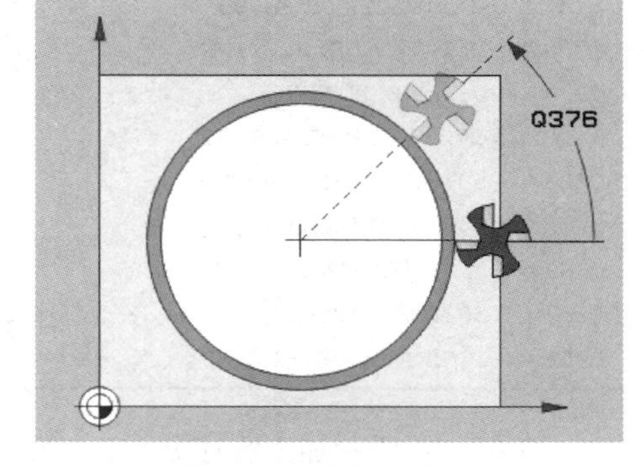

图 2.97　起始角度

加工圆形凸台程序编辑如下：

```
CYCL DEF 257 CIRCULAR STUD
Q223 = +65     ; FINIISHED PART DIA          精加工工件的直径;
Q222 = +95     ; WORKPIECE BLANK DIA         工件毛坯的直径;
Q368 = +0.2    ; ALLOWANCE FOR SIDE          侧面精铣余量;
Q207 = +500    ; FEED RATE FOR MILLNG        铣削进给速率;
Q351 = +1      ; CLIMB OR UP-CUT             方向"逆铣 = +1，顺铣 = -1";
Q201 =-5       ; DEPTH                       深度;
Q202 = +1      ; PLUNGING DEPTH              切入深度;
Q206 = +3000   ; FEED RATE FOR PLNGNG        切入进给速率;
Q200 = +2      ; SET-UP CLEARANCE            安全高度;
```

```
Q203 = +0      ; SURFACE COORDINATE         工件表面坐标;
Q204 = +50     ; 2ND SET-UP CLEARANCE       第二个调整间隙;
Q370 = +1      ; TOOL PATH OVERLAP          路径行距系数;
Q376 = +0      ; STARTING ANGLE             起始角度。
```

(7)调用圆形凸台循环(257)编程、加工案例:

调用圆形凸台循环(257)铣削图 2.98 所示 $\phi50\times5$ 圆形凸台。

①案例图样分析。

根据案例图样可知:

a. 图中元素:包含圆形凸台粗、精加工,圆形凸台倒圆角等元素。

b. 需用指令:圆形凸台循环(257)、"CYCL CALL POS"程序调用。

②案例图样编程,见表 2-14。

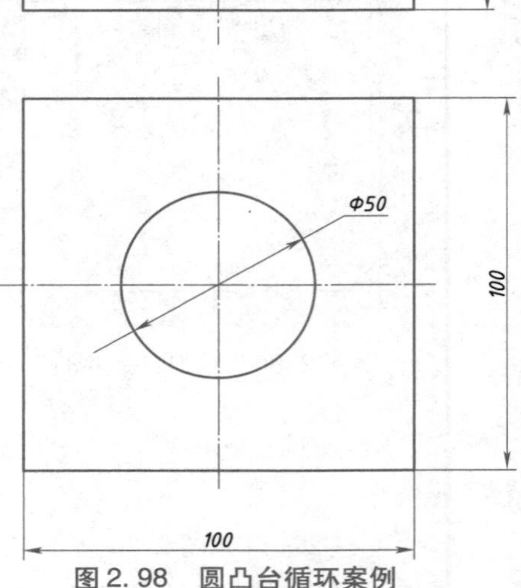

图 2.98　圆凸台循环案例

表 2-14　圆形凸台循环加工案例程序

0 BEGIN PGM tutai MM	Q201 = -5; DEPTH
1 BLK FORM 0.1 Z X-50 Y-50 Z-20	Q202 = +1; PLUNGING DEPTH
2 BLK FORM 0.2 X+50 Y+50 Z0	Q206 = +3000; FEEDRATEFOR PLNGNG
3 TOOL CALL10 Z S3000 F3000	Q200 = +2 ; SET-UP CLEARANCE
4 CYCL DEF 247 DATUM SETTING	Q203 = +0; SURFACE COORDINATE
Q339 = +0; DATUM NUMBER	Q204 = +50; 2ND SET-UP CLEARANCE
5 CYCL DEF 257 CIRCULAR STUD	Q370 = +1; TOOL PATH OVERLAP
Q223 = +50; FINIISHED PART DIA	Q376 = +0 ; STARTING ANGLE
Q222 = +85; WORKPIECEBLANK DIA	6 CYCL CALL POS X+0 Y+0 Z+0 M3
Q368 = +0.2; ALLOWANCE FOR SIDE	7 L Z+100 R0 FMAX M30
Q207 = +50; FEEDRATEFORMILLNG	8 END PGM tutai MM
Q351 = +1; CLIMB OR UP-CUT	

如表 2-14 所示加工程序分为:a. 第 1~4 程序段,加工前准备程序;b. 第 5~6 程序段,调用 257 圆形凸台铣;c. 第 7 程序段,抬起 Z 轴刀 100 mm,程序结束并返回程序头加工程序;d. 第 8 程序段,结束程序。共 4 部分。

③加工圆形凸台仿真图形如图 2.99 所示。

延伸思考

通过对本节内容的学习,同学们要掌握和理解"凸台循环加工指令(256)"中每个参数的用法和意义,传承和弘扬大国工匠精神,学习他们"专业专注、精益求精"的做事准则,这样才能保证在加工过程中的准确性和加工效率。

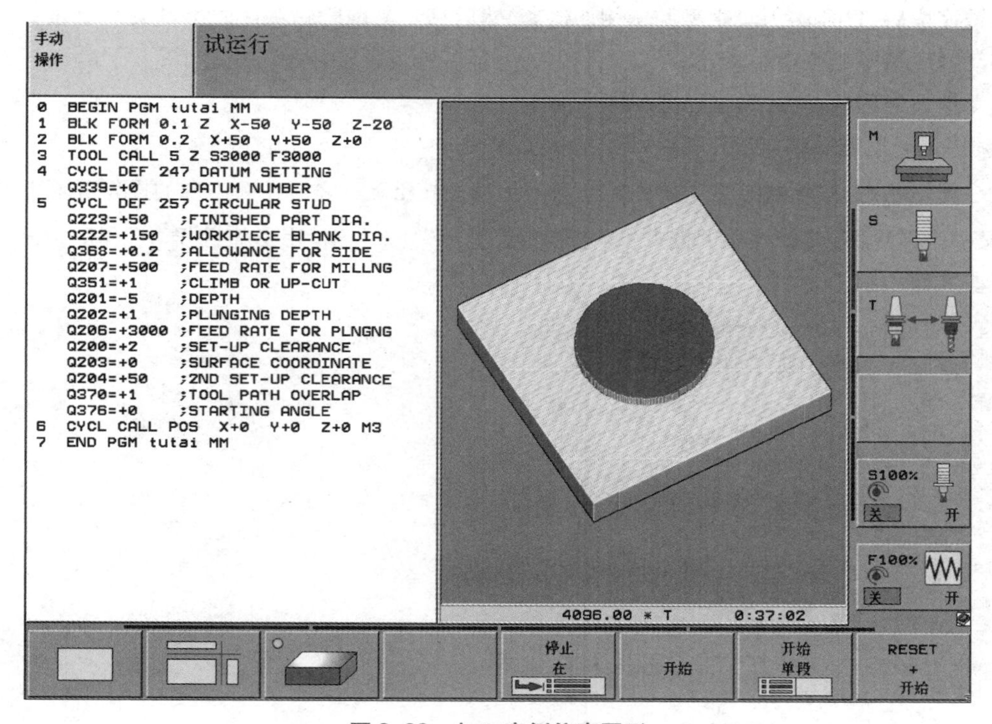

图 2.99　加工案例仿真图形

四、　型腔循环(251、252)加工指令

型腔循环加工指令包括矩形型腔铣削与圆形型腔铣削的粗加工、侧壁精加工、底面精加工工序。以往加工腔类零件需要 3 ~ 5 条程序,包含粗加工、半精加工、侧壁精加工、底面精加工。海德汉系统中提供了型腔循环加工指令,只需要调用指令,正确填写参数,就可以省时省力高效地完成型腔循环加工。循环指令使用如下:

1. 矩形型腔循环(循环 251)

(1)循环 251 (矩形型腔)用于加工完整矩形型腔。根据循环参数的不同,有如下加工方式:

①完整加工:粗铣,底面精铣,侧面精铣;

②仅粗铣;

③仅底面精铣和侧面精铣;

④仅底面精铣;

⑤仅侧面精铣。

如未启用刀具表,由于不能定义切入角度,因此只能垂直切入 (Q366 = 0)。

(2)工艺分析。

①刀具由型腔中心切入并进刀至第一切入深度,由参数 Q366 定义切入方式。

②TNC 由内向外粗铣型腔,同时考虑重叠系数 (参数 Q370)和精铣余量 (参数 Q368 和 Q369)。

视频

型腔循环加工指令(251)

③粗铣完毕后，TNC 将刀具由型腔壁相切退离，然后移至当前啄钻深度之上的安全高度处，再由此处以快速移动速度移至型腔中心。

④重复这一过程，直到达到编程型腔深度为止。

(3)调用矩形型腔循环(循环 251)加工指令步骤：

在程序编辑状态，按压数控机床操作控制面板上功能按键 CYCL DEF，之后在新出现的操作屏幕下方点击 型腔/凸台/凹槽 键，进入又一个新界面，在新界面下方点击“矩形型腔循环”键，生成“矩形型腔循环”程序，程序段中需要进行以下参数输入：

```
CYCL DEF 251 RECTANGULAR POCKET
Q215 = +0      ; MACHINING OPERATION
Q218 = +80     ; FIRST SIDE LENGTH
Q219 = +60     ; 2ND SIDE LENGTH
Q220 = +10     ; CORNER RADIUS
Q368 = +0      ; ALLOWANCE FOR SIDE
Q224 = +0      ; ANGLE OF ROTATION
Q367 = +0      ; POCKET POSITION
Q207 = +500    ; FEED RATE FOR MILLNG
Q351 = +1      ; CLIMB OR UP-CUT
Q201 = -5      ; DEPTH
Q202 = +1      ; PLUNGING DEPTH
Q369 = +0      ; ALLOWANCE FOR FLOOR
Q206 = +150    ; FEED RATE FOR PLNGNG
Q338 = +0      ; INFEED FOR FINISHING
Q200 = +2      ; SET-UP CLEARANCE
Q203 = +8      ; SURFACE COORDINATE
Q204 = +50     ; 2NDSET-UP CLEARANCE
Q370 = +1      ; TOOL PATH OVERLAP
Q366 = +1      ; PLUNGE
Q385 = +500    ; FINISHING FEED RATE
```

①加工方式(0/1/2)(Q215)，如图 2.100 所示，一般该参数根据加工精度确定。

②第一个边的长度(Q218)，如图 2.76 所示，参数意义如调用“矩形凸台循环第一个边的长度参数”所述)。

③第二个边的长度(Q219)，如图 2.78 所示，参数意义如调用“矩形凸台循环第二边的长度参数”所述。

④转角半径(Q220)，如图 2.80 所示，参数意义如调用“矩形凸台循环转角半径参数”所述。

⑤侧面精铣余量(Q368)，如图 2.81 所示，参数意义如调用“矩形凸台循环侧面精铣余量参数”所述。

⑥旋转角度(Q224)，如图 2.82 所示，参数意义如调用“矩形凸台循环旋转角度参数”所述。

⑦型腔位置(0/1/2/3/4)(Q367)，如图 2.83 所示，参数意义如调用“矩形凸台循环凸台位置参数”所述，一般该参数根据案例图样要求确定。

⑧铣削进给速率(Q207)，如图 2.84 所示，参数意义如调用“矩形凸台铣削进给速率参数”所述。

⑨方向“逆铣 = +1，顺铣 = -1”(Q351)，如图 2.85 所示，参数意义如调用“矩形凸台铣削方向参数”

所述。

⑩深度(Q201),如图 2.86 所示,参数意义如调用“矩形凸台铣削深度参数”所述。

⑪切入深度(Q202),如图 2.87 所示,参数意义如调用“矩形凸台铣削切入深度参数”所述。

⑫底面的精铣余量(Q369),如图 2.101 所示,一般该参数根据毛坯材料、刀具切削性能、图样要求确定(建议 0.2 ~ 0.5 mm)。

⑬切入进给速率(Q206),如图 2.88 所示,参数意义如调用“矩形凸台切入进给速率参数”所述。

⑭精加工的进刀量(Q338),如图 2.102 所示,一般该参数根据刀具有效长度、工件材料、加工经验确定(取 0.5 ~ 30 mm)。

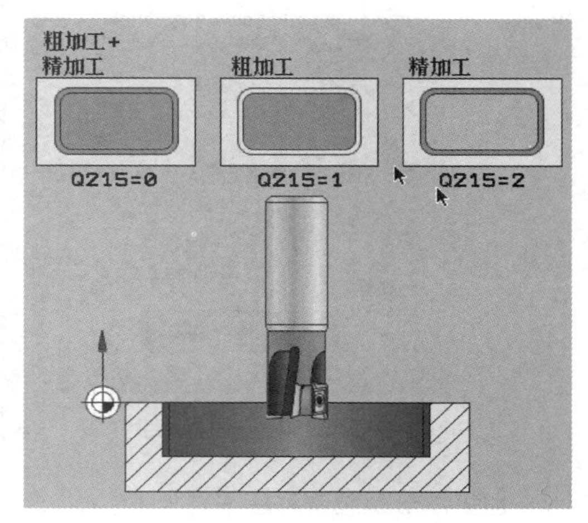

图 2.100　加工方式

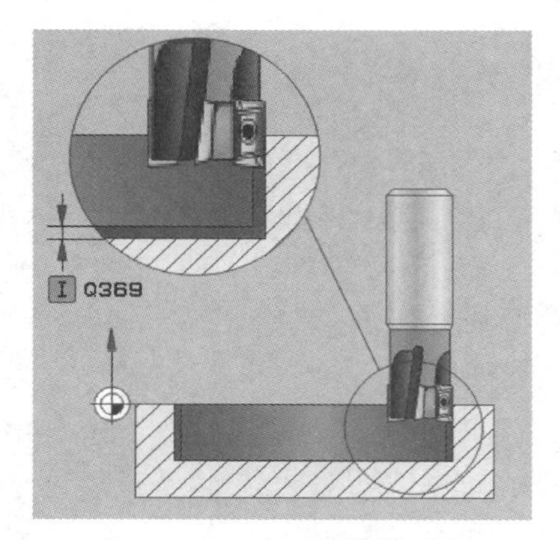

图 2.101　底面的精铣余量

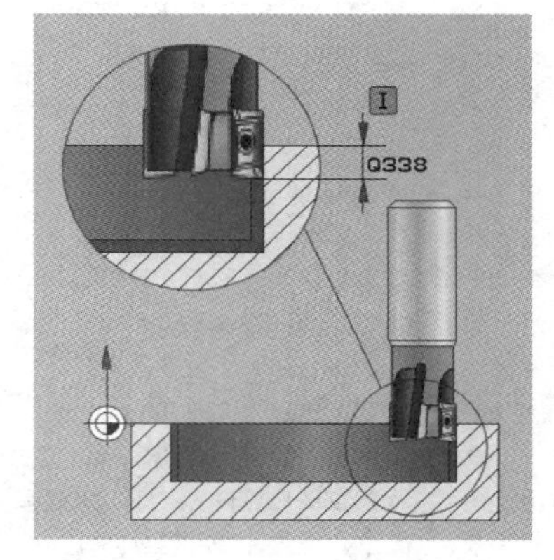

图 2.102　精加工的进刀量

⑮安全高度(Q200),如图 2.73 所示,参数意义如调用“平面循环安全高度参数”所述。

⑯工件表面坐标(Q203),如图 2.90 所示,参数意义如调用“矩形凸台工件表面坐标参数”所述。

⑰第二个调整间隙(Q204),如图 2.91 所示,参数意义如调用“矩形凸台第二个调整间隙参数”所述。

⑱路径行距系数(Q370),如图 2.92 所示,参数意义如调用“矩形凸台路径行距参数”所述。

⑲切入方式(Q366),如图 2.103 所示,一般该参数根据工件实际情况确定。

⑳精加工进给率(Q385),如图 2.104 所示,一般该参数根据案例图样要求确定,例如中碳钢常取 500 ~ 5 000 mm/min。

(4)编程举例:调用矩形型腔铣循环(251)铣削 70 × 50 × 5 矩形型腔。

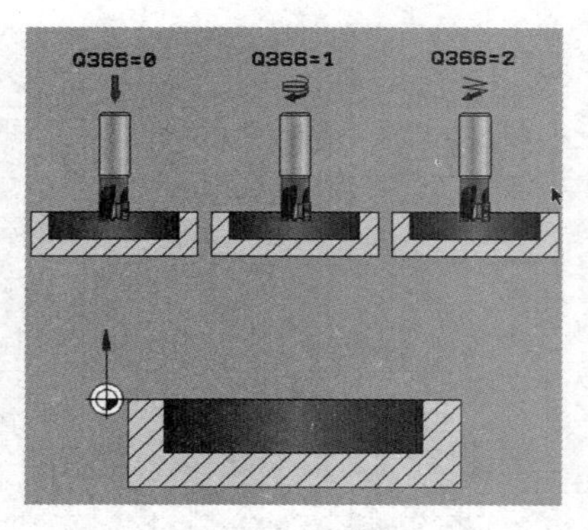

图 2.103　切入方式

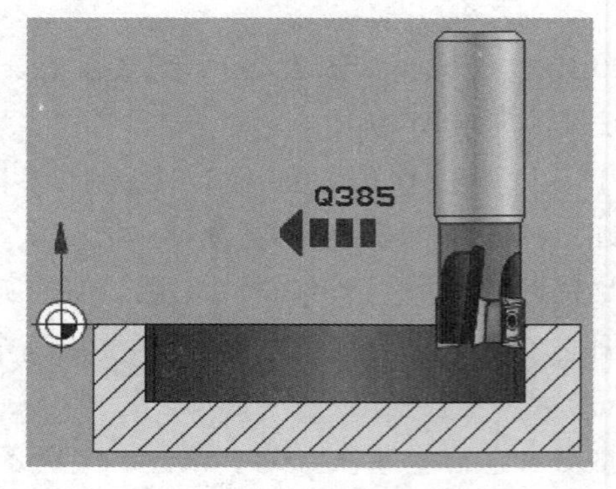

图 2.104　精加工进给率

加工矩形型腔铣程序编辑如下：

```
CYCL DEF 251 RECTANGULAR POCKET
Q215 = +0      ;MACHINING OPERATION      加工方式(0/1/2)
Q218 = +80     ;FIRST SIDE LENGTH        第一个边的长度
Q219 = +60     ;2ND SIDE LENGTH          第二个边的长度
Q220 = +10     ;CORNER RADIUS            转角半径
Q368 = +0.2    ;ALLOWANCE FOR SIDE       侧面精铣余量
Q224 = +0      ;ANGLE OF ROTATION        旋转角度
Q367 = +0      ;POCKET POSITION          型腔位置(0/1/2/3/4)
Q207 = +500    ;FEED RATE FOR MILLNG     铣削进给速率
Q351 = +1      ;CLIMB OR UP-CUT          方向 逆铣 = +1,顺铣 = -1
Q201 = -5      ;DEPTH                    深度
Q202 = +1      ;PLUNGING DEPTH           切入深度
Q369 = +0.2    ;ALLOWANCE FOR FLOOR      底面的精铣余量
Q206 = +150    ;FEED RATE FOR PLNGNG     切入进给速率
Q338 = +0      ;INFEED FOR FINISHING     精加工的进刀量
Q200 = +2      ;SET-UP CLEARANCE         安全高度
Q203 = +0      ;SURFACE COORDINATE       工件表面坐标
Q204 = +50     ;2ND SET-UP CLEARANCE     第二个调整间隙
Q370 = +1      ;TOOL PATH OVERLAP        路径行距系数
Q366 = +1      ;PLUNGE                   切入方式
Q385 = +500    ;FINISHING FEED RATE      精加工进给率
```

(5)调用矩形型腔铣循环(251)编程、加工案例

调用矩形型腔铣循环(251)铣削如图 2.105 所示 80×60×5 矩形型腔。

①案例图样分析。

根据案例图样可知：

a. 图中元素：包含矩形型腔铣粗、精加工等元素。

b. 需用指令：矩形型腔铣循环(251)、“CYCL CALL POS”程序调用。

②案例图样编程，见表 2-15。

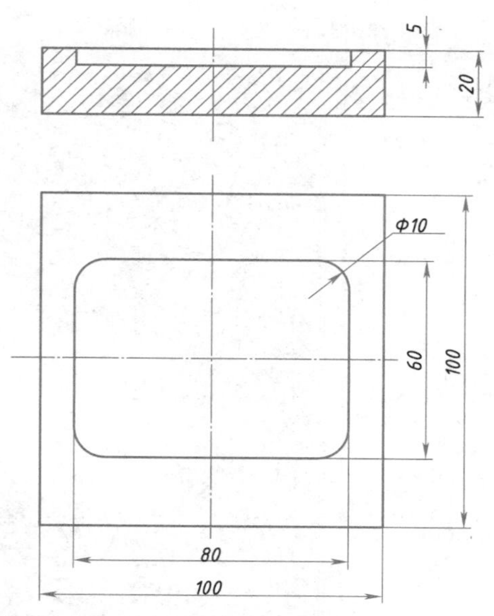

图 2.105　矩形型腔铣循环(251)铣削案例

表 2-15　矩形型腔铣循环加工案例程序

0 BEGIN PGM xingqiang MM	Q351 = +1;CLIMB OR UP-CUTQ201 = -5　;DEPTH
1 BLK FORM 0.1 Z X-50 Y-50 Z-20	Q202 = +1　;PLUNGING DEPTH
2 BLK FORM 0.2 X +50 Y +50 Z0	Q369 = +0.2　;ALLOWANCE FOR FLOOR
3 TOOL CALL10 Z S3000 F3000	Q206 = +150;FEED RATE FOR PLNGNG
4 CYCL DEF 247 DATUM SETTING	Q338 = +0　;INFEED FOR FINISHING
Q339 = +0;DATUM NUMBER	Q200 = +2;SET-UP CLEARANCE
5 CYCL DEF 251 RECTANGULAR POCKET	Q203 = +0;SURFACE COORDINATE
Q215 = +0;MACHINING OPERATION	Q204 = +50;2ND SET-UP CLEARANCE
Q218 = +80　;FIRST SIDE LENGTH	Q370 = +1;TOOL PATH OVERLAP
Q219 = +60　;2ND SIDE LENGTH	Q366 = +1;PLUNGE
Q220 = +10　;CORNER RADIUS	Q385 = +500;FINISHING FEED RATE
Q368 = +0.2;ALLOWANCE FOR SIDE	6 CYCL CALL POS X +0 Y +0 Z +0 M3
Q224 = +0;ANGLE OF ROTATION	7 L Z +100 R0 FMAX M30
Q367 = +0;POCKET POSITION	8 END PGM xingqiang MM
Q207 = +500;FEEDRATEFORMILLNG	

如表 2-15 加工程序分为:a. 第 1 ~4 程序段,加工前准备程序;b. 第 5 ~6 程序段,调用 251 矩形型腔铣;c. 第 7 程序段抬起 Z 轴刀 100 mm,程序结束并返回程序头加工程序;d. 第 8 程序段,结束程序。共 4 部分。

③加工矩形型腔铣仿真图形如图 2.106 所示。

2. 圆形型腔循环(循环 252)

(1)循环 252 用于加工完整圆弧型腔。根据循环参数的不同,有如下加工方式:

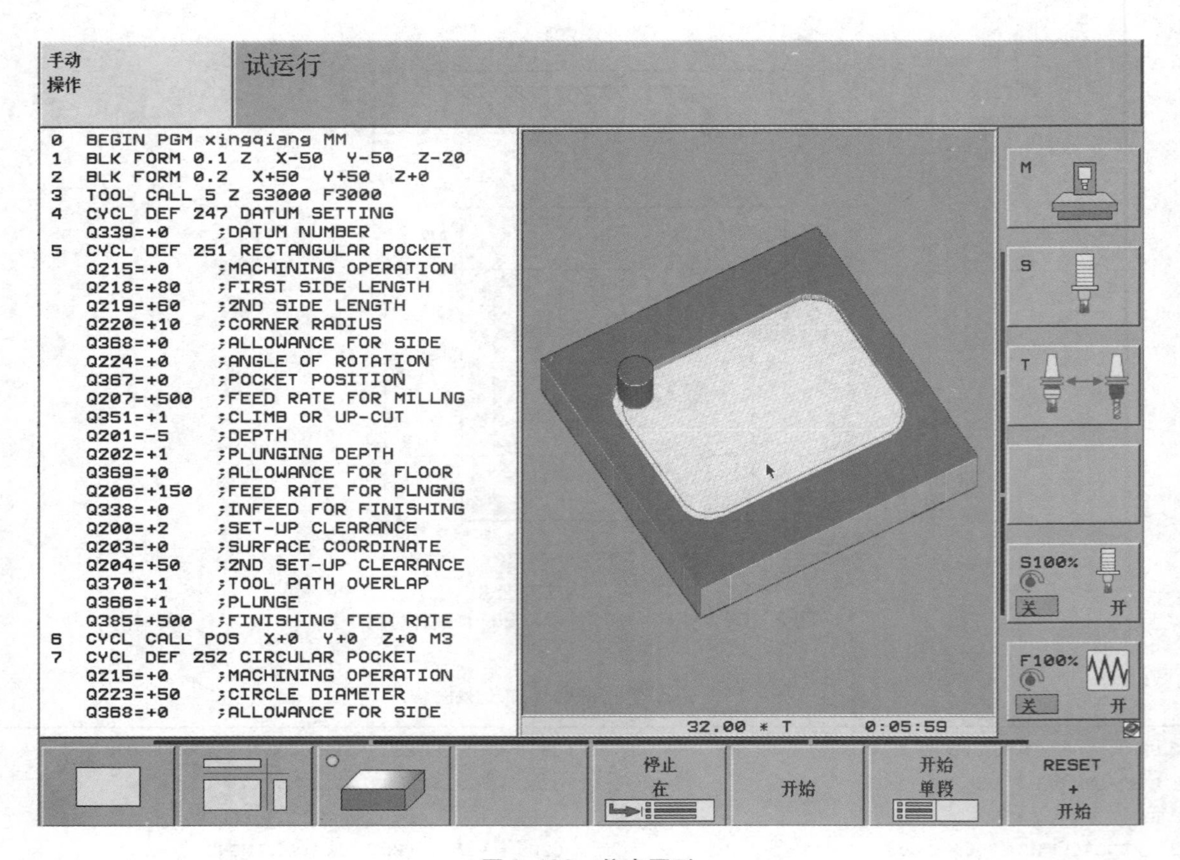

图 2.106　仿真图形

①完整加工:粗铣、底面精铣、侧面精铣。

②仅粗铣。

③仅底面精铣和侧面精铣。

④仅底面精铣。

⑤仅侧面精铣。

如未启用刀具表,由于不能定义切入角度,因此只能垂直切入(“Q366 = 0”)。

(2)工艺分析。

①刀具以刀具表中定义的切入角并以圆形槽的圆心为中心做往复式运动至第一进给深度。由参数 Q366 定义切入方式。

②TNC 由内向外粗铣槽并考虑精铣余量(参数 Q368)。

③重复这一加工过程直到达到槽的深度为止。

(3)调用圆形型腔循环(循环 252)加工指令步骤:

在程序编辑状态,按下数控机床操作控制面板上功能按键 CYCL DEF,之后在新出现的操作屏幕下方点击 型腔/凸台/凹槽 键,进入又一个新界面,在新界面下方点击“圆形型腔” 键,生成“圆形型腔”加工程序段如下,程序段中需要进行以下参数输入：

```
CYCL DEF 252 CIRCULAR POCKET
Q215 = +0     ; MACHINING OPERATION
Q223 = +50    ; CIRCLE DIAMETER
Q368 = +0     ; ALLOWANCE FOR SIDE
Q207 = +500   ; FEED RATE FOR MILLNG
Q351 = +1     ; CLIMB OR UP-CUT
Q201 = -10    ; DEPTH
Q202 = +1     ; PLUNGING DEPTH
Q369 = +0     ; ALLOWANCE FOR FLOOR
Q206 = +150   ; FEED RATE FOR PLNGNG
Q338 = +0     ; INFEED FOR FINISHING
Q200 = +2     ; SET-UP CLEARANCE
Q203 = +0     ; SURFACE COORDINATE
Q204 = +50    ; 2ND SET-UP CLEARANCE
Q370 = +1     ; TOOL PATH OVERLAP
Q366 = +1     ; PLUNGE
Q385 = +500   JFINISHING FEED RATE
```

①加工方式(0/1/2)(Q215)：如图 2. 100 所示，参数意义如调用“矩形型腔循环加工方式参数”所述。

②圆直径(Q223)，如图 2. 95 所示，参数意义如调用“圆形凸台循环圆直径参数”所述。

③侧面精铣余量(Q368)，如图 2. 81 所示，参数意义如调用“矩形凸台循环侧面精铣余量参数”所述。

④铣削进给速率(Q207)，如图 2. 84 所示，参数意义如调用“矩形凸台铣削进给速率参数”所述。

⑤方向：“逆铣 = +1，顺铣 = -1”(Q351)，如图 2. 85 所示，参数意义如调用“矩形凸台铣削方向参数”所述。

⑥深度(Q201)，如图 2. 86 所示，参数意义如调用“矩形凸台铣削深度参数”所述。

⑦切入速度(Q202)，如图 2. 87 所示，参数意义如调用“矩形凸台铣削切入深度参数”所述。

⑧底面的精铣余量(Q369)，如图 2. 101 所示，参数意义如调用“矩形型腔循环底面的精铣余量参数”所述。一般该参数根据毛坯材料、刀具切削性能、图样要求确定(建议 0. 2 ~ 0. 5 mm)。

⑨切入进给速率(Q206)，如图 2. 88 所示，参数意义如调用“矩形凸台切入进给速率参数”所述。

⑩精加工的进刀量(Q338)，如图 2. 102 所示，参数意义如调用“矩形型腔循环精加工的进刀量参数”所述。

⑪安全高度(Q200)，如图 2. 73 所示，参数意义如调用“平面循环安全高度参数”所述。

⑫工件表面坐标(Q203)，如图 2. 90 所示，参数意义如调用“矩形凸台工件表面坐标参数”所述。

⑬第二个调整间隙(Q204)，如图 2. 91 所示，参数意义如调用“矩形凸台第二个调整间隙参数”所述。

⑭路径行距系数(Q370)，如图 2. 92 所示，参数意义如调用“矩形凸台路径行距参数”所述。

⑮切入方式(Q366)，如图 2. 103 所示，参数意义如调用“矩形型腔循环切入方式参数”所述。

⑯精加工进给率(Q385)，如图 2. 104 所示，参数意义如调用“矩形型腔循环精加工进给率参数”所述。

(4)编程举例：调用圆形型腔铣循环(252)铣削 $\phi65 \times 5$ 圆形型腔。

加工圆形型腔铣削程序编辑如下：

```
CYCL DEF 252 CIRCULAR POCKET
Q215 = +0      ; MACHINING OPERATION      加工方式(0/1/2)
Q223 = +65     ; CIRCLE DIAMETER          圆直径
Q368 = +0.2    ; ALLOWANCE FOR SIDE       侧面精铣余量
Q207 = +500    ; FEED RATE FOR MILLN      铣削进给速率
Q351 = +1      ; CLIMB OR UP-CUT          方向“逆铣 = +1,顺铣 = -1”
Q201 = -5      ; DEPTH                    深度
Q202 = +1      ; PLUNGING DEPTH           切入速度
Q369 = +0.2    ; ALLOWANCE FOR FLOOR      底面的精铣余量
Q206 = +150    ; FEED RATE FOR PLNGNG     切入进给速率
Q338 = +0      ; INFEED FOR FINISHING     精加工的进刀量
Q200 = +2      ; SET-UP CLEARANCE         安全高度
Q203 = +0      ; SURFACE COORDINATE       工件表面坐标
Q204 = +50     ; 2ND SET-UP CLEARANCE     第二个调整间隙
Q370 = +1      ; TOOL PATH OVERLAP        路径行距系数
Q366 = +1      ; PLUNGE                   切入方式
Q385 = +500    ; FINISHING FEED RATE      精加工进给率
```

(5)调用圆形型腔循环(循环 252)编程、加工案例:

调用圆形型腔循环(循环 252)铣削如图 2.107 所示 $\phi50\times10$ 圆形型腔。

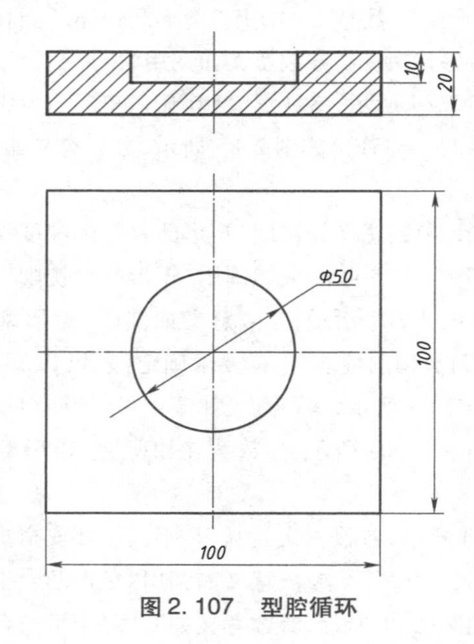

图 2.107　型腔循环

①案例图样分析。

根据案例图样可知:

a. 图中元素:包括圆形型腔铣粗、精加工等元素。

b. 需用指令:圆形型腔循环(循环 252)、“CYCL CALL POS”程序调用。

②案例图样编程见表 2-16。

表 2-16　圆形型腔铣循环加工案例程序

```
0 BEGIN PGM xingqiang MM
1 BLK FORM 0.1 Z X-50 Y-50 Z-20
2 BLK FORM 0.2 X+50 Y+50 Z0
3 TOOL CALL10 Z S3000 F3000
4 CYCL DEF 247 DATUM SETTING
  Q339 = +0   ;DATUM NUMBER
5 CYCL DEF 252 CIRCULAR POCKET
  Q215 = +0;MACHINING OPERATION
  Q223 = +50;CIRCLE DIAMETER
  Q368 = +0.2;ALLOWANCE FOR SIDE
  Q207 = +500;FEED RATE FOR MILLN
  Q351 = +1;CLIMB OR UP-CUT
  Q201 = -10;DEPTH
  Q202 = +1;PLUNGING DEPTH
  Q369 = +0.2;ALLOWANCEFOR FLOOR
  Q206 = +150;FEEDRATE FOR PLNGNG
  Q338 = +0   ;INFEED FOR FINISHING
  Q200 = +2;SET-UP CLEARANCE
  Q203 = +0;SURFACE COORDINATE
  Q204 = +50;2ND SET-UP CLEARANCE
  Q370 = +1;TOOL PATH OVERLAP
  Q366 = +1;PLUNGE
  Q385 = +500;FINISHING FEED RATE
6 CYCL CALL POS X+0 Y+0 Z+0 M3
7 L Z+100 R0 FMAX M30
8 END PGM xingqiang MM
```

如表 2-16 所示加工程序分为：a. 第 1～4 程序段，加工前准备程序；b. 第 5～6 程序段，调用 252 圆形型腔铣；c. 第 7 程序段，抬起 Z 轴刀 100 mm，程序结束并返回程序头加工程序；d. 第 8 程序段，结束程序。共 4 部分。

③加工圆形型腔案例仿真图形如图 2.108 所示。

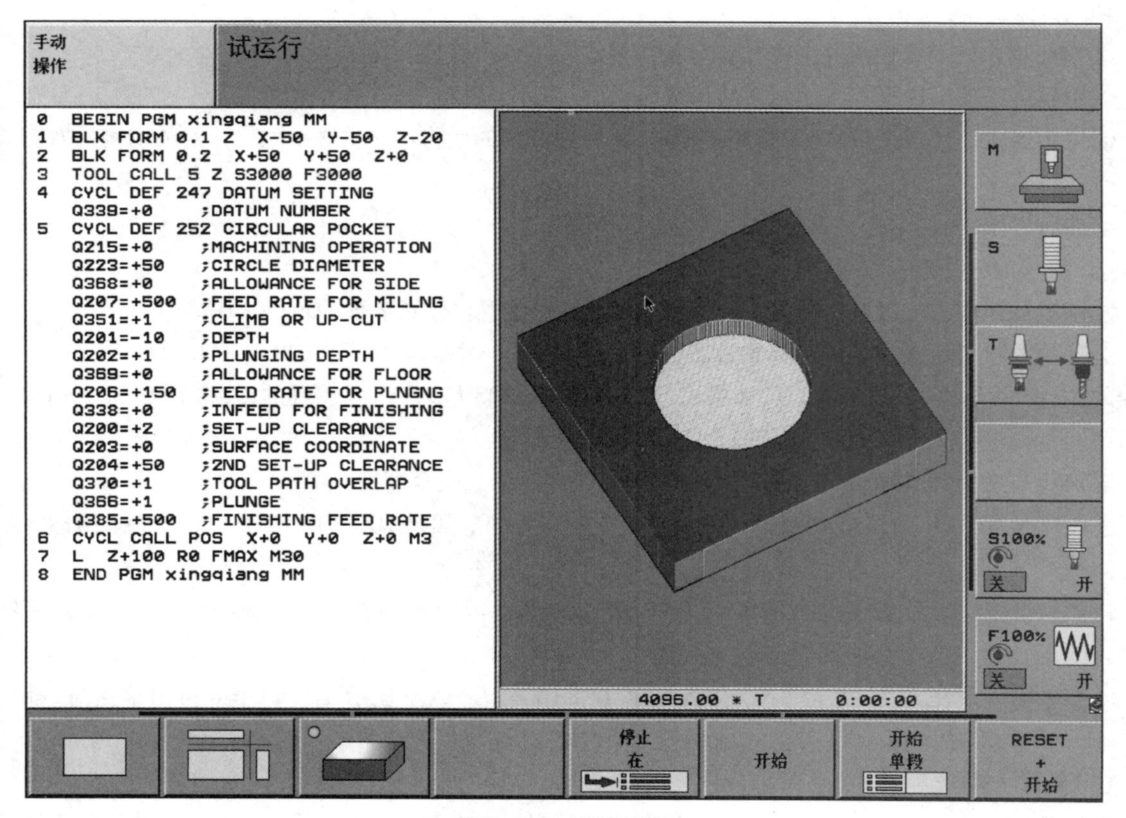

图 2.108　仿真图形

五、 槽循环(253、254)加工指令

槽循环加工指令包括直槽与圆弧槽的粗加工、侧壁精加工、底面精加工工序。以往加工槽类零件需要3~5条程序包括粗加工、半精加工、侧壁精加工、底面精加工。海德汉系统中提供了槽循环加工指令,只需要调用指令,正确填写参数,就可以省时省力高效地完成槽循环加工。循环指令使用如下:

1. 铣直槽循环(循环 253)

(1)铣直槽循环(循环 253)用于加工完整的直槽。

根据循环参数的不同,有如下加工方式:

①完整加工:粗铣,底面精铣,侧面精铣;

②仅粗铣;

③仅底面精铣和侧面精铣;

④仅底面精铣;

⑤仅侧面精铣。

如未启用刀具表,由于不能定义切入角度,因此只能垂直切入(Q366 = 0)。

(2)粗铣工艺。

①由槽左圆弧中心开始,刀具以已定义的切入角方向往复式运动移至第一进给深度。由参数 Q366 定义切入方式。

②TNC 由内向外粗铣槽并考虑精铣余量(参数 Q368)。

③重复这一加工过程直到达到槽的深度为止。

④由于定义了精铣余量,TNC 将精铣槽壁,如程序要求的话将用多次进给加工。沿相切槽的右圆弧接近槽壁。

⑤然后,TNC 由内向外精铣槽底。相切接近槽底面。

(3)编程前应注意以下事项:

①以半径补偿 R0,将刀具在加工面上预定位至起点位置。注意参数 Q367(槽位置)。

②TNC 沿接近起点位置的坐标轴(加工面)运行循环。例如,如果用“CYCL CALL POS X... Y... ”编程的话,将沿 *X* 和 *Y* 轴移动刀具,如果用“CYCL CALL POS U... V…”编程的话,将沿 *U* 和 *V* 轴移动刀具。

③TNC 自动沿刀具轴预定位刀具。注意参数 Q204(第二安全高度)。

④循环参数“DEPTH”(深度)的代数符号决定加工方向。如果编程“DEPTH = 0”,这个循环将不被执行。

⑤如果槽宽比刀具直径大两倍以上,TNC 将相应地由内向外粗铣槽。因此,可以用小型刀具铣各种槽。

⑥如果输入了正深度,无论 TNC 是否显示(“bit 2 = 1”)或不显示(“bit 2 = 0”)出错信息,都应在 MP7441 的“bit 2”中赋值。

(4)碰撞危险。

请注意,如果输入了正值深度,TNC 将反向计算预定位。也就是说刀具沿刀具轴快速移至低于工件表

面的安全高度处。

(5)调用铣直槽循环(循环 253)指令步骤:

在程序编辑状态,按压数控机床操作控制面板上功能按键 CYCL DEF ,之后在新出现的操作屏幕下方点击 型腔/凸台/凹槽 键,进入又一个新界面,在新界面下方点击"铣直槽循环" 253 键,生成"铣直槽循环"程序段如下,程序段中需要进行以下参数输入:

```
CYCL DEF 253 SLOT MILLING
Q215 = +0      ; MACHINING OPERATION;
Q218 = +55     ; SLOT LENGTH
Q219 = +15     ; SLOT WIDTH
Q368 = +0.2    ; ALLOWANCE FOR SIDE
Q374 = +0      ; ANGLE OF ROTATION
Q367 = +0      ; SLOT POSITION
Q207 = +500    ; FEED RATE FOR MILLNG
Q351 = +1      ; CLIMB OR UP-CUT
Q201 = -10     ; DEPTH
Q202 = +1      ; PLUNGING DEPTH
Q369 = +0.2    ; ALLOWANCE FOR FLOOR
Q206 = +150    ; FEED RATE FOR PLNGNG
Q338 = +0      ; INFEED FOR FINISHING
Q200 = +2      ; SET-UP CLEARANCE
Q203 = +0      ; SURFACE COORDINATE
Q204 = +50     ; 2ND SET-UP CLEARANCE
Q366 = +1      ; PLUNGE
Q385 = +500    ; FINISHING FEED RATE
```

视频
槽循环加工指令(254)

①加工方式(0/1/2)(Q215),如图 2.100 所示,参数意义如调用"矩形型腔循环加工方式参数"所述。

②槽长度(Q218),如图 2.76 所示,参数意义如调用"矩形凸台循环第一个边的长度参数"所述。

③槽宽度(Q219),如图 2.78 所示,参数意义如调用"矩形凸台循环第二边的长度参数"所述。

④侧面精铣余量(Q368),如图 2.81 所示,参数意义如调用"矩形凸台循环侧面精铣余量参数"所述。

⑤旋转角度(Q374),如图 2.109 所示,一般该参数根据案例图样要求确定。

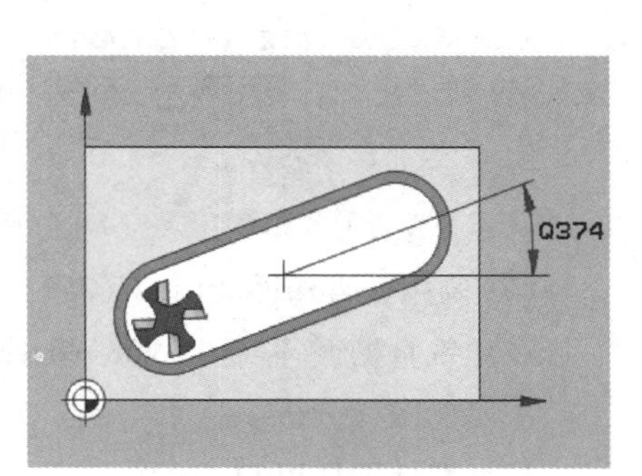

图 2.109　旋转角度

⑥槽的位置(0/1/2/3/4)(Q367),如图 2.83 所示,参数意义如调用"矩形凸台循环凸台位置参数"所述。

⑦铣削进给速率(Q207),如图 2.84 所示,参数意义如调用"矩形凸台铣削进给速率参数"所述)。

⑧方向"逆铣 = +1,顺铣 = -1"(Q351),如图 2.85 所示,参数意义如调用"矩形凸台铣削方向参数"所述。

⑨深度(Q201),如图 2.86 所示,参数意义如调用"矩形凸台铣削深度参数"所述。

⑩切入深度(Q202),如图2.87所示,参数意义如调用“矩形凸台铣削切入深度参数”所述。

⑪底面的精铣余量(Q369),如图2.101所示,参数意义如调用“矩形型腔循环底面的精铣余量参数”所述。

⑫切入进给速率(Q206),如图2.88所示,参数意义如调用“矩形凸台切入进给速率参数”所述。

⑬精加工的进刀量(Q338),如图2.102所示,参数意义如调用“矩形型腔循环精加工的进刀量参数”所述。

⑭安全高度(Q200),如图2.73所示,参数意义如调用“平面循环安全高度参数”所述。

⑮工件表面坐标(Q203),如图2.89所示,参数意义如调用“矩形凸台工件表面坐标参数”所述。

⑯第二个调整间隙(Q204),如图2.90所示,参数意义如调用“矩形凸台第二个调整间隙参数”所述。

⑰切入方式(Q366),如图2.103所示,参数意义如调用“矩形型腔循环切入方式参数”所述。

⑱精加工进给率(Q385),如图2.104所示,参数意义如调用“矩形型腔循环精加工进给率参数”所述。

(6)编程举例:调用铣直槽循环(253)铣削70×12×5的直槽。

加工铣直槽程序编辑如下:

```
CYCL DEF 253 SLOT MILLING
Q215 = +0     ; MACHINING OPERATION       加工方式(0/1/2)
Q218 = +70    ; SLOT LENGTH               槽长度
Q219 = +12    ; SLOT WIDTH                槽宽度
Q368 = +0.2   ; ALLOWANCE FOR SIDE        侧面精铣余量
Q374 = +0     ; ANGLE OF ROTATION         旋转角度
Q367 = +0     ; SLOT POSITION             槽的位置(0/1/2/3/4)
Q207 = +500   ; FEED RATE FOR MILLN       铣削进给速率
Q351 = +1     ; CLIMB OR UP-CUT           方向 逆铣 = +1,顺铣 =-1
Q201 =-5      ; DEPTH                     深度
Q202 = +1     ; PLUNGING DEPTH            切入深度
Q369 = +0.2   ; ALLOWANCE FOR FLOOR       底面的精铣余量
Q206 = +150   ; FEED RATE FOR PLNGNG      切入进给速率
Q338 = +0     ; INFEED FOR FINISHING      精加工的进刀量
Q200 = +2     ; SET-UP CLEARANCE          安全高度
Q203 = +0     ; SURFACE COORDINATE        工件表面坐标
Q204 = +50    ; 2ND SET-UP CLEARANCE      第二个调整间隙
Q366 = +1     ; PLUNGE                    切入方式
Q385 = +500   ; FINISHING FEED RATE       精加工进给率
```

(7)调用铣直槽循环(循环253)编程、加工案例:

调用铣直槽循环(循环253)铣削图2.110所示55×15×10直槽。

①案例图样分析。

根据案例图样可知:

a. 图中元素:直槽粗、精加工等元素。

b. 需用指令:直槽循环(253)、CYCL CALL POS 程序调用。

② 案例图样编程(表2-17)。

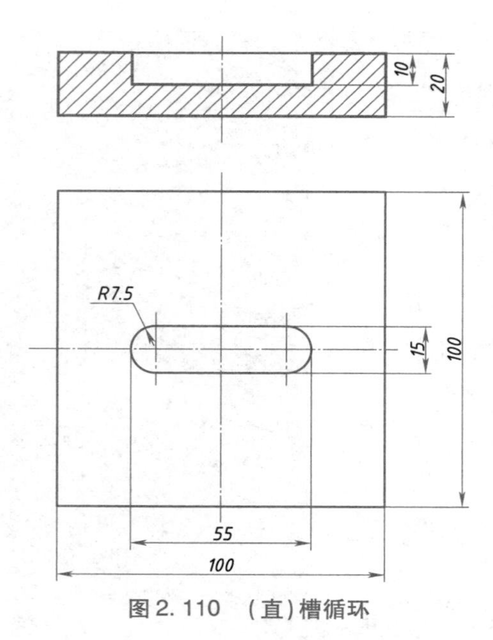

图 2.110　(直)槽循环

表 2-17　铣直槽循环加工案例程序

0 BEGIN PGM cao MM	Q351 = +1;CLIMB OR UP-CUT
1 BLK FORM 0.1 Z X-50 Y-50 Z-20	Q201 = -10　;DEPTH
2 BLK FORM 0.2 X+50 Y+50 Z0	Q202 = +1　;PLUNGING DEPTH
3 TOOL CALL5 Z S3000 F3000	Q369 = +0.2;ALLOWANCEFOR FLOOR
4 CYCL DEF 247 DATUM SETTING	Q206 = +150;FEEDRATE FOR PLNGNG
Q339 = +0;DATUM NUMBER	Q338 = +0　;INFEED FOR FINISHING
5 CYCL DEF 253 SLOT MILLING	Q200 = +2;SET-UP CLEARANCE
Q215 = +0;MACHINING OPERATION	Q203 = +0;SURFACE COORDINATE
Q218 = +55　;SLOT LENGTH	Q204 = +50;2ND SET-UP CLEARANCE
Q219 = +15　;SLOT WIDTH	Q366 = +1;PLUNGE
Q368 = +0.2　;ALLOWANCE FOR SIDE	Q385 = +500;FINISHING FEED RATE
Q374 = +0　;ANGLE OF ROTATION	6 CYCL CALL POS X+0 Y+0 Z+0 M3
Q367 = +0　;SLOT POSITION	7 L Z+100 R0 FMAX M30
Q207 = +500;FEED RATE FOR MILLN	8 END PGMcao MM

如表 2-17 所示加工程序分为:a. 第 1～4 程序段,加工前准备程序;b. 第 5～6 程序段,调用 253 直槽铣;c. 第 7 程序段,抬起 Z 轴刀 100 mm,程序结束并返回程序头加工程序;d. 第 8 程序段,结束程序。共 4 部分。

(8)加工直槽案例仿真图形如图 2.111 所示。

2. 圆弧形槽循环(循环 254)

(1)循环 254 用于加工完整的圆形槽。根据循环参数的不同,有如下加工方式:

①完整加工:粗铣,底面精铣,侧面精铣。

②仅粗铣。

③仅底面精铣和侧面精铣。

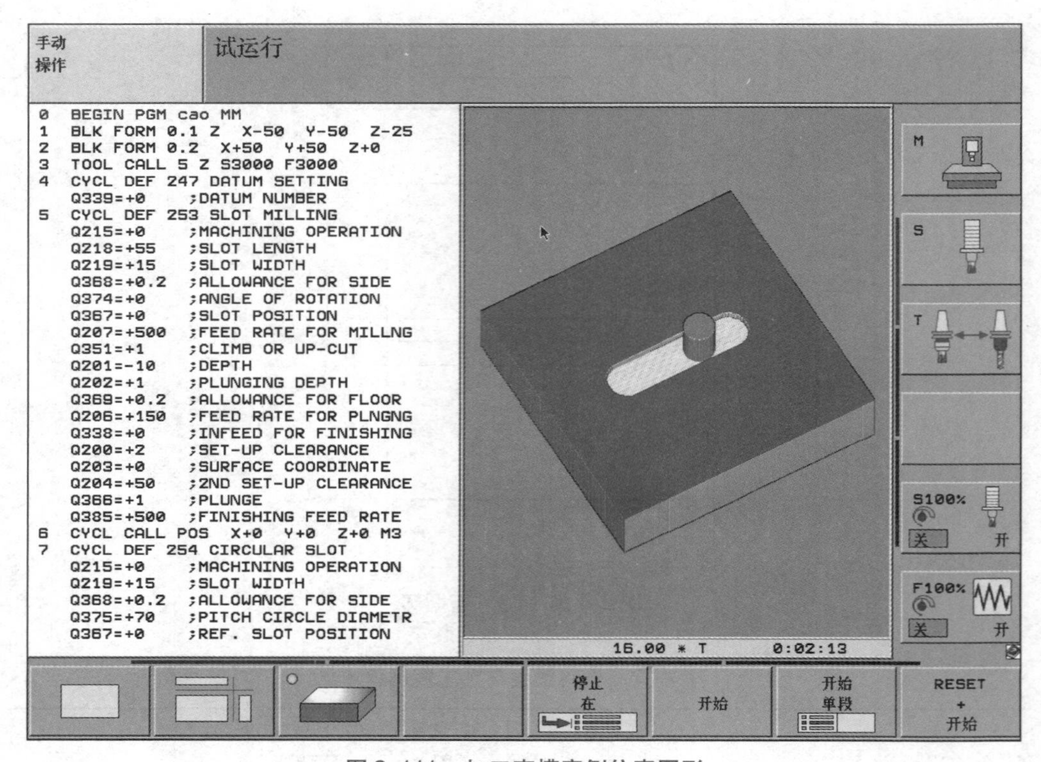

图 2.111 加工直槽案例仿真图形

④仅底面精铣。

⑤仅侧面精铣。

如未启用刀具表,由于不能定义切入角度,因此只能垂直切入(Q366 =0)。

(2)粗铣工艺。

①刀具以刀具表中定义的切入角并以圆形槽的圆心为中心做往复式运动至第一进给深度,由参数 Q366 定义切入方式。

②TNC 由内向外粗铣槽并考虑精铣余量(参数 Q368)。

③重复这一加工过程直到达到槽的深度为止。

④由于定义了精铣余量,TNC 将精铣槽壁,如程序要求的话将用多次进给加工,并以相切方式接近槽侧面。

⑤然后,TNC 由内向外精铣槽底,并以相切方式接近槽底面。

(3)编程前应注意以下事项:

①以半径补偿 R0,将刀具预定位在加工面上,并正确定义参数 Q367(相对槽的位置)。

②TNC 沿接近起点位置的坐标轴(加工面)运行循环。例如:如果用“CYCL CALL POS X_ Y_ ”编程,将沿 *X* 和 *Y* 轴运行;如果用“CYCL CALL POS U_ V_”编程,将沿 *U* 和 *V* 轴运行。

③TNC 自动沿刀具轴预定位刀具,并注意参数 Q204(第二安全高度)。

④循环参数“DEPTH”（深度）的代数符号决定加工方向，如果编程“DEPTH = 0”，这个循环将不被执行。

⑤如果槽宽比刀具直径大两倍以上，TNC 将相应地由内向外粗铣槽。因此，可以用小型刀具铣各种槽。

⑥如果输入了正深度，无论 TNC 显示（“bit 2 = 1”）或不显示（“bit 2 = 0”）出错信息，都应在 MP7441 的“bit 2”中赋值。

（4）碰撞危险。

请注意，如果输入了正值深度，TNC 将反向计算预定位。也就是说刀具沿刀具轴快速移至低于工件表面的安全高度处。

（5）调用圆弧形槽循环（循环 254）指令步骤：

在程序编辑状态，按下数控机床操作控制面板上功能按键 CYCL DEF，之后在新出现的操作屏幕下方点击 型腔/凸台/凹槽 键，进入又一个新界面，在新界面下方点击“圆形槽循环”254 键，生成“圆形槽循环”程序段，程序段中需要进行以下参数输入：

```
CYCL DEF 254 CIRCULAR SLOT
Q215 = +0      ; MACHINING OPERATION
Q219 = +15     ; SLOT WIDTH
Q368 = +0.2    ; ALLOWANCE FOR SIDE
Q375 = +70     ; PITCH CIRCLE DIAMETR
Q367 = +0      ; REF. SLOT POSITION
Q216 = +0      ; CENTER IN 1ST AXIS
Q217 = +0      ; CENTER IN 2ND AXIS
Q376 = +60     ; STARTING ANGLE
Q248 = +60: ANGULAR LENGTH
Q378 = +0      ; STEPPING ANGLE
Q377 = +1      ; NR OF REPETITIONS
Q207 = +500    ; FEED RATE FOR MILLNG
Q351 = +1      ; CLIMB OR UP-CUT
Q201 = -10     ; DEPTH
Q202 = +1      ; PLUNGING DEPTH
Q369 = +0.2    ; ALLOWANCE FOR FLOOR
Q206 = +150    ; FEED RATE FOR PLNGNG
Q338 = +0      ; INFEED FOR FINISHING
Q200 = +2      ; SET-UP CLEARANCE
Q203 = +0      ; SURFACE COORDINATE
Q204 = +50     ; 2ND SET-UP CLEARANCE
Q366 = +1      ; PLUNGE
Q385 = +500    ; FINISHING FEED RATE
```

①加工方式(0/1/2)（Q215），如图 2.100 所示，参数意义如调用“矩形型腔循环加工方式参数”所述。

②程序编辑：槽宽度(Q219)，如图 2.78 所示，参数意义如调用“矩形凸台循环第二边的长度参数”所述。

③侧面精铣余量(Q368)，如图 2.81 所示，参数意义如调用“矩形凸台循环侧面精铣余量参数”所述。

④节圆直径(Q375)，如图 2.112 所示，一般该参数根据案例图样要求确定。

⑤槽位置的参考(0/1/2/3/4)(Q367)，如图 2.83 所示，参数意义如调用“矩形凸台循环型腔位置参数”所述。

⑥中心的第一轴坐标(Q216),如图 2.113 所示,一般该参数根据案例图样要求确定。

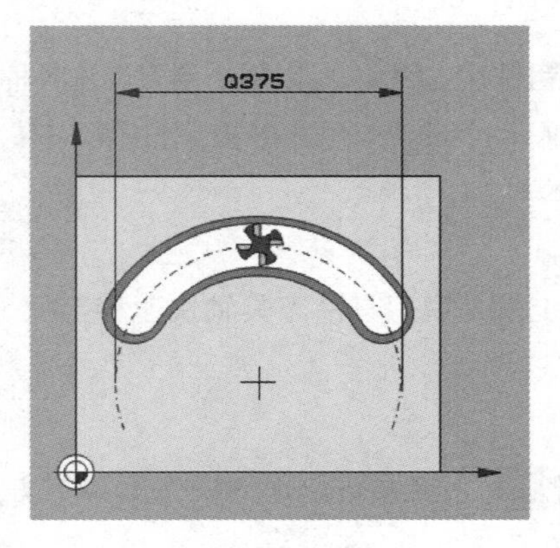

图 2.112　节圆直径

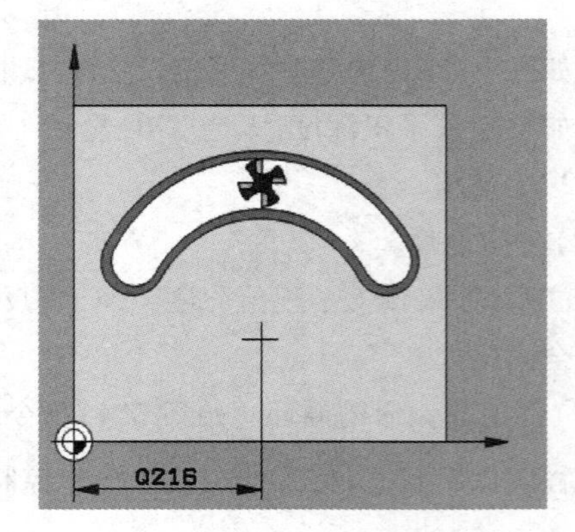

图 2.113　中心的第一轴坐标

⑦中心的第二轴坐标(Q217),如图 2.114 所示,一般该参数根据案例图样要求确定。

⑧起始角度(Q376),如图 2.115 所示,一般该参数根据案例图样要求确定。

⑨圆心角(Q248),如图 2.116 所示,一般该参数根据案例图样要求确定。

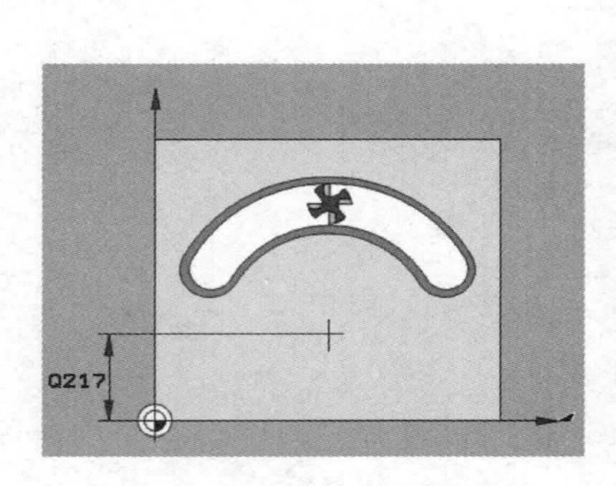

图 2.114　中心的第二轴坐标

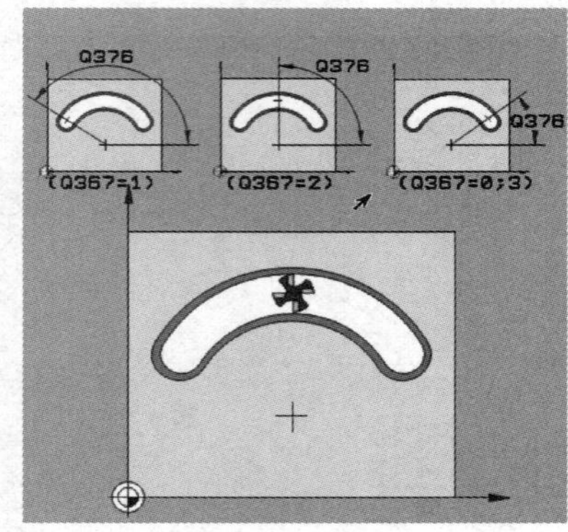

图 2.115　起始角度

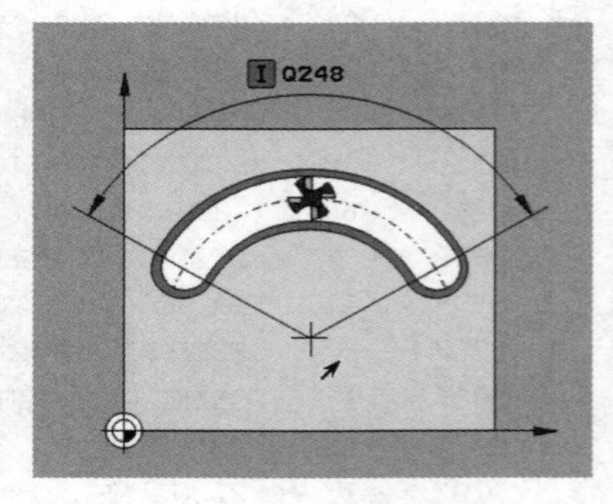

图 2.116　角的长度

⑩中间步进角(Q378),如图 2.117 所示,一般该参数根据案例图样要求确定。

⑪往复次数(Q377),如图 2.118 所示,一般该参数根据案例图样要求确定。

⑫铣削进给速率(Q207),如图 2.84 所示,参数意义如调用“矩形凸台铣削进给速率参数”所述。

⑬方向“逆铣 = +1,顺铣 = -1”(Q351),如图 2.85 所示,参数意义如调用“矩形凸台铣削方向参数”所述。

⑭深度(Q201),如图 2.86 所示,参数意义如调用“矩形凸台铣削深度参数”所述。

⑮切入深度(Q202),如图 2.87 所示,参数意义如调用“矩形凸台铣削切入深度参数”所述。

⑯底面的精铣余量(Q369),如图 2.101 所示,参数意义如调用“矩形型腔循环底面的精铣余量参数”所述。

⑰切入进给速率(Q206),如图 2.88 所示,参数意义如调用“矩形凸台切入进给速率参数”所述。

⑱精加工的进刀量(Q338),如图 2.102 所示,参数意义如调用“矩形型腔循环精加工的进刀量参数”所述。

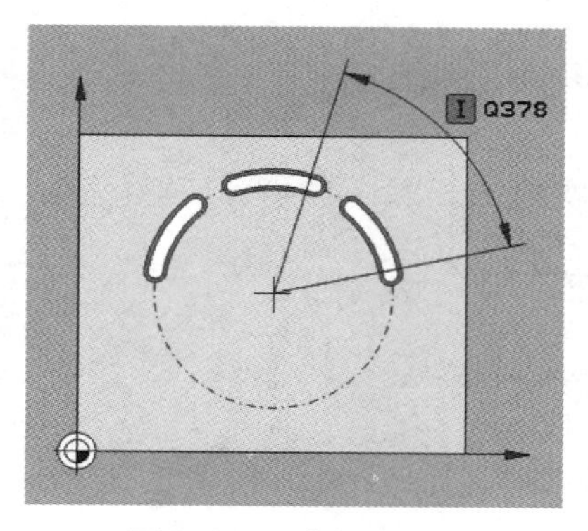

图 2.117　中间步进角

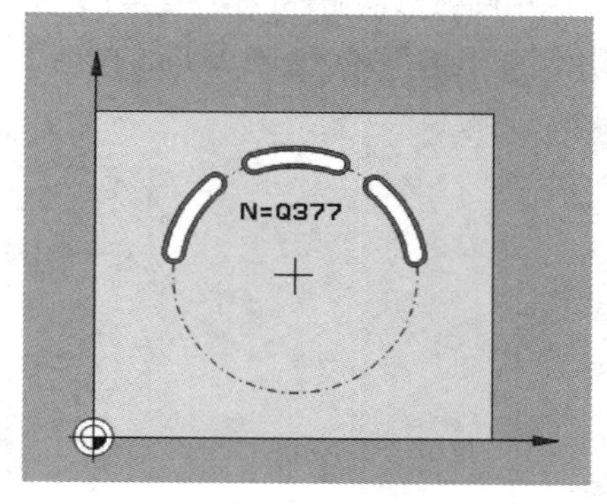

图 2.118　往复次数

⑲安全高度(Q200),如图 2.73 所示,参数意义如调用“平面循环安全高度参数”所述。

⑳工件表面坐标(Q203),如图 2.89 所示,参数意义如调用“矩形凸台工件表面坐标参数”所述。

㉑第二个调整间隙(Q204),如图 2.90 所示,参数意义如调用“矩形凸台第二个调整间隙参数”所述。

㉒切入方式(Q366),如图 2.103 所示,参数意义如调用“矩形型腔循环切入方式参数”所述。

㉓精加工进给率(Q385),如图 2.104 所示,参数意义如调用“矩形型腔循环精加工进给率参数”所述。

(6)编程举例:调用圆弧槽循环(254)铣削 15×10×60°圆弧槽。

加工圆弧槽程序编辑如下:

```
CYCL DEF 254 SLOT MILLING
Q215 = +0      ; MACHINING OPERATION      加工方式(0/1/2);
Q219 = +15     ; SLOT WIDTH               槽宽度;
Q368 = +0.2    ; ALLOWANCE FOR SIDE       侧面精铣余量;
Q375 = +70     ; PITCH CIRCLE DIAMETR     节圆直径;
Q367 = +0      ; REF. SLOT POSITION       槽位置的参考(0/1/2/3/4);
Q216 = +0      ; CENTER IN 1ST AXIS       中心的第一轴坐标;
Q217 = +0      ; CENTER IN 2ST AXIS       中心的第二轴坐标;
Q376 = +60     ; STARTING ANGLE           起始角度;
Q248 = +60     ; ANGULAR LENGTH           角的长度;
Q378 = +0      ; STEPPING ANGLE           中间步进角;
Q377 = +1      ; NR OF REPETITIONS        往复次数;
Q207 = +500    ; FEED RATE FOR MILLN      铣削进给速率;
Q351 = +1      ; CLIMB OR UP-CUT          方向:“逆铣 = +1,顺铣 = -1”;
Q201 =-10      ; DEPTH                    深度;
Q202 = +1      ; PLUNGING DEPTH           切入深度;
Q369 = +0.2    ; ALLOWANCE FOR FLOOR      底面的精铣余量;
Q206 = +150    ; FEED RATE FOR PLNGNG     切入进给速率;
Q338 = +0      ; INFEED FOR FINISHING     精加工的进刀量;
Q200 = +2      ; SET-UP CLEARANCE         安全高度;
Q203 = +0      ; SURFACE COORDINATE       工件表面坐标;
Q204 = +50     ; 2ND SET-UP CLEARANCE     第二个调整间隙;
Q366 = +1      ; PLUNGE                   切入方式;
Q385 = +500    ; FINISHING FEED RATE      精加工进给率。
```

(7)调用圆弧形槽循环(循环 254)编程、加工案例:

调用圆弧形槽循环(循环 254)铣削图 2.119 所示 15×10×60°圆弧形槽。

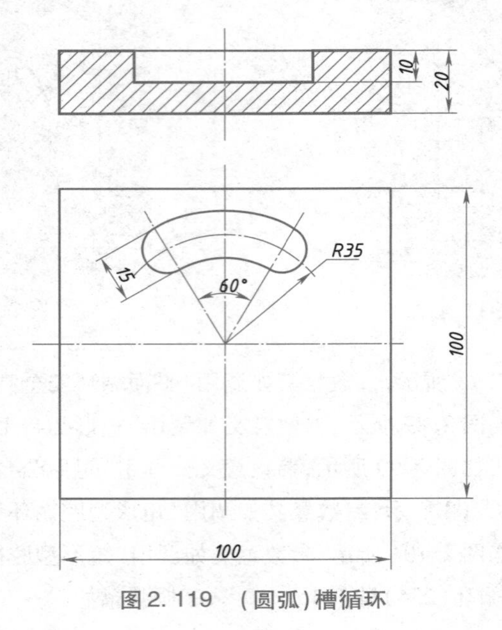

图 2.119 (圆弧)槽循环

①案例图样分析。根据案例图样可知:

a. 图中元素:圆弧形槽粗、精加工等元素。

b. 需用指令:圆弧形槽循环(循环 254)、CYCL CALL POS 程序调用。

② 案例图样编程(表 2-18)。

表 2-18 圆弧槽循环加工案例程序

```
0 BEGIN PGM cao MM
1 BLK FORM 0.1 Z X-50 Y-50 Z-20
2 BLK FORM 0.2 X+50 Y+50 Z0
3 TOOL CALL5 Z S3000 F3000
4 CYCL DEF 247 DATUM SETTING
  Q339 = +0;DATUM NUMBER
5 CYCL DEF 254 SLOT MILLING
  Q215 = +0;MACHINING OPERATION
  Q219 = +15   ;SLOT WIDTH
  Q368 = +0.2;ALLOWANCE FOR SIDE
  Q375 = +70;PITCH CIRCLE DIAMETR
  Q367 = +0   ;REF. SLOT POSITION
  Q216 = +0   ;CENTER IN 1ST AXIS
  Q217 = +0   ;CENTER IN 2ST AXIS
  Q376 = +60   ;STARTING ANGLE
  Q248 = +60   ;ANGULAR LENGTH
  Q378 = +0;STEPPING ANGLE
  Q377 = +1;NR OF REPETITIONS
  Q207 = +500;FEED RATE FOR MILLN
  Q351 = +1;CLIMB OR UP-CUT
  Q201 = -10;DEPTH
  Q202 = +1;PLUNGING DEPTH
  Q369 = +0.2;ALLOWANCE FOR FLOOR
  Q206 = +150;FEED RATE FOR PLNGNG
  Q338 = +0;INFEED FOR FINISHING
  Q200 = +2;SET-UP CLEARANCE
  Q203 = +0;SURFACE COORDINATE
  Q204 = +50;2ND SET-UP CLEARANCE
  Q366 = +1;PLUNGE
  Q385 = +500;FINISHING FEED RATE
6 CYCL CALL POS X+0 Y+0 Z+0 M3
7 L Z+100 R0 FMAX M30
8 END PGMcao MM
```

如表 2-18 所示加工程序分为：a. 第 1 ~ 4 程序段，加工前准备程序；b. 第 5 ~ 6 程序段，调用 254 圆弧槽铣；c. 第 7 程序段，抬起 Z 轴刀 100 mm，程序结束并返回程序头加工程序；d. 第 8 程序段，结束程序。共 4 部分。

（5）加工圆弧槽案例仿真图形如图 2.120 所示。

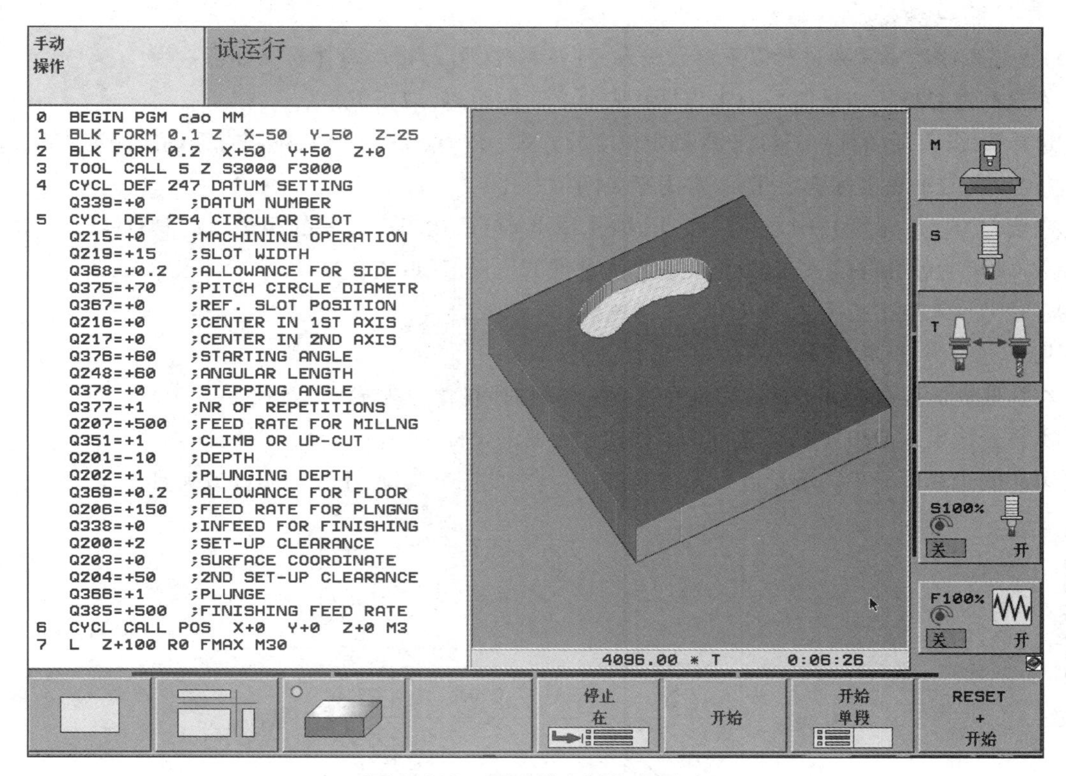

图 2.120　圆弧槽案例仿真图形

六、定心钻循环加工指令（240）

当孔的位置要求较高时，应先用中心钻钻定位孔，再用麻花钻等进行孔加工。定位孔为锥孔，深度一般取 2 ~ 5 mm。

（1）调用定心钻循环加工指令（240）步骤：

在程序编辑状态下，按下数控机床操作控制面板上功能按键 CYCL DEF，之后在新出现的操作屏幕下方点击 钻孔/攻丝 键，进入又一个新界面，在新界面下方点击“定心钻循环” 240 键，生成“定心钻循环”程序段如下：

```
0  BEGIN PGM 240 MM
* 1 CYCL DEF 240 CENTERING
   Q200 =2 [FK(WB80011.4][FK)]; SET-UP  CLEARANCE
   Q343 = +1; SELECT DIA. /DEPTH
   Q201 = -2  ; DEPTH
```

```
  Q344 = -10; DIAMETER
  Q206 = +150; FEED RATE FOR  PLNGNG
  Q211 = +0; DWELL TIME AT DEPTH
  Q203 = +0; SURFACE COORDINATE
  Q204 = +50; 2ND SET-UP CLEARANCE
1 END PGM 240 MM
```

(2)上述程序段中需要进行以下参数输入,且各参数(图 2.121)具体含义如下:

①安全高度 Q200(增量值):刀尖与钻孔表面之间的距离(取正值)。

②选择深度/直径(0/1) Q343:选择确定深度的方式。取“Q343 = 0”时,则用直径确定深度。取“Q343 = 1”时,以定位孔的锥底坐标确定孔深,常用于要倒角的孔。

③深度 Q201(增量值):中心孔最低点(锥孔顶点)与钻孔表面之间的距离,仅当“Q343 = 0”时有效。循环参数 Q201 为钻孔深度,它是以钻孔表面为基准的增量值(取负值)。

④直径 Q344:锥孔底径,仅当 Q343 = 1 时有效。

⑤切入进给率 Q206:刀具工进速度,单位为 mm/min。

⑥在孔底处的停顿时间 Q211:刀具在孔底的停顿时间(单位为 s)。

⑦工件表面坐标 Q203(绝对坐标):工件钻孔表面的坐标。

⑧第二安全高度 Q204(增量值):退刀高度,刀具在此高度移动,不会与工件或夹具碰撞。

视频

定心钻循环加工指令(240)

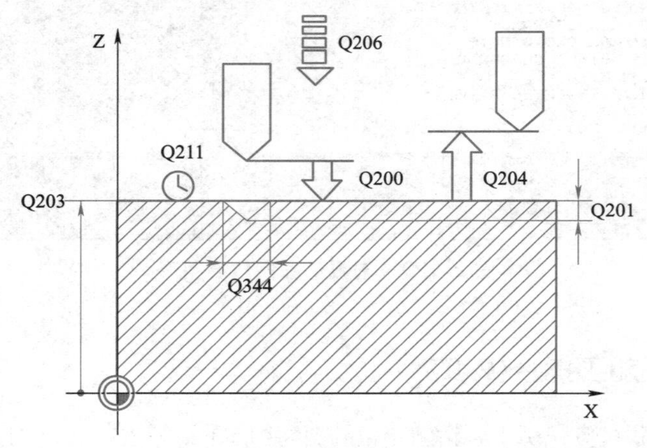

图 2.121 定心钻循环加工指令(240)参数

(3)定心钻循环加工指令(240)编程加工一个直径为 ϕ10、深度 2 的一个中心孔具体程序格式如下:

```
CYCL DEF 240 CENTERING                 调用钻孔循环 240;
Q200 =2; SET-UP CLEARANCE              安全高度;
Q343 = +1; SELECT DIA. /DEPTH          选择深度/直径(0/1);
Q201 =-2; DEPTH                        深度;
Q344 =-10; DIAMETER                    直径;
Q206 = +150; FEED RATE FOR PLNGNG      切入进给速率;
Q211 = +0; DWELL TIME AT DEPTH         在深度上暂停时间;
```

```
Q203 = +0; SURFACE COORDINATE        工件表面坐标;
Q204 = +50; 2ND SET-UP CLEARANCE     第二个调整间隙。
```

（4）定心钻循环加工指令（240）编程加工案例。利用定心钻循环加工指令（240）在“100×100×20 毛坯”上编程加工如图 2.122 所示 2×ϕ5 中心孔。

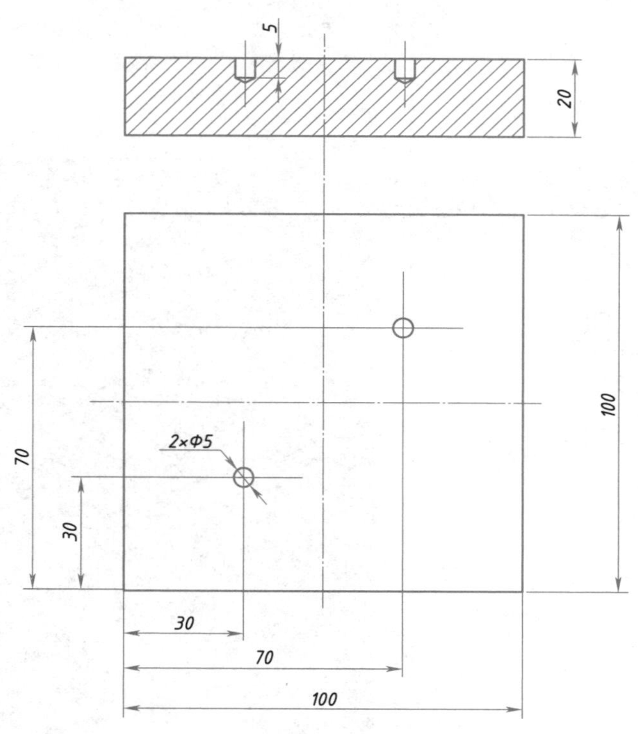

图 2.122　定心钻循环加工指令（240）加工图样

①案例图样分析。

根据案例图样可知：

a. 图中元素：2×ϕ5 中心孔。

b. 需用指令：定心钻循环 240、“CYCL CALL”程序调用。

②案例图样具体加工程序如下：

```
0 BEGIN PGM 240 MM                    程序名“240”;
1 BLK FORM 0.1 Z X0 Y0 Z-20           毛坯最小点“X0, Y0, Z-20”;
2 BLK FORM 0.2 X +100 Y +100 Z0       毛坯最大点“X100, Y100, Z0”;
3 TOOL CALL 25 Z S1000 F500           调用刀具 25 号, Z 轴, 转速 1 000 r/min, 进给速度 500 mm/min;
4 L Z +100 R0 FMAX M3                 Z 轴定位 100 mm, 主轴正转;
5 CYCL DEF 240 CENTERING              调用钻孔循环 240;
  Q200 = +2; SET-UP CLEARANCE         安全高度 2 mm;
  Q343 = +1; SELECT DIA. /DEPTH       选择方式为 1;
  Q201 =-5; DEPTH                     深度 -5 mm;
  Q344 =-0; DIAMETER                  锥孔直径 0 mm;
```

```
    Q206 = +150; FEED RATE FOR PLNGNG        切入进给速率 150 mm/min;
    Q211 = +0; DWELL TIME AT DEPTH           在深度上暂停时间 0.1s;
    Q203 = +0; SURFACE COORDINATE            工件钻孔表面坐标;
    Q204 = +50; 2ND SET-UP CLEARANCE         第二个调整间隙 50 mm;
  6 CYCL CALL POS X+30 Y+30 Z+0 FMAX         加工左下方孔;
  7 CYCL CALL POS X+70 Y+70 Z+0 FMAX         加工右上方孔;
  8 L Z+100 R0 FMAX M30                      Z 轴定位 100 mm,程序结束并返回程序头;
  9 END PGM 240 MM                           程序结束
```

③仿真加工图形如图 2.123 所示。

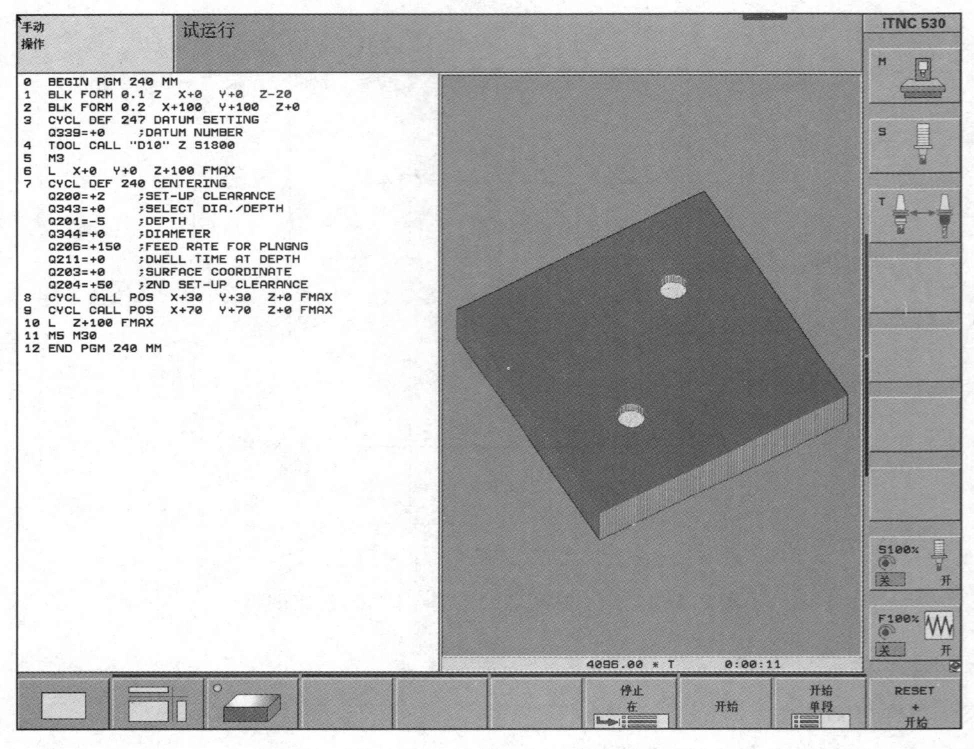

图 2.123 定心钻循环加工案例仿真图

延伸思考

定心钻循环加工指令(240)是孔加工循环的前序操作,利用定心钻在孔坐标位置进行加工,虽然定心钻循环命令是基础命令,操作比较简单,但是打好基础对后续加工可起到至关重要的作用,因此,大家学习、生活、工作中一定记得做好基础工作,才能更好地完成工作。

七、 钻孔循环加工指令(200)

(1)钻孔可用钻孔循环加工指令(200)完成,该循环的钻孔过程为:每次钻入一定的深度后,快速退刀至工件表面的安全高度(R 平面,以便排屑),然后刀具以"FMAX"快速移至上一次钻入深度之上的安全高度(2~5 mm),再以编程进给率 F 进刀至下一个深度,系统重复这一过程直至编程深度。

(2)调用钻孔循环加工指令(200)进行加工的步骤:

在程序编辑状态下,按下数控机床操作控制面板上功能按键 CYCL DEF ,之后在新出现的操作屏幕下方点击 钻孔/攻丝 键,进入又一个新界面,在新界面下方点击"钻孔循环" 200 键,生成"钻孔循环"程序段如下:

```
0   BEGIN PGM 200 MM
1   BLK FORM 0.1Z X+11 Y+11   Z+11
* 2   CYCL DEF 20 DRILLING
    Q200 =2      ;SET-UP   CLEARANCE
    Q201 = -20 ;DEPTH
    Q206 = +150;FEED RATE FOR PLNGNG
    Q202 = +5   ;PLUNGING DEPTH
    Q210 = +0   ;DWELL TIME AT TOP
    Q203 = +0   ;SURFACE COORDINATE
    Q204 = +50  ;2ND SET-UP CLEARANCE
    Q211 = +0   ;DWELL TIME AT DEPTH
```

(3)上述程序段中需要进行以下参数输入,且各参数(图 2.124)具体含义如下:

①安全高度 Q200(增量值):刀尖与钻孔表面之间的距离(取正值)。

②深度 Q201(增量值):中心孔最低点(锥孔顶点)与钻孔表面之间的距离(取负值)。

③切入进给率 Q206:刀具工进速度(单位为 mm/min)。

④切入深度 Q202:刀具工进距离(取正值)。

⑤在顶部的暂停时间 Q210:刀具在顶部的停顿时间(单位为 s)。

⑥工件表面坐标 Q203(绝对坐标):工件钻孔表面的坐标。

⑦第二安全高度 Q204(增量值):退刀高度,刀具在此高度移动,不会与工件或夹具碰撞。

⑧在孔底处的停顿时间 Q211:刀具在孔底的停顿时间(单位为 s)。

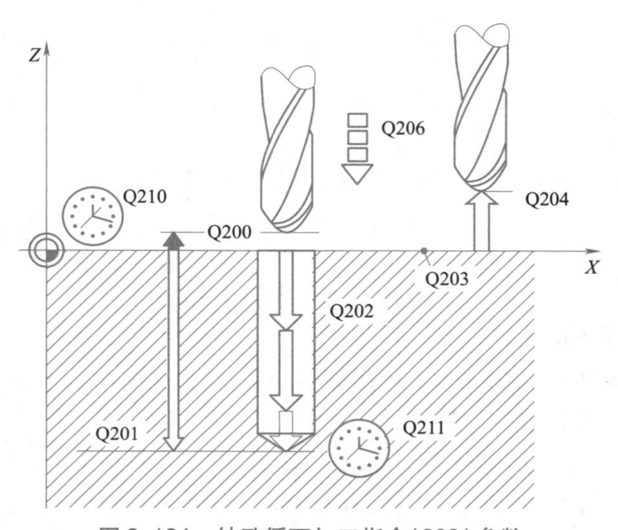

图 2.124　钻孔循环加工指令(200)参数

视频

钻孔循环加工指令(200)

(4)钻孔循环加工指令(200)编程加工一个深度为 20 mm 的孔具体程序格式如下：

```
CYCL DEF 200 DRILLING                    钻孔循环加工指令 200;
Q200 = +2      ; SET-UP CLEARANCE        安全高度;
Q201 = -20     ; DEPTH                   深度;
Q206 = +150    ; FEED RATE FOR PLNGNG    切入进给速率;
Q202 = +5      ; PLUNGING DEPTH          切入深度;
Q210 = +0      ; DWELL TIME AT TOP       在顶部的暂停时间;
Q203 = +0      ; SURFACE COORDINATE      工件表面坐标;
Q204 = +50     ; 2ND SET-UP CLEARANCE    第二个调整间隙;
Q211 = +0      ; DWELL TIME AT DEPTH     在深度上暂停时间。
```

(5)钻孔循环加工指令(200)编程加工案例。

利用钻孔循环加工指令(200)在“100×100×20 毛坯”上编程加工图 2.125 所示 2×ϕ10 深 8 的孔。

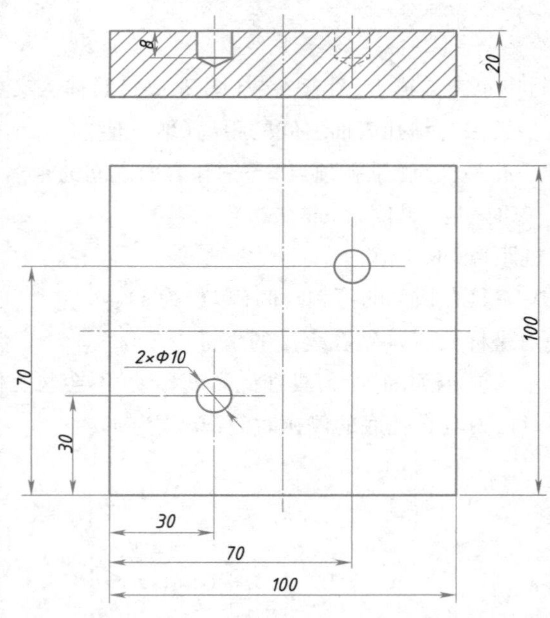

图 2.125　钻孔循环加工指令(200)编程加工案例

①案例图样分析。

根据案例图样可知：

a. 图中元素：2×ϕ10 深 8 的孔。

b. 需用指令：钻孔循环 200、CYCL CALL 程序调用。

②案例图样具体加工程序如下：

```
0 BEGIN PGM 200 MM                       程序名“200”;
1 BLK FORM 0.1 Z X0 Y0 Z-20              毛坯最小点“X0, Y0, Z-20”;
2 BLK FORM 0.2 X+100 Y+100 Z0            毛坯最大点“X100, Y100, Z0”;
3 TOOL CALL 4 Z S1000                    调用 4 号刀具, Z 轴转速 1 000 r/min;
4 L Z+100 R0 F9999 M3                    Z 轴定位 100 mm, 主轴正转;
```

```
5 CYCL DEF 200 DRILLING                    调用钻孔循环 200;
  Q200 = +2; SET-UP CLEARANCE              安全高度 2 mm;
  Q206 = +150; FEED RATE FOR PLNGNG        切入进给速率 150 mm/min;
  Q202 = +4; PLUNGING DEPTH                每次切入深度 4 mm;
  Q210 = +0; DWELL TIME AT TOP             在顶部的暂停时间;
  Q203 = +0; SURFACE COORDINATE            工件钻孔表面坐标;
  Q204 = +50; 2ND SET-UP CLEARANCE         第二个调整间隙 50 mm;
  Q211 = +0; DWELL TIME AT DEPTH           在深度上暂停时间 0 s;
6 L X+30 Y+30  FMAX M89                    加工左下方孔;
7 L X+70 Y+70  FMAX                        加工右上方孔;
8 M05  M30                                 程序结束并返回程序头;
9 END PGM 200 MM                           程序结束。
```

③仿真加工图形如图 2.126 所示。

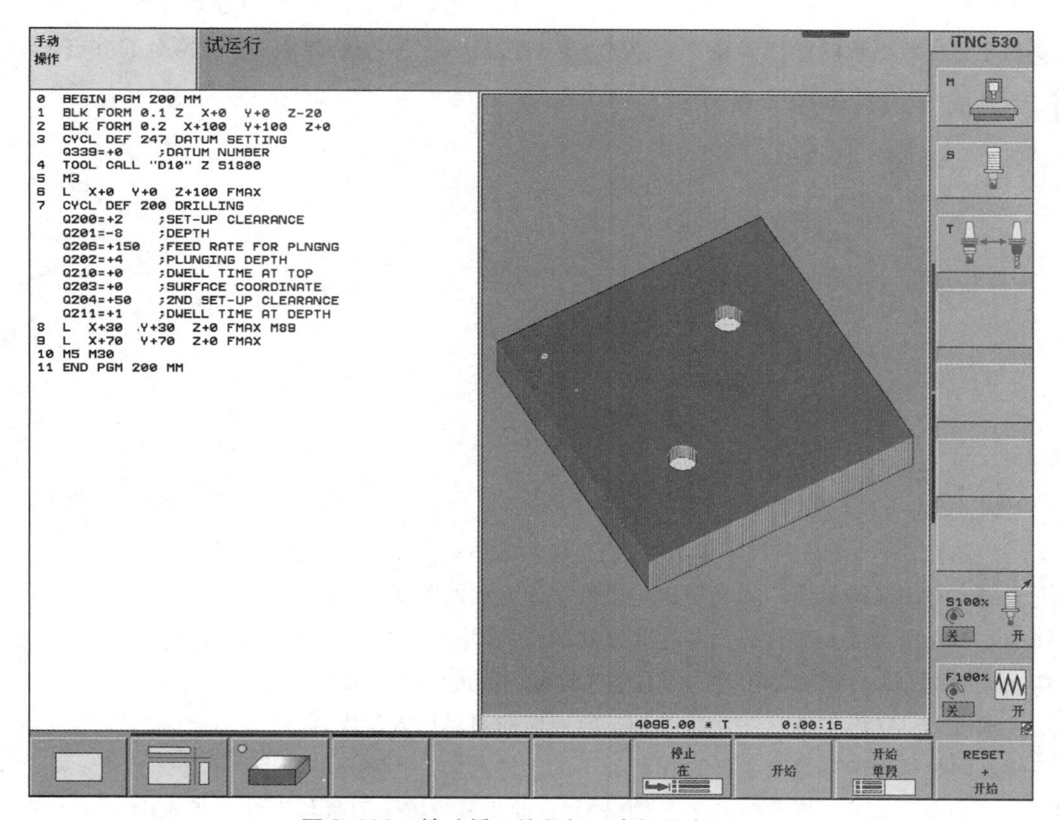

图 2.126　钻孔循环编程加工案例仿真图形

延伸思考

钻孔循环加工指令(200)是孔加工循环的主要命令,利用孔加工循环指令可以进行单个孔和孔系的加工,在准确的设置参数后可以提高加工效率。这与我们在日常生活中做事一样,采用合适的方法和手段,会起到事半功倍的效果,提高工作效率。

八、 铣孔循环加工指令(208)

(1)铣孔循环加工是指用铣削方法加工工件上的孔,系统铣孔循环加工指令(208)主要动作有:

①刀具沿刀具轴以快速进给“FMAX”方式移至加工面之上的编程安全高度处,然后将刀具沿圆弧移至镗孔圆弧处;

②刀具以编程的进给速率沿螺旋式由当前位置铣削至第一切入深度处;

③达到钻孔深度后,TNC 再转动一个整圆排出第一次切入后剩下的切屑;

④TNC 再次将刀具定位在孔中心处;

⑤刀具以快速移动“FMAX”方式返回到安全高度处。如果编入了第二安全高度,刀具以“FMAX”方式移至第二安全高度处。

(2)调用铣孔循环加工指令(208)加工指令步骤:在程序编辑状态,按压数控机床操作控制面板上功能按键 ,之后在新出现的操作屏幕下方点击 键,进入又一个新界面,在新界面下方点击“铣孔循环” 键,生成“铣孔循环”程序段如下:

视频

铣孔循环加工指令(208)

```
0   BEGIN PGM 200 MM
1   BLK FORM 0.1 Z X +11 Y +11   Z +11
* 2 CYCL DEF 208 BORE MILLING
    Q200 =2       ; SET-UP CLEARANCE
    Q201 = -20    ; DEPTH
    Q206 = +150   ; FEED RATE FOR PLNGNG
    Q334 = +0.25; PLUNGING DEPTH
    Q203 = +0     ; SURFACE COORDINATE
    Q204 = +50    ; 2ND SET-UP CLEARANCE
    Q335 = +10    ; NOMINAL DIAMETER
    Q342 = +0     ; ROUGHING DIAMETER
    Q351 = +1     ; CLIMB OR UP-CUT
```

(3)上述程序段中需要进行以下参数输入,且各参数(图 2.127)具体含义如下:

①安全高度 Q200(增量值):刀具下刃与工件表面之间的距离(取正值)。

②深度 Q201(增量值):工件表面与孔底之间的距离(取负值)。

③切入进给率 Q206:螺旋钻孔时的刀具切入速度(单位为 mm/min)。

④切入深度 Q334(增量值):每次螺旋加工所对应的刀具切入深度。

⑤工件表面坐标 Q203(绝对坐标):在所加工的工件上加工孔表面的坐标。

⑥第二安全高度 Q204(增量值):刀具轴坐标,在此坐标位置下刀具与工件(夹具)不会发生碰撞。

⑦名义直径 Q335(绝对值):镗孔直径。如果输入的名义直径与刀具直径相同,TNC 将直接镗至要求的深度而不需任何螺旋式插补。

⑧粗加工直径 Q342(绝对值):只要在 Q342 中输入的值大于 0,TNC 将不再检查名义直径与刀具直径的比,可以粗铣大于两倍刀具直径的孔。

⑨铣削方法 Q351:其中“参数设置 +1”表示顺铣,“参数设置-1”表示逆铣(主轴正转时)。

(4)铣孔循环加工指令(208)。编程加工一个深度为 20 的孔具体程序格式如下:

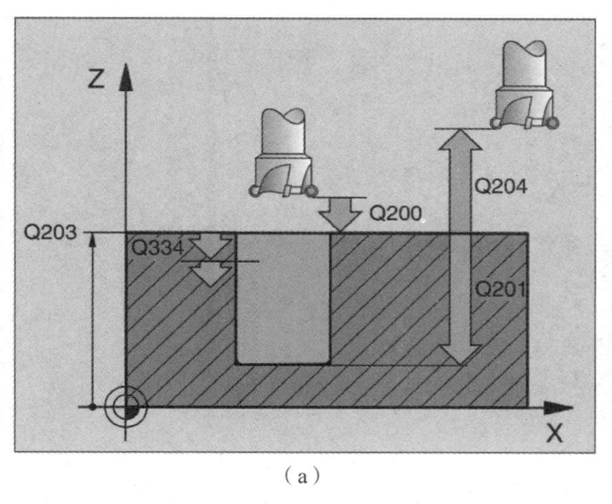

(a)

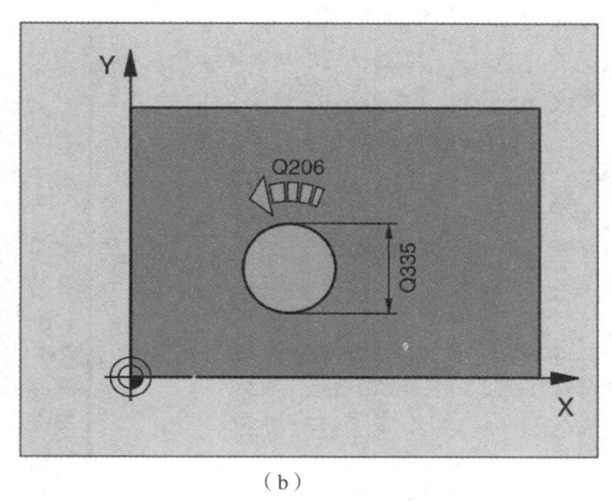

(b)

图 2.127　铣孔循环加工指令(208)编程参数

```
CYCL DEF 208 RORE MILLING                        铣孔循环加工指令(208);
Q200 = +2      ;SET - UP  CLEARANCE              安全高度;
Q201 = -20     ;DEPTH                            深度;
Q206 = +150    ;FEED  RATE  FOR  PLNGNG          切入进给速率;
Q334 = +0.25   ;PLUNGING  DEPTH                  切入深度;
Q203 = +0      ;SURFACE  COORDINATE              工件表面坐标;
Q204 = +50     ;2ND  SET-UP  CLEARANCE           第二个调整间隙;
Q335 = +10     ;NOMINAL  DIAMETER                名义直径;
Q342 = +0      ;ROUGHING  DIAMETER               粗加工直径;
Q351 = +1      ;CLIMB  OR UP-CUT                 铣削方法选择。
```

(5)编程前应注意以下事项:

以半径补偿 R0 为例,在加工面上的起点(孔圆心)编写一个定位程序段。循环参数“DEPTH”(深度)的代数符号决定加工方向,如果编程“DEPTH = 0”,这个循环将不执行。如果输入的镗孔直径与刀具直径相同,TNC 将直接镗至输入的深度而不进行任何螺旋线插补。如果输入了正值深度,TNC 将反向计算预定位,也就是说刀具沿刀具轴快速移至低于工件表面的安全高度处。

(6)铣孔循环加工指令(208)编程加工案例。

利用铣孔循环加工指令(208)在“100 × 100 × 20 毛坯”上编程加工如图 2.128 所示 ϕ20H7 深 20 的孔。

①案例图样分析。

根据案例图样可知:

a. 图中元素:ϕ20H7 深 20 的孔。

b. 需用指令:铣孔循环(208)、“CYCL CALL”程序调用。

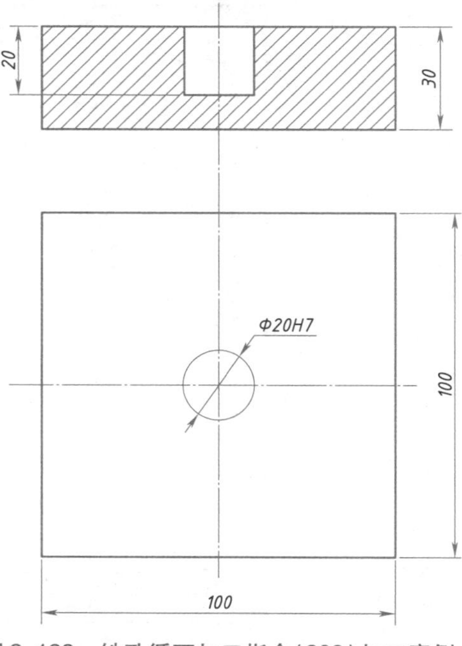

图 2.128　铣孔循环加工指令(208)加工案例

②案例图样具体加工程序如下：

0 BEGIN PGM 208 MM	程序名“208”；
1 BLK FORM 0.1 Z X-50 Y-50 Z-30	毛坯最小点“X-50, Y-50, Z-20”；
2 BLK FORM 0.2 X +50 Y +50 Z0	毛坯最大点“X50, Y50, Z0”；
3 CYCL DEF 247 DATUM SETTING	调用加工坐标系 1 号；
Q339 = +1;　DATUM NUMBER	
4 TOOL CALL 4 Z S1 000	调用刀具 8 号，Z 轴，转速 1 000 r/min；
5 M3	主轴正转；
6 L Z +50 FMAX	Z 轴移动到工件上表面 50 mm 高度；
7 L X +0 Y +0 R0　FMAX	X、Y 轴移动至工件零件位置；
8 CYCL DEF 208 RORE MILLING	铣孔循环加工指令(208)；
Q200 = +1; SET-UP CLEARANCE	安全高度 1 mm；
Q201 = -20; DEPTH	深度 -20 mm；
Q206 = +2 000; FEED RATE FOR PLNGNG	切入进给速率 2 000 mm/min；
Q334 = +1; PLUNGING DEPTH	每次切入深度 1 mm；
Q203 = +0; SURFACE COORDINATE	工件表面坐标；
Q204 = +50; 2ND SET-UP CLEARANCE	第二个调整间隙；
Q335 = +20; NOMINAL DIAMETER	铣孔直径 20 mm；
Q342 = +8; ROUGHING DIAMETER	粗加工直径 8 mm；
Q351 = -1; CLIMB OR UP-CUT	铣削方法选择；
9 L X0 Y0 FMAX M89	铣孔定位；
10 L Z +50 FMAX	Z 轴定位 100 mm，程序结束返回程序头；
11　M30	
12　END PGM 200 MM	程序结束。

③仿真加工图形如图 2. 129 所示。

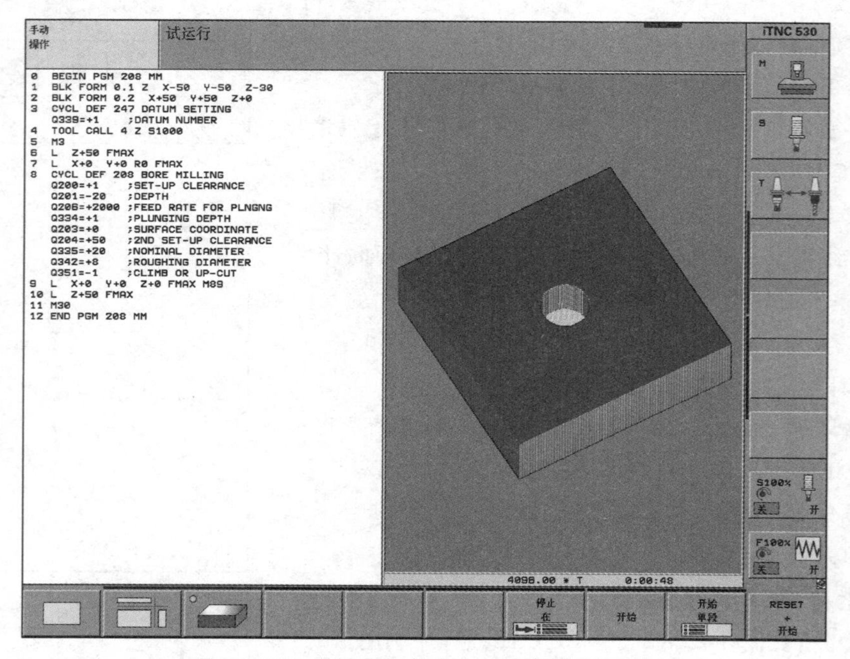

图 2. 129　铣孔循环编程加工案例仿真图形

延伸思考

铣孔循环加工指令(240)是孔加工循环的后续操作,必须在有基准孔的情况下,进一步对孔进行加工。在学习和工作中,也要像这个操作流程一样,在奠定扎实的基础上,完善自己,武装头脑,才能更上一层楼,同时也不要忘记帮助你和支持你的人们。

九、 铰孔循环加工指令(201)

铰孔是铰刀从工件孔壁上切除微量金属层,以提高其尺寸精度和孔表面质量的方法。是孔的精加工方法之一,在生产中应用范围很广。对于较小的孔,相对于内圆磨削及精镗而言,铰孔是一种较为经济实用的加工方法。

(1)铰孔循环加工指令(201)主要动作有:

①TNC 沿刀具轴以快速进给方式“FMAX”,将刀具定位至加工面之上的编程安全高度处;

②刀具以编程进给速率“F”铰孔至输入的深度;

③如果编程中有停顿的话,刀具将在孔底处停顿所输入的时长;

④刀具以进给速率“F”退刀至安全高度,并由安全高度处以快速移动速度方式“FMAX”移至第二安全高度处。

(2)调用铰孔循环加工指令(201)加工指令步骤:

在程序编辑状态,按压数控机床操作控制面板上功能按键 CYCL DEF,之后在新出现的操作屏幕下方点击 钻孔/攻丝 键,进入又一个新界面,在新界面下方点击“铰孔循环” 201 键,生成“铰孔循环”程序段如下:

```
0  BEGIN PGM 200 MM
1  BLK FORM0.1ZX +11   Y +11   Z +11
* 2  CYCL DEF 201 REAMING
 Q200 =2          ; SET-UP CLEARANCE
 Q201 = -20       ; DEPTH
 Q206 = +150      ; FEED RATE FOR PLNGNG;
 Q211 = +0        ; DWELL TIME AT DEPTH
 Q208 = +99999    ; RETRACTION FEED RATE
 Q203 = +0        ; SURFACE COORDINATE
 Q204 = +50       ; 2ND SET-UP CLEARANCE
```

(3)上述程序段中需要进行以下参数输入,且各参数(图 2.130)具体含义如下:

①安全高度 Q200(增量值):刀具下刃与工件表面之间的距离(取正值)。

②深度 Q201(增量值):工件表面与孔底之间的距离(取负值)。

③切入进给率 Q206:螺旋钻孔时的刀具切入速度(单位为 mm/min)。

④在孔底处的停顿时间 Q211:刀具在孔底的停顿时间(单位为 s)。

⑤退刀速度 Q208:刀具自孔中退出的移动速度。如果输入“Q208 = 0”,刀具将以铰孔进给速率退刀。

⑥工件表面坐标 Q203(绝对坐标):工件钻孔表面的坐标。

⑦第二安全高度 Q204(增量值):刀具轴坐标,在此坐标位置下刀具与工件 (夹具)不会发生碰撞。

●视频

铰孔循环加工指令(201)

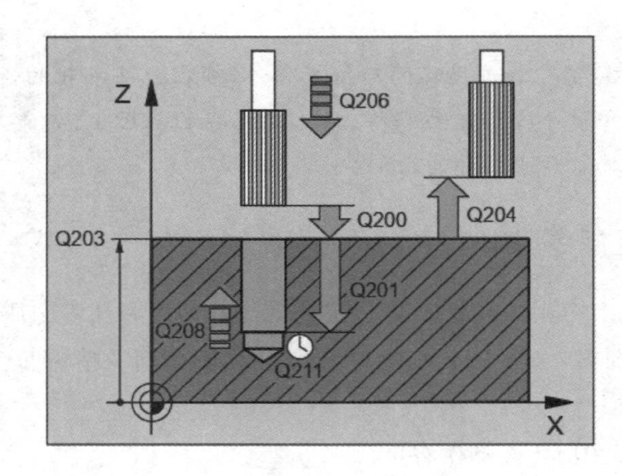

图 2.130　铰孔循环加工指令(201)编程参数

(4)铰孔循环加工指令(201)编程加工一个深度为 20 mm 的孔具体程序格式如下:

```
CYCL DEF 201 REAMING                                  调用铰孔循环加工指令 201
Q200 = +2          ; SET-UP CLEARANCE                 安全高度
Q201 = -20         ; DEPTH                            深度
Q206 = +150        ; FEED RATE FOR PLNGNG             切入进给速率
Q211 = +0          ; DWELL TIME AT DEPTH              在深度上暂停时间
Q208 = +99999      ; RETRACTION FEED RATE             退出进给速率
Q203 = +0          ; SURFACE COORDINATE               工件表面坐标
Q204 = +50         ; 2ND SET-UP CLEARANCE             第二个调整间隙
```

(5)编程前应注意以下事项:

以半径补偿 R0 为例,在加工面上的起点(孔圆心)编写一个定位程序段,循环参数"DEPTH"(深度)的代数符号决定了加工方向。如果编程"DEPTH = 0",这个循环将不执行,如果输入了正值深度,TNC 将反向计算预定位,刀具沿刀具轴快速移至低于工件表面的安全高度处。

(6)铰孔循环加工指令(201)编程加工案例。

利用铰孔循环加工指令(201)在"100 × 100 × 20 毛坯"上编程加工图 2.131 所示 2 × ϕ12H8 深 12 的孔。

①案例图样分析。

根据案例图样可知:

a. 图中元素:2 × ϕ12H8 深 12 的孔。

b. 需用指令:铰孔循环(201)、"CYCL CALL"程序调用。

②案例图样具体加工程序如下:

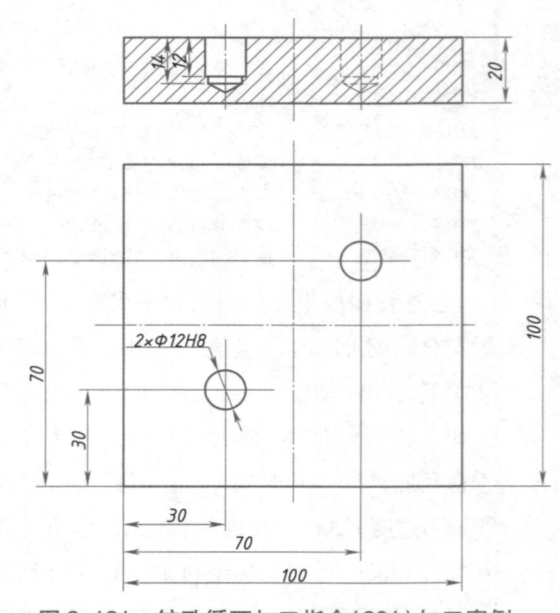

图 2.131　铰孔循环加工指令(201)加工案例

程序段	程序	说明
0	BEGIN PGM 201 MM	程序名“201”；
1	BLK FORM 0.1 Z　X -0　Y -0　Z -20	毛坯最小点“X0,Y0,Z -20”；
2	BLK FORM 0.2　X +100　Y +100　Z +0	毛坯最大点“X100,Y100,Z0”；
3	CYCL DEF 247 DATUM SETTING	调用坐标系号；
	Q339 = +1; DATUM NUMBER	
4	TOOL CALL "D11.7" Z S1200	调用中心钻；
5	M3	主轴正转；
6	L　Z +50 FMAX	移动坐标至Z轴初始位置；
7	CYCL DEF 200 DRILLING	钻孔 200 模块；
	Q200 = +2; SET-UP CLEARANCE	安全高度；
	Q201 = -16; DEPTH	有效孔深；
	Q206 = +150; FEED RATE FOR PLNGNG	切入速度；
	Q202 = +5; PLUNGING DEPTH	每次深度；
	Q210 = +0; DWELL TIME AT TOP	在顶部暂停时间；
	Q203 = +0; SURFACE COORDINATE	工件表面；
	Q204 = +50; 2ND SET-UP CLEARANCE	第二调整间隙；
	Q211 = +0; DWELL TIME AT DEPTH	在深度暂停时间；
8	CYCL CALL POS X +20　Y +20　Z +0 FMAX	执行 200 模块在“X70、Y70、Z0”位置；
9	CYCL CALL POS X +70　Y +70　Z +0 FMAX	执行 200 模块在“X70、Y70、Z0”位置；
10	TOOL CALL 6 Z S1000	换 6 号刀具铰刀；
11	CYCL DEF 201 REAMING	铰孔循环指令；
	Q200 = +2; SET-UP CLEARANCE	安全高度；
	Q201 = -12; DEPTH	有效孔深；
	Q206 = +150; FEED RATE FOR PLNGNG	切入速度；
	Q211 = +1; DWELL TIME AT DEPTH	在深度暂停时间；
	Q208 = +99999; RETRACTION FEED RATE	刀具退出速度；
	Q203 = +0; SURFACE COORDINATE	工件表面；
	Q204 = +50; 2ND SET-UP CLEARANCE	第二调整间隙；
12	CYCL CALL POS X +20　Y +20　Z +0 FMAX	执行 201 模块在“X20、Y20、Z0”位置；
13	CYCL CALL POS X +70　Y +70　Z +0 FMAX	执行 201 模块在“X70、Y70、Z0”位置；
14	L　Z +50 FMAX	刀具移动到“Z50”位置处；
15	M30	程序结束；
16	END PGM 201 MM	程序 202 尾。

③仿真加工图形如图 2.132 所示。

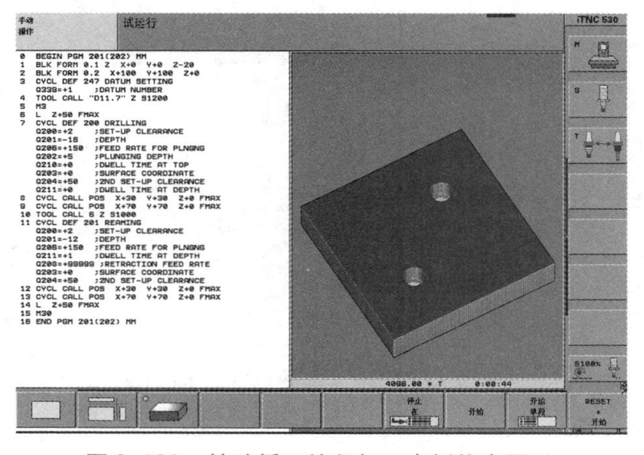

图 2.132　铰孔循环编程加工案例仿真图形

延伸思考

铰孔循环加工指令(201)是孔加工中提高尺寸精度的一个重要环节,通过铰孔加工可保证零件的尺寸精度。在同学们的工作和生活中也应该追求卓越,精益求精,保持持续学习,实现终身成长。

十、 孔循环指令圆形(220)、线性(221)阵列加工

阵列循环分圆弧阵列与线性阵列两类,用于加工沿圆弧或方阵排列的相同的元素,如 ϕ100 圆周上均布 8 个 ϕ10 孔,就可用圆弧阵列循环编程。阵列循环是定义即生效的循环,不需要循环调用,可与钻孔、铣槽、铣型腔、刚性攻螺纹、浮动攻螺纹、螺纹切削循环联合使用。

以下循环可用于阵列:钻孔循环 200、铰孔循环 201、镗孔循环 202、万能钻循环 203、反向镗循环 204、万能啄钻循环 205、新浮动攻螺纹循环 206、新刚性攻螺纹循环 207、铣循环 208、断屑攻螺纹循环 209、定心钻循环 240、精铣型腔循环 212、精铣凸台循环 213、精铣圆孔循环 214、精铣圆形凸台循环 215、铣矩形型腔循环 251、铣圆孔循环 252、铣直槽循环 253、铣圆弧槽循环 254、铣矩形凸台循环 256、铣圆形凸台循环 257、铣螺纹循环 262、铣螺纹锪孔循环 263 等。

–

1. 孔循环指令圆形(220)阵列加工

(1)调用孔循环指令圆形(220)阵列加工指令步骤:

在程序编辑状态,按压数控机床操作控制面板上功能按键 CYCL DEF,之后在新出现的操作屏幕下方点击 图案 键,进入又一个新界面,在新界面下方点击"孔循环圆形阵列" 220 键,生成"孔循环圆形阵列"程序段如下:

●视频

孔循环指令圆形(220)阵列加工

```
0  BEGIN PGM 200 MM
1  BLK FORM 0.1Z X+11 Y+11  Z+11
* 2  CYCL DEF 220 POLAR PATTERN
    Q216 = +50     ;CENTER IN IST AXI
    Q217 = +50     ;CENTER IN 2ND AXIS
    Q244 = +60     ;PITCH CIRCLE DIAMETR
    Q245 = +0      ;STARTING ANGLE
    Q246 = +360    ;STOPPING  ANGLE
    Q247 = +0      ;STEPPING ANGLE
Q241 = +8     ;NR OF REPETITIONS
Q200 = +2     ;SET-UP CLEARANCE
Q203 = +0     ;SURFACE COORDINATE
Q204 = +50    ;2ND SET-UP CLEARANCE
Q301 = +1     ;MOVE TO CLEARANCE
Q365 = +0     ;TYPE OF  TRAV ERSE
```

(2)上述程序段中需要进行以下参数输入,且各参数(图 2.133)具体含义如下:

①第一轴的中心 Q216(绝对值):相对加工面参考轴的节圆圆心。

②第二轴的中心 Q217(绝对值):加工面次要轴上的节圆圆心。

③节圆直径 Q244：节圆直径。

④起始角 Q245（绝对值）：加工面参考轴与节圆上第一次加工起点位置之间的角度。

⑤停止角度 Q246（绝对值）：加工面参考轴与节圆上最后一次加工起点位置之间的角度（不适用于整圆）。不能将停止角度与起始角度输入为相同的值，如果输入的停止角度大于起始角度，将按逆时针方向加工，否则将按顺时针方向加工。

⑥步距角度 Q247（增量值）：节圆上两次加工位置间的角度。如果输入的角度步长为 0，TNC 将根据起始角和停止角计算步距角度以及阵列孔的重复次数。如果输入非 0 值，TNC 将不考虑停止角度。角度步长的代数符号决定加工方向。

⑦重复次数 Q241：在节圆上的加工次数。

⑧安全高度 Q200（增量值）：刀尖与工件表面之间的距离（取正值）。

⑨工件表面坐标 Q203（绝对值）：代表工件表面的坐标数值。

⑩第二安全高度 Q204（增量值）：刀具轴坐标，在此坐标位置下刀具与工件（夹具）不会发生碰撞。

⑪移至安全高度 Q301：定义刀具在两次加工中的运动方式（“0”：在两次加工间移至安全高度处，“1”：在两次加工间移至第二安全高度处）。

⑫移动类型 Q365：直线 =0/圆弧 =1 Q365：定义两次加工之间刀具运动的路径函数（“0”：沿直线在两次加工间运动，“1”：沿节圆在两次加工间运动）。

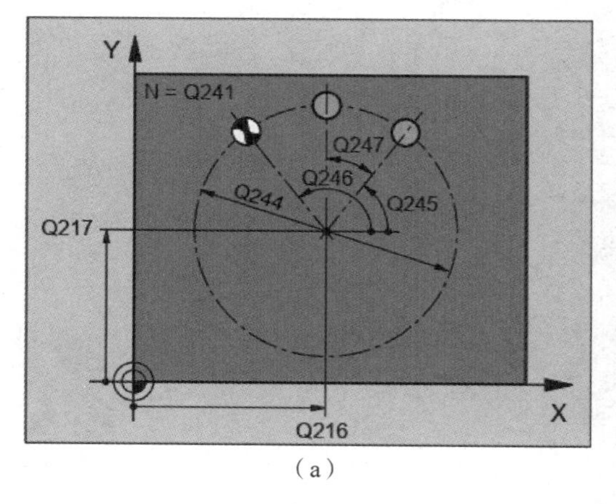

（a）

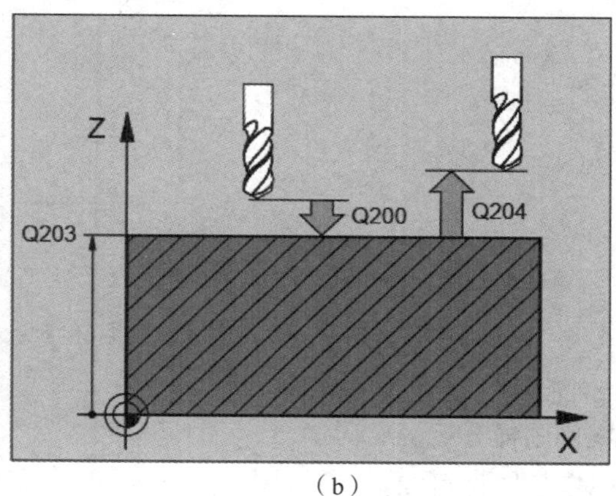

（b）

图 2.133　孔循环指令圆形（220）阵列加工编程参数

（3）孔循环指令圆形（220）阵列编程加工均匀分布在直径 $\phi60$ 圆上的 8 个孔，具体程序格式如下：

```
CYCL DEF 220 POLAR PATTERN              调用孔循环指令圆形(220);
Q216 = +50; CENTER IN 1ST AXIS          第一轴的中心;
Q217 = +50; CENTER IN 2ND AXIS          第二轴的中心;
Q244 = +60; PITCH CIRCLE DIAMETR        节圆直径;
Q245 = +0; STARTING ANGLE               起始角度;
Q246 = +360; STOPPING ANGLE             停止角度;
```

```
Q247 = +0; STEPPING ANGLE 中间步进角;
Q241 = +8; NR OF REPETITIONS 往复次数;
Q200 = +2; SET-UP CLEARANCE 安全高度;
Q203 = +0; SURFACE COORDINATE 工件表面坐标;
Q204 = +50; 2ND SET-UP CLEARANCE 第二个调整间隙;
Q301 = +1; MOVE TO CLEARANCE 移至安全高度;
Q365 = +0; TVPE OF TRAVERSE 移动类型。
```

(4)孔循环指令圆形(220)阵列编程加工案例

利用孔循环指令圆形(220)阵列在“100×100×30 毛坯”上编程加工图 2.134 所示均匀分布在直径 ϕ60 圆上的 8 个 ϕ10 深 20 的孔。

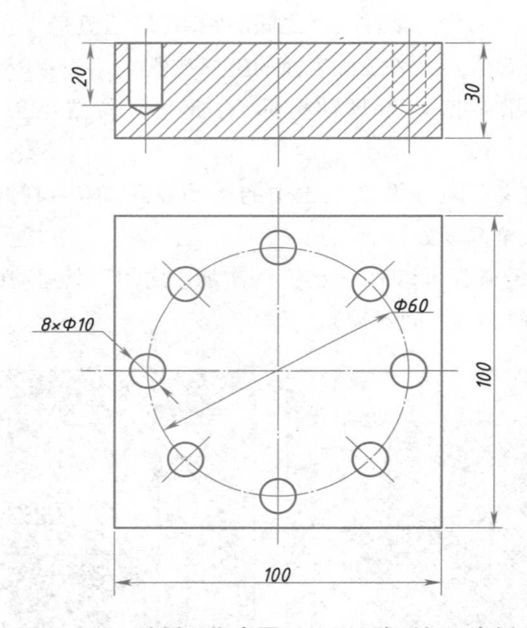

图 2.134　孔循环指令圆形(220)阵列加工案例

①案例图样分析。

根据案例图样可知:

a. 图中元素:均匀分布在直径 ϕ60 圆上的 8 个 ϕ10 深 20 的孔。

b. 需用指令:钻孔循环加工指令(200)、孔循环指令圆形(220)阵列、“CYCL CALL”程序调用。

②案例图样具体加工程序如下:

```
0 BEGIN PGM 220 MM                        程序名“220”;
1 BLK FORM 0.1 Z X-50 Y-50 Z-30           毛坯最小点“X-50, Y-50, Z-30”;
2 BLK FORM 0.2 X+50 Y+50 Z0               毛坯最大点 X50, Y50, Z0;
3 CYCL DEF 247 DATUM SETTING ~            调用坐标系号;
  Q339 = +1; DATUM NUMBER
4 TOOL CALL4   Z S1200                    调用刀具 4 号, Z 轴, 转速 1 200 r/min;
5 M3                                      主轴正转;
```

```
6 CYCL DEF 200 DRILLING 调用钻孔循环 200;
  Q200 = +2; SET-UP CLEARANCE 安全高度 2 mm;
  Q201 =-20; DEPTH 深度 -20 mm;
  Q206 = +150; FEED RATE FOR PLNGNG 切入进给速率 150 mm/min;
  Q202 = +5; PLUNGING DEPTH 每次切入深度 5 mm;
  Q210 = +0; DWELL TIME AT TOP 在顶部的暂停时间;
  Q203 = +0; SURFACE COORDINATE 工件钻孔表面坐标;
  Q204 = +50; 2ND SET-UP CLEARANCE 第二个调整间隙 50 mm;
  Q211 = +0; DWELL TIME AT DEPTH 在深度上暂停时间 0 s;
7 CYCL DEF 220 POLAR PATTERN 调用孔循环指令圆形(220);
  Q216 = +0; CENTER IN 1ST AXIS 第一轴的中心坐标值;
  Q217 = +0; CENTER IN 2ND AXIS 第二轴的中心坐标值;
  Q244 = +80; PITCH CIRCLE DIAMETR 节圆直径 80 mm;
  Q245 = +0; STARTING ANGLE 起始角度 0°;
  Q246 = +360; STOPPING ANGLE 停止角度 360°;
  Q247 = +45; STEPPING ANGLE 中间步进角 45°;
  Q241 = +8; NR OF REPETITIONS 加工次数 8 次;
  Q200 = +2; SET-UP CLEARANCE 安全高度 2 mm;
  Q203 = +0; SURFACE COORDINATE 工件表面坐标 0 mm;
  Q204 = +50; 2ND SET-UP CLEARANCE 第二个调整间隙 50 mm;
  Q301 = +1; MOVE TO CLEARANCE 移至安全高度;
  Q365 = +0; TVPE OF TRAVERSE 移动类型: 直线;
8 L Z +50   FMAX Z 轴定位 100 mm。
9 M30 程序结束并返回程序头。
10 END PGM PATTERN MM 程序结束。
```

③仿真加工图形如图 2. 135 所示。

延伸思考

孔循环指令圆形(220)阵列加工是孔加工循环的特殊操作指令,可以完成圆形孔系的加工,在加工过程中一定要注重细节,各个环节的配合。在学习和生活中,也会遇到很多需要与其他同学共同配合完成很多工作,所以在社会交往中一定要尊重他人,助人为乐,摆正自己的位置更好地完成工作。

2. 孔循环指令线性(221)阵列加工

(1)孔循环指令线性(221)阵列加工过程如下:

①TNC 自动将刀具由当前位置移至第一个加工的起点位置,之后移至第二安全高度(主轴坐标轴),再沿主轴方向接近起点,移至工件表面之上的安全高度处。

②TNC 由该位置开始执行最后一个定义的固定循环。

③刀具在安全高度处(或第二安全高度)沿正参考轴接近下一次加工的起点位置。

④重复这一过程(① ~ ③)直到第一行的全部加工操作均完成为止,刀具定位在第一行的最后一点上。

⑤刀具再移至要进行加工的第二行最后一点上。

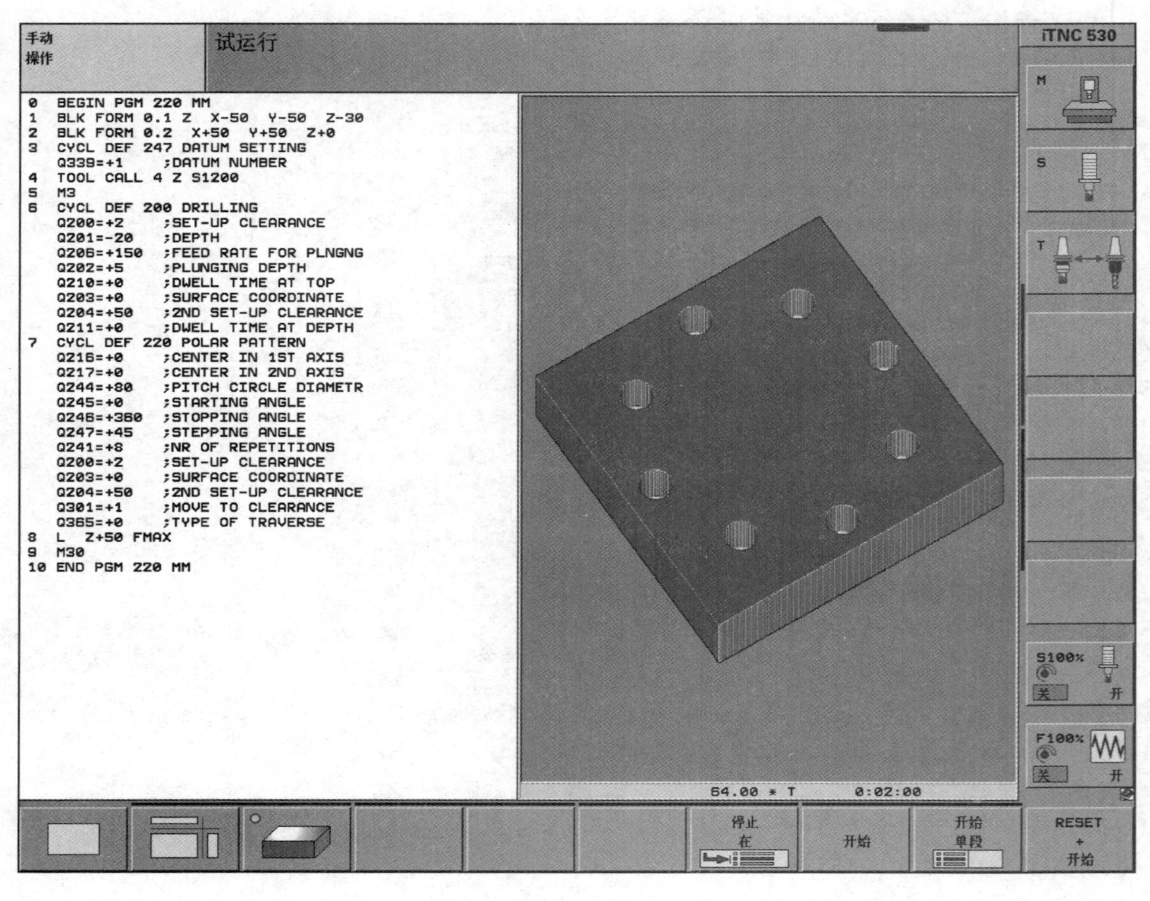

图 2.135　孔循环指令圆形阵列编程加工案例仿真图形

⑥刀具由该位置沿负参考轴方向接近下一次加工的起点。

⑦重复这一过程(6 步)直到第二行的加工全部完成为止。

⑧刀具再移至下一行的起点。

⑨所有后续行将按往复式运动方式完成加工。

视频

孔循环指令线(221)阵列加

(2)调用孔循环指令线性(221)阵列加工指令步骤：

在程序编辑状态下，按压数控机床操作控制面板上功能按键 CYCL DEF，之后在新出现的操作屏幕下方点击 图案 键，进入又一个新界面，在新界面下方点击“孔循环圆形阵列” 221 键，生成“孔循环线性阵列”程序段如下：

```
0   BEGIN PGM 200 MM
1   BLK FORM 0.1 Z X +11 Y +11 Z +11
* 2   CYCL DEF 221 CARTESIAN PATTERN
    Q225 = +0      ; STARTNG PNT 1ST A
```

```
Q226 = +0      ; STARTNG PNT 2ND AXIS
Q237 = +10     ; SPACING IN 1ST AXIS
Q238 = +8      ; SPACING IN 2ND AXIS
Q242 = +6      ; NUMBER OF COLUMNS
Q243 = +4      ; NUMBER OF LINES
Q224 = +0      ; ANGLE OF ROTATION
Q200 = +2      ; SET-UP CLEARANCE
Q203 = +0      ; SURFACE COORDINATE
Q204 = +50     ; 2ND SET-UP CLEARANCE
Q301 = +1      ; MOVE TO CLEARANCE
```

(3)上述程序段中需要进行以下参数输入，且各参数(图 2.136)具体含义如下：

①第一轴的起点 Q225(绝对值)：加工面上参考轴的起点坐标。

②第二轴的起点 Q226(绝对值)：加工面上次要轴的起点坐标。

③第一轴的间距 Q237(增量值)：线上各点之间的距离。

④第二轴的间距 Q238(增量值)：各条线间的距离。

⑤列数 Q242：一条线上的加工次数。

⑥行数 Q243：加工的路径数。

⑦旋转角 Q224(绝对值)：旋转整个阵列的角度，旋转中心在起点上。

⑧安全高度 Q200(增量值)：刀尖与工件表面之间的距离。

⑨工件表面坐标 Q203(绝对值)：工件表面的坐标。

⑩第二安全高度 Q204 (增量值)：刀具轴坐标，在此坐标位置下刀具与工件(夹具)不会发生碰撞。

⑪移至安全高度 Q301：定义刀具在两次加工中的运动方式("0"：在两次加工间移至安全高度处，"1"：移至两测量点间的第二安全高度处)。

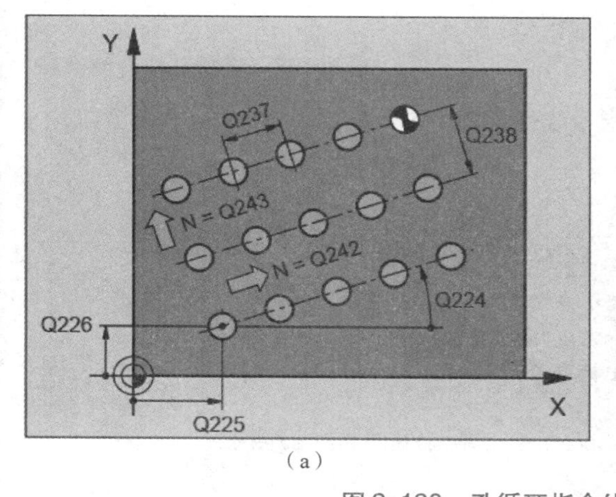

(a)

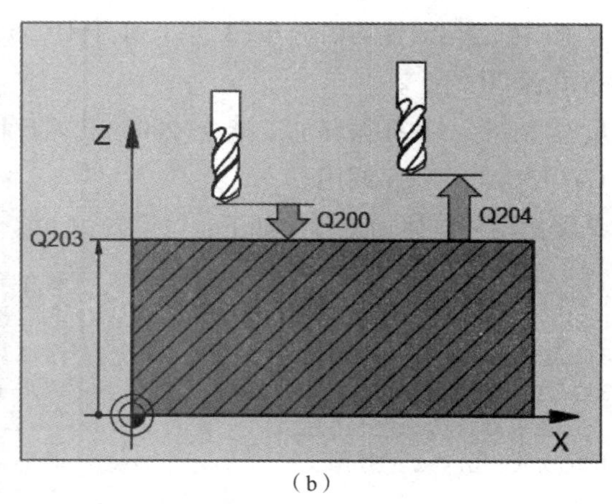

(b)

图 2.136 孔循环指令线性(221)阵列加工参数

(4)孔循环指令线性(221)阵列编程加工线性均匀分布(4 行 6 列：行距 8，列距 10)的 24 个孔，具体程序格式如下：

```
CYCL DEF 221 CARTESIAN PATTERN             调用孔循环指令线性(221);
Q225 = +0     ; STARTING PNT 1ST AXIS      起始点的第一坐标轴;
Q226 = +0     ; STARTING PNT 2ND AXIS      起始点的第二坐标轴;
Q237 = +10    ; SPACING IN 1ST AXIS        在第一个轴上的间距;
Q238 = +8     ; SPACING IN 2ND AXIS        在第二个轴上的间距;
Q242 = +6     ; NUMBER OF COLUMNS          列数;
Q243 = +4     ; NUMBER OF LINES            行数;
Q224 = +0     ; ANGLE OF ROTATION          旋转角度;
Q200 = +2     ; SET-UP CLEARANCE           安全高度;
Q203 = +0     ; SURFACE COORDINATE         工件表面坐标;
Q204 = +50    ; 2ND SET-UP CLEARANCE       第二个调整间隙;
Q301 = +1     ; MOVE TO CLEARANCE          移至安全高度。
```

(5)编程前应注意以下事项:

阵列循环 221 是由"CYCLE DEF"进行调用,循环 221 将自动调用最后定义的固定循环。如果循环 221 与"循环 200 至循环 209、循环 212 至循环 215、循环 251 至循环 265 或循环 267"中的任何一个固定循环作组合,循环 221 中定义的安全高度、工件表面和第二安全高度对所选定的循环均有效。

(6)孔循环指令线性(221)阵列编程加工案例。

利用孔循环指令线性(221)阵列在"100×100×30 毛坯"上编程加工图 2.137 所示线性均匀分布(3 行 3 列:行距 35,列距 35)的 9 个直径 ϕ10 深 20 的孔。

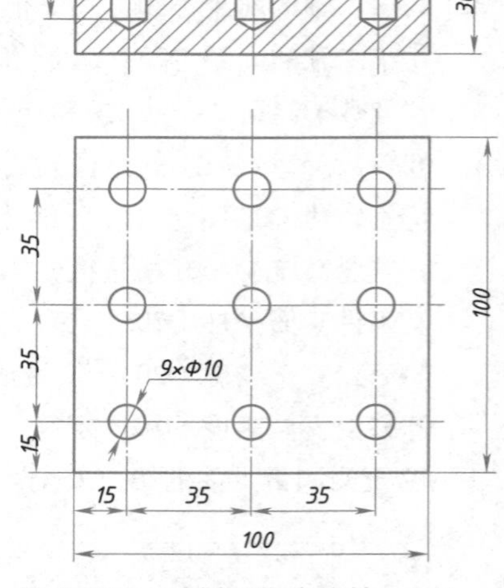

图 2.137　孔循环指令线性(221)阵列加工案例

①案例图样分析。

根据案例图样可知:

a. 图中元素:线性均匀分布(3 行 3 列:行距 35,列距 35)的 9 个直径 ϕ10 深 20 的孔。

b. 需用指令:钻孔循环加工指令(200)、孔循环指令线性(221)阵列、"CYCL CALL"程序调用。

②案例图样具体加工程序如下:

```
0 BEGIN PGM 221 MM                          程序名"221";
1 BLK FORM 0.1 Z X-0 Y-0 Z-30               毛坯最小点"X0, Y0, Z-30";
2 BLK FORM 0.2 X+100 Y+100 Z0               毛坯最大点"X100, Y100, Z0";
3 CYCL DEF 247 DATUM SETTING ~              调用坐标系号;
  Q339 = +1; DATUM NUMBER
4 TOOL CALL 4 Z S1000                       调用刀具 20 号, Z 轴, 转速 1 000 r/min;
5 M3
6 CYCL DEF 200 DRILLING                     调用钻孔循环 200;
  Q200 = +2; SET-UP CLEARANCE               安全高度 2;
  Q201 = -20; DEPTH                         深度 -20;
  Q206 = +150; FEED RATE FOR PLNGNG         切入进给速率 150 mm/min;
  Q202 = +4; PLUNGING DEPTH                 每次切入深度 4;
```

```
  Q210 = +0; DWELL TIME AT TOP              在顶部的暂停时间;
  Q203 = +0; SURFACE COORDINATE             工件钻孔表面坐标;
  Q204 = +50; 2ND SET-UP CLEARANCE          第二个调整间隙为 50;
  Q211 = +0; DWELL TIME AT DEPTH            在深度上暂停时间 0s;
7 CYCL DEF 221 CARTESIAN PATTERN            调用孔循环指令线性(221);
  Q225 = +15; TARTING PNT 1ST AXIS          起始点的第一坐标轴坐标值;
  Q226 = +15; TARTING PNT 2ND AXIS          起始点的第二坐标轴坐标值;
  Q237 = +35; PACING IN 1ST AXIS            在第一个轴上的间距 35 mm;
  Q238 = +35; ACING IN 2ND AXIS             在第二个轴上的间距 35 mm;
  Q242 = +3; NUMBER OF COLUMNS              列数 3;
  Q243 = +3; NUMBER OF LINES                行数 3;
  Q224 = +0; ANGLE OF ROTATION              旋转角度;
  Q200 = +2; SET-UP CLEARANCE               安全高度;
  Q203 = +0; SURFACE COORDINATE             工件表面坐标;
  Q204 = +50; 2ND SET-UP CLEARANCE          第二个调整间隙;
  Q301 = +1; MOVE TO CLEARANCE              移至安全高度;
8 L Z +100 R0 FMAX                          Z 轴定位 100;
9 M30                                       程序结束并返回程序头;
10 END PGM PATTERN MM                       程序结束。
```

③仿真加工图形如图 2.138 所示。

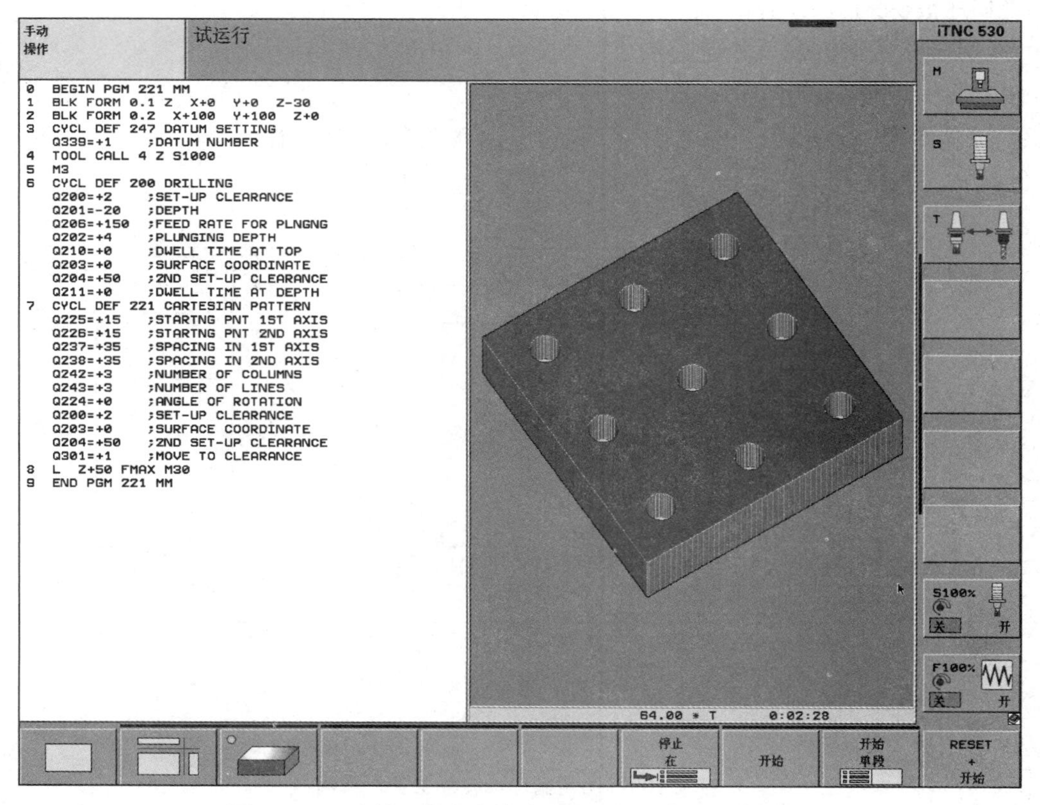

图 2.138　孔循环指令线性阵列编程加工案例仿真图形

延伸思考

孔循环指令圆形(220)、线性(221)阵列加工指令是孔加工循环的特殊操作指令,可以完成孔系的加工,在加工过程中一定要注重细节和各个环节的配合。在学习和生活中,也有很多需要与其他同学共同配合完成的工作,所以一定懂得尊重他人,助人为乐,摆正自己的位置。

十一、调用循环综合案例编程、仿真加工

1. 调用循环指令

(1)平面循环(230、232)加工指令;

(2)凸台循环(256、257)加工指令;

(3)型腔循环(251、252)加工指令;

(4)槽循环(253、254)加工指令;

(5)定心钻循环加工指令(240);

(6)钻孔循环加工指令(200);

(7)铣孔循环加工指令(208);

(8)铰孔循环加工指令(201);

(9)孔循环指令圆形(220)阵列加工;

(10)孔循环指令线性(221)阵列加工。

2. 调用循环指令编程加工综合案例

利用循环指令在“100×100×45 毛坯”上编程加工如图 2.139 所示零件。

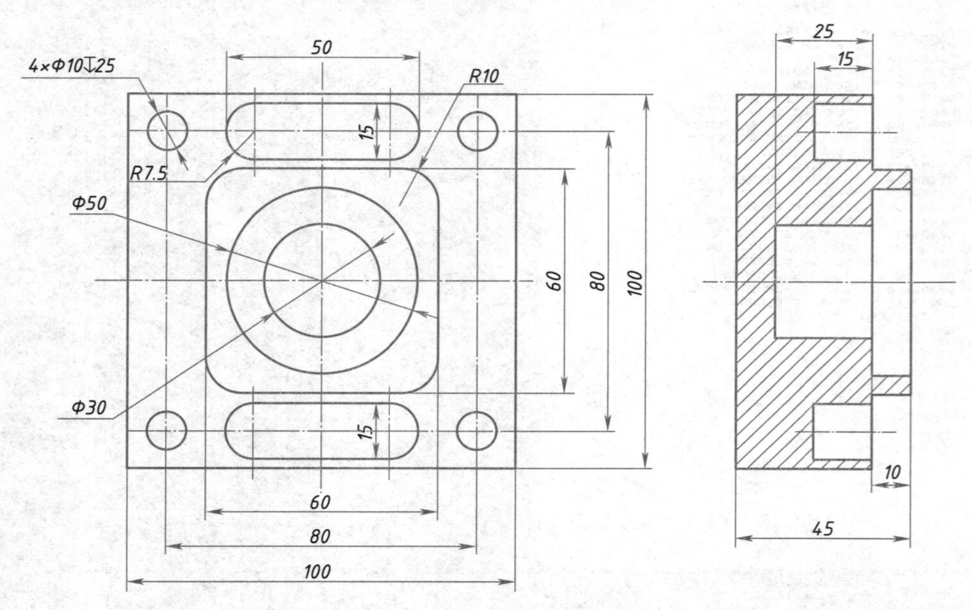

图 2.139　调用循环编程加工综合案例

（1）案例图样分析。根据案例图样可知：

①图中元素包括：

a. 平面；

b. 60 × 60 方凸台；

c. ϕ50 型腔；

d. 50 × 10 直槽；

e. 定心孔位；

f. 大孔 ϕ30；

g. 圆形阵列小孔 4 × ϕ10。

视频

循环加工指令综合案例

②需用主要指令：

a. 平面循环（230）加工指令；

b. 凸台循环（256）加工指令；

c. 型腔循环（252）加工指令；

d. 槽循环（253）加工指令；

e. 定心钻循环（240）加工指令；

f. 钻孔循环（200）加工指令；

g. 铣孔循环（208）加工指令；

h. 孔循环指令圆形（220）阵列加工。

（2）调用循环编程加工综合案例程序如表 2-19 所示。

表 2-19　调用循环编程加工综合案例程序

```
0  BEGIN PGM anli MM
1  BLK FORM 0.1 Z  X-50  Y-50  Z-45
2  BLK FORM 0.2  X+50  Y+50  Z+1
3  CYCL DEF 247 DATUM SETTING ~
   Q339 = +0;DATUM NUMBER
4  TOOL CALL 4 Z S3000
5  M3
6  L  Z+100 R0 FMAX
7  L  X+0 Y+0 R0 FMAX
8  CYCL DEF 230 MULTIPASS MILLING
   Q225 = -60;STARTNG PNT 1ST AXIS
   Q226 = -50;STARTNG PNT 2ND AXIS
   Q227 = +0;STARTNG PNT 3RD AXIS
   Q218 = +110;FIRST SIDE LENGTH
   Q219 = +100;2ND SIDE LENGTH
   Q240 = +20;NUMBER OF CUTS
   Q206 = +2000;FEED RATE FOR PLNGNG
   Q207 = +2000;FEED RATE FOR MILLNG
   Q209 = +2000;STEPOVER FEED RATE
   Q200 = +50;SET-UP CLEARANCE
9  CYCL CALL M13
10 CYCL DEF 256 RECTANGULAR STUD
   Q218 = +60;FIRST SIDE LENGTH
   Q424 = +105;WORKPC. BLANK SIDE 1
   Q219 = +60;2ND SIDE LENGTH
   Q425 = +105;WORKPC. BLANK SIDE 2
   Q220 = +10;CORNER RADIUS
   Q368 = +0;ALLOWANCE FOR SIDE
   Q224 = +0;ANGLE OF ROTATION
   Q367 = +0;STUD POSITION ~
   Q207 = +500;FEED RATE FOR MILLNG
   Q351 = -1;CLIMB OR UP-CUT
   Q201 = -10;DEPTH
   Q202 = +10;PLUNGING DEPTH
   Q206 = +3000;FEED RATE FOR PLNGNG
   Q200 = +2;SET-UP CLEARANCE
   Q203 = +0;SURFACE COORDINATE
   Q204 = +50;2ND SET-UP CLEARANCE
   Q370 = +1;TOOL PATH OVERLAP ~
   Q437 = +0;
11 CYCL CALL POS X+0  Y+0  Z+0 FMAX
12 L  X+0  Y+0  Z+150 R0 FMAX
```

续表

```
13  M5
14  TOOL CALL "ZXZ" Z S1000
15  M3
16  CYCL DEF 240 CENTERING
    Q200 = +2;SET-UP CLEARANCE
    Q343 = +0;SELECT DIA./DEPTH
    Q201 = -2;DEPTH
    Q344 = +0;DIAMETER
    Q206 = +150;FEED RATE FOR PLNGNG
    Q211 = +1;DWELL TIME AT DEPTH
    Q203 = -10;SURFACE COORDINATE
    Q204 = +50;2ND SET-UP CLEARANCE
17  CYCL DEF 220 POLAR PATTERN
    Q216 = +0;CENTER IN 1ST AXIS
    Q217 = +0;CENTER IN 2ND AXIS
    Q244 = +113.12;PITCH CIRCLE DIAMETR
    Q245 = +45;STARTING ANGLE
    Q246 = +360;STOPPING ANGLE
    Q247 = +90;STEPPING ANGLE
    Q241 = +4;NR OF REPETITIONS
    Q200 = +15;SET-UP CLEARANCE
    Q203 = -10;SURFACE COORDINATE
    Q204 = +50;2ND SET-UP CLEARANCE
    Q301 = +1;MOVE TO CLEARANCE ~
    Q365 = +0;TYPE OF TRAVERSE
18  L  Z+150 R0 FMAX
19  TOOL CALL "ZT10" Z S800
20  CYCL DEF 200 DRILLING
    Q200 = +2;SET-UP CLEARANCE
    Q201 = -25;DEPTH
    Q206 = +150;FEED RATE FOR PLNGNG
    Q202 = +5;PLUNGING DEPTH
    Q210 = +0;DWELL TIME AT TOP
    Q203 = -10;SURFACE COORDINATE
    Q204 = +50;2ND SET-UP CLEARANCE
    Q211 = +0;DWELL TIME AT DEPTH
21  CYCL DEF 220 POLAR PATTERN
    Q216 = +0;CENTER IN 1ST AXIS
    Q217 = +0;CENTER IN 2ND AXIS
    Q244 = +113.12;PITCH CIRCLE DIAMETR
    Q245 = +45;STARTING ANGLE
    Q246 = +360;STOPPING ANGLE
    Q247 = +90;STEPPING ANGLE
    Q241 = +4;NR OF REPETITIONS
    Q200 = +2;SET-UP CLEARANCE
    Q203 = +0;SURFACE COORDINATE
    Q204 = +50;2ND SET-UP CLEARANCE
    Q301 = +1;MOVE TO CLEARANCE
    Q365 = +0;TYPE OF TRAVERSE
22  L  Z+150 R0 FMAX
23  TOOL CALL "D10" Z S3000
24  CYCL DEF 253 SLOT MILLING
    Q215 = +0;MACHINING OPERATION
    Q218 = +50;SLOT LENGTH
    Q219 = +15;SLOT WIDTH
    Q368 = +0;ALLOWANCE FOR SIDE
    Q374 = +0;ANGLE OF ROTATION
    Q367 = +0;SLOT POSITION
    Q207 = +500;FEED RATE FOR MILLNG
    Q351 = -1;CLIMB OR UP-CUT
    Q201 = -15;DEPTH
    Q202 = +5;PLUNGING DEPTH
    Q369 = +0;ALLOWANCE FOR FLOOR
    Q206 = +150;FEED RATE FOR PLNGNG
    Q338 = +0;INFEED FOR FINISHING
    Q200 = +2;SET-UP CLEARANCE
    Q203 = +0;SURFACE COORDINATE
    Q204 = +50;2ND SET-UP CLEARANCE
    Q366 = +1;PLUNGE
    Q385 = +500;FINISHING FEED RATE
25  CYCL CALL POSX+0 Y+40 Z-10 FMAX
26  CYCL CALL POS X+0 Y-40 Z-10 FMAX
27  CYCL DEF 252 CIRCULAR POCKET
    Q215 = +0;MACHINING OPERATION
    Q223 = +50;CIRCLE DIAMETER
    Q368 = +0;ALLOWANCE FOR SIDE
    Q207 = +500;FEED RATE FOR MILLNG
    Q351 = -1;CLIMB OR UP-CUT
    Q201 = -10;DEPTH
    Q202 = +5;PLUNGING DEPTH
    Q369 = +0;ALLOWANCE FOR FLOOR
    Q206 = +150;FEED RATE FOR PLNGNG
    Q338 = +0;INFEED FOR FINISHING
    Q200 = +2;SET-UP CLEARANCE
    Q203 = +0;SURFACE COORDINATE
    Q204 = +50;2ND SET-UP CLEARANCE
    Q370 = +1;TOOL PATH OVERLAP
    Q366 = +1;PLUNGE
    Q385 = +500;FINISHING FEED RATE
28  CYCL CALL POS X+0 Y+0 Z+0 FMAX
29  CYCL DEF 208 BORE MILLING
    Q200 = +1;SET-UP CLEARANCE
    Q201 = -25;DEPTH
    Q206 = +150;FEED RATE FOR PLNGNG
    Q334 = +1;PLUNGING DEPTH
    Q203 = +0;SURFACE COORDINATE
    Q204 = +50;2ND SET-UP CLEARANCE
    Q335 = +30;NOMINAL DIAMETER
    Q342 = +25;ROUGHING DIAMETER
    Q351 = +1;CLIMB OR UP-CUT
30  CYCL CALL POS X+0 Y+0 Z-10 FMAX
31  L  X+0 Y+0  Z+100 FMAX
32  M30
33  END PGM anli MM
```

如表 2-19 所示加工程序分为(11 部分)：

①第 1 ~7 程序段,加工前准备程序；

②第 8 ~9 程序段,调用“平面铣循环 230”加工毛坯上平面；

③第 10 ~11 程序段,调用“方凸台铣循环 256”加工 60 ×60 方凸台；

④第 14 ~16 程序段,换刀(中心钻并调用定心钻循环 240 加工阵列 ϕ10 孔基础中心孔；

⑤第 17 程序段,调用钻孔圆形阵列循环 220 加工阵列孔 ϕ10 基础工心孔以外的其他中心孔；

⑥第 19 ~20 程序段,调用直径 ϕ10 钻头并调用钻孔循环 200 加工阵列 ϕ10 孔基础孔；

⑦第 21 程序段,调用钻孔圆形阵列循环 220 加工阵列 ϕ10 孔其他孔；

⑧第 23 ~26 程序段,调用铣槽刀具并调用“直槽铣循环 253”加工两个 50 ×10 直槽；

⑨第 27 ~28 程序段,调用“型腔铣循环 252”加工 ϕ50 型腔；

⑩第 29 ~30 程序段,调用“圆孔铣循环 208”加工 ϕ30 圆孔；

⑪第 31 ~32 程序段,抬起 Z 轴刀 100 mm,程序结束并返回程序头；

⑫第 33 程序段,结束程序段。

(3)调用循环编程加工综合案例仿真加工图形如图 2. 140 所示。

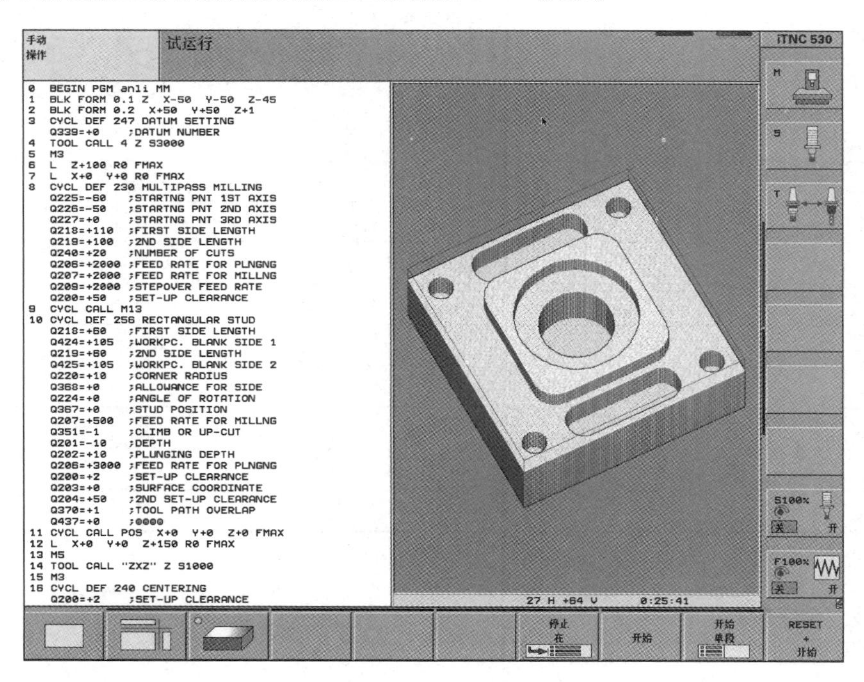

图 2. 140　调用循环综合案例仿真加工图形

延伸思考

掌握和理解“循环加工指令”中每个参数的用法和意义,才能更好地利用循环加工指令进行正确编程加工,从而保证在加工过程中的准确性和加工效率。

学习效果评价

学习评价表

<table>
<tr><td rowspan="2">单位</td><td rowspan="2"></td><td>学号</td><td></td><td rowspan="2">姓名</td><td rowspan="2"></td><td rowspan="2">成绩</td><td rowspan="2"></td></tr>
<tr><td>任务名称</td><td></td></tr>
<tr><td colspan="2">评价内容</td><td>配分(分)</td><td colspan="5">得分与点评</td></tr>
<tr><td colspan="8">一、成果评价:60 分</td></tr>
<tr><td colspan="2">熟记调用循环加工指令</td><td>15</td><td colspan="5"></td></tr>
<tr><td colspan="2">熟悉调用循环加工指令步骤</td><td>15</td><td colspan="5"></td></tr>
<tr><td colspan="2">正确使用及理解循环加工指令参数、意义</td><td>15</td><td colspan="5"></td></tr>
<tr><td colspan="2">回答加工循环指令编程格式、步骤、功能及所输入各参数意义正确</td><td>15</td><td colspan="5"></td></tr>
<tr><td colspan="8">二、自我评价:15 分</td></tr>
<tr><td colspan="2">学习活动的主动性</td><td>5</td><td colspan="5"></td></tr>
<tr><td colspan="2">独立解决问题能力</td><td>3</td><td colspan="5"></td></tr>
<tr><td colspan="2">工作方法正确性</td><td>3</td><td colspan="5"></td></tr>
<tr><td colspan="2">团队合作</td><td>2</td><td colspan="5"></td></tr>
<tr><td colspan="2">个人在团队中作用</td><td>2</td><td colspan="5"></td></tr>
<tr><td colspan="8">三、教师评价:25 分</td></tr>
<tr><td colspan="2">工作态度</td><td>8</td><td colspan="5"></td></tr>
<tr><td colspan="2">工作量</td><td>5</td><td colspan="5"></td></tr>
<tr><td colspan="2">工作难度</td><td>5</td><td colspan="5"></td></tr>
<tr><td colspan="2">工具使用能力</td><td>2</td><td colspan="5"></td></tr>
<tr><td colspan="2">自主学习</td><td>5</td><td colspan="5"></td></tr>
<tr><td colspan="2">学习或教学建议</td><td colspan="6"></td></tr>
</table>

延伸阅读 创新力

什么是创新能力?

所谓创新能力也称创造能力、创造力,指人在社会生产、生活等实践中,能不断进行一系列连续、复杂、高水平的创造性思维和创造活动,给人类文明和社会进步提供具有经济、社会和生态价值的新思想、新概念、新理论、新技术、新产品、新方法、新作品、新事物和新成果的能力;是立足已有事物(含自然界、社会及人等),开发、引进创新活动,对其进行重新组合,产生新思路、新事物的综合能力;是综合应用一切知识、经验与新信息,通过观念调整与转变,对事物现象和本质进行分析、综合、推理、想象,提出解决问题的新方案和新设想,进而产生出某种新颖、独特、有社会或个人价值的新产品、新工艺、新成果的能力。

创新能力是由知识、智力、能力及个性品质等因素优化构成的,主要表现为:一是掌握吸收、巩固、记忆、理解和运用知识分析、处理与解决问题的能力,是创造力的基础。二是知识丰富有利于进行科学分析、鉴别、简化、调整、修正、完善出更多更好的创造性设想。三是养成敏锐独特的观察力、高度集中的注意力、高效持久的记忆力、精确标准的操作力,学会创造性思维方法,灵活运用各种创造技法,方可形成核心创造力。四是个性品质修养是构成、发挥创造力的重要条件保障。五是创造力与兴趣广泛的广泛程度、永不满足的进取心、求知欲、意志、积极主动的独立思考精神、记忆力、工作效率、独立性、自信心、社交能力等人格素质呈正相关。可见,知识结构、智力水平、综合能力和个性品质相互影响,决定了人的创新能力。

由此,得出创新能力培养公式=①知识结构[基本理论:科学方法论、专业基本理论;基本能力:群体智慧与组织能力、解决专业问题与实践能力、接受与综合新思想能力;基本知识:自然科学、社会科学、横向科学;基本素质:自然素质(指情商、好奇心、兴趣、爱好等)和精神素质(指爱国主义、献身精神、责任感、毅力与事业心等)]+②智力水平(记忆力、观察力、注意力、思考力、创造力)+③综合能力(创新思维+创造技法+实践能力)+④创新意识(人格品质)。

(一)创新能力特征

第一、自主性。

创新主体在既定创新目标下,充分发挥自身主观能动性,综合运用自身素质、知识、智力、创新能力,从事各种创新活动;是创新主体自主选择目标,有目的、有意识、自觉、能动的自主行为。自主性给创新能力打上了强烈的个性化色彩,不同的个体、群体追求的创新目标不尽相同,表现出不同的创新能力和丰富多彩的创新结果,并形成创新合力,推动社会向前发展。

第二、首创性。

首创性是指提出前所未有的独特新工艺、新技术或新观念、新理论、新方法,是创新能力外化的表现。主要包括两方面的含义:一是时间上的首创性,创新主体产生或提出新颖、独创产品的时间上具有优先性。二是形式或内容上的首创性,是创新主体产生或提出新颖、独创的产品内容,是改造、综合、整理产生的另一种新事物。

第三、价值性。

价值性是指创新成果能满足社会需要,推动社会发展进步。创新成果的价值性主要体现在两个方面:一是主体通过运用、发挥其自身所具有的创新能力,实现自身的个人价值和社会价值,体现自己对社会的有用性;二是主体的创新成果具有一定的社会价值,对社会进步和发展具有一定的积极作用。

第三、超越性。

超越性是指创新主体通过一系列创新活动,不断突破原有思维定式,产生新飞跃的特性。主要表现为:一是对已有认识成果进行重新排列组合,形成新的认知成果的超越性。比如,“阿波罗”登月工程所用的数万个零件的产生,都是对原有知识成果的综合与重新组合的结果。由此,引起思维能力的超越。二是对思维定式的突破也将引导创新能力的超越性。比如,牛顿将静力学发展为动力学的超越;爱因斯坦创立的“直觉—演绎”思维方法、相对论和量子论力学,变革了牛顿力学教条化思维定式,就是创新能力的超越。

(二)创新能力培养

第一、用“求异”的思维方法去看待和思考事物。

也就是,在我们的学习和生活中,多去有意识地关注客观事物的不同性与特殊性。不拘泥于常规,不轻信权威,以怀疑和批判的态度对待一切事物和现象。

第二、有意识从常规思维的反方向去思考问题。

如果把传统观念、常规经验、权威言论当作金科玉律,常常会阻碍我们创新思维活动的展开。因此,面对新的问题或长期解决不了的问题,不要习惯于沿着前辈或自己长久形成的、固有的思路去思考问题,而应从不同的方向寻找解决问题的办法。

第三、用发散性的思维看待和分析问题。

发散性思维是创新思维的核心,其过程是从某一点出发,任意发散,既无一定方向,也无一定范围。发散性思维能够产生众多的可供选择的方案、办法及建议,能提出一些独出心裁、出乎意料的见解,使一些似乎无法解决的问题迎刃而解。

第四、主动地、有效地运用联想。

联想是在创新思考时经常使用的方法,也比较容易见到成效。我们常说的“由此及彼、举一反三、触类旁通”就是联想中的“经验联想”。任何事物之间都存在着一定的联系,这是人们能够采用联想的客观基础,因此联想的最主要方法是积极寻找事物之间的关系,主动地、积极地、有意识地去思考它们之间联系。

第五、学会整合,宏观看待。

我们很多人擅长的是“就事论事”,或者说看到什么就是什么,思维往往会被局限在某个片区内。整合就是把对事物各个侧面、部分和属性的认识统一为一个整体,从而把握事物的本质和规律的一种思维方法。当然,整合不是把事物各个部分、侧面和属性的认识,随意地、主观地拼凑在一起,也不是机械地相加,而是按它们内在的、必然的、本质的联系把整个事物在思维中再现出来的思维方法。

任务四　倾斜面指令

知识、技能目标

1. 掌握倾斜面指令的含义及作用。
2. 掌握海德汉ITNC530数控系统各类倾斜面参数输入及编写方法。

思政育人目标

1. 培养正确的人生观、价值观,树立远大理想。
2. 培养学生勤奋努力、精益求精的工匠精神。
3. 培养分析问题解决问题的能力。

4. 培养对产品负责的工作态度。

任务描述

1. 了解熟悉倾斜面指令的应用过程。
2. 通过对课程的学习初步掌握倾斜面建立的过程。

任务实践

数控机床的“3 +2”加工是数控五轴机床中最常见的一种加工方式，在生产工作中大多是通过软件的编辑来完成五轴机床“3 +2”的加工内容。以下通过手动编程方式来系统了解 DMU60 型数控多轴机床的“3 +2”加工形式，巩固提升倾斜面加工指令的参数含义和使用技巧。

一、 倾斜面加工参数

倾斜面加工参数在 DMU60 型数控多轴机床加工中起到决定性的作用，数控机床在做“3 +2”加工和多轴联动加工时都需要这些参数。

“PLANE”功能是用来定义倾斜加工面，它支持多种定义方式。

TNC 系统的所有“PLANE”功能都可用于描述所需加工面，与数控机床实际所带的旋转轴无关。具体功能参数见表 2-20 所示。

表 2-20 PLANE 功能参数

功能	所需参数	软键
SPATIAL（空间角）	三个空间角：SPA，SPB 和 SPC	SPATIAL
PROJECTED（投影）	两个投影角：PROPR 和 PROMIN 以及旋转角 ROT	PROJECTED
EULER（欧拉角）	三个欧拉角：进动角（EULPR），盘旋角（EULNU）和旋转角（EULROT）	EULER
VECTOR（矢量）	定义平面的法向矢量和用于定义 X 轴倾斜方向的基准矢量	EULER
POINTS（三点）	倾斜加工面上任意三点的坐标	POINTS

续表

功能	所需参数	软键
RELATIVE(增量角)	一个增量有效的空间角	REL. SPA.
AXIAL (轴角)	最多三个绝对量或增量轴角 A,B,C	AXIAL
RESET (复位)	复位“PLANE”功能	RESET

上述 8 种“PLANE”功能是在做多轴加工中常用的 8 种形式,功能特性如下:

1. SPATIAL(空间角)

(1)用空间角定义加工面:

PLANE 空间角功能(蓝色坐标为原始坐标,红色为选择后的坐标),如图 2.141 所示。

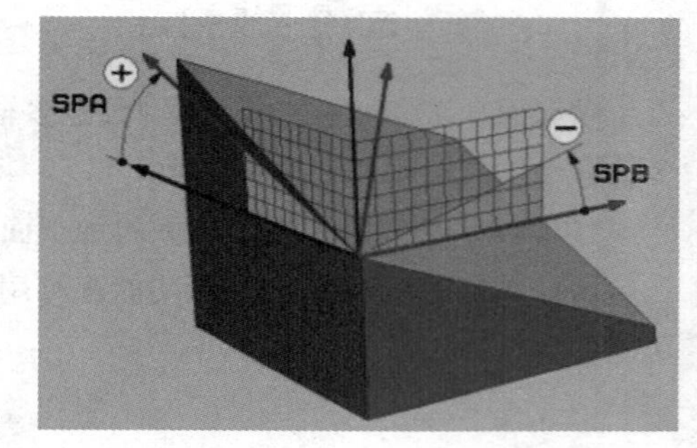

图 2.141 PLANE 空间角功能

空间角用不超过三个坐标系的旋转定义一个加工面,因此出现两个结果必然相同的透视。

(2)关于机床坐标系的旋转:

旋转顺序为:先绕机床轴 C 旋转,再绕机床轴 B 旋转,再绕机床轴 A 旋转。

(3)关于倾斜坐标系的旋转:

旋转顺序为:先绕机床轴 C 旋转,再绕旋转的轴 B 旋转,再绕轴 A 旋转。这种透视通常比较易于理解,因为一个旋转轴不动,因此坐标系的旋转容易理解。

编程前注意:必须定义三个空间角“SPA”,“SPB”和“SPC”,即使它们其中之一为 0°。如果循环 19 中的设置项是基于机床的空间角定义的,该操作相当于循环 19。

(4)输入参数:

空间角“A”:旋转角“SPA”是围绕机床的固定 X 轴旋转,如图 2.141 所示。旋转角输入范围是 −359.9999° ~ +359.9999°;

空间角“B”:旋转角“SPB”为围绕固定的机床 Y 轴旋转,如图 2.141 所示。旋转角输入范围是 −359.9999°至 +359.9999°;

空间角“C”:旋转角“SPC”为围绕固定的机床 Z 轴旋转,如图 2.142 所示。旋转角输入范围是 −359.9999° ~ +359.9999°。

2. PROJECTED (投影角)

(1)用投影角定义加工面:投影 PLANE 功能如图 2.143 所示。

投影角用两个角定义一个加工面,这两个角通过投影到被定义加工面的第一坐标面(Z 轴为刀具轴的

Z/X 坐标面）和第二坐标面（Z 轴为刀具轴的 Y/Z 坐标面）决定。

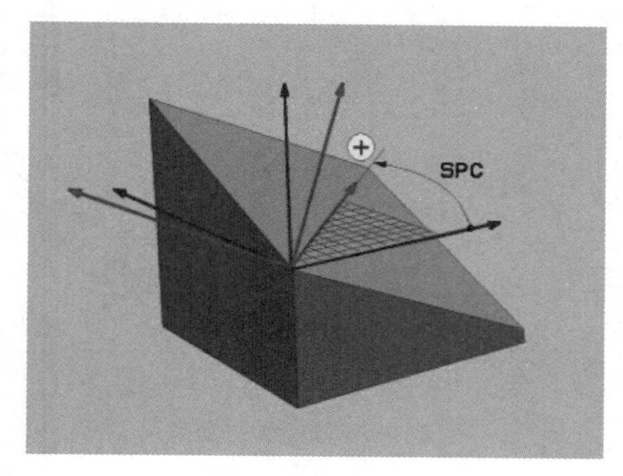

图 2.142　空间角

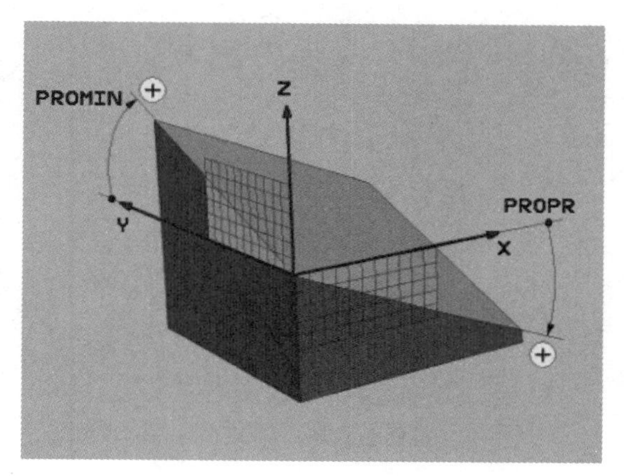

图 2.143　投影角

（2）输入参数。

第 1 坐标面的投影角：机床固定坐标系统的第 1 坐标面上的倾斜加工面的投影角（Z 轴为刀具轴的 Y/Z 坐标面，如图 2.143 所示。投影角输入范围：－89.9999°～＋89.9999°。0°轴是当前加工面的基本轴（Z 轴为刀具轴的 X 轴。参见图 2.143 所示的正方向）。

投影角第 2 坐标面：机床固定坐标系统的第 2 坐标面上的倾斜加工面的投影角（Z 轴为刀具轴的 Y/Z，见上图）。投影角输入范围："－89.9999°～＋89.9999°"。0°轴是当前加工面的辅助轴（Z 轴为刀具轴的 Y 轴）。

倾斜面的"ROT"（旋转）角：围绕倾斜刀具轴旋转倾斜坐标系。旋转角用于简化指定加工面的基本轴方向（Z 轴为刀具轴的 X 轴；Y 轴为刀具轴的 Z 轴，如图 2.144 所示。旋转角输入范围：0°～360°。

3. EULER（欧拉角）

用欧拉角定义加工面（欧拉 PLANE）。

（1）功能：通过最多 3 个围绕相应倾斜坐标系旋转的欧拉角定义一个加工面。这些角最早由瑞士数学家列昂啥德·欧拉定义。用于机床坐标系统时，它有如下含义：

①进动角"EULPR"。坐标系围绕 Z 轴旋转；

②盘旋角"EULNU"。坐标系围绕由进动角改变后的 X 轴旋转；

③旋转角"EULROT"。倾斜加工面围绕倾斜的 Z 轴旋转。

（2）输入参数。

①主坐标面旋转角：围绕 Z 轴旋转的进动角"EULPR"旋转角如图 2.145 所示。输入范围：－180.0000°～＋180.000°，0°轴为 X 轴。

②刀具轴摆动角：是坐标系围绕由进动角改变后的 X 轴"EULNU"倾斜的角度，如图 2.146 所示。

说明：输入范围是 0°～＋180.000°，0°轴为 X 轴。

③倾斜面的"ROT"（旋转）角：倾斜坐标系围绕 Z 轴倾斜旋转后的旋转角"EULROT"。用旋转角可以简化定义倾斜加工面中的 X 轴方向，如图 2.147 所示。

说明：输入范围是 0°～360.000°，0°轴为 X 轴。

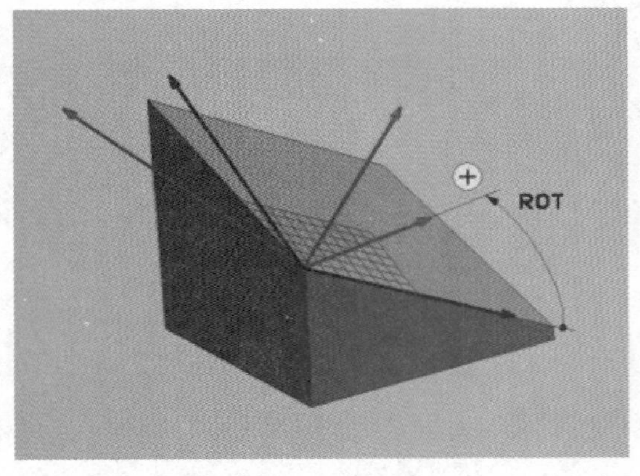

图 2.144　ROT

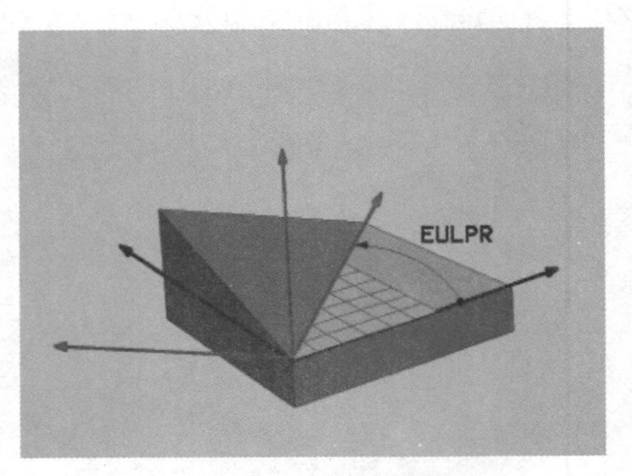

图 2.145　欧拉角-进动角

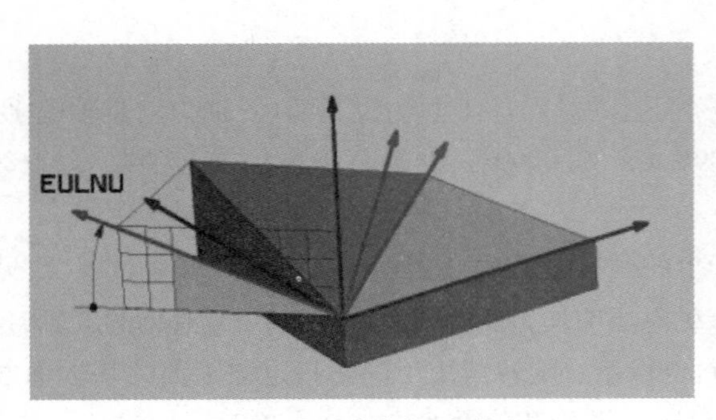

图 2.146　欧拉角-盘旋角

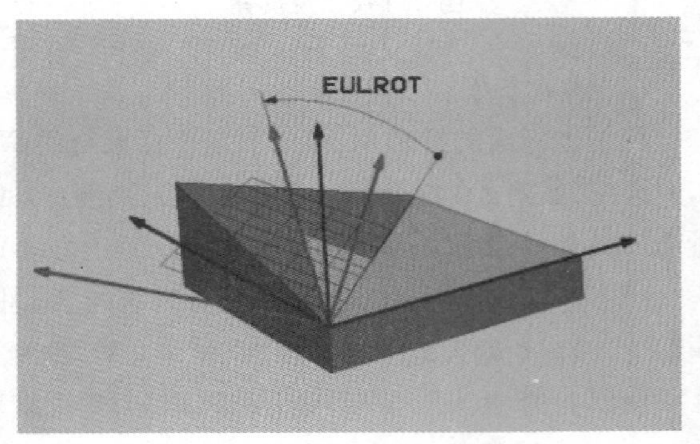

图 2.147　欧拉角-旋转角

4. VECTOR(矢量)

用两个矢量定义加工面:矢量“PLANE”。

(1)功能:

①如果 CAD 系统可以计算倾斜加工面的基准矢量和法向矢量,则可以用这两个矢量定义加工面。无须按归一化方式输入。因为 TNC 可以自动按标准计算,因此可输入 -99.999999 至 +99.999999 间的值。

②定义加工面所需的基准矢量由“BX”、“BY”和“BZ”定义,如图 2.148 所示。法向矢量由分量 **NX**、**NY** 和 **NZ** 定义。

③基准矢量决定倾斜加工面的基本轴方向,法向矢量决定加工面方向,并且两个矢量相互垂直。

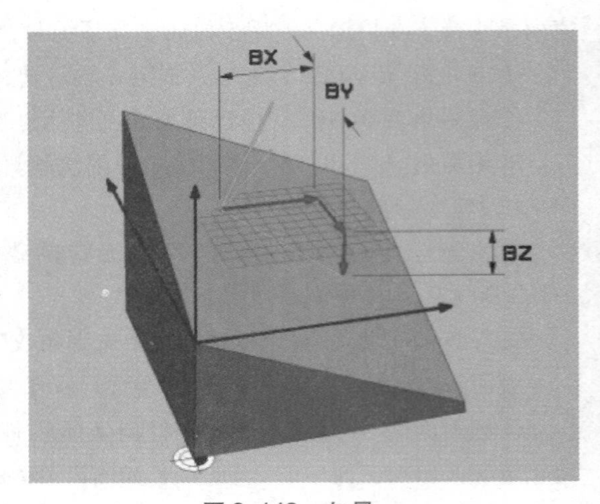

图 2.148　矢量

(2)输入参数。

基准矢量的 *X* 分量:基准矢量 ***B*** 的 *X* 轴分量 **BX**,如

图 2. 148 所示。分量输入范围：－99. 9999999 至 +99. 9999999；

基准矢量的 *Y* 分量：基准矢量 ***B*** 的 *Y* 轴分量 **BY**，如图 2. 148 所示。分量输入范围：－99. 9999999 至 +99. 9999999；

基准矢量的 *Z* 分量：基准矢量 ***B*** 的 *Z* 轴分量 **BZ**，如图 2. 148 所示。分量输入范围：-99. 9999999 至 +99. 9999999；

法向矢量的 *X* 轴分量：法向矢量 ***N*** 的 *X* 轴分量 **NX**，如图 2. 149 所示。分量输入范围：－99. 9999999 至 +99. 9999999；

法向矢量的 *Y* 轴分量：法向矢量 ***N*** 的 *Y* 轴分量 **NY**，如图 2. 149 所示。分量输入范围：-99. 9999999 至 +99. 9999999；

法向矢量的 *Z* 分量：法向矢量 ***N*** 的 *Z* 轴分量 **NZ**，如图 2. 150 所示。分量输入范围：－99. 9999999 至 +99. 9999999。

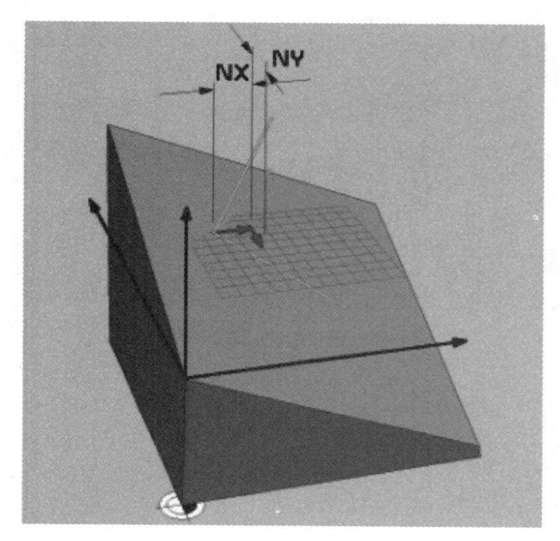

图 2. 149　NX\NY 矢量

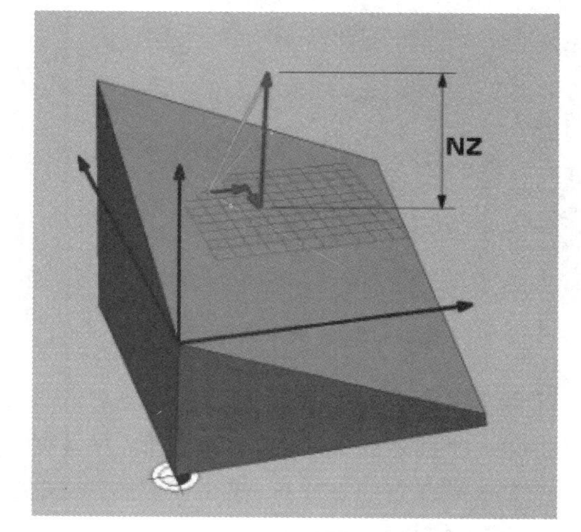

图 2. 150　法向矢量

5. POINTS（三点）

用三点定义加工面："PLANE"点。

（1）功能：

①通过输入该加工面上任意 3 点"P1"～"P3"能唯一确定该加工面。这可以用"PLANE"三点功能实现。

②"P1"到"P2"的连线决定倾斜基本轴的方向（*Z* 轴为刀具轴的 *X* 轴）。

③倾斜刀具轴的方向由"P3"相对"P1"与"P2"的连线位置决定。使用右手规则（拇指为 *X* 轴，食指为 *Y* 轴，中指为 *Z* 轴，如图 2. 151 所示。来确定坐标关系；拇指（*X* 轴）由"*P1*"指向"*P2*"，食指（*Y* 轴）指向平行于"*P3*"方向

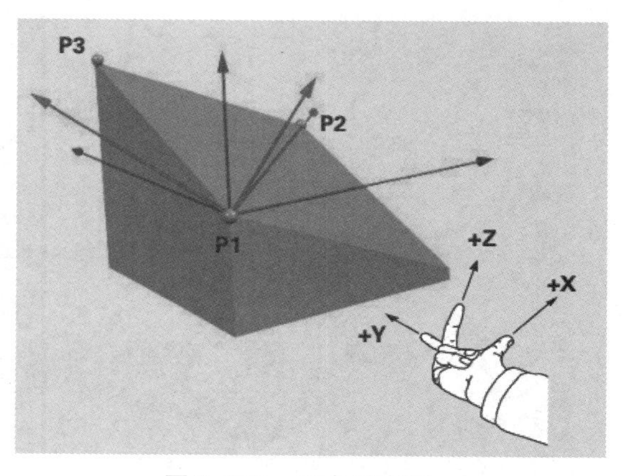

图 2. 151　三点示意图

的倾斜 Y 轴。最后中指指向倾斜刀具轴方向。

④三点决定该加工面的倾斜度。TNC 系统不改变当前原点的位置。

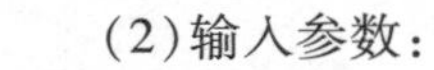

视频

手工编程案例加工

(2)输入参数:

①第 1 平面点的 X 坐标:第 1 平面点的 X 轴坐标“P1X”,如图 2.152 所示;

②第 1 平面点的 Y 坐标:第 1 平面点的 Y 轴坐标“P1Y”,如图 2.152 所示;

③第 1 平面点的 Z 坐标:第 1 平面点的 Z 轴坐标“P1Z”,如图 2.152 所示;

④第 2 平面点的 X 坐标:第 2 平面点的 X 轴坐标“P2X”,如图 2.153 所示;

⑤第 2 平面点的 Y 坐标:第 2 平面点的 Y 轴坐标“P2Y”,如图 2.153 所示;

⑥第 2 平面点的 Z 坐标:第 2 平面点的 Z 轴坐标“P2Z”,如图 2.153 所示;

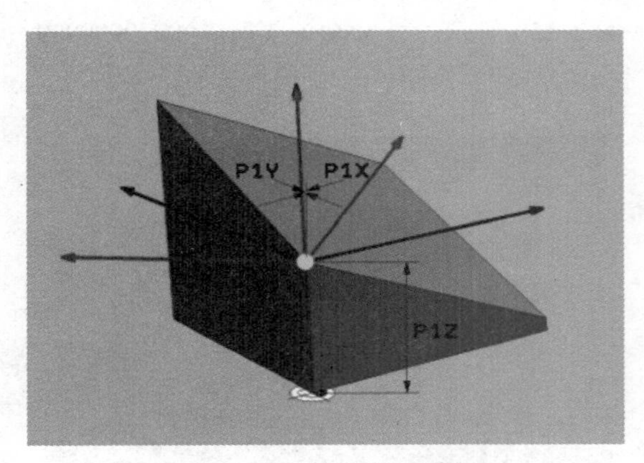

图 2.152　第一点示意图

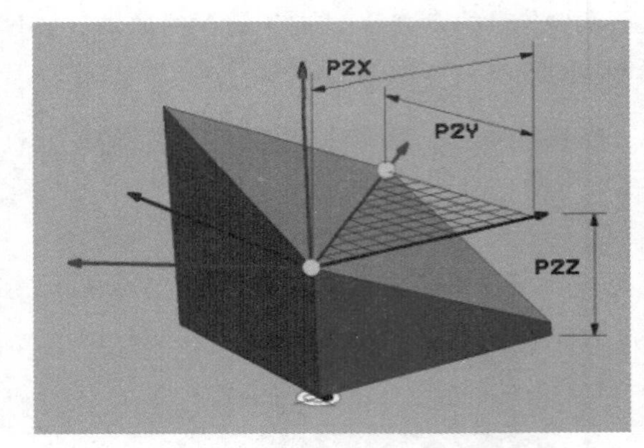

图 2.153　第二点示意图

⑦第 3 平面点的 X 坐标:第 3 平面点的 X 轴坐标“P3X”,如图 2.154 所示;

⑧第 3 平面点的 Y 坐标:第 3 平面点的 Y 轴坐标“P3Y”,如图 2.154 所示;

⑨第 3 平面点的 Z 坐标:第 3 平面点的 Z 轴坐标“P3Z”,如图 2.154 所示。

6. RELATIVE(增量角)

用增量空间角定义加工面,如图 2.155 所示。

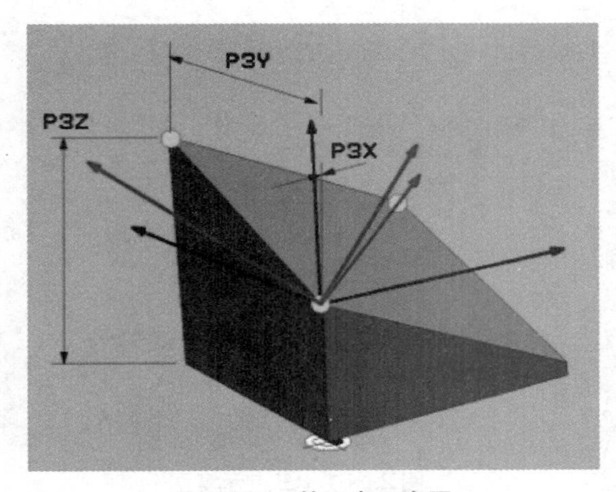

图 2.154　第三点示意图

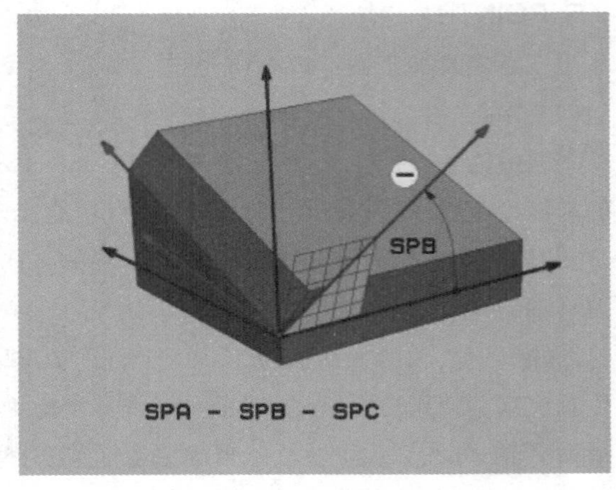

图 2.155　增量角

（1）功能：如果当前倾斜的加工面需要进行另一次旋转，用增量式空间角。

例如在倾斜面上加工 45°倒角，所定义的角度仅对当前加工面有效，与用以激活它的功能无关。可以在一行中编写任意一个“PLANE”相对角。如果要返回“PLANE”相对角功能前的有效加工面，可再次用相同角但用相反代数符号定义“PLANE”相对角功能。如果在非倾斜加工面上用“PLANE”相对角功能，只需用“PLANE”功能中定义的空间角旋转非倾斜面。

（2）输入参数。

增量角：空间角，它要围绕当前加工面做进一步旋转，如图 2.155 所示。增量角输入范围：-359.9999°至+359.9999°。

7. AXIAL（轴角）

用轴角倾斜加工面：“PLANE”轴角（FCL3 功能），如图 2.156 所示。

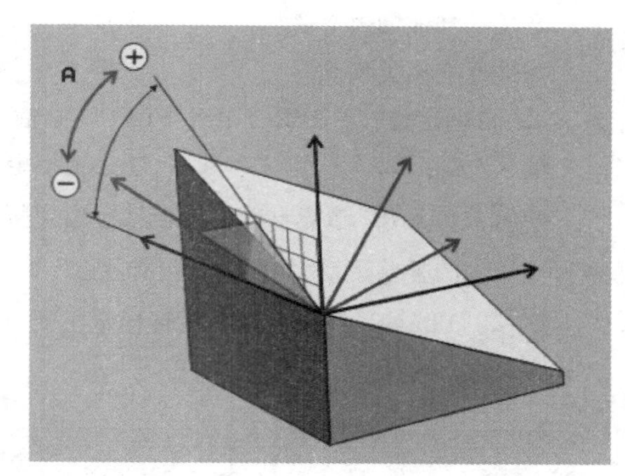

图 2.156　轴角

（1）功能：

①PLANE 轴角功能定义加工面位置和旋转轴名义坐标。在直角坐标机床上，机床运动特性只有一个有效旋转轴，该功能非常简单易用。

②只要机床当前只有一个旋转轴，也可以用“PLANE”轴角功能。如果机床允许定义空间角，可以在“PLANE”轴角后使用“PLANE”相对角功能。

③只能使用机床上实际存在的轴角，否则，TNC 生成出错信息。“PLANE”轴角定义的旋转轴坐标为模态有效。因此，后面定义以前面定义为基础。允许用增量值输入，用“PLANE RESET”（PLANE 复位）复位“PLANE”功能，输入 0 不能取消“PLANE”轴角功能。

④用“PLANE”轴角时，“SEQ”，“TABLE ROT”和“COORD ROT”不起作用。

（2）输入参数：

①轴角“A”：该轴角为倾斜“A”轴的角度。如果输入增量值，该角为从当前位置倾斜“A”轴的角度。轴角输入范围：-9999.9999°至+9999.9999°。

②轴角“B”：该轴角为倾斜“B”轴的角度。如果用增量值输入，该角为从当前位置倾斜“B”轴的角度。轴角输入范围：-9999.9999°至+9999.9999°。

③轴角“C”：该轴角为倾斜“C”轴的角度。如果用增量值输入，该角为从当前位置倾斜“C”轴的角度。轴角输入范围：-9999.9999°至+9999.9999°。

8. RESET（复位）

（1）复位“PLANE”功能操作如下：

SPEC FCT 显示特殊功能的软键行。

选择“PLANE”功能：点击“TILT MACHINING PLANE”（倾斜加工面）键，TNC 的软键行显示可用的定义项。

RESET 选择“复位”功能，这将在系统内部复位“PLANE”功能，但不影响当前轴位置。

MOVE 指定 TNC 是否应自动将旋转轴移到默认设置“MOVE”(移动)或“TURN”(转动)或“STAY”(保持)位置。

(2)指定“PLANE”功能的定位特性。

无论用哪一个“PLANE”功能定义倾斜加工面,都可以使用以下定位特性:

①自动定位;

②选择其他倾斜方式;

③选择变换类型。

(3)自动定位:“MOVE/TURN/STAY”(必输入项)。

输入全部“PLANE”定义参数后,还必须指定如何将旋转轴定位到计算的轴位置值处:

MOVE :“PLANE”功能自动将旋转轴定位到所计算的位置值处,刀具相对工件的位置保持不变,TNC 将执行直线轴的补偿运动,如图 2.157 所示。

TURN :“PLANE”功能自动将旋转轴定位到所计算的位置值处,但只定位旋转轴,TNC 将不对线性轴执行补偿运动,如图 2.158 所示。

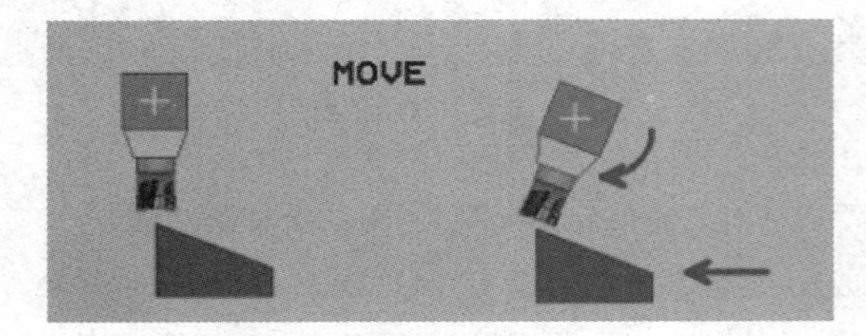

图 2.157　刀具与工件跟随移动

图 2.158　主轴移动

STAY :需要在另一个定位程序段中定位旋转轴,如图 2.159 所示。

如果选择了“MOVE”(移动)功能(用“PLANE”功能自动定位轴),还必须定义如下两个参数:偏移刀尖(旋转中心)和进给速率“F =”,如图 2.160 所示。

图 2.159　不移动

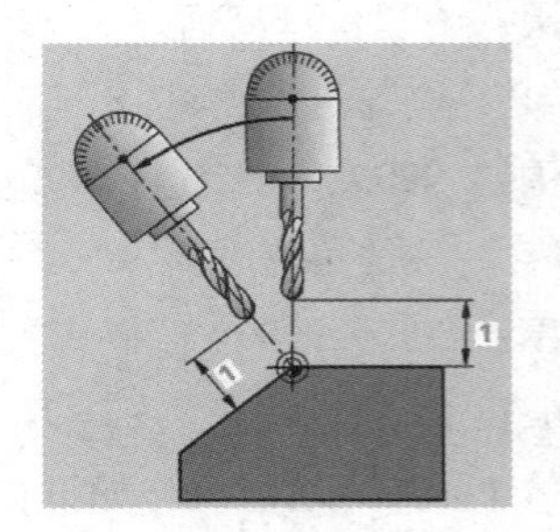

图 2.160　偏移刀尖

如果选择“TURN(转动)”功能(用“PLANE”功能无补偿运动地自动定位轴),还必须定义以下两个参数:退刀长度“MB”和进绘速率“F =”或者用数字值直接定义进给速率“F”,也可以用“FMAX”(快移速度)或“FAUTO”[T(刀具调用)程序段中的进给速率],如图 2.161 所示。

二、“PLANE”倾斜面加工

“PLANE”倾斜面加工中，以空间角为例进行内容讲解，以程序案例进行说明，安全高度如图2.162所示。

视频

PLANE倾斜面加工

“PLANE SPATIAL”“SPA +0”“SPB-30”“SPC +0”“MOVE”“DIST100 F3000 SEQ- COORD ROT”的含义：

①“PLANE SPATIAL”为空间角。

②“SPA”、“SPB”、“SPC”为绕 X、Y、Z 轴选择的角度。

③“MOVE”为机床摆角时，刀具跟随移动。

④“DIST”为刀具刀尖到旋转中心的距离。

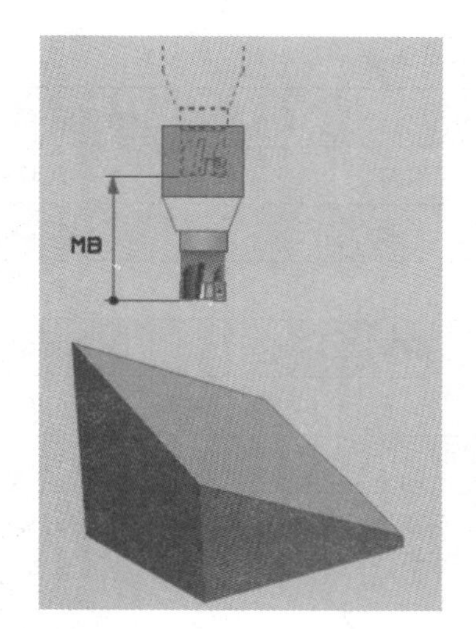

图2.161　退刀长度MB

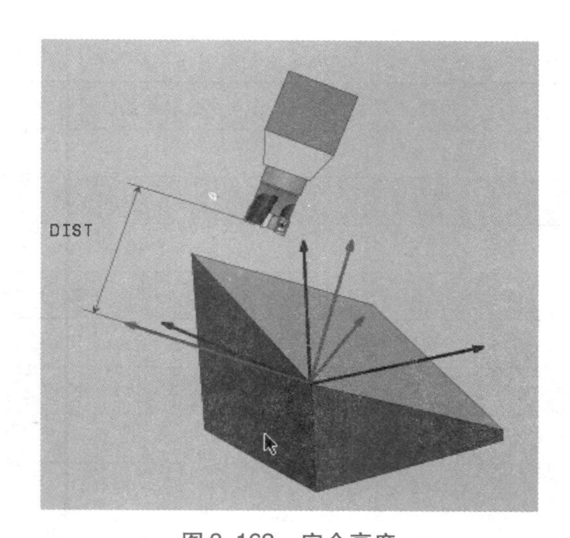

图2.162　安全高度

1. SEQ为机床的旋转方向

TNC系统使用定义加工面的位置数据计算机床上实际存在的旋转轴的正确定位位置。通常有两种方法。

(1)用“SEQ”开关指定TNC应用哪一种方法：

①用“SEQ +”定位基本轴，因此假定这是一个正角。基本轴是工作台的第2旋转轴，或刀具的第1轴（取决于机床配置情况，如图2.163所示）。

②用“SEQ -”定位基本轴，因此假定这是一个负角。

③如果用“SEQ”选择的计算结果不在机床行程范围内，TNC将显示“Entered angle not permitted”（输入的角不在允许范围内）出错信息。

④使用“PLANE”轴角功能时，“SEQ”开关不起作用。

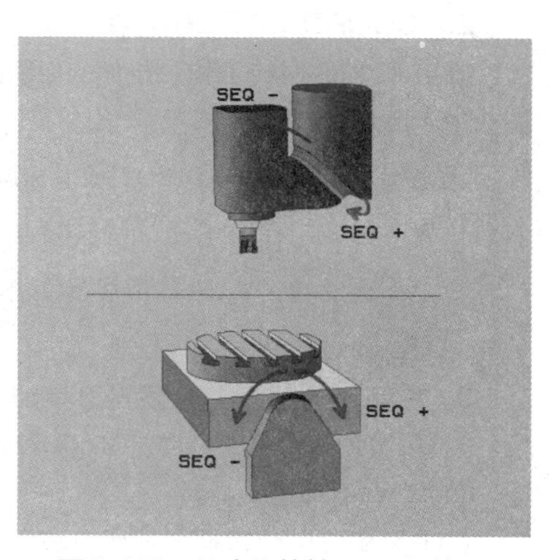

图2.163　机床旋转轴+/-旋转

⑤也可用 Q 参数编程“SEQ”开关。正 Q 参数得到“SEQ +”解，负 Q 参数得到 SEQ - 解。

⑥如果用“PLANE SPATIAL A +0 B +0 C +0”(“PLANE”空间角 “A +0”“B +0”“C +0”)功能，不允许编程 “SEQ -”；如果这样编程，TNC 将输出出错信息。

(2)如果未定义“SEQ”，TNC 用以下方法确定解：

①TNC 首先检查可能的解是否在旋转轴的行程范围内。

②如果只有一个解在行程范围内，TNC 将选择该解。

③如果行程范围内无解，将显示“Entered angle not permitted”(输入的角不在允许范围内)出错信息。

[例 2-3] C 轴回转工作台和 A 轴倾斜工作台的机床。

编程功能：“PLANE SPATIAL”(PLANE 空间角)“SPA +0”、“SPB +45”、“SPC +0”

见表 2-21，得出行程开关与“SEQ”关系，A、C 轴起始位置与计算后得出的关联位置。

表 2-21　行程开关与 SEQ 关系

行程开关	起始位置	SEQ	得出的轴位置
无	A +0, C +0	不编程	A +45, C +90
无	A +0, C +0	+	A +45, C +90
无	A +0, C +0	-	A -45, C -90
无	A +0, C -105	不编程	A -45, C -90
无	A +0, C -105	+	A +45, C +90
无	A +0, C -105	-	A -45, C -90
-90 < A < +10	A +0, C +0	不编程	A -45, C -90
-90 < A < +10	A +0, C +0	+	出错信息
无	A +0, C -135	+	A +45, C +90

2. “COORD　ROT”(选择坐标系)

在有 C 轴的回转工作台机床上，用于指定变换坐标系旋转类型的功能。坐标系旋转类型有两种，如图 2.164 所示。

①坐标旋转：“COORD ROT”(坐标旋转) 用于指定 “PLANE”功能只将坐标系旋转到已定义的倾斜角位置。回转工作台不动，进行纯数学补偿。

②工作台旋转：“TABLE ROT”(工作台旋转) 用于指定“PLANE”功能将回转工作台定位到已定义的倾斜角。通过旋转工件进行补偿。

3. 在倾斜加工面上用倾斜刀具加工

功能：“COORD ROT”的与 M128 和新“PLANE”功能一起使用时，可以在倾斜加工面使用“倾斜刀具加工”功能。有两种定义方法：

①通过旋转轴的增量运动使用倾斜刀具加工；

②通过法向矢量使用倾斜刀具加工。

说明：在倾斜加工面上只能用球头铣刀进行倾斜刀具加工，如图 2.165 所示。

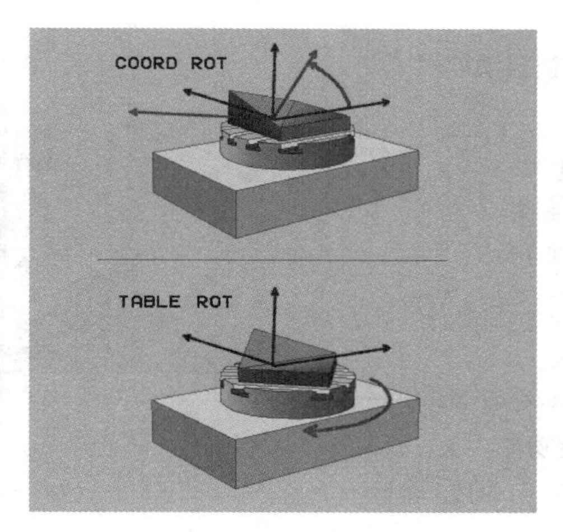

图 2.164　坐标系旋转

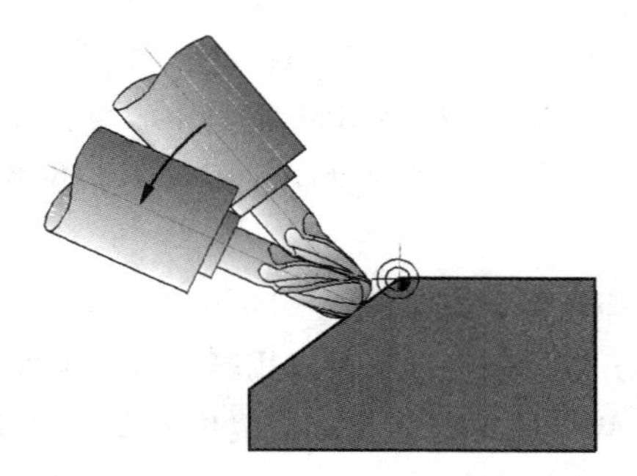

图 2.165　刀具倾斜加工

NC 程序段举例：

```
...
N12 G00 G40 Z +50 M128 *                                       定位在第二安全高度处，启动；M128
N13 PLANE SPATIAL SPA +0 SPB-45 SPC +0 MOVE SET- UP50 F900 *  定义并启动“PLANE“ 功能；
N14 G01 G91 F1000 B-17 *                                       设置倾斜角；
...                                                             定义倾斜加工面的加工。
```

4. 旋转轴短路径运动指令（M126）

定位旋转轴时显示的角度小于 360°时的 TNC 工作特性取决于机床参数“7682”的“Bit 2”。“MP7682”用于设置 TNC 应如何考虑名义位置和实际位置之差，或 TNC 是否必须用最短路径移到编程位置或仅当用 M126 编程时。TNC 必须沿编号路径进行旋转轴运动，见表 2-21 所示。

表 2-21　沿编号路径进行旋转轴运动

实际位置	名义位置	运动
350°	10°	−340°
10°	340°	+330°

（1）M126 特性：

如果旋转轴显示值减小到 360 °以下，TNC 将用 M126 功能沿最短路径移动旋转轴。

（2）举例（表 2-22）：

表 2-22　用 M126 功能沿最短路径移动旋转轴

实际位置	名义位置	运动
350°	10°	+20°
10°	340°	−30°

(3)作用:

①M126 在程序段开始处生效。

②要取消 M126,输入 M127。在程序结束时,M126 将被自动取消。

5. 用倾斜轴定位时保持刀尖位置(TCPM):M128

TNC 将刀具移至零件程序要求的位置处。如果在程序中改变了倾斜轴位置,必须计算所导致的直线轴偏移量并用定位程序段运动。

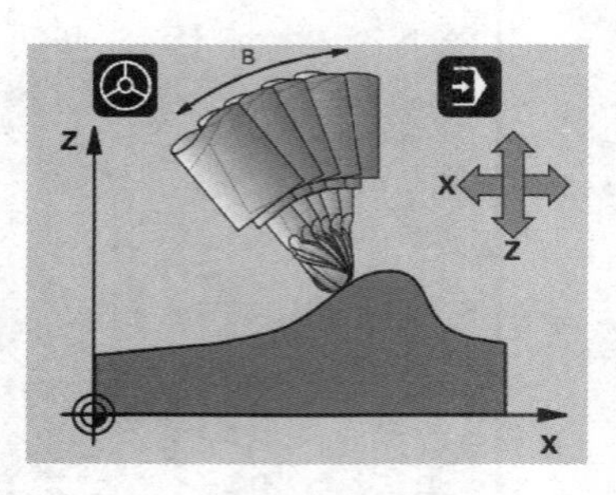

图 2.166　刀尖跟随

(1)M128 特性(TCPM:刀具中心点管理)如图 2.166 所示。

①如果在程序中改变了受控倾斜轴位置,刀尖相对于工件的位置保持不变。

②如果要在程序运行期间用手轮改变倾斜轴位置,M128 与 M118 一起使用。M128 有效时,可以用基于机床坐标系的手轮定位功能。

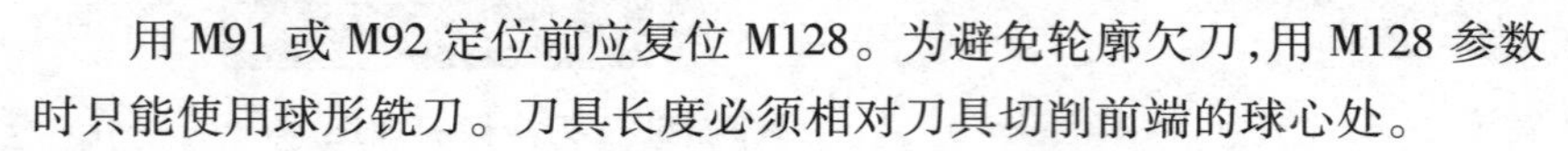

用 M91 或 M92 定位前应复位 M128。为避免轮廓欠刀,用 M128 参数时只能使用球形铣刀。刀具长度必须相对刀具切削前端的球心处。

③如果正在使用 M128,TNC 将在状态栏显示符号。

④倾斜工作台的 M128。

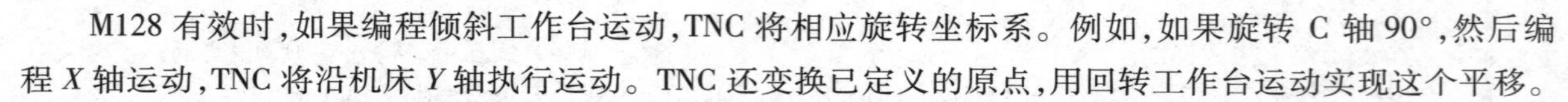

M128 有效时,如果编程倾斜工作台运动,TNC 将相应旋转坐标系。例如,如果旋转 C 轴 90°,然后编程 *X* 轴运动,TNC 将沿机床 *Y* 轴执行运动。TNC 还变换已定义的原点,用回转工作台运动实现这个平移。

⑤3D 刀具补偿的 M128。如果 M128 有效和半径补偿 G41/G42 有效时执行 3D 刀具补偿,针对某些机床几何特征配置的情况 TNC 自动定位旋转轴。

(2)作用:

①M128 在程序段开始处生效,M129 在程序段结束处生效。在手动操作模式下 M128 也有效,即使改变了操作模式它仍保持有效。补偿运动的进给速率将保持有效直到编程新进给速率或用 M129 取消 M128 为止。

②要取消 M128,输入 M129 即可。如果在程序运行操作模式下选择新程序,TNC 也将取消 M128。

三、　倾斜面编程加工案例

(1)编程加工案例描述:一加工零件图如图 2.167 所示,利用常用的空间角平面编程方法编程加工零件四边倒角的 15°倾斜面。

(2)案例加工零件图样分析。

①图中元素包含:

a. 平面;

b. 初始毛坯料为 100×100×30 方形毛坯;

c. 加工的斜面倒角为 15°;

d. 加工结束后,构成的小平面为 50×50;

②编程需用主要指令:

a. 平面循环(230)加工指令;

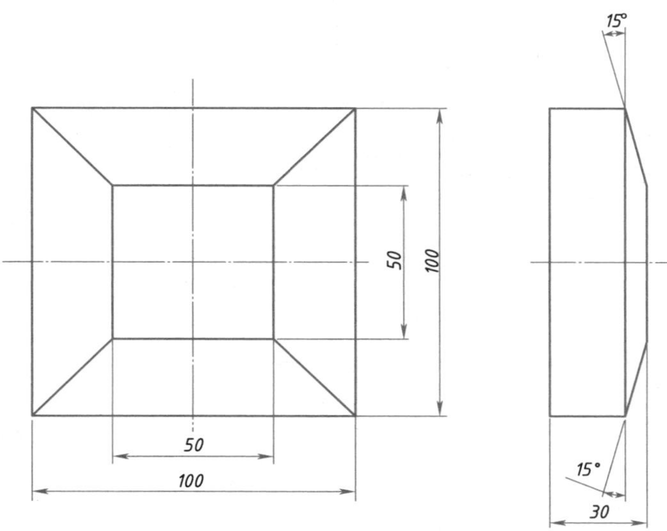

图 2.167　倾斜面编程加工案例图

视频

倾斜面案例加工

b. 型腔循环(252)加工指令；

c. “CYCL DEF 7.0”坐标移动指令；

d. “PLANE”空间角旋转指令；

(3)根据加工零件图样分析，编程表 2-23 所示：

表 2-23　案例加工程序

程序段号	程 序 内 容	解　　释	
0	BEGIN PGM XIEMIAN MM	程序名为“XIEMIAN”，以公制编程	
1	BLK FORM 0.1 Z　X-50　Y-50　Z-30	毛坯的最小点	通过该数值可以知道工件的零点在工件中心处
2	BLK FORM 0.2　X+50　Y+50　Z+0	毛坯的最大点	
3	L　X+0　Y+0　Z+0 R0 FMAX M91	机床运动到机床的绝对零点位置处，M91 代表机床零点	
4	L　B+0　C+0 R0 FMAX M91		
5	TOOL CALL 9 Z S3000	调用加工刀具，在主轴上转速为 3 000 r/min	
6	CYCL DEF 247 DATUM SETTING ~Q339=+1;DATUM NUMBER	调用工件坐标系，坐标系为 1 的坐标编号	
7	L　X-100　Y+0 R0 FMAX	刀具快速移动到工件上表面指定位置，并将机床的 B、C 轴调整为工件零点位置	
8	L　C+0　B+0 R0 FMAX		
9	L　Z+150 R0 FMAX		
10	M3	主轴正转	
11	CYCL DEF 7.0 DATUM SHIFT	工件坐标系移动到原始坐标 *X* 轴“-50”位置处(注：在做倾斜面加工时，一定要先移动坐标，再做旋转)	
12	CYCL DEF 7.1　X-50		
13	CYCL DEF 7.2　Y+0		
14	CYCL DEF 7.3　Z+0		

续表

程序段号	程序内容	解释
15	PLANE SPATIAL SPA +0 SPB-15 SPC +0 MOVE DIST100 F3000 SEQ- COORD ROT	通过空间角方式旋转B轴-15°,让刀具垂直于左侧斜面
16	CYCL DEF 251 RECTANGULAR POCKET Q215 = +;MACHINING OPERATION Q218 = +30;FIRST SIDE LENGTH Q219 = +120;2ND SIDE LENGTH Q220 = +0;CORNER RADIUS Q368 = +0;ALLOWANCE FOR SIDE Q224 = +0;ANGLE OF ROTATION Q367 = +0;POCKET POSITION Q207 = +2000;FEED RATE FOR MILLNG Q351 = +1;CLIMB OR UP-CUT Q201 = -8;DEPTH Q202 = +1;PLUNGING DEPTH ~ Q369 = +;ALLOWANCE FOR FLOOR Q206 = +2000;FEED RATE FOR PLNGNG Q338 = +0;INFEED FOR FINISHING Q200 = +2;SET-UP CLEARANCE Q203 = +2;SURFACE COORDINATE Q204 = +50;2ND SET-UP CLEARANCE Q370 = +1;TOOL PATH OVERLAP Q366 = +1;PLUNGE Q385 = +2000;FINISHING FEED RATE	调用型腔铣削模块,根据尺寸进行编辑,对长、宽、高等数据进行数值赋值,对"安全高度","切削速度","切入方式"等参数进行赋值
17	CYCL CALL POS X+0 Y+0 Z+0	将型腔模块调用到旋转后的"X0、Y0、Z0"处加工
18	L Z+100	加工结束后抬起刀具至100 mm处
19	PLANE RESET STAY	旋转复位
20	CYCL DEF 7.0 DATUM SHIFT	坐标移动复位
21	CYCL DEF 7.1 X+0	
22	CYCL DEF 7.2 Y+0	
23	CYCL DEF 7.3 Z+0	
24	M30	程序结束并返回到程序头
25	END PGM 7237 MM	程序7237程序尾

注:①以上程序为零件图的左侧15°倒角加工程序,右侧倒角和上下两处倒角可以根据该案例进行编辑加工。

②程序做倾斜面加工开始时首先要做坐标移动,将坐标移动到要做倾斜面的特殊点坐标上,再建立倾斜面,之后再进行加工。加工结束后,将刀具远离工件,在将之前编辑的倾斜面进行复位,最后再将坐标系复位至原始坐标位置。

(4)案例仿真加工完成状态如图2.168所示。

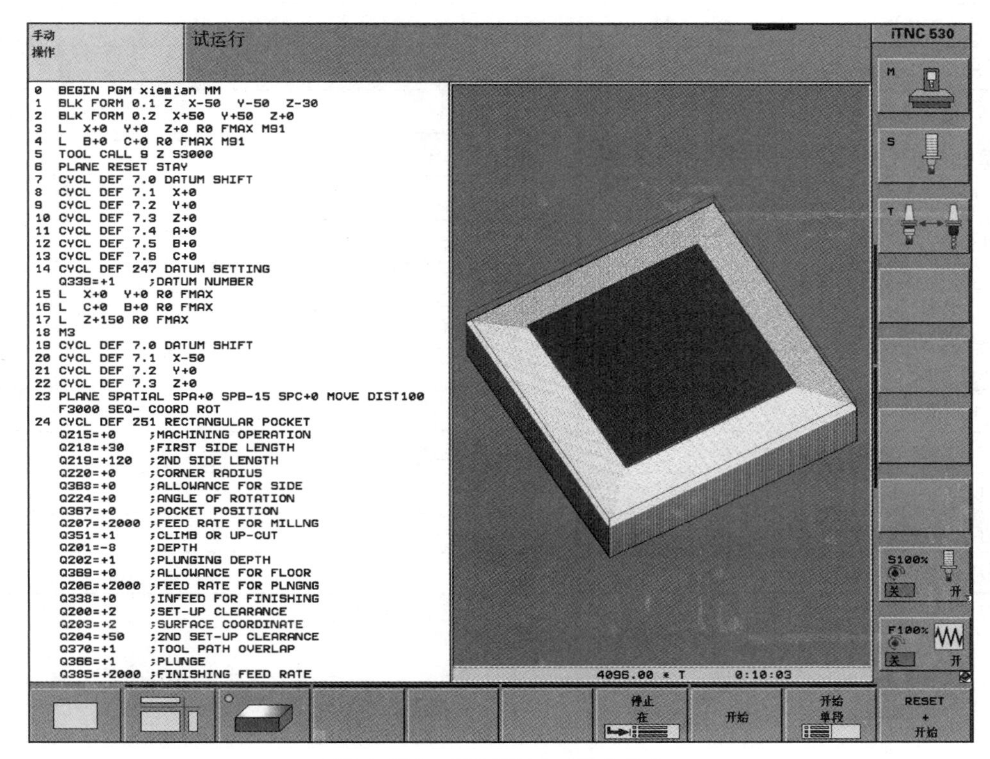

图2.168　倾斜面加工完成状态

延伸思考

从PLANE空间角编程的意义及编写方法中我们总结出“参数不同，加工的效果也不尽相同”。要得到更好的加工质量及更高效率，就要优化编程参数。因此在编程加工时就要尽量做到精益求精，培养严谨的工作品质。

学习效果评价

学习评价表

单位		学号		姓名		成绩	
		任务名称					
评价内容		配分(分)	得分与点评				
一、成果评价:60分							
倾斜面指令的含义		15					
倾斜面指令的正确选择		15					

倾斜面指令格式参数的正确填写	15	
倾斜移动的正确选择	15	
二、自我评价:15 分		
学习活动的主动性	5	
独立解决问题能力	3	
工作方法正确性	3	
团队合作	2	
个人在团队中的作用	2	
三、教师评价:25 分		
工作态度	8	
工作量	5	
工作难度	5	
工具使用能力	2	
自主学习	5	
学习或教学建议		

任务五　子程序调用

知识、技能目标

1. 掌握子程序指令的含义及作用。
2. 掌握海德汉 ITNC530 数控系统子程序的调用格式和方法。

思政育人目标

1. 培养正确的人生观、价值观,树立远大理想。
2. 培养学生勤奋努力、精益求精的工匠精神。
3. 培养分析问题解决问题的能力。
4. 培养对产品负责的工作态度。

任务描述

1. 了解熟悉子程序使用的应用过程。

2. 通过课程学习初步掌握子程序编程的过程。

任务实践

程序分为主程序和子程序。在正常情况下,数控机床是按主程序的指令工作的。在程序中把某些固定顺序或重复出现的程序单独抽出来,编成一个程序供调用,这个程序就是常说的子程序。这样做可以简化主程序的编制。

当程序段中有调用子程序的指令时,数控机床就按子程序进行工作。当遇到由子程序返回到主程序的指令时,机床才返回主程序,继续按主程序的指令进行工作。

子程序可以被主程序调用,同时子程序也可以调用另一个子程序。

主程序可以多次调用和重复调用某一子程序,重复调用时要用“数字”指示调用次数,重复调用方式。子程序还可以调用另外的子程序,称为子程序嵌套,不同的数控系统所规定的嵌套次数是不同的。

子程序编程是数控机床手工编程中常用的方法之一,正确使用子程序,可以有效简化手工编程工作量,减少程序所占内存,提高加工效率。

一、 子程序的调用

利用子程序和程序块重复功能,只需对加工过程编写一次程序,之后可以多次调用运行。

1. 标记

零件程序中的子程序及程序块重复的开始处由标记（G98 L）作其标志。

“标记”用 1 至 999 之间数字标识或用自定义的名称标识。在程序中每个“标记”号或“标记”名只能用“LABEL SET”键或输入 G98 设置一次,标记名数量只受内存限制。

如果标记名或标记号设置次数超过一次,TNC 将在 G98 程序段结尾处显示出错信息。如果程序很长,可以用 MP7229 限制需要检查是否有重复标记的程序段数量。

“LABEL 0”（G98 L0）只能用于标记子程序的结束,因此可以使用任意次。

【例 2-4】

LBL 1(标记号为 1,在一个程序中只可以使用一次)

⋮

LBL 0(标记结束号为 0,可以任意使用)

视频

子程序编写与调用

2. 子程序

(1)操作顺序。

①TNC 顺序执行零件程序直到用“Ln”(子程序名),“0”（调用次数）调用子程序的程序段;

②从子程序起点执行到子程序结束。子程序结束的标志为 G98 L0;

③TNC 再从子程序调用“Ln”(子程序名),“0”(调用次数）后的程序段开始恢复运行零件程序,如图 2.169 所示。

(2)编程注意事项:

①一个主程序最多可以有 254 个子程序;

②调用子程序的顺序没有限制，也没有调用次数限制；

③不允许子程序调用自身；

④在主程序结束处编写子程序（在 M2 或 M30 的程序段之后）；

⑤如果子程序位于 M2 或 M30 所在的程序段之前，那么即使没有调用也至少会被执行一次。

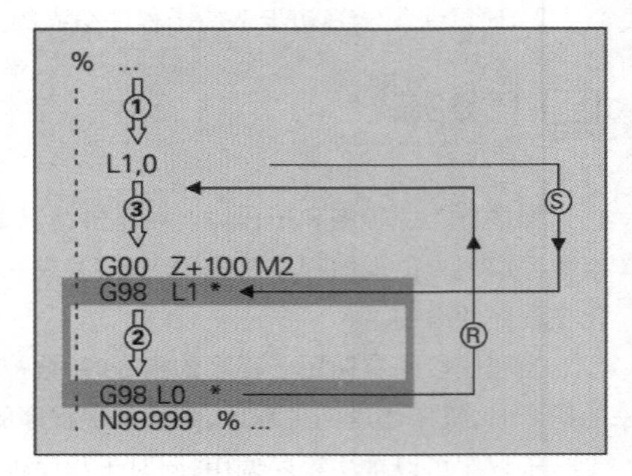

图 2.169　子程序程序顺序

(3)编辑子程序。

①如需标记子程序开始，点击“LBL SET”(标记设置)键输入子程序号。如要使用标记名，点击“ LBL NAME”(标记名)键切换至文字输入；

②如需标记结束，点击“LBL SET”（标记设置）键并输入标记号“0”。

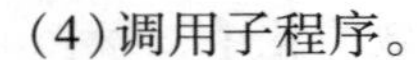

(4)调用子程序。

①要调用一个子程序，点击“ LBL CALL”键。

②调用子程序/重复：输入要调用的子程序的标记编号。如要使用标记名，点击“LBL NAME”(标记名)键切换至文字输入。

如要将输入字符串参数号输入为目标地址可点击“QS”键，TNC 将跳至字符串参数中定义的标记名处。

不允许“G98 L0”(标记“0”只能被用于标记子程序的结束)。

3. 程序块重复(标记 G98)

用 G98 L 标记重复运行程序段的开始，用“Ln”(子程序名)，“m”(调用次数）标记重复运行程序段的结束，如图 2.170 所示。

操作顺序：

①TNC 顺序执行零件程序直到程序块结束处(“Ln，m”)。

②然后，被调用的“LBL Ln，m”程序段间的程序块被重复执行“m”中输入的次数。

③最后一次重复运行结束后，TNC 恢复零件程序运行。

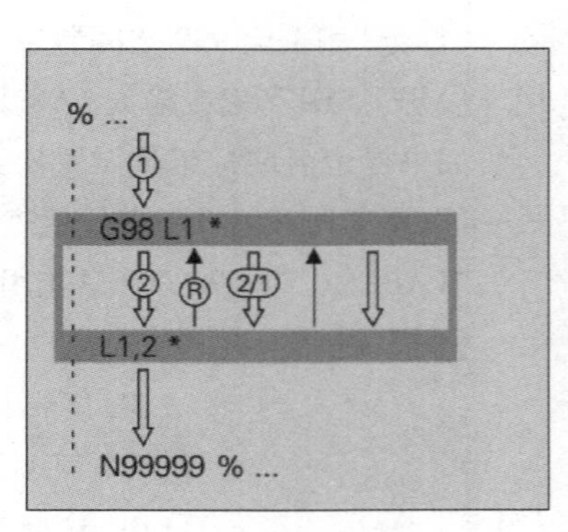

图 2.170　子程序重复

4. 将程序拆分为子程序

(1)操作顺序，如图 2.171 所示。

①TNC 顺序执行零件程序直到用“%”(调用程序)功能调用另一个程序的程序段；

②从头到尾执行另一个程序；

③TNC 再从程序调用之后的程序段开始恢复第一个(调用)零件程序运行。

(2)编程注意事项。

①将任何程序按子程序调用无须任何标记；

②被调用的程序不允许含有辅助功能“ M2”或“ M30”。如果子程序定义的标记在被调用程序中，必

须用“M2”或“M30”与“D09 P01 +0 P02 +0 P03 99”跳转功能一起，强制跳过这部分程序块；

③被调用的程序不允许有“%”命令调用到的程序，否则将导致死循环。

(3)将任何一个程序作为子程序调用。

①选择程序调用功能，点击“PGM CALL” PGM CALL 键。

②点击“PROGRAM”(程序)键。

③点击“WINDOW SELECTION”(窗口选择)键：TNC层叠显示用于选择被调用程序的窗口，如图2.172所示。

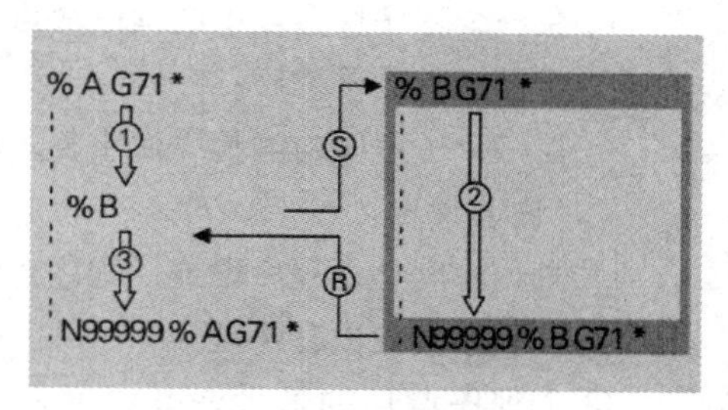

图2.171 调用程序为子程序

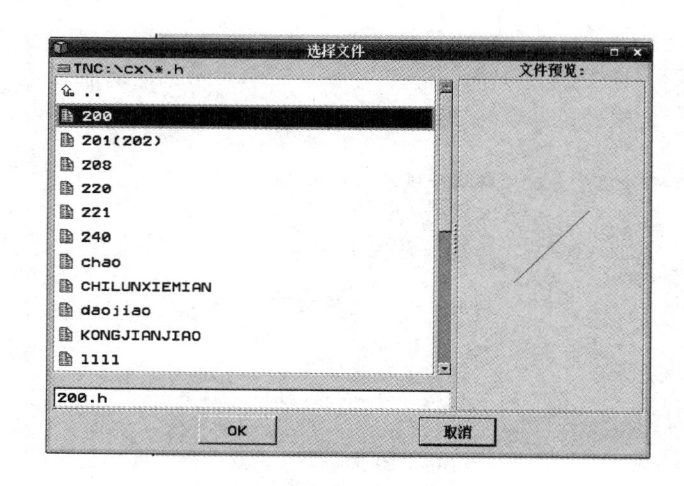

图2.172 子程序选择

用箭头键或用鼠标点击选择程序，点击“ENT”键确认：TNC将完整路径名输入在“CALL PGM”(调用程序)程序段中，用“ENT”键结束该功能，也可以直接用键盘输入程序名或被调用程序的完整路径名。

说明：

①调用的程序必须保存在TNC系统硬盘上。

②如果需调用的程序与调用它的程序在相同目录中，则需要输入程序名。

③如果被调用的程序与发出调用命令的程序在不同目录下，则必须输入完整路径，例如“TNC:\ZW35\SCHRUPP\PGM1. H”或用“WINDOW SELECTION”(窗口选择)键选择程序。

④如果要调用“DIN/ISO”程序，在程序名后输入文件类型“. I”。还可以用循环G39调用一个程序。

⑤通常用“%”调用的Q参数为全局有效。因此请注意，在被调用程序中对Q参数的修改将会影响调用的程序。

5. 子程序嵌套

(1)嵌套类型。

①在一个子程序内的子程序；

②在一个程序块重复中的程序块重复；

③重复运行的子程序；

④在一个子程序内的程序块重复。

(2)嵌套深度。

①嵌套深度是指程序段或子程序连续调用其他程序块或子程序嵌套的次数；

②子程序最大嵌套深度 8；

③主程序调用的最大嵌套深度是 30，其中 G79 的作用与主程序调用重复程序块的嵌套次数没有限制。

(3)子程序内的子程序。

①NC 程序段举例：

```
% SUBPGMS G71 *
…
N17 L "SP1",0  *                    调用标记为"G98 L SP1"的子程序；
…
N35 G00 G40 Z +100 M2 *            在程序段结束处生效；
                                    主程序（有 M2）；
N36 G98 L "SP1"                     子程序"SP1"开始；
…
N39 L2,0 *                          调用标记为"G98 L2"的子程序；
…
N45 G98 L0 *                        子程序 1 结束；
N46 G98 L2 *                        子程序 2 开始；
…
N62 G98 L0 *                        子程序 2 结束。
N99999999 % SUBPGMS G71 *
```

②程序执行。

a. 执行主程序"SUBPGMS"至程序段 17。

b. 调用子程序"SP1"，执行到程序段 39。

c. 调用子程序 2，执行到程序段 62。子程序 2 结束，从调用处返回子程序。

d. 执行程序段 40 至 45 的子程序 1。子程序 1 结束，返回主程序"SUBPGMS"。

e. 执行程序段 18 至 35 的主程序"SUBPGMS"。返回到程序段 1 并结束程序。

(4)重复运行程序块重复。

①NC 程序段举例：

```
0 BEGIN PGM REPS MM
…
15 LBL 1                  程序块重复 1 的开始；
…
20 LBL 2                  程序块重复 2 的开始；
…
27 CALL LBL 2 REP 2       "LBL 2"和该程序段间的程序；
…                         （程序段 20）重复两次；
```

```
35 CALL LBL 1 REP 1                LBL 1 和该程序段间的程序;
…                                  (程序段 15) 重复一次;
50 END PGM REPS MM
% REPS G71 *
…
N15 G98 L1 *                       程序块重复 1 的开始;
…
N20 G98 L2 *                       程序块重复 2 的开始;
…
N27 L2,2 *                         该程序段和 G98 L2 间的程序块;
…                                  (程序段 N20) 重复两次;
N35 L1,1 *                         该程序段和 G98 L1 间的程序块;
…                                  (程序段 N15) 重复一次。
N99999999 % REPS G71 *
```

②程序执行。

a. 执行主程序“REPS”至程序段 27。

b. 程序段 20 和程序段 27 间程序块重复运行两次。

c. 执行程序段 28 至 35 的主程序“REPS”。

d. 程序段 15 和程序段 35 间的程序块重复一次（包括程序段 20 和 程序段 27 之间的程序块）。

e. 执行程序段 36 至 50 的主程序“REPS”(程序结束)。

(5)重复子程序。

①NC 程序段举例。

```
% SUBPGREP   G71 *
…
N10 G98 L1 *                    程序块重复 1 的开始;
N11 L2,0 *                      子程序调用;
N12 L1,2 *                      该程序段和“G98 L1”间的程序;
…                               (程序段 N10) 重复两次;
N19 G00 G40 Z +100 M2 *         用 M2 结束主程序的最后一个;
N20 G98 L2 *                    子程序开始;
…
N28 G98 L0 *                    子程序结束。
N99999999 % SUBPGREP G71 *
```

②程序执行。

a. 执行主程序“SUBPGREP”至程序段 11；

b. 调用并执行子程序 2；

c. 程序段 10 和程序段 12 间程序块重复运行两次:子程序 2 重复运行两次；

d. 执行程序段 13 至 19 的主程序“SUBPGREP”,程序结束。

视频

子程序调用案例加工

二、　子程序案例加工(群孔加工)

1. 编程加工案例描述

零件图样如图 2.173 所示,利用子程序调用模式加工群孔零件。

2. 案例加工零件图样分析

(1)图中元素:

①零件编程零点在工件的左下角;

②工件大小为 X、Y 方向各 100 mm;

③孔的直径为 $\phi5$;

④群孔分为三个区域,每个区域由四个直径 $\phi5$ 的小孔组成;

(2)需用主要指令:钻孔循环(200)加工指令。

3. 程序执行顺序

(1)在主程序中接近群孔。

(2)调用群孔(子程序 1)。

(3)在子程序 1 中只对群孔编程一次。

根据加工零件图样分析,编程如表 2-24 所示。

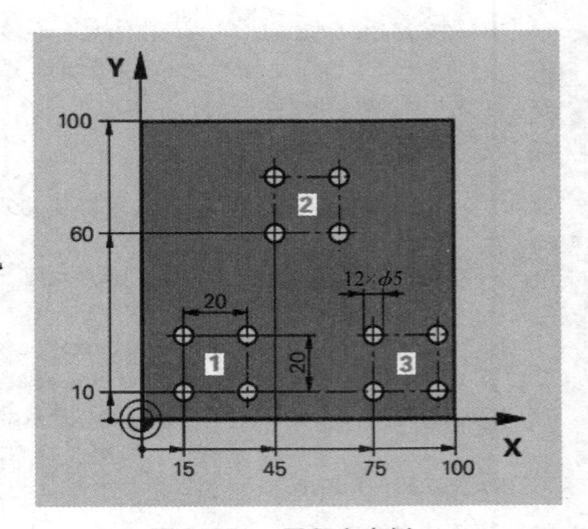

图 2.173　子程序案例

表 2-24　案例加工程序

程序	说明
0　BEGIN PGM shendu MM	
1　BLK FORM 0.1 Z　X+0　Y+0　Z-30	设定毛坯
2　BLK FORM 0.2　X+100　Y+100　Z+0	
3　CYCL DEF 247 DATUM SETTING ~	坐标系调用
Q339 = +0;DATUM NUMBER	
4　PLANE RESET STAY	移除选择和坐标偏移
5　CYCL DEF 7.0 DATUM SHIFT	
6　CYCL DEF 7.1　X+0	
7　CYCL DEF 7.2　Y+0	
8　CYCL DEF 7.3　Z+0	
9　CYCL DEF 7.4　A+0	
10　CYCL DEF 7.5　B+0	
11　CYCL DEF 7.6　C+0	
12　L　Z+100 R0 FMAX	
13　TOOL CALL "D5" Z S1000	刀具调用
14　M3	主轴正转
15　CYCL DEF 200 DRILLING	孔加工模块
Q200 = +2;SET-UP CLEARANCE	
Q201 = -10　;DEPTH	
Q206 = +150;FEED RATE FOR PLNGNG ~	
Q202 = +5;PLUNGING DEPTH	
Q210 = +0;DWELL TIME AT TOP	
Q203 = +0;SURFACE COORDINATE ~	
Q204 = +50;2ND SET-UP CLEARANCE ~	
Q211 = +0;DWELL TIME AT DEPTH	

续表

16　L　X+10　Y+10　Z+0 R0 FMAX M99 17　CALL LBL 1	第一孔系位置
18　L　X+45　Y+60　Z+0 R0 FMAX M99 19　CALL LBL 1	第二孔系位置
20　L　X+75　Y+10　Z+0 R0 FMAX M99 21　CALL LBL 1 REP1	第三孔系位置
22　L　Z+100 R0 FMAX 23　M2 24　LBL 1 25　L IY+20 R0 FMAX M99 26　L IX+20 R0 FMAX M99 27　L IY-20 R0 FMAX M99 28　LBL 0 29　END PGM shendu MM	子程序

仿真加工完成状态如图 2.174 所示。

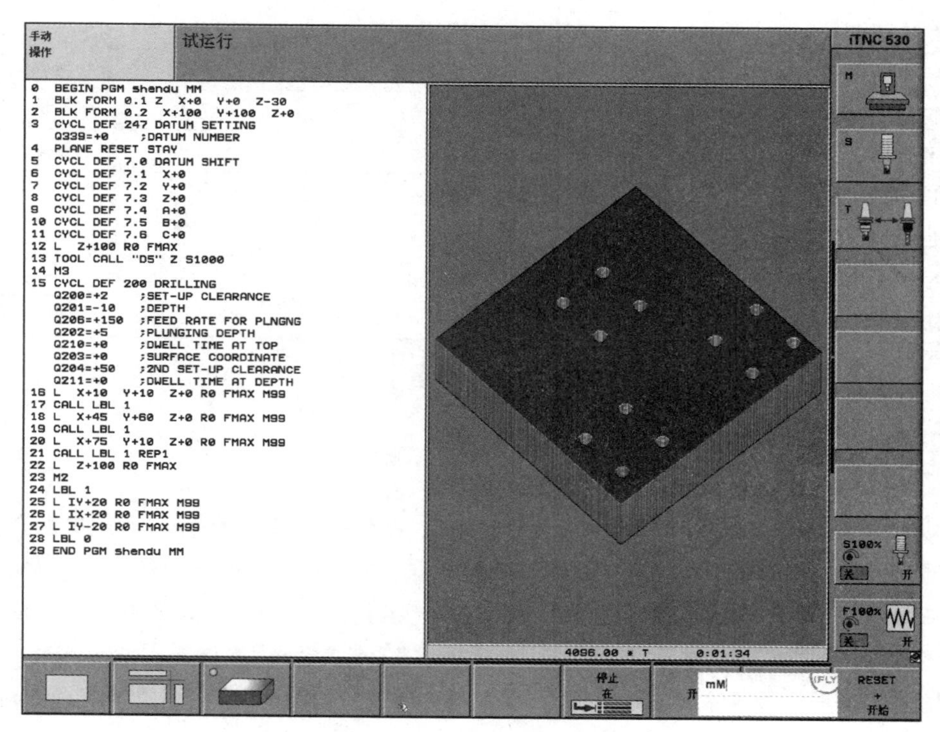

图 2.174　仿真加工完成状态

学习效果评价

学习评价表

<table>
<tr><td rowspan="2">单位</td><td rowspan="2"></td><td>学号</td><td></td><td>姓名</td><td></td><td>成绩</td><td></td></tr>
<tr><td>任务名称</td><td></td><td></td><td></td><td></td><td></td></tr>
<tr><td colspan="2">评价内容</td><td>配分(分)</td><td colspan="5">得分与点评</td></tr>
<tr><td colspan="8">一、成果评价:60 分</td></tr>
<tr><td colspan="2">熟记子程序编程格式</td><td>15</td><td colspan="5"></td></tr>
<tr><td colspan="2">子程序的建立方法的正确性</td><td>15</td><td colspan="5"></td></tr>
<tr><td colspan="2">子程序调用的方式</td><td>15</td><td colspan="5"></td></tr>
<tr><td colspan="2">子程序嵌套模式的正确性</td><td>15</td><td colspan="5"></td></tr>
<tr><td colspan="8">二、自我评价:15 分</td></tr>
<tr><td colspan="2">学习活动的主动性</td><td>5</td><td colspan="5"></td></tr>
<tr><td colspan="2">独立解决问题能力</td><td>3</td><td colspan="5"></td></tr>
<tr><td colspan="2">工作方法正确性</td><td>3</td><td colspan="5"></td></tr>
<tr><td colspan="2">团队合作</td><td>2</td><td colspan="5"></td></tr>
<tr><td colspan="2">个人在团队中作用</td><td>2</td><td colspan="5"></td></tr>
<tr><td colspan="8">三、教师评价:25 分</td></tr>
<tr><td colspan="2">工作态度</td><td>8</td><td colspan="5"></td></tr>
<tr><td colspan="2">工作量</td><td>5</td><td colspan="5"></td></tr>
<tr><td colspan="2">工作难度</td><td>5</td><td colspan="5"></td></tr>
<tr><td colspan="2">工具使用能力</td><td>2</td><td colspan="5"></td></tr>
<tr><td colspan="2">自主学习</td><td>5</td><td colspan="5"></td></tr>
<tr><td colspan="2">学习或教学建议</td><td colspan="6"></td></tr>
</table>

延伸阅读 工匠精神

一提到工匠精神,人们津津乐道的是瑞士的手表、德国的汽车、日本的电器,以及传承数百年的欧洲老店,等等,好像工匠精神是一个诞生于西方现代工业文明的“舶来品”,这是一个很大的误解。实际上,工匠精神一直都根植于中国传统文化与国民精神之中。在中国传统文化中,工匠精神不仅是指工匠们对待自身职业的态度,同时也是一种“技以载道”的职业情怀以及“道技合一”的技艺境界。

“一个国家、一个社会需要多种多样的人才,既要有科学家、教授、政治家等,更要有高素质的工人、厨师、飞机驾驶员等高技能人才”这是中国科学技术大学前校长朱清时说过的一句话。工匠精神一直根植于中国传统文化之中。在我们身边,也不乏具有工匠精神的企业和个人。然而长期以来,并没有引起人们的足够重视。直到 2016 年经政府提倡之后,“工匠精神”才迅速引起了社会各界的广泛热议与共鸣,同时也成了各大品牌广告中的热门词汇。2016 年 3 月，政府工作报告中首次提及“工匠精神”：“鼓励企业开展个性化定制、柔性化生产，培育精益求精的工匠精神，增品种、提品质、创品牌。”时隔一年，2017 年政府工作报告中再提“工匠精神”：“要大力弘扬工匠精神，厚植工匠文化，恪尽职业操守，崇尚精益求精，培育众多‘中国工匠’，打造更多享誉世界的‘中国品牌’，推动中国经济发展进入质量时代。”

政府为什么两提“工匠精神”？“工匠精神”为什么会迅速在社会各界流行起来？细想之下不难明白：无论是“大众创业、万众创新”“中国制造 2025”“供给侧改革”以及“一带一路”等国策，还是衣食住行、柴米油盐、教育娱乐等民生日用，都离不开“工匠精神”。“工匠精神”合乎国家战略与民心所向。随着工业化的迅猛发展，许多传统手工业都消失了，但工匠精神作为一笔宝贵的“文化遗产”，仍有必要被很好地继承和发扬。即使到了高度自动化的人工智能时代，工匠精神背后所蕴藏的原理和精神依然适用。工匠们对品质的追求、对职业的奉献、对道德的坚守，仍然是十分宝贵的职业精神。无论是教师、医生、工人，还是服务人员，每个人都是掌握某项技能的“工匠”，想要把工作做好，都需要工匠精神。

如今，伴随着中国梦和民族复兴的伟大进程，在建设工业强国、品牌强国、质量强国的时代背景下，工匠精神不仅是各行各业需要传承和发扬的时代精神，也是我们每个人都要努力追求的职业与人生境界！工匠的人生必将是精彩的人生、充实的人生、幸福的人生、快乐的人生！而拥有大国工匠的中国也必将是一个崛起的、富强的、文明的、进步的中国！让我们每个人都从自己的岗位做起，做一个推动国货崛起的“工匠”，重新定义“中国制造”“中国品牌”的世界形象！争做时代工匠，创造出彩人生！

第一、爱上你未来的职业。

无论未来我们从事什么行业，首先要热爱自己的工作。《论语》中有这样一句话：“知之者不如好之者，好之者不如乐之者。”这就明确概括了工匠精神的第一要素。真正的“工匠精神”，既不会于无聊反复的工作程序中自然天成，也非仅具天才之人才能攀此高峰，唯有“干一行爱一行”的职业追求，方得始终。

几年前，有一个美国的心理学教授做了项有趣的实验：他将一群人分成甲、乙、丙三组，并让他们完成一份极为枯燥乏味的工作。工作做完后，其中甲组无奖赏，乙组会受到低奖赏，丙组受重奖。除此以外，乙组的人还要认真地向其他组的人说这项工作多么有趣。结果乙组的人比其余两组的人都更喜欢这项工作。

上面的心理学实验告诉我们这样一个道理：当人们认为一项工作枯燥烦闷时，却还要向别人说它有趣，必然产生认知上的失调，失调之后会企图恢复平衡（自己真的认为这项工作有趣）。从这个结果中，我们可得到的启示就是：当你正处于不爱的工作中时，要努力接受它，试着去爱它。

的确，人是具有可塑性的，无论干什么，只要真心投入，总会发现其中的乐趣。兴趣是可以培养的，从不喜欢到喜欢、从不爱到爱，需要一个过程，重要的是先去了解它，接纳它，发现它，时间长了就会慢慢喜欢上它，就像谈恋爱一样。所以，一个人无论从事什么职业，都应该做到干一行爱一行。

中国男足前国家队主教练米卢有句著名的话：“态度决定一切。”是的，态度比你的环境、金钱、天赋或技能更重要。乐观向上的态度是决定胜负的关键。与其抱怨命运的不公，与其着急地摆脱，不如换个态度，爱上你的工作，快乐地工作着。

试着与你未来的工作谈一场优质的恋爱，你会发现你的人生将迸发出前所未有的灿烂光彩。当你死心塌地地热爱你所做的工作时，你就不会觉得工作的辛苦、单调和乏味，而只有乐趣、神圣、喜悦和成功。同时，你也会在工作中找到更多乐趣、获得最大的成就感。

干一行爱一行是"工匠精神"的最好体现,是一种优秀的职业品质,是所有的职业人士都应遵从的基本价值观。只有爱上自己的工作,才会全身心地投入到工作中去,因为这样会把工作当成一种享受,这样的精神力量是鼓舞人们认真工作、爱岗敬业的动力,只有爱上自己的工作的人才能不断提高自己的职业素质,并且在工作中体现自己较高的职业素质,在工作中发挥出自己最大的效率,才会更迅速、更容易地获得成功。

人生的价值在于自我的完全展示,工作正是提供了这样的舞台。选你所爱,爱你所选。从现在开始,创造工作价值,为自己的人生增色,何乐而不为呢？你的工作就是你的使命,点滴的精彩可以铸就生命华美的乐章。

第二、养成认真做事的学习和工作态度。

"工匠精神"提倡的不是一种工作方式,而是一种态度,是要求个人在对待自己学习和工作的时候,做到不敷衍、不应付,做到精益求精、专业敬业。一个人做事的"态度",决定了他日后成就的"高度"。任何人要想完成好一项工作,都必须要有良好的工作态度和扎实的工作作风,因为只有有了正确的态度,才能使你做好工作及生活中的每一件事情,最后才能实现你的人生目标。

对于数控专业的学生来说尽管数控多轴机床操作对于我们来说是初次接触,陌生又迷茫。但只要我们认真学习就能深入了解机床特性,掌握机床运行规律,时间久了就能对机床的特性有较深入地了解,并能逐步摸索掌握运行中的情况及某些规律。逐渐熟知操作规程及维护和检查的内容,如基本操作规程和安全操作规程、日常维护和检查的内容及达到的标准、保养和润滑的具体部位及要求等。知道机床所使用的油(脂)牌号、代用油(脂)牌号、液压及气动系统的正常压力等。在实践操作上只要我们肯努力,就能熟练掌握各种操作与编程方法,能正确熟练地对自己所负责的数控机床进行各种操作,能编制出正确优化的加工程序,可避免因操作失误或编程错误造成碰撞而导致机床故障。

一个人的学习和工作态度折射着人生态度,而人生态度决定一个人一生的成就。一个心态非常积极的人,无论他从事什么工作,他都会把工作当成是一项神圣的职责,并怀着浓厚的兴趣把它做好。

第三、养成勤奋刻苦的精神。

"工匠精神"不是靠嘴说出来的,而是通过勤奋努力干出来的。只有勤奋努力,才能摆脱心浮气躁、急功近利、急于求成、患得患失等不良心态;只有勤奋努力,才能不断发现自己的不足和差距。我们每个人都要学习这种"工匠精神",立足本职工作,低姿态高标准,严格要求自己,逼自己更优秀。

高尔基说过:"天才就是勤奋。人的天赋就像火花,它既可以熄灭,也可以燃烧,而迫使它熊熊燃烧的办法只有一个,那就是勤奋。"爱迪生也说过:"天才就是一分灵感加上九十九分汗水。"这些名言都在反复告诉我们这样一个永恒的真理:一个人能否取得成功,关键在于他是否勤奋。

勤奋是一个人做好事情、达成目标的根本。事实上,任何领域中的优秀人士之所以拥有强大的执行力,能高效地完成任务,就是因为他们勤奋,他们所付出的艰辛要比一般人多得多。

勤奋是一个人走向成功的坚实的基础。"业精于勤,荒于嬉",机会总是垂青于那些勤奋努力、早有准备的人。一个人要想在这个竞争激烈的时代脱颖而出,就必须付出比他人更多的汗水和努力,具有一颗积极进取、奋发向上的心,否则只能由平凡变为平庸,最后成为一个毫无价值和没有出路的人。

世界上没有免费的午餐,也很少有天上掉馅饼的好事,所以,不要寄希望于这样的奇迹发生在你的头上,还是应踏踏实实做事,认认真真生活,依靠劳动创造出财富。只有用今天的勤奋与汗水,才会换来明天的丰收与喜悦。

第四、养成脚踏实地埋头苦干的精神。

好高骛远、眼高手低是与工匠精神背道而驰的。真正的“工匠”都是踏实且务实的，他们能执着于简单的事情重复做，一步一个脚印，以“笨功夫”练就炉火纯青、登峰造极的技艺。我们提倡工匠精神，就应该杜绝浮躁，摒弃好高骛远，踏实努力，埋头苦干，以“笨功夫”练就自己的“真本事”。

然而现实中，总有这样一些人老想着干大事，小事不屑于做，即使做了，心理上也觉得不舒服受委屈。保持这样的心态小事很难干好，连小事都干不好的话，怎么能干大事呢？

十年前立项，经过七年多研发，国产大飞机 C919 于 2017 年 5 月 5 日首飞成功。目前，仅有美、英等少数国家能够自主制造大型客机。C919 飞上蓝天，也标志着中国正从制造大国迈向航空制造强国之列。作为我国首款按照最新国际适航标准研制的干线民用飞机，C919 已经名满天下，成为彰显中国装备制造实力的新名片。在它迎来诸多赞誉之时，我们也别忘了幕后脚踏实地埋头苦干的中国工匠们。

C919 全机包含上百万个零部件，其中有 80% 是我国第一次设计生产的。30 多个机载系统，仅电气线路互联系统设计需管理的数据量就接近 30 万条，可见飞机研制的难度和复杂性，也反映出忽视任何一个细节都无法让大飞机自由翱翔在蓝天。在 C919 大型客机结构设计主任设计师刘若斯看来，精益求精是飞机人应有的专业态度；中国商飞工程师施品芳被称为“老法师”，他的工具箱里有几十把密密麻麻的大小刀具，他在当学徒时，先磨了 3 个月的刀；敲出大飞机精美弧线的钣金工王伟，20 世纪 80 年代被迫下岗时，带走了废弃的金属板，在开货运出租车的十年时间里，使用木槌反复敲打，练习钣金功夫；被誉为航空“手艺人”的钳工胡双钱，在 30 多年里加工过数十万的飞机零件，从没有出现过一个次品，在他眼里，工匠精神就是“一种努力将 99% 提高到 99.99% 的极致”。

任何卓越的成果背后都有枯燥甚至令人难受的坚持，都需要经受日复一日的反复磨炼。面对社会上的浮躁和诱惑，工匠们能坚守初心，将工匠精神传承下去，靠的是对事业的热爱。中国大飞机事业举世瞩目，正是有了这些飞机“工匠”们的不懈努力、脚踏实地、埋头苦干，才让大飞机得以翱翔蓝天，促使我国走向航空工业强国。

对于刚刚进入工作岗位的人来说，无论具有什么样的学历，都是个不具备经验的新人，所以进入一家新公司要展现一种新人的低姿态，不要眼高手低，将自己的重心放在努力学习、积累工作经验之上，使自己积累大量的专业知识与技能，成为极具竞争力的职业人。千万不要好高骛远，轻视自己所做的工作，即便是最普通的工作，也要认真地完成。要知道，每一项普通的工作都可能成为你的机会。

任何事都要从头做起，从基层干起，做人、做事讲究脚踏实地，正像高楼大厦平地起一样，要极有耐心地从砌一块砖、一堵墙做起。一心想速成一个“建筑师”，是不现实的。只有在砌墙加瓦中才会学到真本领，踏上理想的坦途。

思考与练习

一、简答

1. 海德汉系统的程序文件格式包括哪些部分?
2. 海德汉系统的毛坯设置有哪几种方式?
3. 基本编程指令包括哪些指令?
4. 编程中的刀具切入切出方式有哪些类型?
5. 坐标变换循环包含哪些指令?
6. 循环指令包括哪些?
7. 子程序调用步骤有哪些?

二、编程

1. 根据编程基本指令完成图 2.175、图 2.176 所示图形的程序编制,并进行仿真校验。

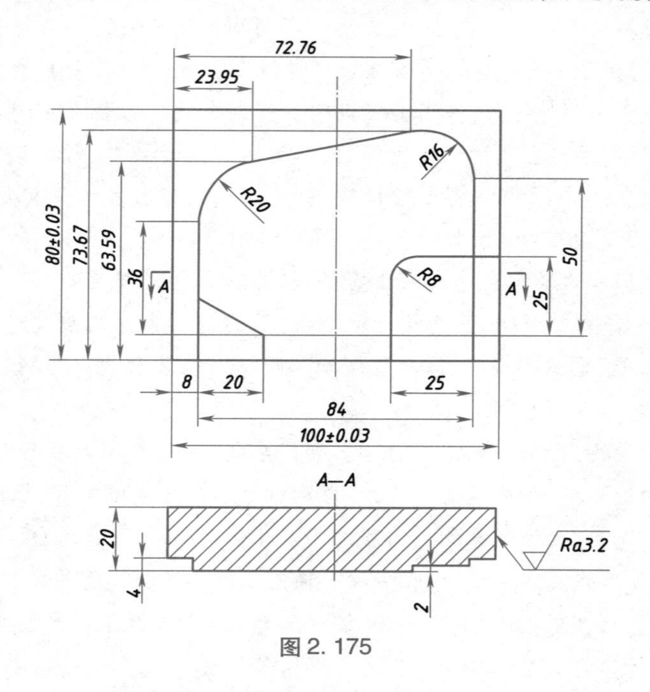

图 2.175

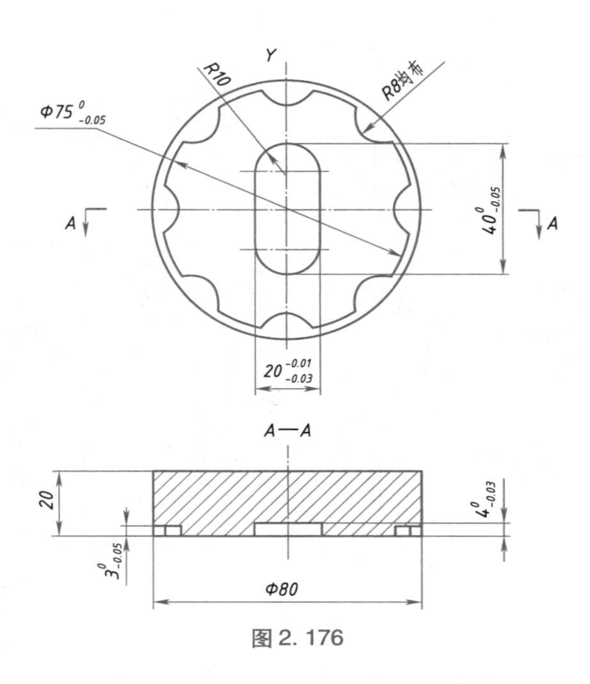

图 2. 176

2. 通过循环指令模块,完成图 2. 177 ~ 图 2. 179 所示图形的程序编制,并进行仿真校验。

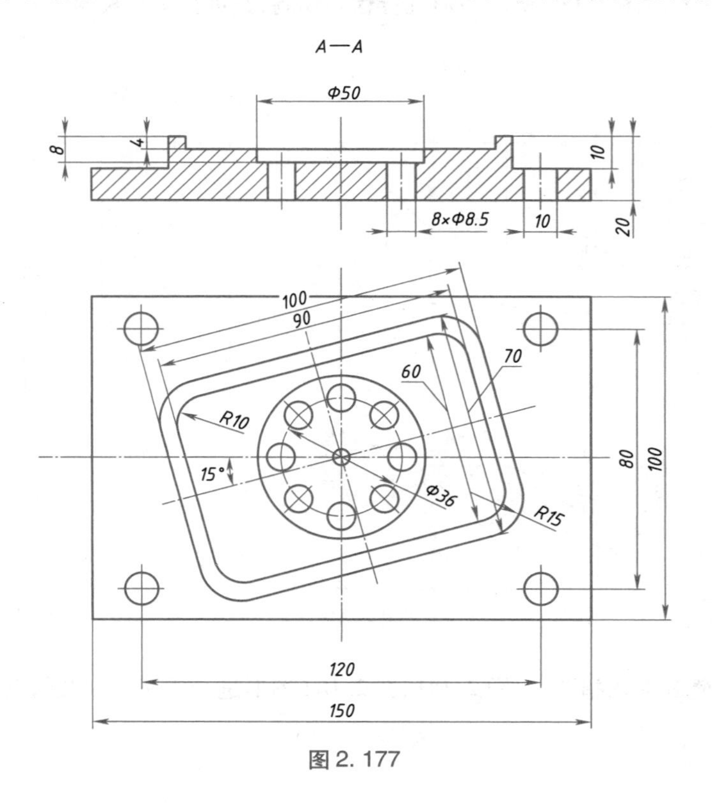

图 2. 177

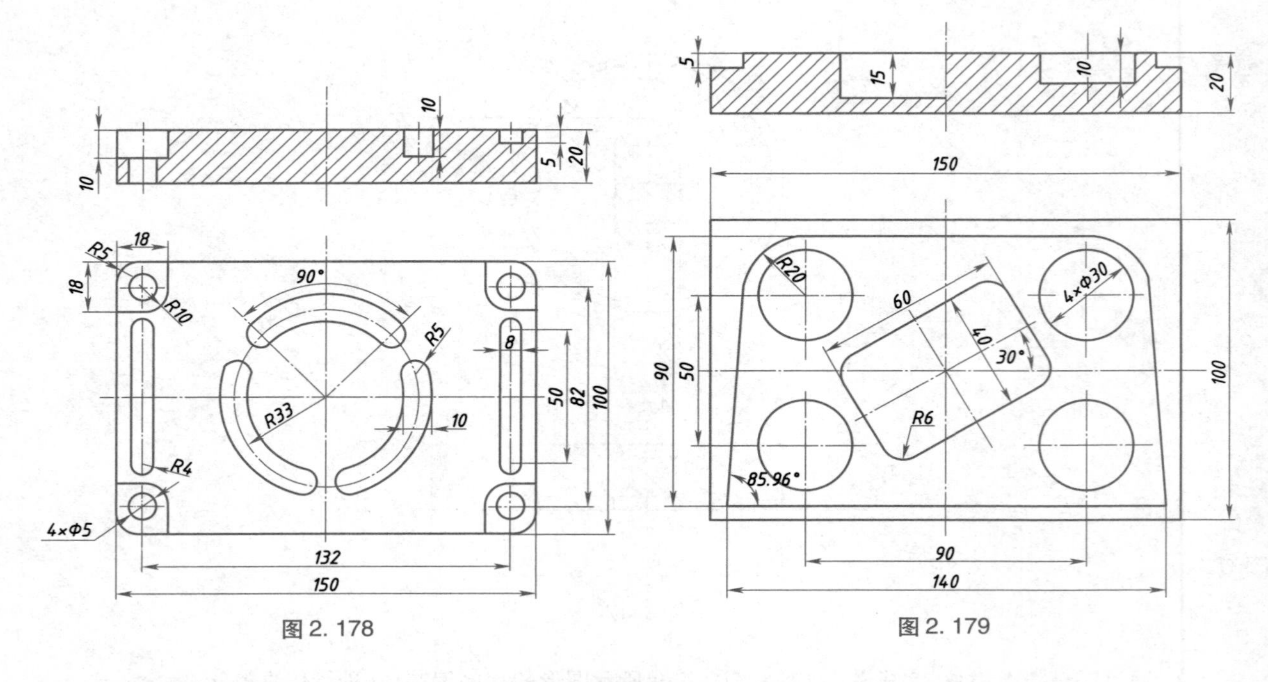

图 2.178　　图 2.179

3. 通过倾斜面指令，对图 2.180 所示图形进行程序编制，并进行仿真校验。

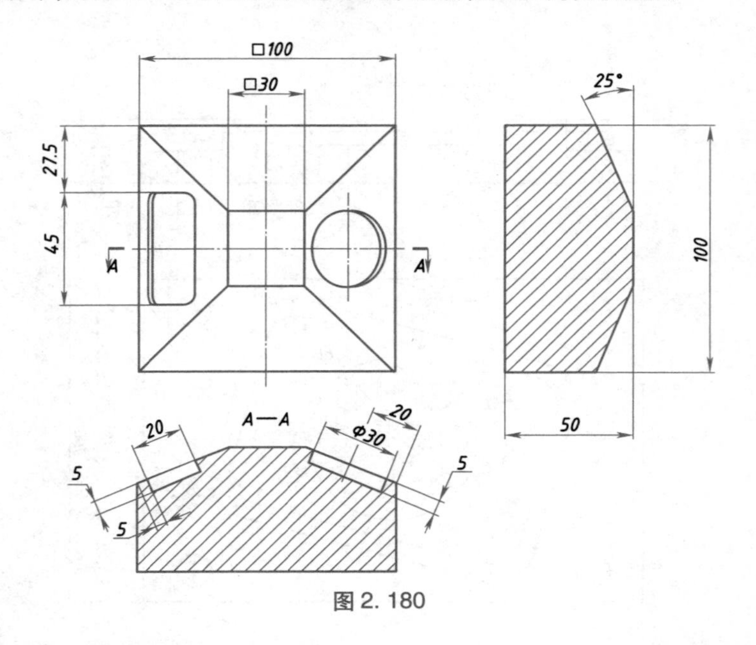

图 2.180

4. 通过子程序编辑和调用指令，对图 2.181、图 2.182 图形进行程序编制及仿真校验。

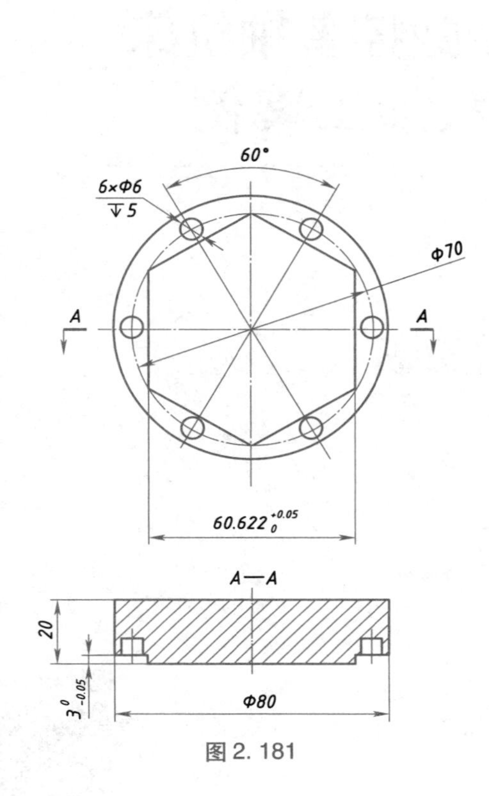
60°
6×Φ6
↧5
Φ70
A
A
60.622 +0.05 0
A—A
20
3 0 -0.05
Φ80
图 2. 181

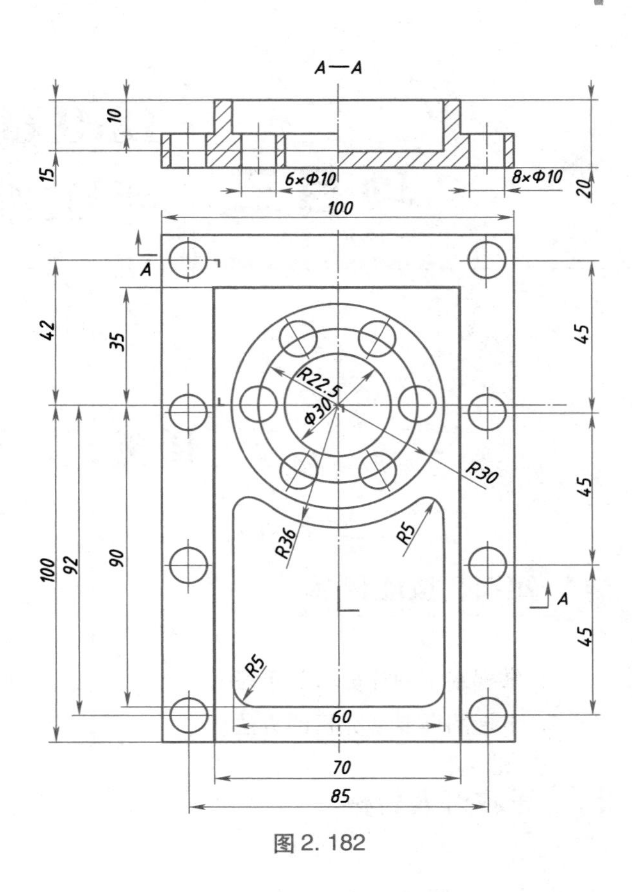
A—A
10
15
6×Φ10
8×Φ10
20
100
A
42
35
R22.5
Φ30
R30
R36
R5
45
45
45
100
92
90
R5
60
70
85
A
图 2. 182

项目三　DMU60 型数控多轴机床手工编程、加工案例

任务一　图样分析

知识、技能目标

1. 掌握基本图样分析的手段。
2. 掌握图样要素分析的方法。

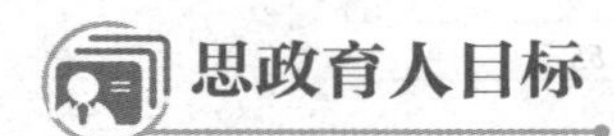

思政育人目标

培养学生缜密的逻辑思维。

任务描述

1. 通过加工案例的图样进行图样分析。
2. 通过图样进行模型的具体分析。

任务实践

模型分析是编程时对图样进行元素和工艺的一一对应分析，主要是分析模型的正确性，了解加工工艺安排过程中的注意事项。针对图样合理地进行建模和分析。

案例加工图样如图 3.1、图 3.2 所示。

1. 确定图样的种类

机械类图样有很多种类，分为装配图、装配简图、零件图等，首先要确定准备加工零件的图样是什么类型，知道图样表达的是什么对象，表达了哪些方面信息内容，表达到什么程度。有必要了解待加工零件与

其他零件的装配关系，零件的具体作用。本案例的图样为零件图。

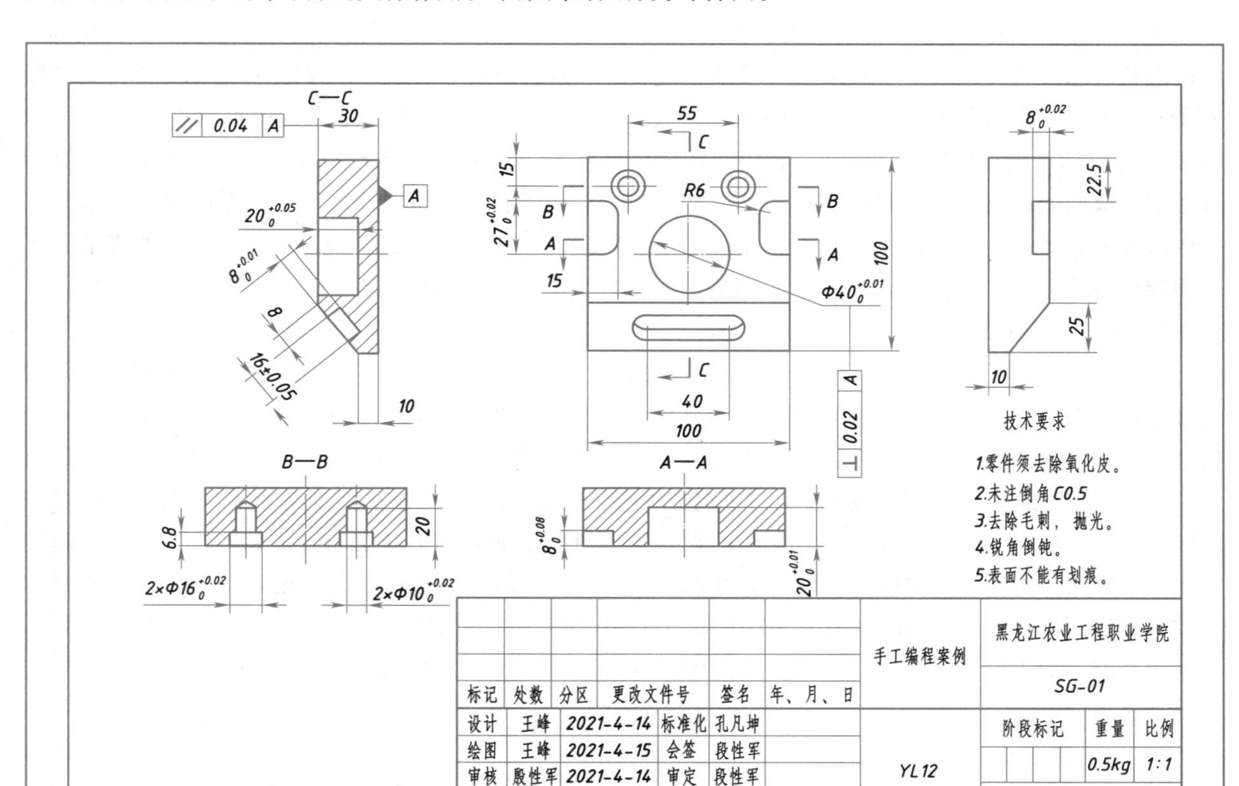

图 3.1　案例加工图样

2. 读取对象信息

零件图样虽然不尽相同，但都遵循国家的制图标准，每个图样所表达的信息都能让识图者看懂。首先看标题栏内的对象名称、图纸编号、材料、比例、重量、单位等信息，这些信息的位置可以参考手册相关部分的内容。本案例零件图样标题栏内信息如图 3.1 右下角所示。

图 3.2　案例三维模型图

3. 确定视图

如果是原理图等类型的非“标准”图样，就没有严格的视图概念。标准的图样最少都有一个视图。视图的概念来源于画法几何的投影，简单地说，国家的制图标准，一个物体，正面看到的称为主视图，左边看到的称为左视图（摆放在主视图右边），上方看的称为俯视图（放在主视图的下边），以及剖视图等视图。本案例中使用了主视图、左视图、*A*—*A*、*B*—*B*、*C*—*C* 三个全剖视图来进行零件的表达。

4. 分清主体与标注注解

确定了有几个视图,分别是什么视图之后就要分清主体,由主要元素开始读图。每个元素都要找到对应的形状尺寸、位置尺寸、公差配合、技术要求。这样一一进行分析之后,才可以由主体还原零部件的实际样子。本案例中主视图表达了以下元素(默认单位为 mm):ϕ40 孔及相对于基准 *A* 的垂直度 0.02,27 宽、15 长的开放槽和槽的内圆角 *R*6;两个台阶孔的定位尺寸 55 和 15,零件外形尺寸 100 长、100 宽。右视图表达了开放槽的深度 8,开放槽的定位尺寸 22.5;斜面的长度标注为 10 和 25;三个全剖视图 *A-A*,表达了 ϕ40 孔的深度、*B-B* 全剖视图表达了 2 个 ϕ16 孔的深度 6.8 和 2 个 ϕ10 孔的深度 20、*C-C* 全剖视图表达了斜面腰槽的位置 8 和深度 8、宽度 16。视图清楚地表达了元素的所有内容。

5. 精度分析

机械类零件的尺寸(例如一个圆柱的直径)不只是一个尺寸而已,无论标注了公差(±0.XX)还是没有标注公差的尺寸都是一个范围,这就是机械零件的(尺寸)精度。因为机械零部件一般都是大批量生产的,需要精度来控制每一个零件(它们不可能一样大小,存在误差)的尺寸在一定的范围。同样,零件还有形位公差(标注或不标注都是存在的)。未标注的精度(公差)在国家标准里面都有相关规定,有的图样技术要求里面会写明。精度是机械零部件的灵魂,应对照机械手册相关内容学习弄懂每一个图样上的精度信息。本案例中可以读到的精度信息为:ϕ40 的孔精度为 +0.01;深度 20 +0.01;槽宽 27 +0.02。腰槽宽度 16 ±0.05,深度 8 +0.01;ϕ16 +0.02;ϕ10 +0.02;ϕ40 的孔相对于基准 *A* 的垂直度为 0.02,工件高度 20 相对于基准 *A* 的平行度为 0.04。从精度信息中,读取需要重点控制和保证的尺寸精度,要重点进行工艺和加工过程考虑。

6. 工艺特点

工艺简单地说就是如何制造(组装)这个零件的方法。机械图样虽然没有工艺的直接信息表达,但是它却包含了基本的工艺。一个零部件能设计出来,如果加工不出来是没有任何意义的。设计者必须认真考虑如何加工,在图样里面也应有所表达。本案例中工件为方形工件,在工艺中,可以选择平口虎钳作为夹具,就可以满足加工要求。

7. 辅助处理

辅助处理一般包括:热处理及表面处理。热处理:为达到零件使用性能而提出的要求,但热处理必须使得加工可行;表面处理:为达到零件表面使用要求等提出的,表面处理一般会在技术要求中提出。

总之,图样表达的信息,必须读出其工艺信息,这也是机械图样的关键作用,当然,实际中会有工艺编写人员根据公司实际加工能力编写详细的工艺文件。本案例中的技术要求中提出去毛刺、抛光、锐角倒钝就属于加工后的钳工辅助工序处理。

8. 细节分析

简单地说,图样大多数都是天圆地方的(大多不是圆、圆弧就是直角),然而,实际加工中,由于刀具等原因的限定,直角处往往都带有尖角、折弯的圆弧,一些圆弧也不是实际的圆弧,对于各种加工方法加工的实际效果要有大概的了解,对图样表达的“理想”样子和“实际”样子的差别要有概念,当然,这些差别在设计的时候就考虑过的,并不会因为差别影响其功能。本案例中开放槽的内圆角 R6 就决定了加工开放槽的刀具直径值不能大于 12,斜面腰槽的圆角为 R8,选择的加工刀具直径值不能大于 16。这些细节信息就决定了某些元素的加工受到限制,要选择合适刀具进行精加工,所以选择 ϕ10 的刀具进行开放槽和斜面的槽的加工比较合理。

9. 检验

对各种量具的使用，检测的方法和项目，都要有大概的理解，由于机械零部件都具有特殊性，要么精度很高，普通的钢卷尺直尺不能作为检验量具，要么就很大（很小），超过传统的内外径量表、游标卡尺的范围，各个尺寸要求和精度要求都需要有专门的检测方法。检测方法，不只是最终判别零部件合格与否，也同时是加工时必需的过程。本案例中根据精度需要基本尺寸可以采用数显卡尺，深度千分尺、测槽千分尺，角度尺进行尺寸测量。

10. 注意事项

机械图样的尺寸单位默认为毫米（mm）时，图样中不会标出。

图样的绘制一般依据一个绘图比例，就是实际大小在图样上的缩放倍数，这个比例不能作为实际测量的依据。机械图样又是机械行业的工程语言，所以图样是复杂的、严谨的，也是有实际的意义的。本案例中绘图比例为1:1，单位默认为毫米。

任务二　加工工艺分析

知识、技能目标

1. 掌握零件的工艺分析方法。
2. 掌握零件的夹具分析方法。

思政育人目标

1. 培养学生工作的全局观。
2. 培养学生分析问题解决问题的能力。

任务描述

1. 通过分析进行刀具、夹具、材料、机床等具体分析。
2. 通过分析确定编排零件的加工工艺。

任务实践

工艺分析主要是通过图样来制订加工工艺的过程，根据加工条件安排合理的加工工艺，选择合适的刀具材料、刀具直径和刀具参数。从而为后续的程序编制做好前期工作。工艺的编排根据实际加工条件情况有所不同，没有固定的工艺方案，在能保证加工精度和尺寸的前提下，选择高效的加工方案。同时要节约成本。综合分析现有情况进行合理的优化和编排。

一、 手工编程案例工艺分析

1. 零件图样尺寸标注应便于编程

在数控加工图上，宜采用以同一基准引注尺寸或直接给出坐标尺寸。这种标注方法，既便于编程，也便于协调设计基准、工艺基准、检测基准与编程零点的设置和计算。本案例中基本尺寸都是以工件上表面中心为基准，所以编程坐标系可以选择上表面的中心。

2. 零件轮廓结构的几何元素条件应充分

在编程时要对构成零件轮廓的所有几何元素进行定义。在分析零件图时，要分析各种几何元素的条件是否充分，如果不充分，则无法对被加工的零件进行编程或造型。本案例经过分析后，无缺少尺寸，无重复标注。每一个加工元素都有对应的定位尺寸和形状尺寸。

3. 应确认零件所要求的加工精度、尺寸公差能否得到保证

虽然数控机床加工精度很高，但对一些特殊情况，例如薄壁零件的加工，由于薄壁件的刚性较差，加工时产生的切削力及薄壁的弹性退让极易产生切削面的振动，使得薄壁厚度尺寸公差难以保证，其表面粗糙度也随之增大，根据实践经验，对于面积较大的薄壁，当其厚度小于 3 时，应在工艺上充分重视这一问题。本案例是非薄壁工件，加工精度可以得到保证。

4. 零件内轮廓和外形轮廓的几何类型和尺寸是否统一

在数控编程中，如果零件的内轮廓与外轮廓几何类型相同或相似，考虑是否可以编在同一个程序，尽可能减少刀具选用和换刀次数，以减少辅助时间，提高加工效率。需要注意的是，刀具的直径常常受内轮廓圆弧半径 R 限制。本案例经过分析内轮廓最小圆弧为 $R6$，所以选择 $R10$ 的刀具进行精加工。

5. 零件的工艺结构设计能否采用较大直径的刀具进行加工

采用较大直径铣刀来加工，可以减少刀具的走刀次数，提高刀具的刚性系统，不但加工效率得到提高，而且工件表面和底面的加工质量也相应得到提高。本案例中精加工内圆弧圆角 $R6$ 的受到限制，斜面槽宽度为 16，开放槽为 15，尺寸相差不是很大，选择更大的粗加工刀具会留下较多的余量，为了减少换刀、对刀次数换程序次数可以选择 $\phi10$ 的刀具进行粗加工的同时使用 $\phi10$ 的刀具进行精加工。

6. 零件铣削面的槽底圆角半径或底板与肋板相交处的圆角半径 r 不宜太大

由于铣刀与铣削平面接触的最大直径 $d = D\text{-}2r$，其中 D 为铣刀直径。当 D 一定时，圆角半径 r 越大，铣刀端刃铣削平面的能力越差，效率也就越低，工艺性也越差。当 r 大到一定程度时甚至必须用球头铣刀加工，这种情况是应当避免的。当 D 越大而 r 越小，铣刀端刃铣削平面的面积就越大，加工平面的能力越强，铣削工艺性当然也越好。有时，铣削的底面面积较大，底部圆弧 r 也较大时，可以用两把 r 不同的铣刀分两次进行切削。本案例没有底圆角 r，所以不使用球头铣刀。采用立铣刀来完成加工。

7. 保证基准统一原则

若零件在铣削完一面后再重新安装铣削面的另一面，由于基准不统一，往往会因为零件重新安装而接不好刀，从而导致加工结束后正反两面上的轮廓位置及尺寸不协调。因此，尽量利用零件本身具有的合适的孔或以零件轮廓为基准边或专门设置工艺孔等作为定位基准，保证两次装夹加工后相对位置的准确性。

本案例采用以底面为基准，一次性装夹进行加工。

8. 考虑零件的变形情况

当零件在数控铣削过程中有变形情况时，不但影响零件的加工质量，有时，还会出现崩刀的现象。这时就应该考虑铣削的加工工艺问题，尽可能把粗、精加工分开或采用对称去余量的方法。当然也可以采用热处理的方法来解决。本案例图纸分析不存在薄壁位置，采用粗、精加工分开即可。

二、　手工编程案例夹具选择

根据案例图样分析，本案例一次装夹就可以完成所有元素的加工，根据图纸加工的内容和工件外形形状，选择平口虎钳装夹，就可以满足加工要求，如图 3.3 所示。

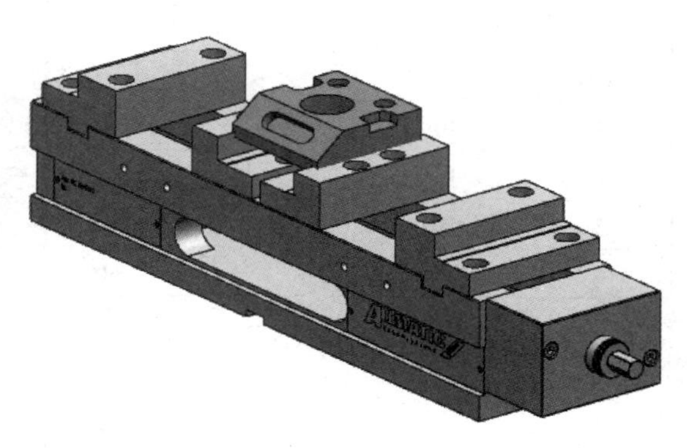

图 3.3　案例安装夹具

三、　手工编程案例加工工序卡

通过工艺分析，提供的毛坯为方料，工件上有斜面加工元素，普通铣床无法进行加工，所以选择五轴加工设备，一次装夹完成斜面及斜面腰槽的加工，工艺高度集成，在五轴设备上能完成所有工序内容的加工。工序内容如表 3-1 所示：

表 3-1　工序卡表

单位名称		产品名称或代号			零件名称	零件图号	
黑龙江农业工程职业学院		案例			案例		
工序号	程序编号	夹具名称			使用设备	车间	
001	OXXXX	虎钳			DMu60	机加车间	
工步号	工步内容	刀具号	刀具规格	主轴转速（r/min）	进给速度（mm/r）	背吃刀量（mm）	备注
1	平面加工	T01	D60	300	100	0.5	
2	孔加工	T02、T04	D10 D16	1 200 600	100 60		
3	开放槽加工	T02	D10	4 000	1 000	0.2	
4	斜面腰槽加工	T03	D20	2 000	1 000	0.5	
5	铣孔加工	T02	D10	4 000	1 000	0.2	
编制	审核		批准		年　月　日	共　页	第　页

四、　手工编程案例加工刀具卡

根据案例图样及模型特点及图纸中的加工元素，依据工件材料 YL12 对刀具进行选择，本案例选择刀具如表 3-2 所示。

表 3-2　刀具表

刀具卡					
产品及代号:叶轮				零件名称	叶轮
序号	刀具号	规格	数量	加工表面	备注
1	T01	ϕ60 硬质合金面铣刀	2	平面	
2	T02	ϕ10 硬质合金铣刀	1	铣槽、孔	
3	T03	ϕ10 钻头	1	钻孔	
4	T04	ϕ16 钻头	1	扩孔	

任务三　程序编制

知识、技能目标

1. 掌握程序编制的流程。
2. 掌握程序编制进行零件的加工。

思政育人目标

培养学生一丝不苟、坚持不懈的工作精神。

任务描述

1. 通过对零件的分析编写合格的零件程序。
2. 通过零件程序仿真完成零件的正确性验证。

任务实践

机壳在加工过程中,存在翻面加工的工艺安排,所以在程序编制过程中,注意坐标系的使用,为了保证加工精度,将坐标系设置为一个固定的坐标系。

一、　零件加工特征分析

加工特征分析和规划的主要内容包括:

(1)加工对象的确定。通过对图样的分析,确定本案例所包含的斜面、孔、槽等几何要素。

(2)加工区域规划。根据工件特征可以按照区域进行加工,钻所有孔的中心孔,然后加工孔,先加工斜面,然后加工斜面槽,最后加工开放槽。分区域进行加工。

(3)加工工艺路线规划。本案例采用从粗加工到精加工再到清根加工的流程。

(4)加工工艺和加工方式确定。如刀具选择、加工工艺参数和切削方式(刀轨形式)选择等。本版里可以参照工艺表。

在完成工艺分析后,工作应包括加工区域、加工性质、走刀方式、使用刀具、主轴转速、切削进给等选项。完成了工艺分析及规划就相当于完成了编程80%的工作量。同时,工艺分析的水平原则上决定了NC程序的质量。

二、 平面程序编制

刀具为D60硬质合金面铣刀,Z向余量5,采取1刀切削完成。编制手工程序如下:

```
0  BEGIN PGM pm MM
1  BLK FORM 0.1 Z   X-50   Y-50   Z-30
2  BLK FORM 0.2   X+50   Y+50   Z+5
3  CYCL DEF 247 DATUM SETTING ~
   Q339 = +1       ; DATUM NUMBER
4  TOOL CALL 30 Z S3000 F2000
5  M13
6  CYCL DEF 230 MULTIPASS MILLING
   Q225 =50        ; STARTNG PNT 1ST AXIS
   Q226 =50        ; STARTNG PNT 2ND AXIS
   Q227 = +0       ; STARTNG PNT 3RD AXIS
   Q218 = +100     ; FIRST SIDE LENGTH
   Q219 = +100     ; 2ND SIDE LENGTH
   Q240 = +5       ; NUMBER OF CUTS
   Q206 = +150     ; FEED RATE FOR PLNGNG
   Q207 = +500     ; FEED RATE FOR MILLNG
   Q209 = +150     ; STEPOVER FEED RATE
   Q200 = +10      ; SET-UP CLEARANCE
7  CYCL CALL POS   X+0   Y+0   Z+0 F1000
8  CYCL CALL
9  L   Z+200
10 M30
11 END PGM pm MM
```

视频

程序编制

三、 孔加工程序编制

刀具为ϕ10硬质合金钻头,钻2处ϕ10的孔,孔深为20,扩孔直径为ϕ16,手工编制程序如下:

```
0  BEGIN PGM D10k MM
1  BLK FORM 0.1 Z   X-50   Y-50   Z-30
2  BLK FORM 0.2   X+50   Y+50   Z+5
3  CYCL DEF 247 DATUM SETTING ~
   Q339 = +1       ; DATUM NUMBER
```

```
4  TOOL CALL 5 Z S3000 F2000
5  M13
6  CYCL DEF 205 UNIVERSAL PECKING
   Q200 = +20  ; SET-UP CLEARANCE
   Q201 =-20  ; DEPTH
   Q206 = +150  ; FEED RATE FOR PLNGNG
   Q202 = +2  ; PLUNGING DEPTH
   Q203 = +0  ; SURFACE COORDINATE
   Q204 = +50  ; 2ND SET-UP CLEARANCE
   Q212 = +0  ; DECREMENT
   Q205 = +0  ; MIN. PLUNGING DEPTH
   Q258 = +0.2  ; UPPER ADV STOP DIST
   Q259 = +0.2  ; LOWER ADV STOP DIST
   Q257 = +0  ; DEPTH FOR CHIP BRKNG
   Q256 = +0.2  ; DIST FOR CHIP BRKNG
   Q211 = +0  ; DWELL TIME AT DEPTH
   Q379 = +0  ; STARTING POINT
   Q253 = +750  ; F PRE-POSITIONING
7  CYCL CALL POS  X+25  Y+35  Z+0 F1000
8  L  X-25  Y+35  Z+10
9  CYCL CALL
10 L  Z+200
11 TOOL CALL 8 Z S3000
12 M13
13 CYCL DEF 205 UNIVERSAL PECKING
   Q200 = +20  ; SET-UP CLEARANCE
   Q201 =-7.8  ; DEPTH
   Q206 = +150  ; FEED RATE FOR PLNGNG
   Q202 = +2  ; PLUNGING DEPTH
   Q203 = +0  ; SURFACE COORDINATE
   Q204 = +50  ; 2ND SET-UP CLEARANCE
   Q212 = +0  ; DECREMENT
   Q205 = +0  ; MIN. PLUNGING DEPTH
   Q258 = +0.2  ; UPPER ADV STOP DIST
   Q259 = +0.2  ; LOWER ADV STOP DIST
   Q257 = +0  ; DEPTH FOR CHIP BRKNG
   Q256 = +0.2  ; DIST FOR CHIP BRKNG
   Q211 = +0  ; DWELL TIME AT DEPTH
   Q379 = +0  ; STARTING POINT
   Q253 = +750  ; F PRE-POSITIONING
14 CYCL CALL POS  X+25  Y+35  Z+0 F1000
15 L  X-25  Y+35  Z+10
16 CYCL CALL
17 L  Z+300
18 M30
19 END PGM D10k MM
```

四、 开放槽加工程序编制

开放槽加工刀具为 10 mm 硬质合金立铣刀，粗加工和精加工一次加工完成，*Z* 向深度为 8，从毛坯外下刀，编写加工程序如下：

```
0  BEGIN PGM kfc MM
1  BLK FORM 0.1 Z  X-50  Y-50  Z-30
2  BLK FORM 0.2  X+50  Y+50  Z+5
3  CYCL DEF 247 DATUM SETTING ~
   Q339 = +1     ; DATUM NUMBER
4  TOOL CALL 5 Z S3000 F2000
5  M13
6  CYCL DEF 251 RECTANGULAR POCKET
   Q215 = +0     ; MACHINING OPERATION
   Q218 = +50    ; FIRST SIDE LENGTH
   Q219 = +27    ; 2ND SIDE LENGTH
   Q220 = +6     ; CORNER RADIUS
   Q368 = +0.2   ; ALLOWANCE FOR SIDE
   Q224 = +0     ; ANGLE OF ROTATION
   Q367 = +0     ; POCKET POSITION
   Q207 = +500   ; FEED RATE FOR MILLNG
   Q351 = +1     ; CLIMB OR UP-CUT
   Q201 = -8     ; DEPTH
   Q202 = +2     ; PLUNGING DEPTH
   Q369 = +0     ; ALLOWANCE FOR FLOOR
   Q206 = +150   ; FEED RATE FOR PLNGNG
   Q338 = +0     ; INFEED FOR FINISHING
   Q200 = +20    ; SET-UP CLEARANCE
   Q203 = +0     ; SURFACE COORDINATE
   Q204 = +50    ; 2ND SET-UP CLEARANCE
   Q370 = +1     ; TOOL PATH OVERLAP
   Q366 = +1     ; PLUNGE
   Q385 = +500   ; FINISHING FEED RATE
7  CYCL CALL POS  X+60  Y+14  Z+0 F1000
8  CYCL CALL POS  X-60  Y+14  Z+0 F1000
9  CYCL CALL
10 L  Z+200
11 M30
12 END PGM kfc MM
```

五、 斜面及腰孔加工程序编制

斜面加工采用“PLANE”功能进行“3+2”斜面加工。斜面角度为 38.7°，程序如下：

```
0  BEGIN PGM xm MM
1  BLK FORM 0.1 Z  X-50  Y-50  Z-30
2  BLK FORM 0.2  X+50  Y+50  Z+5
```

```
3  CYCL DEF 247 DATUM SETTING ~
   Q339 = +1      ; DATUM NUMBER
4  TOOL CALL 10 Z S3000 F2000
5  M13
6  L  Z +300 R0 FMAX
7  PLANE RESET STAY
8  CYCL DEF 7.0 DATUM SHIFT
9  CYCL DEF 7.1   X +0
10 CYCL DEF 7.2   Y-25
11 CYCL DEF 7.3   Z +0
12 PLANE SPATIAL SPA +38.7 SPB +0 SPC +0 MOVE DIST100 F2000 SEQ- COORD ROT
13 CYCL DEF 251 RECTANGULAR POCKET
   Q215 = +1      ; MACHINING OPERATION
   Q218 = +100    ; FIRST SIDE LENGTH
   Q219 = +80     ; 2ND SIDE LENGTH
   Q220 = +0      ; CORNER RADIUS
   Q368 = +0      ; ALLOWANCE FOR SIDE
   Q224 = +0      ; ANGLE OF ROTATION
   Q367 = +0      ; POCKET POSITION
   Q207 = +500    ; FEED RATE FOR MILLNG
   Q351 = +1      ; CLIMB OR UP-CUT
   Q201 = -20     ; DEPTH
   Q202 = +5      ; PLUNGING DEPTH
   Q369 = +0      ; ALLOWANCE FOR FLOOR
   Q206 = +150    ; FEED RATE FOR PLNGNG
   Q338 = +0      ; INFEED FOR FINISHING
   Q200 = +80     ; SET-UP CLEARANCE
   Q203 = +20     ; SURFACE COORDINATE
   Q204 = +50     ; 2ND SET-UP CLEARANCE
   Q370 = +1      ; TOOL PATH OVERLAP
   Q366 = +1      ; PLUNGE
   Q385 = +500    ; FINISHING FEED RATE
14 CYCL CALL POS   X +0   Y-20   Z +0 F2000
15 L  Z +100
16 CYCL DEF 7.0 DATUM SHIFT
17 CYCL DEF 7.1   X +0
18 CYCL DEF 7.2   Y +0
19 CYCL DEF 7.3   Z +0
20 PLANE RESET STAY
21 CYCL DEF 247 DATUM SETTING  ~
   Q339 = +1      ; DATUM NUMBER
22 TOOL CALL 5 Z S3000 F2000
23 M13
24 L  Z +300 R0 FMAX
25 PLANE RESET STAY
26 CYCL DEF 7.0 DATUM SHIFT
27 CYCL DEF 7.1   X +0
28 CYCL DEF 7.2   Y -25
```

```
29  CYCL DEF 7.3   Z+0
30  PLANE SPATIAL SPA+38.7 SPB+0 SPC+0 MOVE DIST100 F2000 SEQ- COORD ROT
31  CYCL DEF 251 RECTANGULAR POCKET
    Q215=+0      ;MACHINING OPERATION
    Q218=+56     ;FIRST SIDE LENGTH
    Q219=+16     ;2ND SIDE LENGTH
    Q220=+8      ;CORNER RADIUS
    Q368=+0      ;ALLOWANCE FOR SIDE
    Q224=+0      ;ANGLE OF ROTATION
    Q367=+0      ;POCKET POSITION
    Q207=+500    ;FEED RATE FOR MILLNG
    Q351=+1      ;CLIMB OR UP-CUT
    Q201=-8      ;DEPTH
    Q202=+5      ;PLUNGING DEPTH
    Q369=+0      ;ALLOWANCE FOR FLOOR
    Q206=+150    ;FEED RATE FOR PLNGNG
    Q338=+0      ;INFEED FOR FINISHING
    Q200=+80     ;SET-UP CLEARANCE
    Q203=+0      ;SURFACE COORDINATE
    Q204=+50     ;2ND SET-UP CLEARANCE
    Q370=+1      ;TOOL PATH OVERLAP
    Q366=+1      ;PLUNGE
    Q385=+500    ;FINISHING FEED RATE
32  CYCL CALL POS   X+0   Y-16   Z+0 F2000
33  L   Z+100
34  CYCL DEF 7.0 DATUM SHIFT
35  CYCL DEF 7.1   X+0
36  CYCL DEF 7.2   Y+0
37  CYCL DEF 7.3   Z+0
38  PLANE RESET STAY
39  M30
40  END PGM xm MM
```

六、 铣孔加工程序编制

铣孔直径为 $\phi 40$，深度为 20，对于比较大的孔可以采用铣削的加工方式进行，可采用如下程序：

```
0  BEGIN PGM xxk MM
1  BLK FORM 0.1 Z   X-50   Y-50   Z-30
2  BLK FORM 0.2   X+50   Y+50   Z+5
3  CYCL DEF 247 DATUM SETTING   ~
   Q339=+1      ;DATUM NUMBER
4  TOOL CALL 5 Z S3000 F2000
5  M13
6  L   Z+300 R0 FMAX
7  CYCL DEF 252 CIRCULAR POCKET
   Q215=+0      ;MACHINING OPERATION
   Q223=+40     ;CIRCLE DIAMETER
```

```
    Q368 = +0.2      ;ALLOWANCE FOR SIDE
    Q207 = +500      ;FEED RATE FOR MILLNG
    Q351 = +1        ;CLIMB OR UP-CUT
    Q201 =-20        ;DEPTH
    Q202 = +5        ;PLUNGING DEPTH
    Q369 = +0        ;ALLOWANCE FOR FLOOR
    Q206 = +150      ;FEED RATE FOR PLNGNG
    Q338 = +0        ;INFEED FOR FINISHING
    Q200 = +20       ;SET-UP CLEARANCE
    Q203 = +0        ;SURFACE COORDINATE
    Q204 = +50       ;2ND SET-UP CLEARANCE
    Q370 = +1        ;TOOL PATH OVERLAP
    Q366 = +1        ;PLUNGE
    Q385 = +500      ;FINISHING FEED RATE
8   CYCL CALL POS  X +0  Y +0  Z +0 F1000
9   PLANE RESET STAY
10 M30
11 END PGM xxk MM
```

案例中,按照工艺流程,手工程序的编写全部完成。

任务四　案 例 加 工

知识、技能目标

1. 掌握 DMU60 型数控多轴机床进行零件加工的一般步骤。
2. 掌握零件的质量检测方法。

思政育人目标

1. 培养学生用理论指导实践的能力。
2. 培养学生善于动手、勤于实践的吃苦耐劳精神。

任务描述

1. 通过 DMU60 型数控多轴机床进行零件的程序导入、工件的加工。
2. 通过零件检测,学习质量检测的方法。

任务实践

在 DMU60 型数控多轴机床加工中，虚拟仿真是必不可少的环节，只有经过全面仿真的程序才能保证加工质量和设备安全。所以手工编写的程序必须在虚拟机上进行模拟仿真，模拟仿真之后，进入实际设备进行加工，程序、刀具、工艺编排经过仿真之后可以得到全面的验证。本案例采用 DMU60 型数控五轴机床虚拟机进行一比一的仿真验证。

一、 加工准备

虚拟机仿真需要和真实加工一样，准备机床、刀具、毛坯、程序、夹具等，如图 3.4 所示在机床上安装夹具，和在真实机床上完全一致。

视频

手工编程案例加工

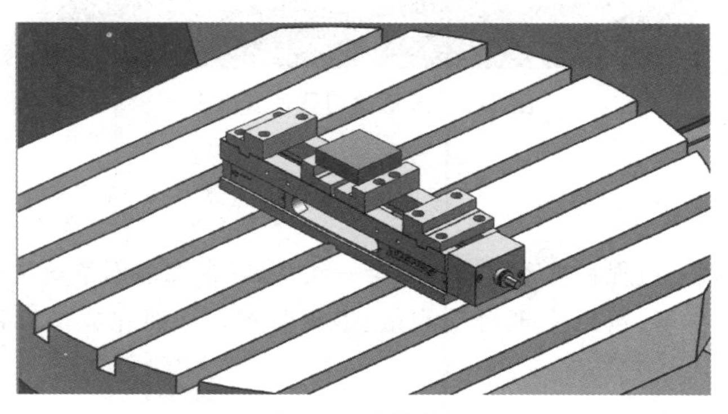

图 3.4　夹具准备

二、 刀具安装

在虚拟机上安装刀具表所有的刀具，并按照相应刀具号调入刀具库，并作相应的检查，保证刀具参数和刀具号以及程序一一对应，图 3.5 所示为刀具安装图。

图 3.5　刀具安装

三、 刀具长度的标定

刀具长度的标定和实际一样，将刀具通过手摇轮的方式，Z 向压在 Z 值对刀器上，指导表盘数字为零，然后通过刀具表中的刀具长度参数，拾取刀具长度，从而完成标定。五轴加工使用的是刀具的绝对刀长，所以每一把刀具都需要有准确的刀具长度。这样才可以加工出合格的产品。在虚拟机上标定刀具如图 3.6 所示过程。

图 3.6　虚拟机刀具长度标定

四、 坐标系找正

在虚拟机中，坐标的找正过程和机床上操作完全一致，可以参照前面章节进行操作。在虚拟机中，调用的 3D 测头具有同样的功能，可以实现自动测量、手动测量。从而完成坐标系的找正操作，如图 3.7 所示。

图 3.7　虚拟机坐标系找正

五、 程序传输

将机壳程序编制的所有程序按照预设的文件夹、文件名、程序名传输到虚拟机中，如图 3.8 所示。在所有的程序传输过程中，一定要保证程序内的刀具和刀库中的刀具一一对应，不能出现任何错误，同时在程序编制中使用的坐标系和虚拟机中找正的坐标系要完全一致，也要和后续机床加工的坐标保持一致。

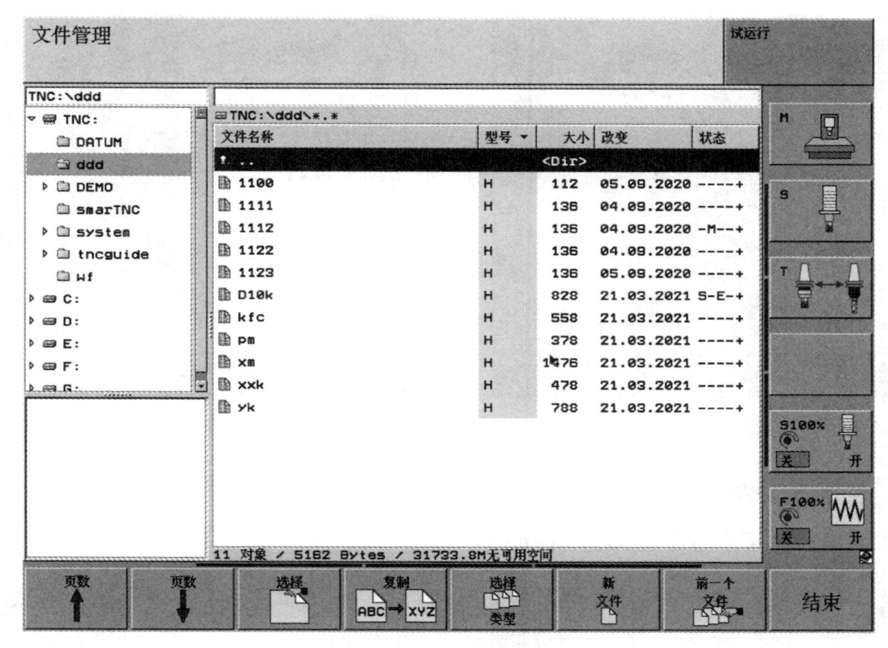

图 3.8　程序传输

六、　虚拟机加工

当前序工作已经完成后，就可以在虚拟机上进行全工序的加工仿真，按照加工工艺进行底面加工的仿真：

（1）平面仿真加工效果如图 3.9 所示。

（2）孔仿真加工效果如图 3.10 所示。

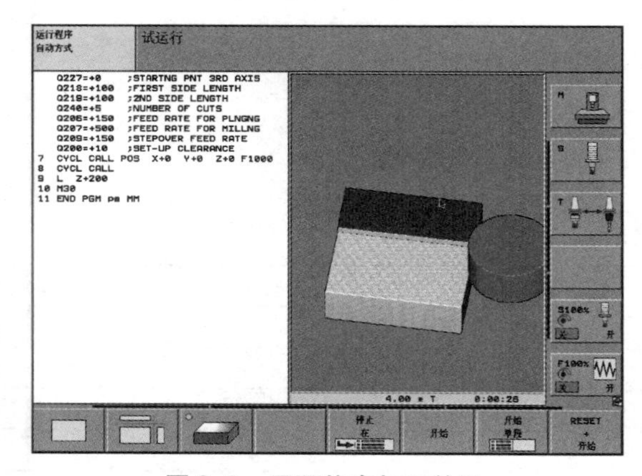

图 3.9　平面仿真加工效果

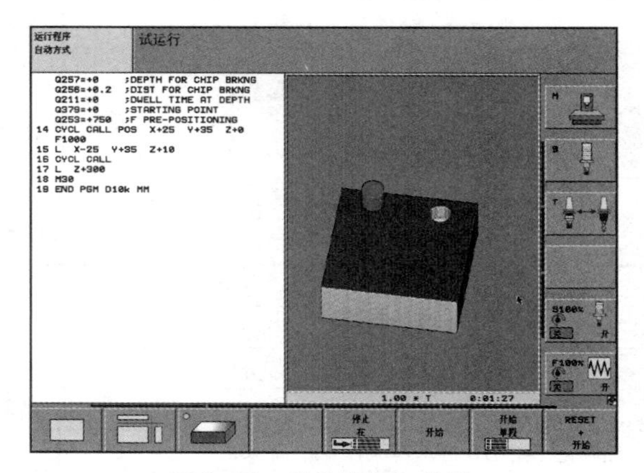

图 3.10　孔仿真加工效果

（3）开放槽仿真加工效果如图 3.11 所示。

（4）斜面与腰槽仿真加工效果如图 3.12 所示。

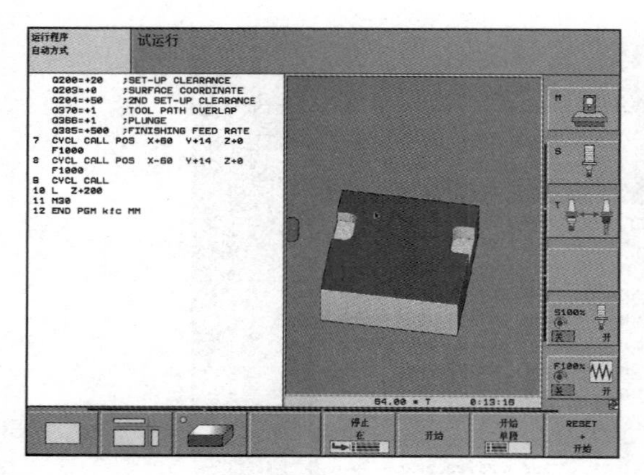

图 3. 11　开放槽仿真加工效果

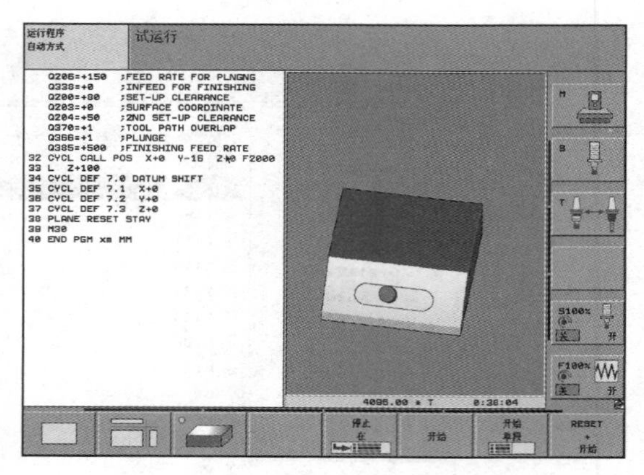

图 3. 12　斜面与腰槽仿真加工效果

(5)铣孔仿真加工效果如图 3. 13 所示。

(6)整体定位块仿真加工效果如图 3. 14 所示。

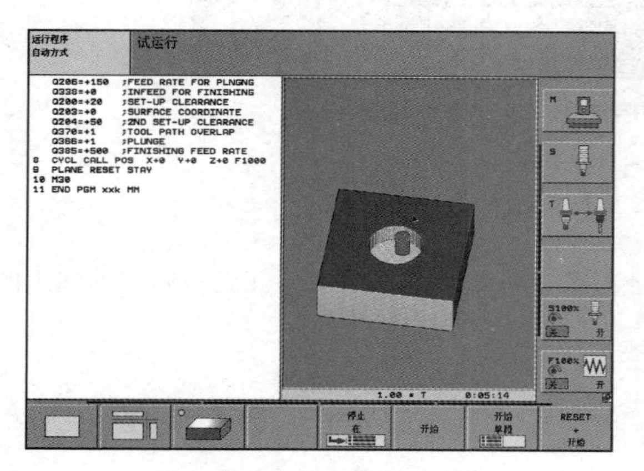

图 3. 13　铣孔仿真加工效果

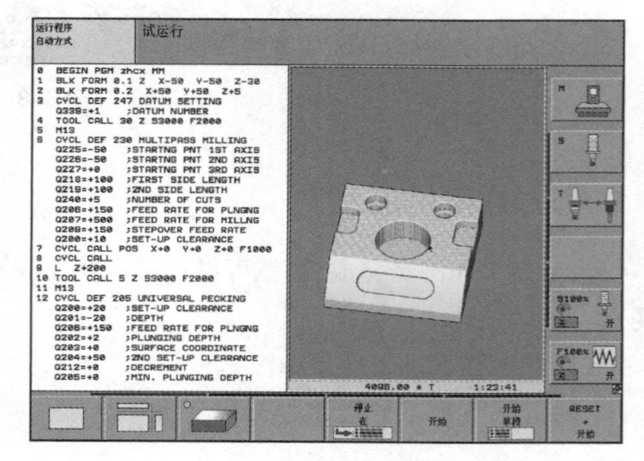

图 3. 14　整体仿真加工效果

学习效果评价

学习评价表

<table>
<tr><td rowspan="2">单位</td><td rowspan="2"></td><td>学号</td><td></td><td>姓名</td><td></td><td>成绩</td><td></td></tr>
<tr><td>任务名称</td><td></td><td></td><td></td><td></td><td></td></tr>
<tr><td colspan="2">评价内容</td><td>配分(分)</td><td colspan="5">得分与点评</td></tr>
<tr><td colspan="8">一、成果评价:60 分</td></tr>
<tr><td colspan="2">能熟记手工编程的基本流程</td><td>15</td><td colspan="5"></td></tr>
<tr><td colspan="2">能利用 MDI 进行程序执行</td><td>15</td><td colspan="5"></td></tr>
<tr><td colspan="2">能进行手工程序的仿真检测</td><td>15</td><td colspan="5"></td></tr>
<tr><td colspan="2">能完成零件的加工</td><td>15</td><td colspan="5"></td></tr>
</table>

二、自我评价:15 分		
学习活动的主动性	5	
独立解决问题能力	3	
工作方法正确性	3	
团队合作	2	
个人在团队中作用	2	
三、教师评价:25 分		
工作态度	8	
工作量	5	
工作难度	5	
工具使用能力	2	
自主学习	5	
学习或教学建议		

延伸阅读　用坚毅的品格战胜挫折

(一)用毅力战胜失败

具有恒心毅力的人似乎像保了险一样,无论他们再受挫多少回,仍将朝着阶梯的巅峰迈进,直至抵达为止。

经得起考验的人会以其恒心耐力获酬至丰。不论他们所追求的是什么,都能如愿以偿,作为吃苦耐劳坚忍不拔的补偿。这还不是他们得到的所有一切。他们得到的是比物质弥补更重要的经验:"每一次失败都伴随着同等利益的成功种子。"我们大家都知道一件事,如果一个人没有恒心毅力,在任何一个行业的成就都不会太突出。

(二)在逆境中奋起

人生在世,失败总是不可避免的。遇到失败,也就意味着处于逆境。人们常说,人生十之八九不尽人意。世界上的一切不是专门为某些人安排的,众人也不是专门按某个人意志行事的,想让众人的意志都服从于自己的成功,这是不可能的。所以,失败和逆境人人有之,在这个问题上,人与人之间的不同或者说成功者与失败者的不同,就在于对失败和逆境的看法和处理方式不同。

能够正确看待和利用失败与逆境,它们就有助于成功。古往今来,多少伟人和名人,历经磨难,都曾陷入过逆境,但他们正是从失败和逆境中奋起,将失败和逆境变成了成功机制。平民百姓也一样,他们的成功可能没有惊天动地,也没有流芳千古,但他们在默默地从事着自己的成功事业,其中的一个重要方式,就是在逆境和失败中奋起,将它们化作成功的动力。远的且不说,先看近期常见的逆境以及成功者是如何从逆境中奋起的。

20 世纪末,中国的改革处于攻坚阶段,失业下岗使许多平民百姓陷入逆境,这成为他们人生中的暂时失败。失去工作,生计艰难,这是多么大的失败。然而,有些人正是以此为契机,成为成功者。

下岗职工出路何在?河南省安阳机床厂助理工程师王宝庆以自己的亲身经历告诉人们:下岗求生存,

自救天地宽。短短一年的时间,他从待岗的失落中振作起来,在服务领域开辟出一片新天地——成立了安阳市第一个由待岗职工创办的家庭服务社,并吸收20多名下岗职工加入其中。在他的带动下,安阳市100多名下岗职工从苦等苦熬的困境中走上自主创业之路。和其他下岗职工一样,王宝庆也经历了一段阴云密布的彷徨期。1996年底,由于企业经营困难,王宝庆待岗在家。生活的改变,绝不是从助理工程师到待岗职工称谓的变化。往日悠闲、自在的工厂生活不存在了,经济来源一下子失去了保障,怎么办?"得干点什么",这朴素的想法逼得他在痛苦中找寻出路。厂里高工们的谈话给了他启示,在市场经济条件下,职工下岗难以避免。帮助、同情都是暂时的,"抱怨没有用,等也没有用,要靠只能靠自己。只有走向市场,埋头苦干,才能把生活过得更好"。

自己走向市场,谈何容易,在这个过程中,吃苦受累是免不了的。王宝庆有过遭人白眼,无端被责怪的经历,有过怕失面子,碰见熟人,低头用帽檐遮住自己面容的尴尬场面。最终,他还是抬起头,面对每一张熟悉的、陌生的面孔。因为他明白,"苦等不如苦干,在艰难的时候坚持住才能找到自己的位置。"服务社的经营状况一天比一天好,直至送孩子的车子发展到20多辆,要接送的孩子也有100多名。服务项目随着需求也在不断地扩展,老人看病接送,陪床护理,管道维修,棉衣棉被拆洗……

"工作无贵贱,要靠自己做。我已经把服务社的工作当作自己的事业。尽管失去了工厂生活的清静、悠闲,但这种生活却更加充实。"王宝庆的话实实在在,感人至深。

正是因为失败与逆境常常孕育着成功,所以,这些成功的人士不怕失败和逆境,甚至喜欢失败和逆境,而这实际上也是喜欢成功和喜悦。

失败和逆境并不一定都是坏事。对失败和逆境只要能够从中得到磨炼和启发,那么,许多就可以孕育出成功来。我们必须保持这种辩证的态度和健康的心态。在逆境中奋起走向成功的人,他们的意志比常人更坚强,所以,他们取得的成功也往往更加辉煌。

人们喜欢成功者,习惯于笑脸相迎胜利者,而对失败者、失意者则常常是不屑一顾,瞧不起的有之,讽刺打击的有之,扫地出门的有之。总之,"胜者王侯败者寇",人们在失败的时候处境是最艰难的,能够深深地体验到什么叫世态炎凉。而恰恰在这个时候,能够反败为胜者有一个突出的特点,就是面对他人的冷漠甚至是打击,他们一不气馁,二不自卑,而是把这种悲愤埋藏在心底,使之化作志气和力量,不怨天尤人,不自暴自弃,也许正是他人的白眼使他们更努力、更刻苦,产生一股不达目的誓不罢休的劲头。

(三)突破自我,挣脱束缚自己的羁绊

人最容易自我满足,这常常影响到未来的成功。所以一定要懂得:对自己不满足是向上的车轮,突破自我是成功的必由之路。

成功的根本因素在于自己的努力,同样,成功的最大障碍也来自自身,失败的原因多是被束缚了手脚,蒙住了双眼,看不到更高、更远、更辉煌的未来,结果满足现状不思进取、停步不前。而时代在进步,世界在变化,"逆水行舟,不进则退",贪恋安稳生活或不敢突破自我,只能使富的变穷,穷的更穷;先进的变落后,落后的更落后。那些能不断求变,不断根据新形势转变自我的人则会不断把事业做大。

突破自我的根本,在于摆脱思想意识的束缚,思想的解放往往是成功的开始。

下面我们来看"上苍为我留着另一扇窗"这个自我突破的小故事。孙妍珊是澳门人,厦门大学外文学院英语语言文学系2012级学生。自幼身患"脑瘫",至今无法自如行动。幼年时更是为了学走路付出过常人难以体会的艰辛。"跌倒了就自己爬起来,累了就多坚持一会。"

也正因这种艰辛，将她打磨成了一个独立坚毅的女孩。她不仅学习成绩优异，还参加各种比赛，包括征文、演讲、英语配音、笔译比赛等，获得了不少奖项。但她更看重体验这些比赛奇妙而紧张的过程和赛后总结所带来的精神收获。

孙妍珊，这个来自澳门的身患脑瘫的姑娘，如今已然可以自信地站在舞台上，为改善国内残疾人生活现状而满怀激情地演讲。她说，尽管我有肢体缺陷，但我坚信，一次次从跌倒中爬起，我可以和别人一样能真正地站起来。我期待着更富有挑战和机遇的将来。

在生活的长河中，我们不但在财富上、思想上、学习上等方面要不断突破自我，在自己所从事的领域上也要不断挑战命运挣脱羁绊，只有在这一次次的自我突破过程中，我们才得到成长迎来胜利的曙光。

思考与练习

一、简答

1. 请叙述在虚拟机中坐标系的找正过程。
2. 请叙述在虚拟机中刀具的调用过程。
3. 请简述在实际加工中刀具的长度标定过程。

二、手动编程、仿真、加工练习

如图 3.15、图 3.16 所示零件，利用所学数控多轴海德汉系统机床编程知识，进行零件加工工艺分析、手工编写加工程序、并进行仿真、加工。

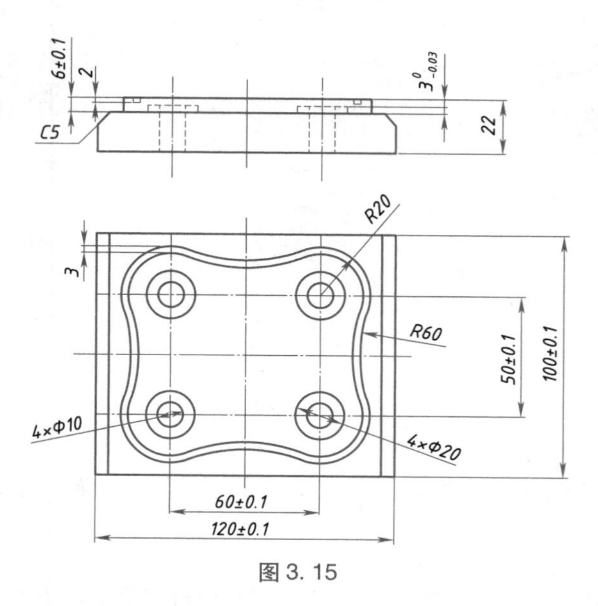

图 3.15

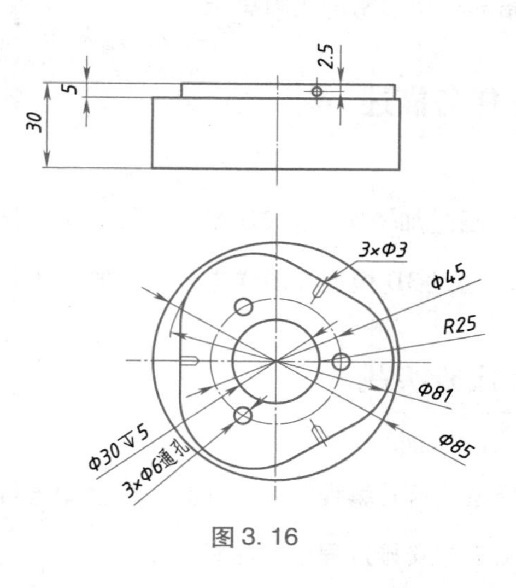

图 3.16

项目四 DMU60 编程加工叶轮案例

任务一 叶轮模型分析

知识、技能目标

视频

模型分析

1. 掌握模型分析的手段。
2. 掌握模型分析的方法。

思政育人目标

培养学生缜密的逻辑思维。

任务描述

1. 通过加工案例的 2D 图样进行图样的分析。
2. 通过 3D 模型和图样进行模型的具体分析。

任务实践

模型分析是编程时对图样和三维模型进行元素和工艺的一一对应分析，主要是分析模型的正确性，了解加工工艺安排过程中的注意事项。

在设计零件的加工工艺规程时，首先要对加工对象进行深入分析，对数控加工图样分析应考虑以下几个方面：

1. 构成零件轮廓的几何条件

在进行手工编程时，要计算每个节点坐标。在自动编程时，要对零件轮廓所有几何元素进行定义，因此在分析零件图时要注意以下四点：

(1)零件图上是否漏掉某尺寸，使其几何条件不充分，影响到零件轮廓的构成；

(2)零件图上的图线位置是否模糊或标注不清，使编程无法进行；

(3)零件图上给定的几何条件是否合理，避免导致数学处理困难；

(4)零件图上的尺寸标注方法应适应数控机床加工特点，应以同一基准标注尺寸或直接给出坐标尺寸。本案例叶轮的轮廓为样条曲线，所以对于叶轮的表达中使用了点位的方法进行表示。

2. 尺寸精度要求

分析零件图样尺寸精度要求，用以判断能否用正常加工工艺达到，并确定控制尺寸精度的工艺方法。在该项分析过程中，还可以同时进行一些尺寸的换算，如增量尺寸与绝对尺寸及尺寸链计算等。在利用数控机床加工零件时，常常对零件要求的尺寸取最大和最小极限尺寸的平均值作为编程的尺寸依据。本案例中叶轮的尺寸精度主要按照叶片厚度表示，为了更好的达到尺寸要求，建模必须准确。

3. 形状和位置的精度要求

零件图样上给定形状和位置公差是保证零件精度的重要依据，加工时要按照其要求确定零件的定位基准和测量基准，还可以根据数控机床的特殊需要进行一些技术性的处理，以便有效地控制零件的形状和位置精度。本案例中重点精度位置是叶形线。对于形状公差要进行特殊处理，在后处理时要注意处理程序时的输出精度和步长。

4. 表面粗糙度要求

表面粗糙度是保证零件表面微观精度的重要要求，也是合理选择数控车床、刀具及确定切削用量的依据。本案例利用粗糙度样板进行对比，来调整参数，保证粗糙度数值。

5. 材料与热处理要求

零件图样上给定的材料与热处理要求，是选择刀具、数控车床型号及确定切削用量的依据，本案例材料为 YL12，在后续工艺、刀具编排中按照本材料特性进行。

6. 分析案例中相关要素(图 4. 1、图 4. 2)

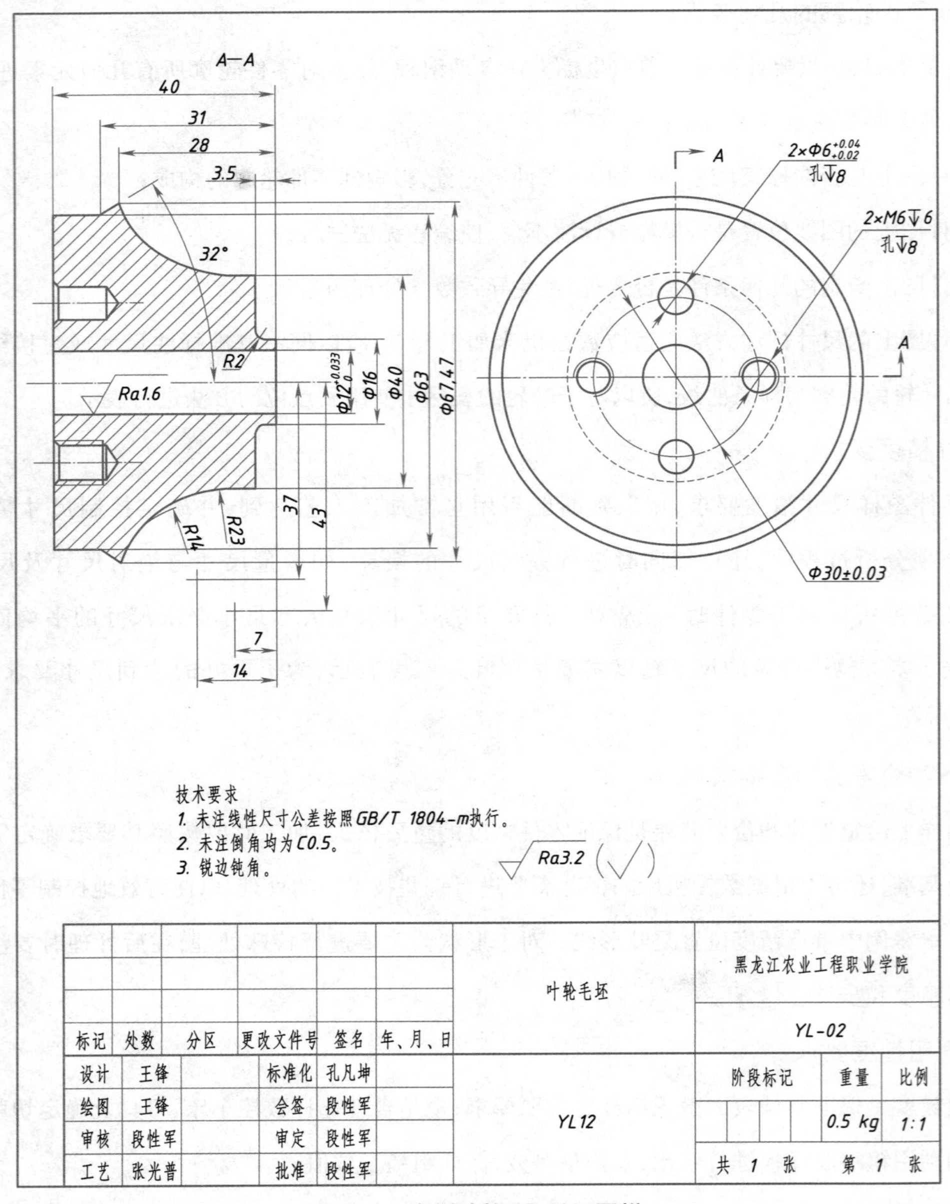

图 4. 1　案例叶轮 2D 毛坯图样

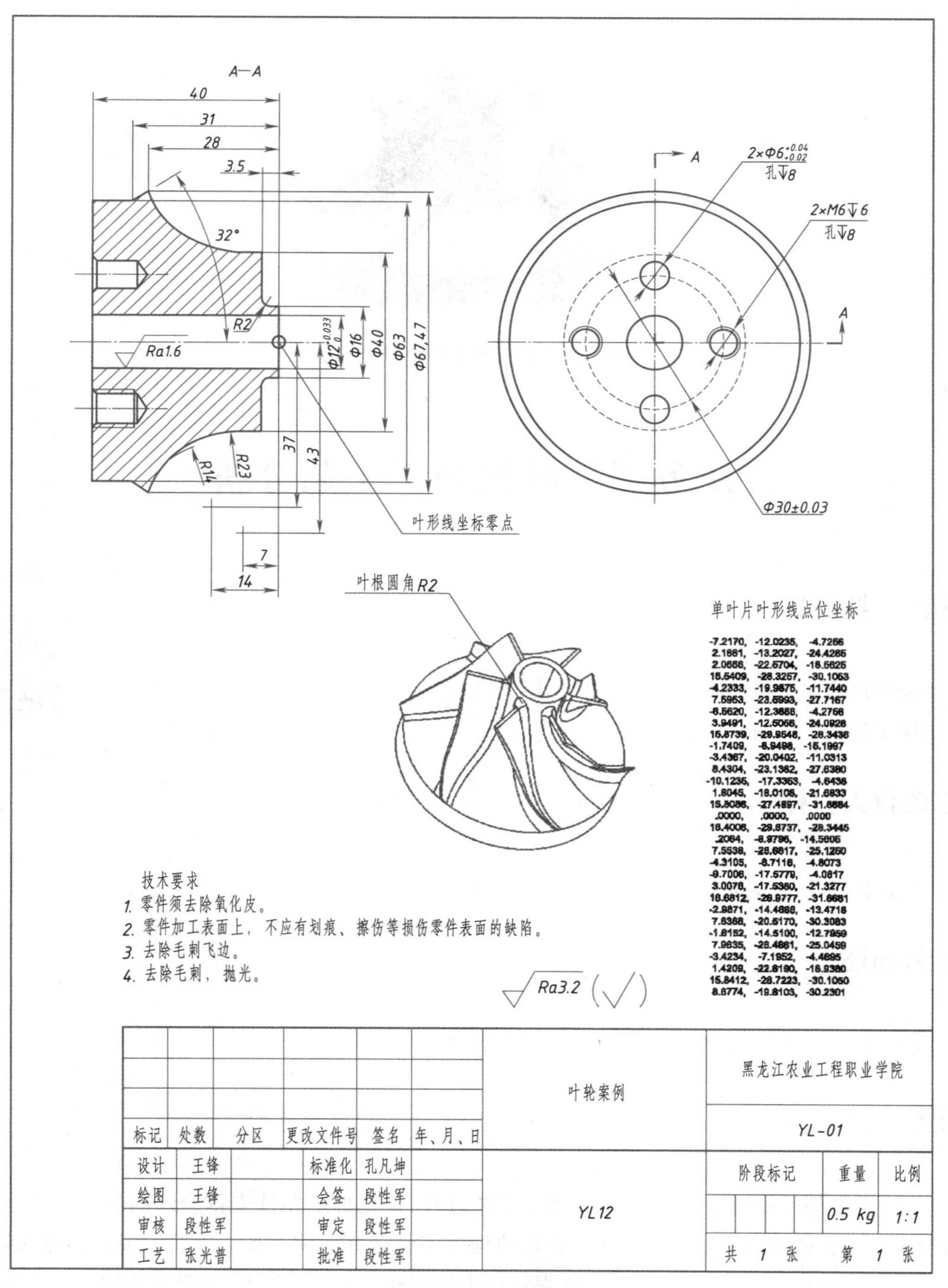

图 4.2　案例叶轮 2D 图样

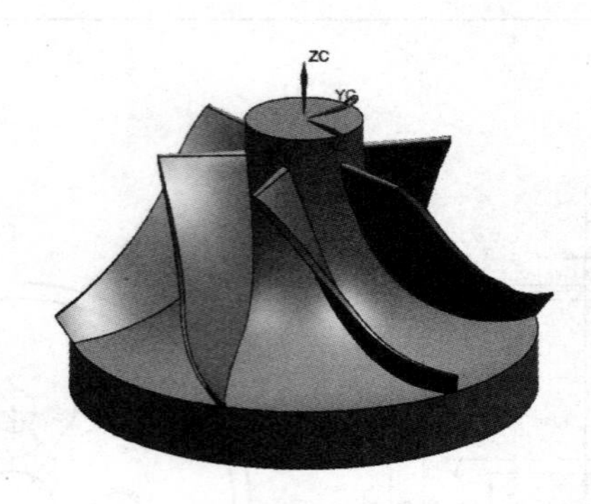

图 4.3 案例加工叶轮 3D 模型

任务二 叶轮加工工艺分析

视频

叶轮加工工艺分析

知识、技能目标

1. 掌握零件的工艺分析方法。
2. 掌握零件的夹具分析方法。

思政育人目标

培养学生全局观、大局观。

任务描述

分析叶轮加工工艺,填写工序卡。

任务实践

工艺分析主要是通过图样、模型来制订加工工艺过程,根据加工条件安排合理的加工工艺,选择合适的刀具材料、刀具直径和刀具参数。从而为后续的程序编制做好前期工作。工艺的编排根据实际加工条件情况有所不同,没有固定的工艺方案,在能保证加工精度和尺寸的前提下,选择高效的加工方案,同时要节约成本。综合分析现有情况进行合理的优化和编排。

一、 设备的选择

根据图 4.2 所示零件的外形，比较适合在五轴机床上加工，由于叶轮的叶片、轮毂都为曲面。并且曲面曲度较大，所以要想保证技术要求，只有在数控五轴机床上加工才能保证其加工的尺寸精度和表面质量。本项目选择 DMU60 型数控五轴加工中心(海德汉系统)机床进行加工。

二、 粗基准选择原则

(1)为了保证不加工表面与加工表面之间的位置要求，应选不加工表面作粗基准；

(2)合理分配各加工表面的余量，应选择毛坯外圆作粗基准；

(3)粗基准应避免重复使用；

(4)选择粗基准的表面应平整，没有浇口、冒口或飞边等缺陷，以便定位可靠。

本项目中叶轮毛坯由车削加工而成，车削的叶轮毛坯选择棒料外圆为粗基准。

三、 精基准选择原则

(1)基准重合原则：选择加工表面的设计基准为定位基准；

(2)基准统一原则，自为基准原则，互为基准原则。

本项目中叶轮毛坯车削的精基准为叶轮的回转中心线，五轴加工叶片时也同样选择叶轮的回转中心线为精基准。

四、 定位基准的选择

按上述粗、精基准选择原则，选择精密机用虎钳作为夹具，在夹具上安装辅助件，选择叶轮的底面为安装基准。

五、 合理选择切削用量

合理选择切削用量的原则是：粗加工时，一般以提高生产率为主，但也应考虑经济性和加工成本；半精加工和精加工时，应在保证加工质量的前提下，兼顾切削效率、经济性和加工成本。具体数值应根据机床说明书、切削用量手册，并结合经验而定。

本案例所选的刀具参数如表 4.1 所示。

六、 设置对刀点和换刀点

在程序执行的一开始，必须确定刀具在工件坐标系下开始运动的位置，这一位置即为程序执行时刀具相对于工件运动的起点，称为程序起始点或起刀点。此起始点一般通过对刀来确定，所以，该点又称对刀点。在编制程序时，要正确选择对刀点的位置。对刀点设置原则是：便于数值处理和简化程序编制。易于找正并在加工过程中便于检查，引起的加工误差小。对刀点可以设置在加工零件上，也可以设置在夹具上或机床上，为了提高零件的加工精度，对刀点应尽量设置在零件的设计基准或工艺基准上。实际操作机床时，可通过手工对刀操作把刀具的刀位点放到对刀点上，即“刀位点”与“对刀点”的重合。所谓“刀位点”

是指刀具的定位基准点，车刀的刀位点为刀尖或刀尖圆弧中心。平底立铣刀是刀具轴线与刀具底面的交点。球头铣刀是球头的球心，钻头是钻尖等。用手动对刀操作，对刀精度较低，且效率低。而有些工厂采用光学对刀镜、对刀仪、自动对刀装置等，以减少对刀时间，提高对刀精度。加工过程中需要换刀时，应规定换刀点。所谓“换刀点”是指刀架转动换刀时的位置，换刀点应设在工件或夹具的外部，以换刀时不碰工件及其他部件为准。

DMU60 型数控多轴机床回到机床零点后，会自动移动到换刀点进行刀具的交换，本案例采用测头进行对刀，对刀点为测头的球心。工件的对刀位置为叶轮上表面中心。

七、 刀具材料的选择方法

本项目叶轮的材料为 YL12，表面质量要求 $Ra3.2\ \mu m$，为了保证加工质量和效率，刀具材料选择硬质合金。

硬质合金由作为主要组元的难熔金属碳化物和起粘结作用的金属组成的烧结材料，具有高强度和高耐磨性。它是由难熔金属的硬质化合物和粘结金属通过粉末冶金工艺制成的一种合金材料。硬质合金具有硬度高、耐磨、强度和韧性较好、耐热、耐腐蚀等一系列优良性能，特别是它的高硬度和耐磨性，即使在 500 ℃的温度下也基本保持不变，在 1 000 ℃时仍有很高的硬度。硬质合金广泛用作刀具材料，如车刀、铣刀、刨刀、钻头、镗刀等，用于切削铸铁、有色金属、塑料、化纤、石墨、玻璃、石材和普通钢材，也可以用来切削耐热钢、不锈钢、高锰钢、工具钢等难加工的材料。现在新型硬质合金刀具的切削速度等于碳素钢的几百倍。选择时要根据工件材料、成本等进行全面分析选择确定刀具。

八、 叶轮加工夹具设计

依据工艺分析，设计如图 4.4 所示的安装工艺件，以叶轮的底面为基准进行装夹，采用图 4.5 所示装夹方案进行装夹。零件毛坯图样如图 4.1 所示，属于半成品毛坯，所以车削工艺在此不考虑。

图 4.4 工艺件设计效果图

图 4.5 毛坯装夹

九、 叶轮加工工序卡

通过工艺分析，提供的毛坯为半成品，设备采用五轴加工设备，工艺高度集成，所以在五轴设备上能完成叶轮的粗、精加工所有工序。工序内容见表 4-1。

表 4-1　工序卡表

<table>
<tr><td colspan="4">单位名称</td><td colspan="3">产品名称或代号</td><td>零件名称</td><td colspan="2">零件图号</td></tr>
<tr><td colspan="4">黑龙江农业工程职业学院</td><td colspan="3">叶轮</td><td>叶轮</td><td colspan="2">H5-DM-01-02</td></tr>
<tr><td colspan="2">工序号</td><td colspan="2">程序编号</td><td colspan="3">夹具名称</td><td>使用设备</td><td colspan="2">车间</td></tr>
<tr><td colspan="2">001</td><td colspan="2">OXXXX</td><td colspan="3">自定心气动卡盘和芯轴</td><td>DMU60</td><td colspan="2">数控车间</td></tr>
<tr><td>工步号</td><td colspan="3">工步内容</td><td>刀具号</td><td>刀具规格</td><td>主轴转速（r/min）</td><td>进给速度（mm/r）</td><td>背吃刀量（mm）</td><td>备注</td></tr>
<tr><td>1</td><td colspan="3">粗加工叶轮</td><td>T01</td><td>ϕ8 球头铣刀</td><td>3 000</td><td>0.1</td><td>1.5</td><td>自动</td></tr>
<tr><td>2</td><td colspan="3">半精加工叶轮</td><td>T02</td><td>ϕ6 球头铣刀</td><td>400</td><td>0.1</td><td>1.5</td><td>自动</td></tr>
<tr><td>3</td><td colspan="3">精加工叶片</td><td>T02</td><td>ϕ6 球头铣刀</td><td>6 000</td><td>0.05</td><td>0.1</td><td>自动</td></tr>
<tr><td>4</td><td colspan="3">精加工轮毂</td><td>T02</td><td>ϕ6 球头铣刀</td><td>6 000</td><td>0.05</td><td>0.1</td><td>自动</td></tr>
<tr><td>5</td><td colspan="3">精加工叶根圆</td><td>T03</td><td>ϕ4 球头铣刀</td><td>6 000</td><td>0.05</td><td>0.1</td><td>自动</td></tr>
<tr><td>编制</td><td colspan="2"></td><td>审核</td><td></td><td>批准</td><td></td><td>年　月　日</td><td>共　页</td><td>第　页</td></tr>
</table>

十、叶轮加工刀具卡

根据案例图样及模型特点，对刀具材料和刀具的加工性能进行分析，本案例选择刀具见表 4-2，来进行叶轮的粗加工、半精加工和精加工。

表 4-2　刀具表

<table>
<tr><td colspan="6">刀具卡</td></tr>
<tr><td colspan="4">产品及代号：叶轮</td><td>零件名称</td><td>叶轮</td></tr>
<tr><td>序号</td><td>刀具号</td><td>规格</td><td>数量</td><td>加工表面</td><td>备注</td></tr>
<tr><td>1</td><td>T01</td><td>ϕ8 球头硬质合金铣刀</td><td>1</td><td>开粗</td><td></td></tr>
<tr><td>2</td><td>T02</td><td>ϕ6 球头硬质合金铣刀</td><td>2</td><td>精加工</td><td></td></tr>
<tr><td>3</td><td>T03</td><td>ϕ4 球头硬质合金铣刀</td><td>1</td><td>ϕ6 底孔</td><td></td></tr>
</table>

任务三　叶轮程序编制

知识、技能目标

1. 掌握程序编制的流程。
2. 掌握程序编制进行零件的加工方法。

思政育人目标

培养学生一丝不苟、坚持不懈的敬业精神。

任务描述

1. 通过对零件的分析编写合格的零件程序。
2. 通过零件程序仿真完成零件的正确性验证。

任务实践

一、 程序编制的方法

数控机床程序编制的方法有三种：手工编程、自动编程和CAD/CAM。

1. 手工编程

由人工完成零件的图样分析、工艺处理、数值计算、书写程序清单直到程序的输入和检验。适用于点位加工或几何形状不太复杂的零件，但是，非常费时，且编制复杂零件时，容易出错。本案例存在曲面加工，显然手工编程无法达到要求。因此不能使用手工编程。

2. 自动编程

使用计算机或程编机，完成零件程序的编制的过程，这对于复杂的零件很方便。本案例采用软件编程，软件选择为NX12.0。

3. CAD/CAM

利用CAD/CAM软件，实现造型及图像自动编程。最为典型的软件是NX，其可以完成铣削二坐标、三坐标、四坐标和五坐标编程；车削、线切割的编程。此类软件虽然功能单一，但简单易学，价格较低，仍是目前中小企业的选择。本案例采用的NX12.0软件能满足叶轮零件的程序编制，同时NX12.0可以直接进行建模，建成模型后可以直接进行编程。因此本案例选择CAD/CAM软件为NX12.0。

二、 工艺过程

工艺过程，计算走刀量，得出刀位数据，编写数控加工程序，制作控制介质，校对程序及首件试切。数控编程有手工编程和自动编程两种方法。总之，它是从零件图样到获得数控加工程序的全过程。随着数控技术的发展，先进的数控系统不仅向编程用户提供了一半的准备功能和辅助功能，而且为编程提供了扩展数控功能的手段。数控系统的参数编程应用灵活，形式自由，具备计算机高级语言的表达式、逻辑运算及类似的程序流程，使加工程序简单易懂，实现普通程序难以实现的功能。

本案例叶轮曲面复杂，高级语言也无法表达，只能直接使用软件进行编程。自动进行刀位计算，完成工艺过程中程序的编制。

三、数控编程的基本步骤

1. 分析零件图确定工艺过程

对零件图要求的形状、尺寸、精度、材料及毛坯进行分析，明确加工内容与要求；确定加工方案、走刀路线、切削参数以及选择刀具及夹具等。

本案例中叶轮毛坯在车削时的精度有 $\phi12+0.033$ 的孔，孔的表面粗糙度值为 $Ra1.6\mu m$，未注倒角 $C0.5$。

2. 编写加工程序

在完成上述步骤后，按照数控系统规定使用的功能指令代码和程序段格式，编写加工程序单。

本案例的程序编制从粗加工到精加工，主要分为叶轮的粗加工，叶轮的叶片精加工，轮毂精加工，叶根圆精加工。

3. 将程序输入数控系统

程序的输入可以通过键盘直接输入数控系统，也可以通过计算机通信接口输入数控系统。

利用U盘在计算机中拷贝已经经过后置处理的代码程序。将U盘插到计算机上进行导入。

4. 检验程序与首件试切

利用数控系统提供的图形显示功能，检查刀具轨迹的正确性。对工件进行首件试切，分析误差产生的原因，及时修正，直到试切出合格零件。本案例加工过程机床存在五轴五联动的运动轨迹，所以首件加工可以采用图形显示进行验证。或者利用空走刀进行验证。然后进入真实工件的加工。

四、CAD/CAM程序的编制

（1）打开NX软件，导入叶轮数据模型（图4.6），经过分析之后，模型没有任何问题，就可以进行程序的编制。

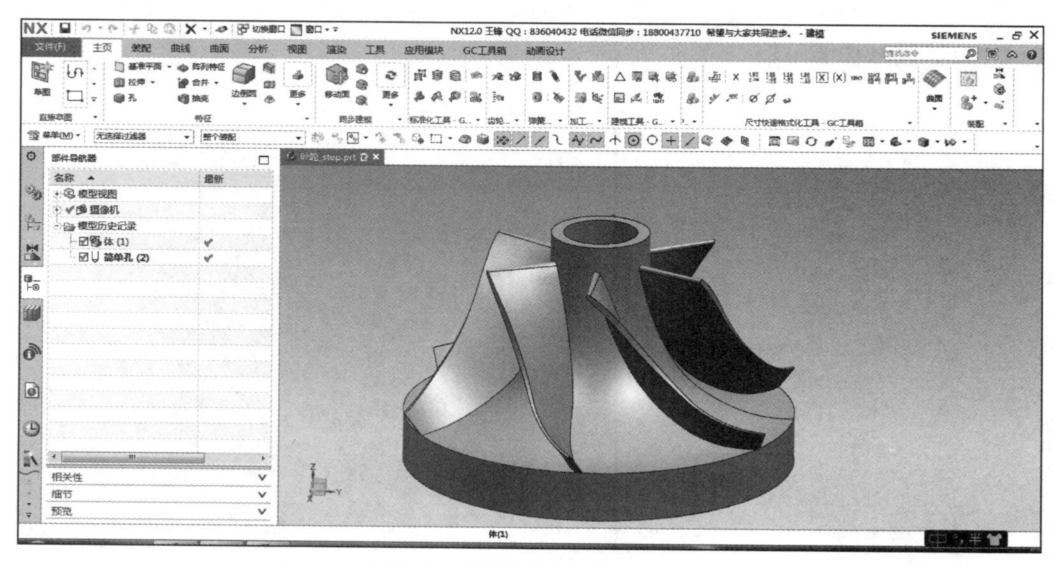

图4.6 NX软件导入叶轮模型

（2）设置坐标系：如图 4.7 所示，加工坐标系是程序和机床、程序和刀具的主要链接关系的重要参数。在 NX 中按照加工工艺确定加工坐标系零点为叶轮半径毛坯上表面中心点。所以操作者在装夹完毛坯之后，也要通过机床对刀找正，完成机床中加工工件坐标系的设置。

（3）刀具的创建：创建图 4.8 所示刀具并输入刀具参数，按照刀具表依次创建刀具列表，同时保证刀具参数的正确性。输入与实际安装刀具长度相同的刀具参数，保证刀具在程序编写过程中的安全等事项。特别是刀具安装长度，刀柄直径，机床主轴与夹具之间的干涉检查等。

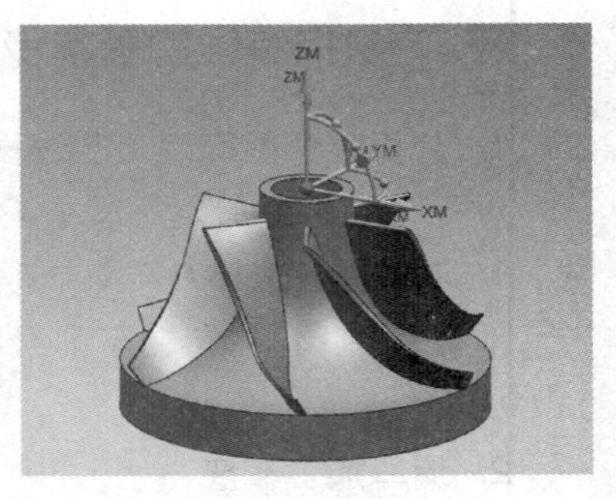

图 4.7　加工坐标系的设置

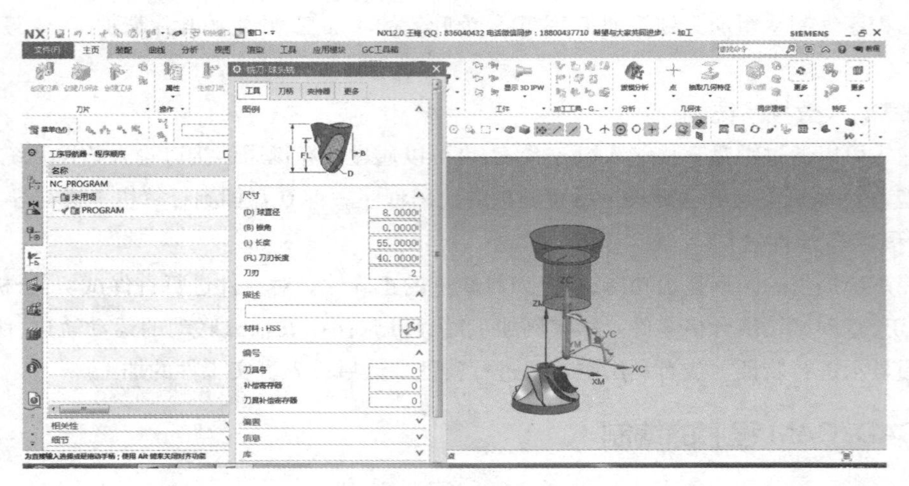

图 4.8　刀具参数设置

（4）毛坯的创建：根据工艺安排，首先要根据车削完成的半成品毛坯进行建模，完成毛坯的创建，同时完成加工案例叶轮的参数选择，图 4.9 所示为叶轮参数设置。

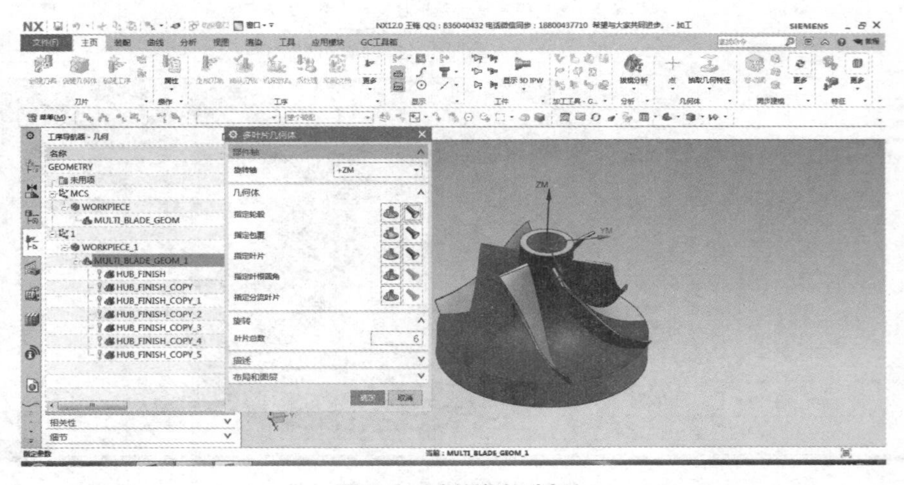

图 4.9　叶轮参数选择

(5)程序编制:使用 NX 软件进入叶轮模块,编写叶轮加工程序,此刻在程序编写中依据加工工艺,进行粗加工、半精加工、精加工、叶轮清根加工。完成刀具轨迹的生成,如图 4.10 所示。

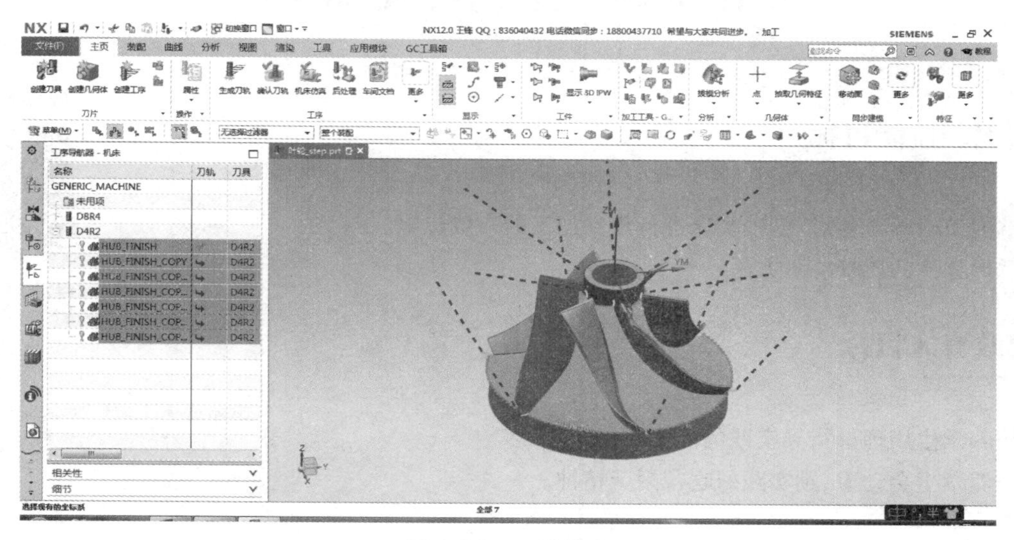

图 4.10　刀具轨迹

(6)生成 G 代码:编写完程序,要将刀具轨迹进行后置处理,生成机床可以识别的 G 代码,这样机床才可以进行加工。软件生成的 DMU60 型数控五轴机床可识别的程序代码如图 4.11 所示。

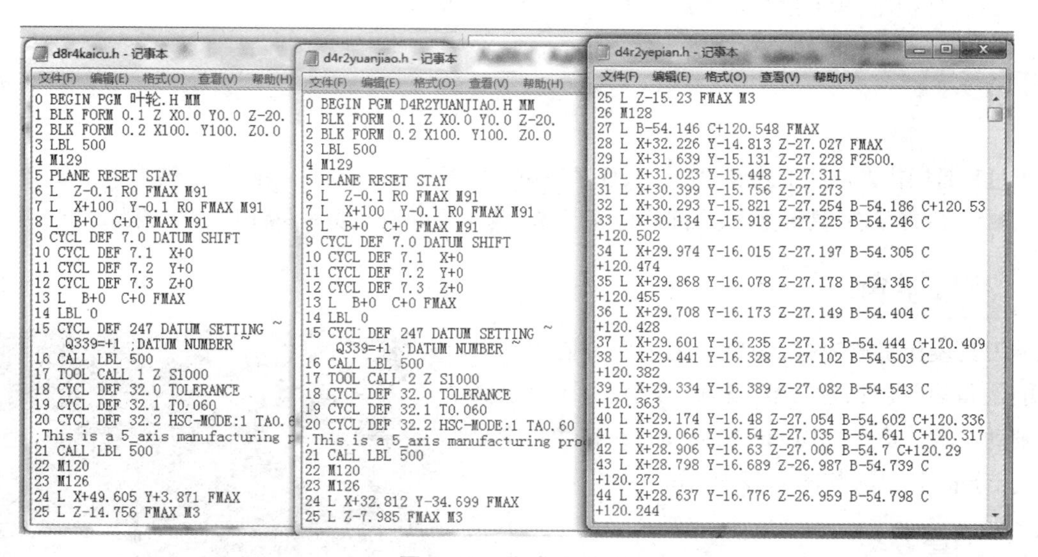

图 4.11　生成 G 代码

任务四　案例叶轮加工

知识、技能目标

1. 掌握 DMU60 型数控多轴机床进行零件加工的一般步骤。
2. 掌握零件的质量检测方法。

思政育人目标

1. 培养学生用理论指导实践的能力。
2. 培养学生会动手、勤实践的吃苦耐劳精神。

任务描述

1. 通过 DMU60 型数控多轴机床进行零件的程序导入、工件的加工。
2. 通过零件检测,学习质量检测的方法。

任务实践

加工过程是操作者依照工艺卡、刀具卡、程序清单来完成零件的加工,实际加工过程中依据情况调整对应的切削参数、冷却状态、是否排屑、中间质检等环节。为了更好地完成零件加工,一般遵循以下过程步骤。

一、 加工准备

依照刀具表和工艺安排,安装加工中所有使用到的刀具、测头、量表、夹具、对刀器、抹布、扳手、毛坯等主要工具和辅助工具。检查刀具、量具、夹具的完整性和安全性,做好充分准备工作,如图 4. 12 所示。

图 4. 12　准备工作

二、 刀具安装

依照刀具表和程序清单,将刀具对应安装到刀库之中,要保证刀具号和程序中的刀具号一一对应。要反复检查刀具与程序的对应关系。不可调错刀具或者调错程序。

三、 毛坯安装

按照设计的夹具、安装的方式进行毛坯的安装。安装完成后，机床移动前要将多余的辅助工具从工作台上移到安全位置放置，避免留下任何多余的辅助工具而造成事故。安装毛坯如图 4.13 所示。

四、 刀具长度的标定

通过操作，使用 Z 值对刀器，将刀具表的所有刀具进行长度的标定，如图 4.14 所示。

图 4.13　毛坯的安装

图 4.14　刀具长度的标定

五、 坐标系找正

在 NX 编程过程中，编程人员已经确定了加工坐标系的位置，操作者依据工艺卡，在确定安装完刀具、夹具后就可以对加工毛坯进行找正，确定所找正的坐标系和程序中的坐标系位置一一对应，同时保证坐标系号码和程序完全对应。对加工毛坯进行坐标系的找正，如图 4.15 所示。

图 4.15　坐标系找正

六、 程序传输

程序编制过程中已经生成了机床可以识别的 G 代码程序。按照工艺安排，将所有的程序传输到机床存储器中，如图 4.16 所示，保证程序传输完整，名称对应。

七、 零件加工

当前面的步骤已经操作完成，就可以进行零件的首件试样加工。在自动模式下，调用程序对零件进行加工，如图 4.17 所示。加工过程中注意加工参数的修调，完成零件加工。

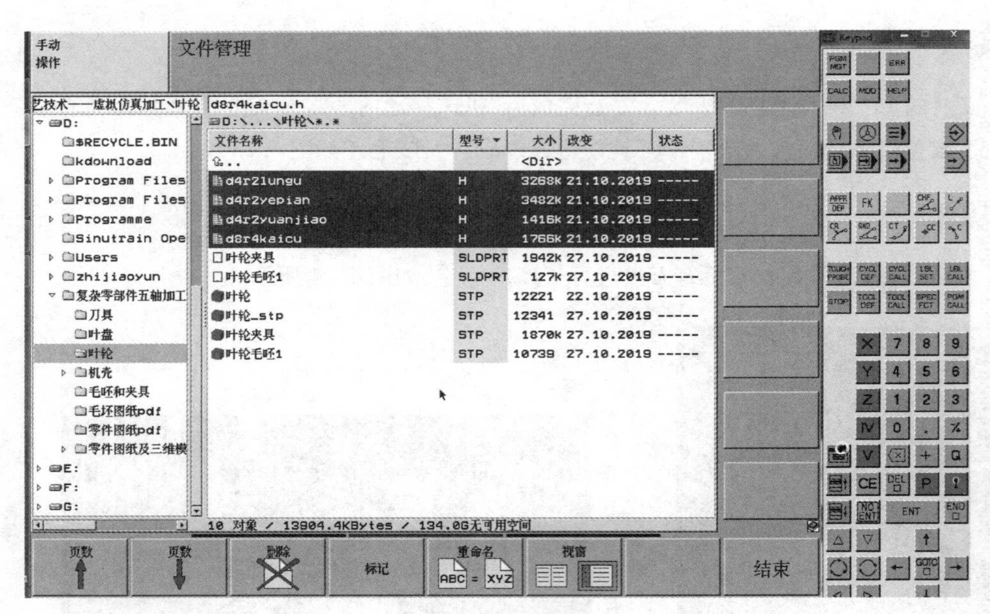

图 4.16　程序传输

图 4.17　零件加工

学习效果评价

学习评价表

单位		学号		姓名		成绩	
		任务名称					
评价内容		配分(分)	得分与点评				
一、成果评价:60 分							
能熟练应用 M128 功能		15					
能对自动编程程序进行进刀修改		15					
能验证叶轮程序的正确性		15					
能完成零件的加工		15					
二、自我评价:15 分							
学习活动的主动性		5					
独立解决问题能力		3					
工作方法正确性		3					
团队合作		2					

个人在团队中作用	2	
三、教师评价:25 分		
工作态度	8	
工作量	5	
工作难度	5	
工具使用能力	2	
自主学习	5	
学习或教学建议		

延伸阅读　用辩证的视角看待挫折

(一)挫折不是我们的仇敌

塞翁失马,焉知非福?碰到挫折,不要畏惧、厌恶,从某方面说,挫折对我们来说是一件历练意志的好事。唯有挫折与困境,才能使一个人变得坚强,变得无敌。挫折不是我们的仇敌,它实际上却是我们的恩人。

挫折可以锻炼我们"克服困难"的种种能力。森林中的大树,不经暴风骤雨搏击过千百回,树干就不会长得结实。人不遭遇种种挫折,其人格、本领就不会走向成熟。一切的磨难、忧苦与悲哀,都足以帮助我们成长、锻炼我们。

哲学家斯巴昆说:"有许多人一生之伟大,来自他们所经历的大困难。"精良的斧头、锋利的斧刃是从炉火的锤炼与磨削中得来的。很多人虽然具备"大有作为"的才智,但由于一生中没有同"挫折"搏斗的机会,没有充分的"困难"磨炼,没有足以刺激起其内在的潜伏能力,而终生默默无闻。曾有一位著名的科学家说:当他遭遇到一个似乎不可超越的难题时,就知道自己快要有新的发现了。初出茅庐的作家,把书稿送入出版社,往往要遭受"退稿"的痛苦经历,但却因此造就了许多著名的作家。

挫折足以燃起一个人的热情,唤醒一个人的潜力,而使他达到成功。有本领、有骨气的人,能将"失望"变为"动力",像蚌壳那样,将烦恼的沙砾化成珍珠。鹫鸟一旦毛羽生成,母鸟就会将它们逐出巢外,让它们做空中飞翔的练习。那种历练使它们能于日后成为禽鸟中的君主和觅食的能手。

凡是环境不顺利的人,往往日后会有出息,而那些从小就环境顺利的人,却常常"苗而不秀,秀而不宝!"上帝往往在给予人一份困难时,同时也增添给人一份智力!

大无畏的人,愈为环境所迫,愈加奋进,不战栗,不逡巡,胸膛直挺,意志坚定,敢于对付任何困难,轻视任何厄运,嘲笑任何挫折;因为忧患、困苦不损他毫厘,反而加强他的意志与力量,使他成为了不起的人物。这真是世间最可敬佩的一种人物了。

(二)挫折和失败是成功的先导

大千世界,芸芸众生。每一个人都要度过自己的一生。人生必有坎坷和挫折!挫折是成功的先导,不怕挫折比渴望成功更可贵。成功与失败是事物发展的两个轮子,失败和挫折是成功的先导。

在实际生活中,只有自信、主动、心态积极、坚持开发自己潜能的人才能真正领会挫折和失败的含义。你做一件事情失败了,这意味着什么呢?无非有三种可能:一是此路不通,你需要另外开辟一条路;二是某种原因作怪,应该想办法解决;三是还差一两步,需要你做更多探索。这三种可能都会引导你走向成功。挫折有什么可怕呢?成功与失败,相隔只有一线。即使你认为失败了,只要有"置之死地而后生"的心理态度、自信意识,还是可以反败为胜的。有人说,过分自信也会导致失败,但他们否定的只是"过分",而不是自信本身。如果你不是怕丢面子,不怕别人说三道四,那么挫折传递给你的信息只是需要再探索,再努力,而不是你不行。

爱迪生做了一万多次试验。在每次失败后,他都能不断寻求更多的东西。当他把原来的未知变成已知的时候,无数的灯泡就被制造出来了。所以他认为那么多的失败实质上都不能算是失败,"我只是发现了9999种无法适用的方法而已。"这位伟大的科学家从自己"屡败屡战"的经历中总结出一条宝贵的经验,他说:"挫折也是我所需要的,它和成功一样对我有价值。只有在我知道一切做不好的方法以后,我才知道做好一件工作的方法是什么。"这不正是深知从各种损失中也能获益的意识吗?从这个意义上,我们认识到:只有不怕挫折,深知挫折意味着什么样的人才才可能享受到成功的欢乐。

英国物理学家威廉·汤姆逊领导建造了世界第一条大西洋海底电缆,只用了一个半月就损坏了。经过7年准备,又铺设了第二条电缆,但航船载放到中途,电缆突然折断。电缆公司已耗资数十万英镑,付出了9年时间的代价!把钱扔进大西洋,只有傻瓜才会再干!但汤姆逊终于说服总经理再当一次"傻瓜",结果成功了。汤姆逊晚年时说过:"有两个字最能代表我50年内在科学进步上的奋斗,这就是'挫折'"。

在莱特兄弟之前,许多发明家的发明已经非常接近飞机了。莱特兄弟应用了和别人同样的原理,只是给翼边加了可动襟翼,使得飞行员能控制机翼,保持飞机平衡。在别人遇到挫折的地方,他们多走了一步就成功了。

(三)挫折是一所人生的好学校

要做一个成功的人,就要在挫折这所学校里接受必要的训练,并且要从心里树立这样一个概念:挫折乃人生的良师。挫折是一所每个人都必须经历的学校,在这所学校里,你将学会怎样做人,你将学会独立思考,你将学会怎样选择。这一切,都决定了你一生的命运。因此,我们每个人都应在这所学校里认真学习,积极实践,争取早日毕业。

在每经历一次挫折之后,我们都能学到一些宝贵的经验教训。这正是我们成长和成熟的一个重要标志。

我们的成熟是通过一点一滴的磨炼积累,培养起对挫折和失败的承受力,逐渐坚强和成熟起来的。这样,当逆境真的出现时,我们就不会像暴风雨中的茅草房一样,轻而易举地被摧毁,我们将能在灾难的飓风面前顽强挺立。

心理学家认为：对挫折的体验，能培养人从容应付风险的能力。一旦发现自己能在风险中挺过来，对失败的恐惧就更少了。无论成功还是失败，下次再遇到问题时，都会比较从容自若地应付。

没有达到自己的目的是很令人失望的，但这也能使我们得到经验。问题是你如何对待不成功的尝试。不要辱骂它，而要利用它。

挫折可以当路标，成为下次“不”要去那儿的路标。

从挫折中学习新事物非常重要。若能如此，就不会再犯同样的错误，更不会失去走向成功之道的信心。日本学者板井野村曾说：“没有比挫折更有价值的教育。”如果把失败弃之不顾，不加反省就意志消沉，那么即使开始下一项工作，也不会收到好的效果。遇到挫折，若只是简单地以“跟不上人家”为借口，就不会有任何进步，没有在挫折中的学习精神，便永远得不到成长。

在挫折这所学校里，如果你认真学习，就能够很快学到很多东西，提前从学校毕业，成为一个合格的毕业生。但如果你在这所学校里敷衍了事，你可能就学不到东西，那就永远无法毕业。

（四）没有经历过挫折的人生不是完美的人生

不经历风雨，怎能见彩虹？没有失败的人生绝不是完美的人生。当你战胜失败的时候，你会对成功有更深一层的感悟。就是在这样一次次的感悟中，你走出了一个完美的人生。

像人总有影子一样，成功总是甩不开挫折。尽管人们千方百计地摆脱，然而挫折依然困扰着人们：学生不能升入大学，科研人员未能完成攻关项目，登山运动员不能登上顶峰，探险者不能达到目的等等。

没有人盼望挫折，但失败却会不期而至。

怎样面对挫折，怎样认识挫折，怎样摆脱挫折的阴影以及怎样把挫折变为成功，是每一个梦想成功的人士都必须面对的问题。

哲学家科林斯说：“不经历挫折，成功也只能是暂时的表象，只有历经挫折的磨难，成功才能像纯金一样发出光来。”

真正有成就的人，都是在经历了失败和挫折之后才取得辉煌成就的。

不经历挫折，便没有成功的果实，害怕挫折是完全没有必要的。

电气科学的先驱富兰克林有一次设计了一个“电火鸡”的实验，准备用从两个大玻璃缸中引出的电杀死一只火鸡。

当他一手握住与两个玻璃缸表面相连着的一根链子，另一只手忙着连接顶部电线的时候，忽然发出了巨大的响声并伴随着一道耀眼的电火，富兰克林应声倒地，身体开始剧烈地颤抖起来。

十几分钟过去了，富兰克林慢慢地清醒过来，用微弱的声音告诉周围惊恐的人们，他刚才见到了上帝。

从这次失败的实验中，富兰克林得出了一个结论：串联起来的足够多的电瓶可以释放和闪电一样强大的电流。

挫折并不可怕，可怕的是，经历了挫折却不知道总结挫折的教训。暂时的挫折不应该是消沉的原因，而应该是继续奋斗的起点。没有品尝过挫折的人，体会不到成功的喜悦；没有经历过挫折的人生，不是完美的人生。

大浪淘沙,优胜劣汰,成功总是属于那些备尝艰辛、异常顽强的人们!人们在对成功者头上的光环顶礼膜拜的同时,不禁悄悄地哀叹:成功者如同凤毛麟角。何年何时,成功之神才能对自己格外关照几分呢?就这样,在自艾自叹的消极心态中,他们早已错过了一次又一次成功的机会。

在挫折面前,至少有三种不同的人:

第一种:遭受了挫折的打击,从此一蹶不振,成为让挫折一次性打垮的人,此为无勇无智的庸人。

第二种:遭受了挫折的打击,不知反省自己、总结经验,只凭一腔热血,勇往直前。这种人,往往事倍功半,即便成功,亦如昙花一现,此为有勇无智的莽汉。

第三种:遭受了挫折的打击,能够极快地审时度势,调整自身,在时机与实力兼备的情况下再度出击,卷土重来。这种人堪称智勇双全,成功常常莅临于他们头上,他们就是活得最潇洒的成功者。

按照犹太人的二八黄金规律,无勇无智者占人数总数的80%,有勇无谋者与智勇双全者占20%,而在这20%的人中,再次运用二八黄金规律,有勇无谋者占80%,智勇双全者只占20%。如果在智勇双全者中按二八黄金规律再次分派,那么,所谓真正的成功者占不到1%。至于那些获得终身大成就的人,更是少之又少,诚如消极人士所叹,犹如凤毛麟角。

但是,做这样的分析,目的决非哀叹成功不易,唱人生的挽歌,而是希望人们从中发现克服挫折的秘诀。毫无疑问,成功者之所以成功,就在于他的智与勇,尤其是智。

研究挫折是为了更好地迎接成功,超越挫折则必然能走向成功的彼岸。只要敢于正视挫折,正确地对待它,就能超越它,最终走向成功!

(五)强者都是从挫折中走出来的

人生路上,风风雨雨,几番摔打,几番迷蒙。人生的强者都是从逆境和挫折中走出来的。正是挫折,培育了许多栋梁之材;正是挫折,造就了担当重任的强者。

车尔尼雪夫斯基曾说过:“历史的道路不是涅瓦大街上的人行道,它完全是在田野中前进的,有时穿过尘埃,有时穿过泥泞,有时横渡沼泽,有时行经丛林。”

人在事业上的奋斗道路也并不总是洒满阳光、充满诗意,常常也会遇上沼泽、寒风或面临荆棘丛生的小道。

事业上的挫折是一部深奥丰富的人生教科书。它吞噬意志薄弱的失败者,而常常造就毅力超群的事业成功者。

司马迁“出于粪土之中而不辞”,发愤著书,终于写成《史记》这样的旷古之作。贝多芬的数部交响曲,都是用理智战胜情感,忍受着失恋的伤痛,靠着对事业追求不息的生命支撑点谱写而成。丹麦的安徒生一贫如洗,全家睡在一个搁棺材的木架上,常常流浪在哥本哈根的街头巷尾,但却成为世界文坛的名流豪杰。英国物理学家法拉第出身贫寒,当过学徒,卖过报,吃了上顿缺下顿,但他却百折不挠,发现了电磁感应定律,为人类敲开了电气时代的大门。

(六)把挫折作为前进的阶梯

人人都经历过挫折,但一切迂回的路都绝不是白费的。在人生旅途中,你每走一步,就必定会得到一步的经验。不管这一步是对还是错,“对”有对的收获,“错”有错的教训。

生活中难免遇到挫折。一个人在遭受某些挫折打击的时候,是会格外消沉的。在那一段时间里,你会觉得自己像个拳击失败的选手，被那重重的一拳击倒在地上，头昏眼花，满耳都是观众的嘲笑，满心都是那失败的感觉。那个时候，你会觉得自己简直爬不起来了，觉得自己实在没有力气爬起来了。

但是，只要我们心中还有希望，还有生活的勇气，还有梦想，我们就会爬起来。不管是在裁判数到十之前，还是之后。而且，随着体力的恢复，我们的创伤会平复，眼睛会再度张开来，看见光明前途。心态平和的人始终会这样认为：绕远路走错路的结果，使你恰好迷路走入深山，别人为你的危险焦急惋惜之际，你却采集了一些珍奇的花果，观赏到了一些罕见的奇观，而且你多认了一段路，多锻炼出了一份坚强和胆量。人生的挫折将使我们增长知识和勇气，我们会淡忘那观众的嘲笑，忘掉那失败的耻辱，会为自己找一条合适的路——不再去作挨拳头的选手。

永远记住：挫折是经常性的，关键是要把每次挫折作为前进的梯子，继续攀登。

不怕挫折，并不意味着必须盯着同一件事蛮干下去，找到走不通的路对我们的成功也是非常有帮助的。我们既然不适于在擂台上取胜，就该沉下心去找一找，找到一个其他的方向，也许换个目标，我们就可以取胜；或者不说取胜，我们可以平安，可以快乐，可以没有失败的羞辱。

让我们把挫折写在日记上吧，这是我们人生不可多得的财富。正是有了这些宝贵的财富，我们才会有新的勇气和力量去为自己开拓新的前程。

一帆风顺固然值得羡慕，但那种天赐的幸运不可多得，可遇不可求。唯一稳当可靠的是自己心中的指南针。无论你绕了多远，无论你被阻挡得多么严密，只要你不忘记你的方向，你就有走到自己目标的那一天。

思考与练习

一、简答

1. 请叙述使用测头进行工件找正的步骤。
2. 刀具安装过程中，刀具的长度可以随便定义吗？为什么？
3. 刀具的加工参数可以随便定义吗？为什么？
4. 加工过程中，可以任意开启或者关闭冷却装置吗？为什么？
5. 精基准的选择原则是什么？
6. 基准统一和基准重合有什么区别？
7. 一般刀具材料的性能有哪些？
8. 工序集中和工序分散的优缺点是什么？
9. 在NX中创建的刀具和工艺分析中的刀具卡可以不对应吗？为什么？
10. 在NX中创建的加工坐标系和机床上对刀找正的坐标系是什么关系？
11. 叶轮程序在NX中生成轨迹就可以直接应用到数控机床吗？为什么？

二、自动编程、仿真、加工练习

利用所学数控多轴海德汉系统机床编程知识，进行图 4. 18、图 4. 19 零件加工工艺分析，自动编写加工程序并进行仿真、加工。

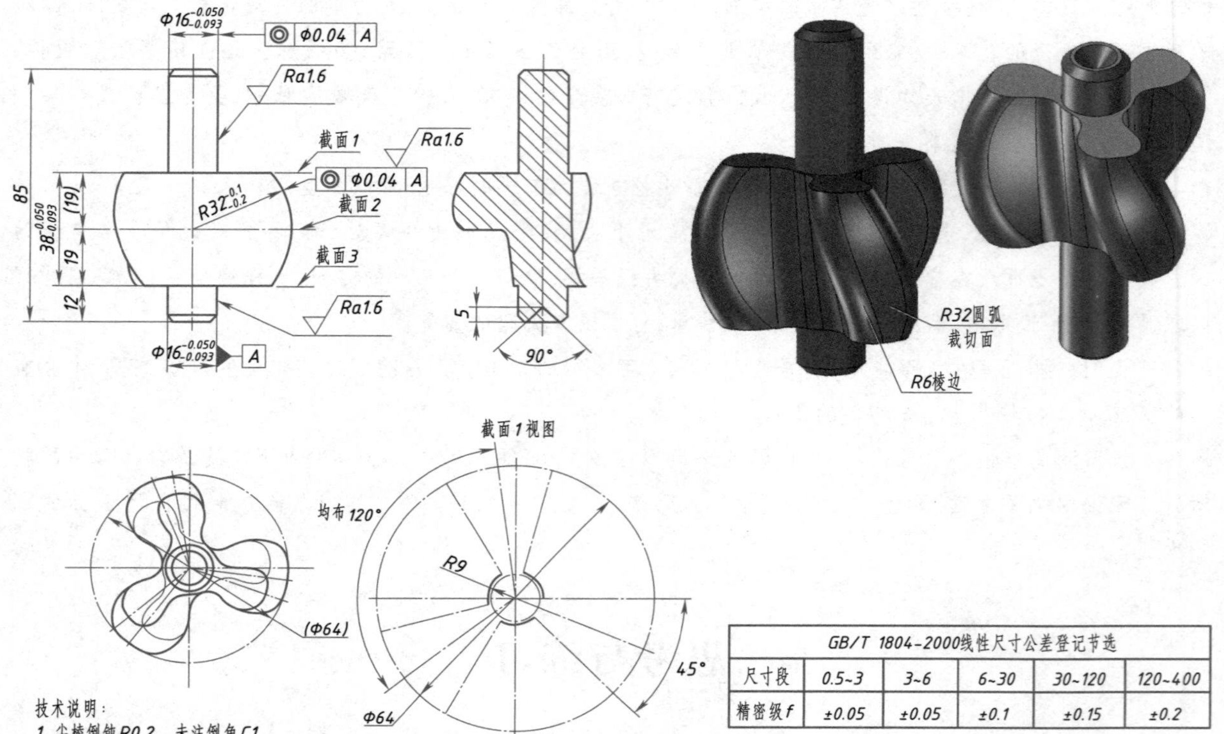

GB/T 1804-2000线性尺寸公差登记节选					
尺寸段	0.5~3	3~6	6~30	30~120	120~400
精密级 f	±0.05	±0.05	±0.1	±0.15	±0.2

技术说明：

1. 尖棱倒钝 R0.2，未注倒角 C1。
2. 陀螺的螺旋，先有三个截面放样生成（截面 1、截面 2、截面 3），截面图见纸内。“截面 2”由“截面 1”逆时针旋转 12°再向下平移 19 获得。“截面 3”由“截面 2”逆时针旋转 12°，再向下平移 19 获得、生成的放样体再由 R32 的回转面裁切而成。然后做各棱边过渡。
3. 未注公差按 GB/T 1804-2000f 级。

图 4. 18

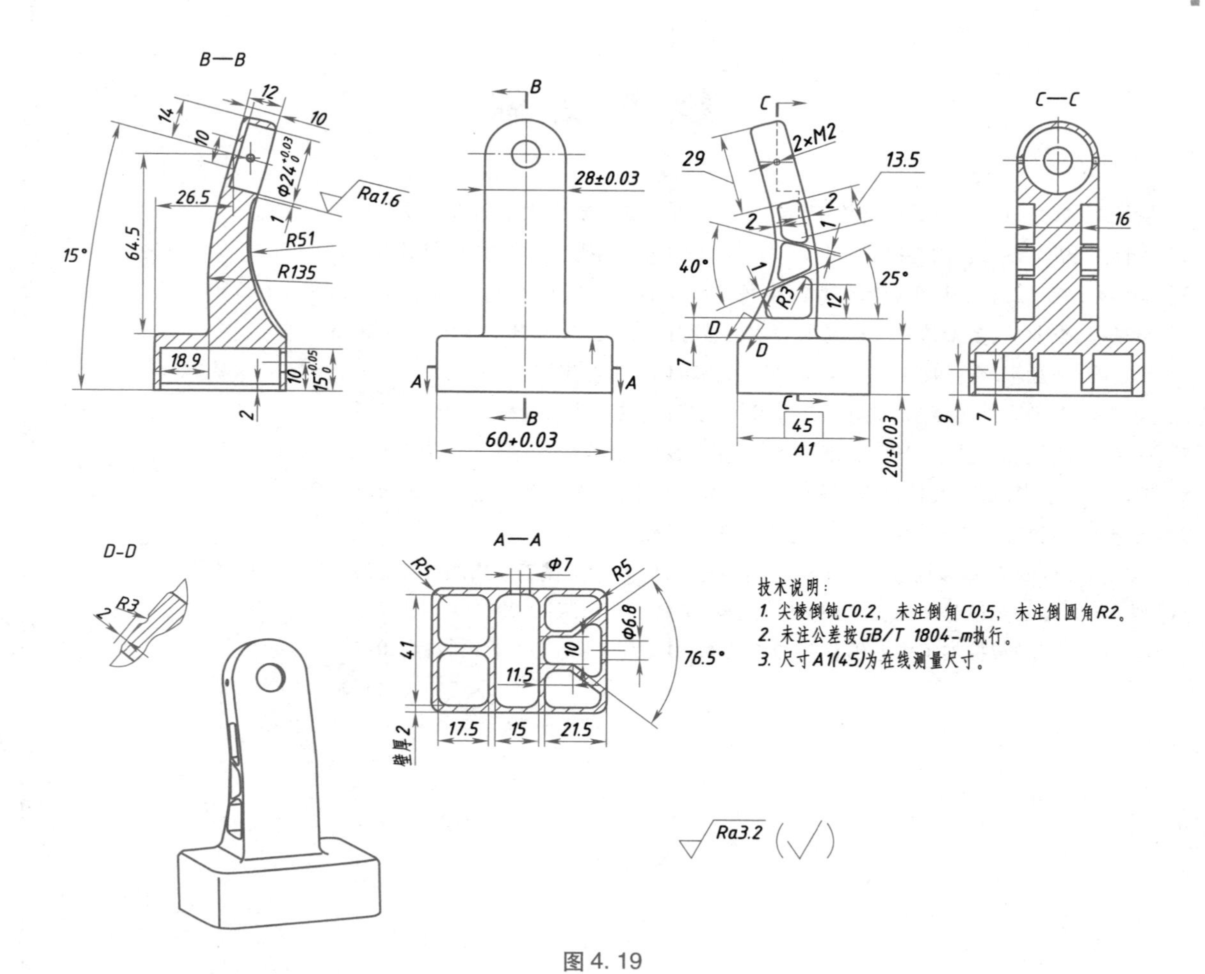
B—B
12
14
10
10
Φ24+0.03 0
Ra1.6
26.5
1
R51
15°
64.5
R135
18.9
10
15+0.05 0
2
B
28±0.03
A
A
B
60+0.03
C
2×M2
29
13.5
2
2
1
40°
1
25°
R3
12
D
D
7
C
45
A1
20±0.03
C—C
16
9
7
D-D
R3
2
A—A
R5
Φ7
R5
Φ6.8
41
10
76.5°
11.5
17.5
15
21.5
壁厚2
技术说明：
1. 尖棱倒钝C0.2，未注倒角C0.5，未注倒圆角R2。
2. 未注公差按GB/T 1804-m执行。
3. 尺寸A1(45)为在线测量尺寸。
Ra3.2 (√)

图4.19

参考文献

[1] 段性军. 数控机床故障诊断与维护[M]. 北京:北京航空航天大学出版社,2012.

[2] 段性军. 机电设备使用与维护[M]. 2 版. 北京:北京航空航天大学出版社,2015.

[3] 邹本有. 基于旋转法得歪斜零件加工中角度计算不同方法比较[J],机械研究与应用;82-85. MW

[4] 石皋莲,季业益,多轴数控编程与加工案例教程[M]. 北京:机械工业出版社,2013.

[5] 沈建峰,朱勤惠. 数控加工生产实例[M]. 北京:化学工业出版社,2007.

[6] 陈宏钧. 典型零件机械加工生产实例[M]. 北京:机械工业出版社,2009.

[7] 孙学强. 机械加工技术[M]. 北京:机械工业出版社,2007.

[8] 劳动和社会保障部. 数控机床编程与操作[M]. 北京:中国劳动社会保障出版社 2005

[9] 张定华. 数控加工手册[M]. 北京:化学工业出版社,2013.

[10] 朱克忆. PowerMill 多轴数控加工编程实例与技巧[M]. 机械工业出版社,2013.

[11] 常赟. 多轴加工编程及仿真应用[M]. 北京:机械工业出版社,2011.

[12] 张喜江. 多轴数控加工中心编程与加工技术[M]. 北京:化工工业出版社,2014.